JN446074

Automotive Software

자동차 소프트웨어

김시호 편저 (Edited by Shiho Kim)

도서출판 홍릉

Automotive Software

자동차 소프트웨어

인 쇄 : 2025년 2월 17일 초판 1쇄
발 행 : 2025년 2월 28일 초판 1쇄

저 자 : 김시호 · 진영완 · 최진호 · 김태우 · 석호 · 이예린 · 여상협
주형진 · 이성규 · Yagiz
발행인 : 송 준
발행처 : 도서출판 홍릉
주 소 : 01093 서울시 강북구 인수봉로 50길 10
등 록 : 1976년 10월 21일 제5-66호

전 화 : 02-999-2274~5, 903-7037
팩 스 : 02-905-6729
e-mail : hongpub@hongpub.co.kr
http://www.hongpub.co.kr
ISBN : 979-11-5600-266-6(93550)

정 가 : 29,000원

낙장 및 파본은 구입처나 본사에서 교환하여 드립니다.
판권 소유에 위배되는 사항(인쇄, 복제, 제본)은 법에 저촉됩니다.

저자와의 협의하에 인지는 생략됩니다

머리말

인공지능 시대를 맞이하여 자동차 산업은 기술 혁신의 최전선에 있으며, 최근 소프트웨어의 역할은 자동차 설계와 개발에서 핵심적 요소로 부각되고 있습니다. 자동차는 더 이상 단순한 기계적 장치가 아닌, 고도의 전자 시스템과 복잡한 소프트웨어를 결합한 복합체로 진화하고 있습니다. 특히, 소프트웨어 정의 차량(Software-Defined Vehicle, SDV)은 자동차 산업의 패러다임을 근본적으로 변화시키며 새로운 가능성과 과제를 제시하고 있습니다. 이 교재는 자동차 소프트웨어와 소프트웨어 정의 차량(Automotive SW and Software Defined Vehicles)은 자동차 시스템과 소프트웨어의 진화를 이해하고, 소프트웨어 정의 차량의 개념, 설계, 그리고 실제 구현 사례를 체계적으로 탐구하는 데 초점을 맞추고 있습니다. 각 챕터는 다음과 같은 내용을 다루고 있습니다.

- **Chapter 1: Introduction to Automotive Systems (진영완 & 최진호)**

  자동차 시스템의 발전 과정을 역사적으로 살펴보고, 소프트웨어 정의 차량(SDV)의 등장 배경과 개념을 소개합니다. 또한, 차량 내 전자 장치와 E/E 아키텍처의 개요를 통해 자동차 시스템의 구성 요소와 네트워크의 중요성을 다룹니다.

- **Chapter 2: In-Vehicle Networks (김태우)**

  차량 내부 통신 네트워크의 원리를 설명하며, CAN, LIN, FlexRay, Ethernet 등 다양한 네트워크 유형과 그 활용 사례를 소개합니다. 네트워크 토폴로지와 주요 구성 요소(ECU, 게이트웨이 등)를 설명하고, 진단 및 유지보수에 관련된 프로토콜(OBD-II 등)을 다룹니다.

- **Chapter 3: Evolution of In-Vehicle Networks (김시호)**

  차량 네트워크 설계에서의 복잡성, 지연 시간, 신뢰성 문제 등 주요 설계 과제를 분석합니다. 이를 기반으로 Zonal 아키텍처와 같은 미래 네트워크의 발전 방향과 기술적 동향을 제시합니다.

- **Chapter 4: Automotive Software Development Methodologies (석 호)**

자동차 소프트웨어 개발의 전통적인 방법론(Waterfall, V 모델)과 현대적인 애자일 방법론(Scrum, Kanban)을 비교하며, 개발 과정에서 사용되는 주요 기술과 도구를 소개합니다. 또한, 업계 표준과 과제를 논의합니다.

- **Chapter 5: AUTOSAR (김시호)**

Classic AUTOSAR와 Adaptive AUTOSAR의 차이점을 설명하고, 이 표준이 자동차 소프트웨어 개발에서 어떤 역할을 하는지 살펴봅니다. AUTOSAR를 통해 소프트웨어 모듈화와 재사용성을 극대화하는 방법을 탐구합니다.

- **Chapter 6: Automotive Safety (이예린 & 여상협)**

자동차 안전성과 관련된 주요 개념을 다룹니다. 특히 불확실성 관리와 SOTIF(기능적 안전과 그 이상의 안전 목표)를 중점적으로 설명하며, 안전 중심의 설계 원칙을 제시합니다.

- **Chapter 7: Over-The-Air Updates (주형진)**

OTA 업데이트의 기본 원리와 CI/CD 파이프라인에서의 역할을 소개합니다. 자동차 OTA 아키텍처의 구성 요소와 사이버 보안 측면에서의 고려 사항을 다루며, 소프트웨어 업데이트의 효율성과 안전성을 강조합니다.

- **Chapter 8: Software-Defined Vehicles (SDVs) (Yagiz & 이성규)**

소프트웨어 정의 차량(SDV)의 개념, 구조, 및 E/E 아키텍처를 설명합니다. SDV에서의 소프트웨어와 클라우드 플랫폼의 역할을 소개하며, 디지털 트윈과 같은 기술적 응용 사례를 다룹니다. 또한, 보안, 표준화, 법규 문제 등 SDV 개발의 도전 과제를 탐구합니다.

- **Chapter 9: AI-Defined Vehicles (AiDVs) (Yagiz)**

AI 기반 차량의 정의와 중요성을 논의하며, 머신 러닝, 딥 러닝, 컴퓨터 비전 등의 핵심 기술을 소개합니다. AI 기반 자율주행 시스템과 AI 플랫폼의 활용 사례를 설명하며, 데이터 수집, 모델 학습, 윤리적 문제와 같은 과제를 다룹니다.

- **Chapter 10: Case Studies and Future Trends (Yagiz)**

  테슬라, 현대자동차, Bosch 등 주요 기업의 소프트웨어 정의 접근 사례를 분석합니다. 미래 트렌드로 5G 연결성, 엣지 컴퓨팅, 블록체인, 자율 이동성 및 스마트 시티를 다루며, 자동차 기술의 향후 발전 방향과 기회를 제시합니다.

본 교재는 각 장에서 이론과 실무적 관점을 통합적으로 제공하여 독자가 자동차 소프트웨어의 현재와 미래를 명확히 이해하도록 돕고자 합니다.

독자층 및 활용 방법

이 교재는 다음과 같은 독자층을 대상으로 합니다:

- 자동차 소프트웨어 개발에 관심이 있는 학부 및 대학원생
- 자동차 산업에 종사하며 최신 기술 트렌드를 이해하고자 하는 엔지니어
- 소프트웨어 정의 차량의 비전을 실현하려는 연구자와 기업 관계자

각 장은 독립적으로 설계되어 필요에 따라 특정 장만 학습할 수 있으며, 학부생, 엔지니어, 연구자 등 다양한 독자층이 각자의 필요에 맞게 활용할 수 있습니다. 예를 들어, 학부생은 Chapter 1과 2를 통해 기초 지식을 쌓을 수 있으며, 엔지니어는 Chapter 4와 7에서 실무적인 통찰을 얻을 수 있습니다. 연구자들은 Chapter 9와 10에서 미래 기술 트렌드를 탐구할 수 있습니다.

본 교재는 정부의 재원으로 "한국산업기술진흥원(KIAT)"의 지원(P0020535, 산업혁신인재성장지원사업-"미래형자동차핵심기술 R&D 전문인력양성")과 4단계 BK21혁신인재 양성사업BK21(지능형반도체 IT 융합 혁신인재 양성사업단)의 지원을 받아 수행되었습니다. 집필에 참여한 모든 저자와 협력자들에게 깊은 감사를 드립니다.

독자 여러분의 성공적인 학습과 연구를 기원하며,

2024년 12월

대표저자 김시호 및 저자 일동

김시호: Chapter 3, 5, 진영완: Chapter 1, 최진호: Chapter 1, 김태우: Chapter 2,
석호: Chapter 4, 이예린: Chapter 6, 여상협: Chapter 6, 주형진: Chapter 7,
Yagiz: Chapter 8, 9, 10, 이성규: Chapter 8 공동 기여

목차

제 1 장 모집단과 표본

제 2 장 차량 내부 네트워크(In-vehicle Networks)

제 4 장 자동차 소프트웨어 개발 방법론 및 표준

제 5 장 AUTOSAR

제 6 장 자동차 안전과 표준

제 7 장 Over-The-Air Updates

제 8 장 소프트웨어 정의 차량

제 9 장 SDV를 위한 자동차 소프트웨어 개발

제 10 장 소프트웨어 정의차량 사례 연구와 미래 동향

제 1 장

Introduction to Automotive Systems

진영완, 최진호

| 목차 |

1.1 자동차 전장 시스템

1.1.1 자동차 전장 시스템 정의

자동차 전장시스템은 자동차의 동력 생성 및 자동차의 운동제어 및 운전자 편의 등을 제공하는 전기전자 시스템과 자동차 소프트웨어 시스템을 의미한다. EE 아키텍처(Electrical and Electronic architecture)는 차량 내의 전기전자 부품들을 효율적으로 연결하고, 다양한 시스템 간의 데이터 전송을 관리하는 구조다. 이를 통해 자동차의 엔진 제어, 안전 시스템, 편의 기능 등이 원활하게 통합되어 작동할 수 있다. 자동차 소프트웨어는 하드웨어 기반의 시스템들을 제어하고, 각 기능을 최적화하며, 차량의 성능을 극대화하는 역할을 한다. 차량의 주행 보조 시스템(ADAS), 인포테인먼트 시스템 등은 모두 복잡한 소프트웨어로 구동된다. EE 아키텍처와 소프트웨어의 통합은 차량의 안전성, 신뢰성, 성능을 높이기 위한 핵심 요소이며, 이 두 시스템이 조화롭게 작동해야만 복잡한 자동차 시스템의 안정적인 운용이 가능하다.

자동차는 우리가 사용하는 기기중에서 가장 복잡한 시스템이며 안전이 가장 중요하다. 복잡한 시스템의 안전성을 보장하는 제품 설계 방법의 개발이 무엇보다 중요하며 이를 위하여 자동차의 전체 구조를 기능적으로 분할하는 방법이 도입되었다. 자동차 전체 구조를 기능적으로 분할하여 각 시스템을 독립적이면서도 상호작용이 원활하게 이뤄질 수 있도록 설계하는 방법이다. 이러한 분할은 시스템의 복잡도를 줄이고, 각 부품 및 시스템의 안전성을 철저하게 검증할 수 있도록 해준다. 예를 들어, 주행 제어 시스템, 안전 시스템(에어백, 브레이크 제어), 인포테인먼트 시스템, 자율주행 시스템 등을 독립적으로 개발 및 검증한 후, 이들을 통합하는 방식으로 차량의 신뢰성을 높일 수 있다.

1.1.2 기능에 따른 자동차 구조

자동차는 크게 파워트레인(Powertrain), 섀시(Chassis), 인포테인먼트 (Infotainment), 바디(Body) 시스템으로 나눌 수 있다. 각 시스템은 차량의 성능, 안전성, 편의성에 중요한 역할을 하며 다양한 부품과 기술로 구성되어 있다.

파워트레인(Powertrain)은 차량의 동력 전달과 관련된 모든 부품을 포함한다. 여기에는 엔진, 변속기, 드라이브 샤프트, 차동기어, 휠 등이 있다. 엔진은 연료를 연소시켜 기계적 에너지를 생성하며, 이 에너지는 변속기를 통해 적절한 속도와 토크로 변환된다. 변속기는 수동, 자동, 듀얼 클러치 등 다양한 유형이 있으며, 각기 다른 주행 조건에 맞춰 최적의 성능을 제공한다. 전기차의 경우, 모터와 배터리가 엔진과 변속기의 역할을 대신한다. 드라이브 샤프트는 동력을 휠로 전달하며, 차동기어는 좌우 바퀴에 적절한 회전 속도를 배분하여 코너링 성능을 향상시킨다.

섀시(Chassis)는 차량의 구조적 뼈대와 다양한 제어 시스템을 포함한다. 주요 구성 요소로는 서스펜션, 조향 시스템, 브레이크 시스템이 있다. 서스펜션 시스템은 스프링, 쇼크 업소버, 링크로 구성되어 있으며, 도로의 충격을 흡수하여 승차감을 향상시킨다. 조향 시스템은 운전자가 차량의 진행 방향을 제어할 수 있도록 하며, 최신 차량에서는 전자식 파워 스티어링(EPS)이 널리 사용된다. 브레이크 시스템은 디스크 브레이크, 드럼 브레이크, ABS(제동력 잠김 방지 시스템) 등을 포함하여 차량을 안전하게 멈추게 한다. ESC(전자식 안정성 제어)와 같은 시스템은 주행 중 차량의 안정성을 유지하는 데 도움을 준다.

인포테인먼트(Infotainment) 시스템은 차량 내에서 정보와 오락을 제공하는 모든 장치를 포함한다. 여기에는 멀티미디어 시스템, 내비게이션 시스템, 터치스크린 디스플레이, 연결성 기능 등이 있다. 멀티미디어 시스템은 라디오, 블루투스, USB, 스마트폰 통합 등을 통해 다양한 컨텐츠를 재생할 수 있다. 내비게이션 시스템은 GPS를 이용해 경로를 안내하며, 실시간 교통 정보를 제공하기도 한다. 터치스크린 디스플레이는 차량의 다양한 기능을 직관적으로 제어할 수 있게 하며, 스마트폰 상용화 이후엔 스마트폰과의 연결을 통해 애플 카플레이, 안드로이드 오토 등의 기능을 이용할 수 있다. 또한, 최신 차량은 음성 인식, 제스처 컨트롤 등의 첨단 인터페이스를 제공하기도 한다.

바디(Body) 시스템은 차량의 외부와 내부 구조를 형성하며, 승객의 안전과 편의를 보장하는 역할을 한다. 외부 구조는 차체 프레임, 도어, 창문, 범퍼, 후드 등을 포함하며, 충돌 시 승객을 보호하기 위해 설계된다. 내부 구조는 좌석, 대시보드, 콘솔, 에어백 시스템 등을 포함한다. 좌석은 인체공학적 설계를 통해 편안함을 제공하며, 전동 조절, 열선 및 통풍 기능을 갖춘 고급 모델도 있다. 에어백 시스템은 충돌 시 승객을 보호하기 위해 신속하게 팽창하여 충격을 완화한다. 또한, 최신 차량은 전자 제어 유닛(ECU)을 통해 차량의 다양한 기능을 제어하고 모니터링한다.

각 시스템은 차량의 안전성, 성능, 편의성을 높이는 데 중요한 역할을 하며, 최신 기술이 지속적으로 도입되어 자동차의 진화에 기여하고 있다.

표 1.1 기능으로 구분한 자동차 구조

전장 시스템 도메인/클래스	주요 기능
파워트레인 (Powertrain)	• **엔진**: 연소, 배출가스 제어, 밸브 타이밍 관리. • **변속기**: 기어 변속 및 동력 전달 제어. • **진단 시스템**: 산소 센서, 노킹, 촉매 성능 모니터링 통한 엔진 상태 최적화.
섀시 (Chassis)	• **차량 동역학 제어**: 주행 중 안정성과 성능 보장. • **조향 제어**: 정확하고 민첩한 조향 제공. • **제동 제어(ABS)**: 급제동 시 바퀴 잠김 방지로 안전성 향상. • **안정성 제어**: 스핀 아웃 방지 및 서스펜션 상태 모니터링. • **타이어 상태 모니터링**: 타이어의 상태 및 공기압 모니터링.
인포테인먼트 (Infotainment)	• **정보 및 엔터테인먼트**: 미디어 재생과 차량의 주요 데이터를 결합. • **내비게이션 시스템**: 실시간 GPS와 경로 안내 제공. • **멀티미디어 시스템**: 오디오, 비디오 및 연결 기능 통합. • **지능형 교통 시스템(AERIS)**: 환경 데이터와 실시간 교통 정보 제공
바디 (Body)	• **탑승자 안전**: 탑승자를 보호하는 다양한 기능 통합. • **충돌 회피**: 고급 센서를 통해 사고를 미연에 방지. • **충돌 내구성**: 충격을 견디는 차체 설계. • **탑승자 감지**: 탑승자를 감지하여 에어백을 적절히 전개. • **고급 에어백 시스템**: 다양한 충돌 상황에서 강화된 보호 제공.

1.2 자동차 전장 시스템의 진화 과정

과거 자동차는 전통적인 기계 산업이었다. 자동차 메이커는 말, 황소처럼 달리는 근육질의 차량을 만들었다. 기술 발전으로 유압시스템이 등장하며 운전자는 이전과 달리 적은 힘으로 차량을 제어할 수 있게 되었다. 이후 전기, 전자 산업의 발전으로 기계 부품에 마이크로칩을 장착하여 기계의 미세한 움직임을 제어하기 시작해 편안하고 안전한 주행이 가능해졌다. 하지만 지금은 차량에 고성능 컴퓨터가 장착되고 그곳에서 실행되는 소프트웨어에 따라 차량이 고객에게 제공하는 기능이 달라진다. 마치 스마트폰처럼 차량의 소프트웨어가 무선으로 업데이트 되는 시대로 접어들었다. 이것을 우리는 소프트웨어 정의 차량(Software Defined Vehicle), SDV라고 한다. 지금 자동차 산업은 기계에서 전자로 그리고 이제 소프트웨어로 전환이 이루어지고 있는 시점이다. 초기 자동차로부터 SDV가 등장한 배경과 자동차 업계가 나아가야하는 방향에 대해 설명하고자 한다.

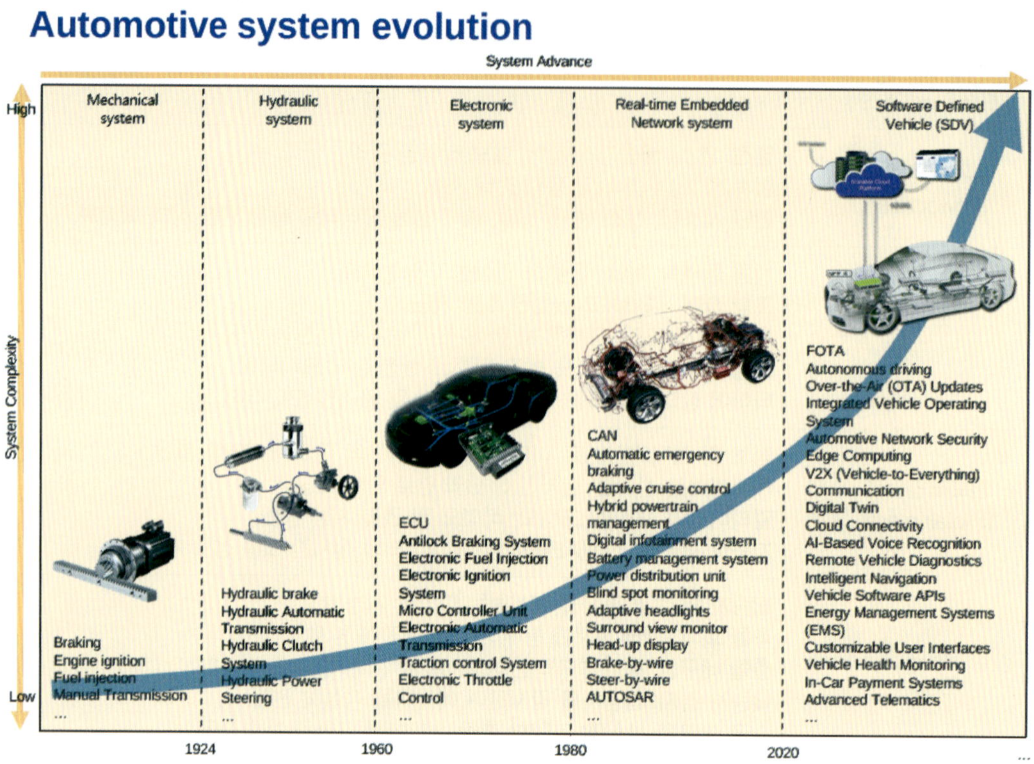

그림 1.1 자동차 전장 시스템의 진화[1]

1.2.1 기계적 링크와 유압식 시스템으로 발전

그림 1.2 기계적 조향 장치

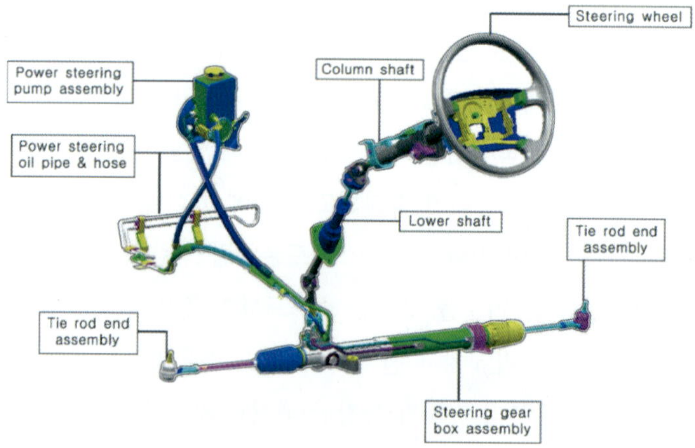

그림 1.3 유압식 조향 장치

초기 차량의 시스템은 전적으로 기계적 원리에 의존한 설계로 이루어져 있었다. 이 시기의 차량 조향, 제동, 변속기 시스템은 전자 제어 장치의 개입 없이 기계적 부품 간의 물리적 상호작용을 통해 동작했다. 대표적으로 스티어링 시스템에서는 피니언과 랙 기어의 메커니즘이 사용되었으며, 이는 스티어링 휠을 회전할 때 운전자가 직접 가한 물리적 토크가 기어를 통해 바퀴로 전달되는 방식으로 작동했다. 이러한 설계는 구조적으로 단순하고 견고했지만, 핸들을 돌리는 데 필요한 토크가 매우 컸기 때문에 운전자의 피로를 가중시켰다[3]. 특히, 주차와 같은 저속 조향 상황에서는 더 많은 힘이 요구되어 장시간 운전 시 불편함이 컸다. 기계적 제동 시스템 역시 비슷한 한계를 가지고 있었다. 초기의 브레이크 시스템은 브레이크 페달에서 발생하는 물리적 힘을 직접적으로 전달하는 메커니즘으로, 드럼 브레이크와 같은 방식이 주로 사용되었다[8]. 드럼 브레이크 시스템은 간단한 구조로 인해 유지보수가 용이했지만, 브레이크 페달을 밟는 힘을 직접적으로 휠로 전달해야 했기 때문에 제동력의 크기와 반응 속도에 제한이 있었다. 특히, 고속 주행 시 충분한 제동력을 얻기 위해서는 운전자가 큰 힘을 가해야 했으며, 이로 인해 긴급 제동 상황에서 제동 성능이 저하될 위험이 있었다. 이러한 기계적 시스템의 한계를 극복하기 위해 유압 시스템이 도입되었다. 유압식 스티어링 시스템은 유압 펌프와 유압식 솔레노이드 밸브를 사용하여 스티어링 휠의 회전 토크를 보조하는 방식으로 작동한다. 유압 펌프는 엔진의 동력을 이용해 유체 압력을 발생시키며, 이 압력은 솔레노이드 밸브를 통해 제어되어 스티어링 기어박스에 전달된다. 이로 인해 운전자가 스티어링 휠을 조작할 때 필요한 힘이 크게 줄어들며, 특히 저속에서나 주차 시 유압의 도움으로 정밀하고 부드러운 조향이 가능하게 되었다. 이러한 유압식 스티어링 시스템은 조향 시 피로를 줄여주고 차량의 조작성을 향상시키는 중요한 역할을 했다[3]. 유압식 브레이크 시스템의 도입 역시 자동차 제동 성능에 큰 변화를 가져왔다. 유압식 브레이크는 브레이크 페달을 밟으면 마스터 실린더에서 발생하는 유압이 브레이크 라인을 통해 각 휠의 캘리퍼로 전달되어 브레이크 패드가 디스크를 잡아 제동력을 발생시키는 방식이다. 이 시스템은 유압의 힘을 이용하여 운전자가 적은 힘으로도 큰 제동력을 얻을 수 있게 해준다. 또한, 유압은 압력 손실이 적고, 빠른 반응 속도로 인해 브레이크 시스템의 반응성을 크게 향상시켰다. 이로 인해 유압식 브레이크는 고속 주행에서의 제동력 안정성을 제공하며, 다양한 주행 환경에서 일관된 제동 성능을 유지할 수 있었다[8,9]. 유압 시스템의 도입은 기계적 시스템의 한계를 극복하며, 차량의 제어성과 운전자의 피로도를 크게 개선했다. 그러나 유압 시스템은 여전히 엔진 동력을 직접 사용하여 유압 펌프를 구동해야 했으며, 이에 따른 에너지 손실이 존재했다. 또한, 시스템이 복잡해질수록 유압 라인 내 누유 등의 문제로 인해 유지보수가 까다로워지는 단점도 있었다. 이러한 유압 시스템의 제약은 이후 전자 제어 시스템의 발전과 함께 개선되었으며, 보다 정밀하고 효율적인 차량 제어 시스템으로의 전환이 가능해졌다.

1.2.2 ECU와 MCU를 이용한 전자 제어 및 임베디드 시스템으로 발전

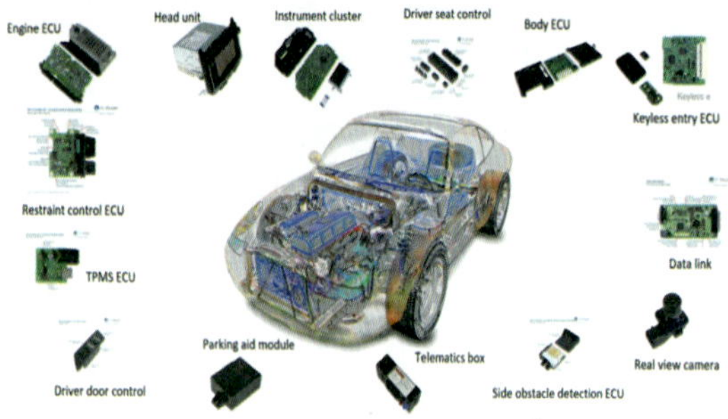

그림 1.4 ECU(출처 : SILVACO)

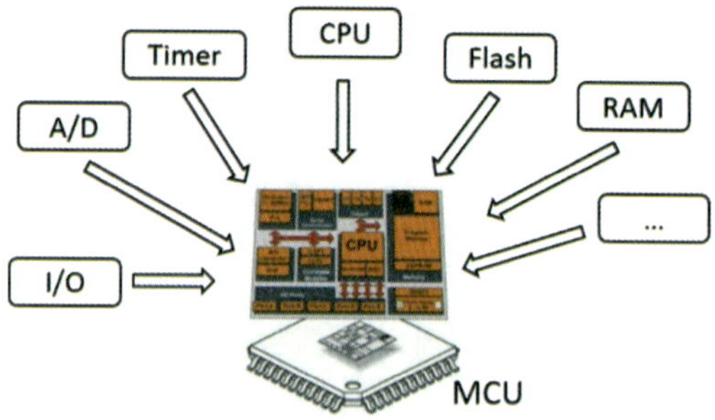

그림 1.5 MCU

유압 시스템은 초기 기계 시스템의 한계를 극복하면서 운전자의 물리적 피로를 감소시키고 제어 성능을 향상시켰지만, 점점 복잡해지는 차량의 기능적 요구와 성능 향상을 완전히 충족시키기에는 한계가 있었다. 특히, 엔진 성능을 최적화하려면 연료 분사 및 점화 타이밍을 매우 정밀하게 제어할 필요가 있었으나, 유압 시스템은 물리적 유체의 흐름에 의존하기 때문에 반응 속도가 제한적이었다. 이 문제를 해결하기 위해 등장한 것이 전자 제어 장치(ECU, Electronic Control Unit)[6]와 마이크로컨트롤러(MCU, Microcontroller Unit)[7]였다. ECU는 센서와 액추에이터 간의 데이터를 실시간으로 처리하여, 연료 분사량과 점화 시점을 최적화함으로써 연비를 높이고 배기가스 배출을 줄이는 역할을 수행했다. 전자 제어 시스템은 유압 시스템이 가지는 물리적 제약을 뛰어넘어 더 빠르고 정확한 반응을 제공했다. 예를 들어, 안티록 브레이크 시스템(ABS)[5]은 휠의 잠김을 방지하기 위해 실시간으로 브레이크 압력을 조절할 수 있으며, 이는 유압 시스템만으로는 불가능한 정밀한 제어를 구현했다. 이 외에도 차선 유지 보조 시스템(Lane Keep Assist), 어댑티브 크루즈 컨트롤(Adaptive Cruise Control)과 같은 첨단 운전자 지원 시스템(ADAS)이 ECU와 MCU를 통해 보다 쉽게 구현될 수 있었다. 또한, 전자 시스템의 도입은 차량 진단과 유지보수에도 큰 변화를 가져왔다. 복잡한 유압 시스템은 고장이 발생할 경우 원인을 진단하는 데 시간이 오래 걸리고 수리 비용이 많이 들었다. 하지만 온보드 진단 시스템(OBD, On-Board Diagnostics)[10]을 통해 ECU는 차량 상태를 지속적으로 모니터링하고, 문제가 발생하면 오류 코드를 기록하여 신속한 진단을 가능하게 했다. 이로 인해 유지보수가 용이해졌고, 차량 수리 비용을 절감하는 효과를 가져왔다. ECU와 MCU의 도입으로 차량 제어 시스템은 높은 정밀도와 빠른 반응 속도를 제공하며, 다양한 복합 기능을 구현할 수 있게 되었다. 하지만 이러한 전자 장치의 증가로 인해 시스템 간 통합이 중요한 과제로 떠올랐다[2]. 이 문제를 해결하기 위해 도입된 것이 바로 Bosch가 개발한

CAN(Controller Area Network) 버스였다[11]. CAN 버스는 차량 내 다양한 ECU 간의 실시간 통신을 가능하게 하여, 각 시스템이 개별적으로 통신하는 대신 단일 통신 네트워크를 통해 데이터를 교환하도록 함으로써 배선 구조를 대폭 간소화했다. 초기 전자 시스템은 각 시스템이 개별적으로 배선되어 있었으며, 이로 인해 차량 내 배선 길이가 기하급수적으로 증가하고, 설치와 유지보수가 복잡해졌다. 그러나 CAN 버스를 도입함으로써 모든 ECU와 전자 장치가 단일 네트워크를 통해 상호 통신할 수 있게 되었고, 복잡한 배선 구조를 단순화함으로써 차량의 무게 감소와 공간 효율성까지 향상되었다. 특히, CAN은 고속(최대 1 Mbps) 통신을 지원하여 엔진 제어, ABS와 같은 실시간 제어가 필요한 시스템에서 신속하고 정확한 데이터 처리가 가능하게 했으며, 저속 CAN은 창문 제어나 좌석 조정과 같은 비실시간적 시스템에서의 에너지 절약 모드를 제공했다. 결론적으로, 전자 시스템의 도입과 함께 차량 내 실시간 통신 네트워크의 발전은 차량 제어의 정밀성, 속도, 통합성을 극대화하였으며, 향후 더욱 복잡한 임베디드 시스템을 구현하기 위한 필수적 기술 기반이 되었다. CAN 버스는 차량 내 다양한 시스템 간의 통합과 실시간 데이터 교환을 통해, 전자 제어 시스템의 효율성과 신뢰성을 크게 향상시켰다.

1.2.3 SDV: 하드웨어 중심에서 탈피한 소프트웨어 중심의 차량으로 발전

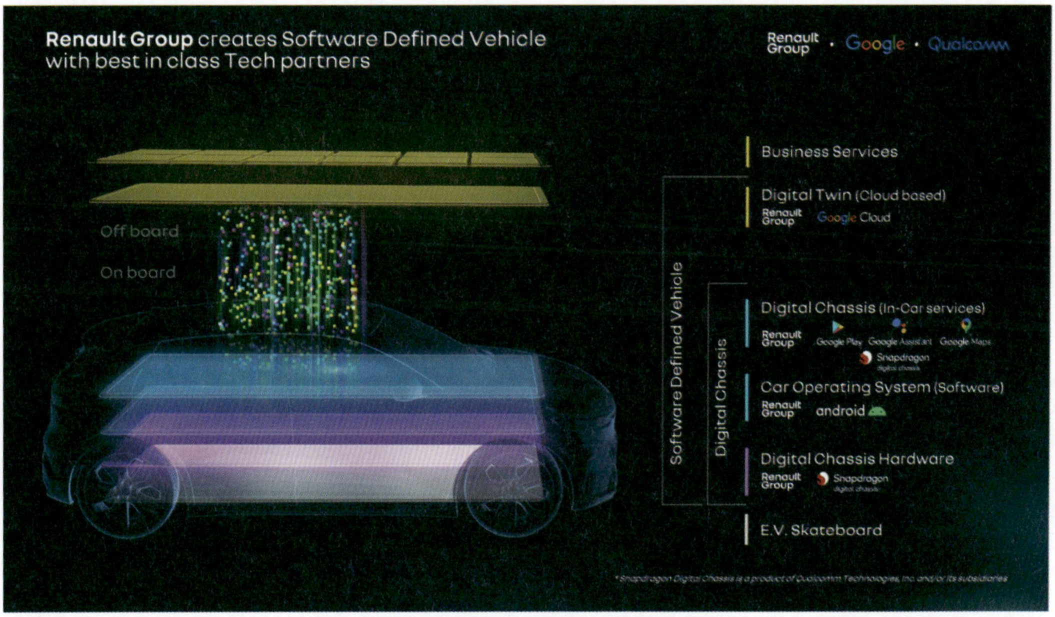

그림 1.6 SDV(출처 : Renault Group)

자동차 산업은 전기차와 자율주행차 기술의 등장으로 급격한 변화를 겪으며, 전통적인 하드웨어 중심 설계에서 소프트웨어 중심으로의 전환이 이루어지고 있다. 차량의 경쟁력은 이제 엔진 성능과 같은 하드웨어 요소보다 차량 성능과 안정성, 편의성, 그리고 다양한 기능을 제공하는 소프트웨어에 의해 좌우된다. 소프트웨어 정의 차량(Software-Defined Vehicle, SDV)[4]은 이러한 필요성에서 비롯된 개념으로, 차량의 구동 및 제어는 물론 유지보수 방식까지 소프트웨어에 의해 좌우되는 차량을 의미한다. 특히 전기차와 자율주행차가 대표하는 미래 차량에서는 소프트웨어가 주도적인 역할을 해야 하며, 이를 통해 다양한 기능을 구현하고 유지보수할 수 있다. 이에 따라 SDV는 현대 자동차의 필수 요소로 자리 잡고 있다. 자동차 기술의 초기 단계에서는 기계적 링크와 유압 시스템이 차량의 기본적인 제어 기능을 담당했다. 그러나 ECU와 MCU와 같은 전자 제어 장치의 도입으로 인해 차량 기능이 대폭 향상되면서, 차량 내 전자 장치와 소프트웨어의 양이 빠르게 증가하게 되었다. 예를 들어, 2010년에는 차량 제어에 사용되는 소프트웨어 코드가 약 1,000만 행에 불과했지만, 자율주행 기능을 탑재한 최신 차량에서는 3억에서 5억 행에 이르는 방대한 소프트웨어가 필요해졌다. 이렇게 증가한 소프트웨어는 다양한 기능을 제공하는 동시에, 오류 발생 확률을 높이고 이를 관리 및 유지보수하기 위한 비용을 증가시키는 요인이 된다. 기존의 실시간 임베디드 네트워크 시스템은 이제 자율주행, 인포테인먼트, 연결성 등 복잡한 기능들이 상호작용해야 하는 상황에서 비효율적이 되고 있으며, 차량의 성능 및 개발 효율성을 제한하게 된다. 기존 E/E(Electrical/Electronic) 아키텍처는 주로 하드웨어 중심으로 설계되었으나, 차량 내의 전자 장치 수가 급격히 증가하면서 소프트웨어와 하드웨어 간의 상호작용이 더욱 중요해졌다. 특히 고급차의 경우 약 100개의 ECU가 엔진, 브레이크, 에어백과 같은 다양한 전자 장치를 제어하고 있으며, 이러한 증가로 인해 하드웨어와 소프트웨어를 통합하여 제어하는 작업이 필수적이 되었다. 기존 시스템 하에서는 새로운 기능을 추가하거나 수정할 때마다 기존의 ECU와 소프트웨어를 재설계해야 하며, 이는 상당한 시간과 비용을 소모한다. 따라서 이러한 문제를 해결하기 위해서는 SDV로의 전환이 필수적이며, 소프트웨어 중심의 개발 패러다임이 필요하다. SDV는 서비스 지향 아키텍처(SOA, Service-Oriented Architecture)[13]와 무선 통신을 통한 OTA(Over-The-Air)[12] 업데이트 기능을 통해 소프트웨어의 유연성과 확장성을 확보한다. SOA는 소프트웨어를 모듈화하여 각 기능을 독립적으로 관리하고 업데이트할 수 있게 해 주며, OTA는 차량의 소프트웨어를 무선으로 실시간 업데이트하여 유지보수의 효율성을 극대화한다. 이를 통해 운전자는 정비소에 방문하지 않고도 차량의 기능을 최신 상태로 유지할 수 있으며, 새로운 기능의 추가나 버그 수정이 신속하게 이루어질 수 있다. OTA는 SDV의 핵심 기술로 자리 잡고 있으며, 이를 통해 소프트웨어 유지보수 비용을 절감하고 빠른 기능 개선을 가능하게 한다.

또한 SDV는 고성능 컴퓨터와 새로운 E/E 아키텍처를 통해 차량 내 네트워크 구조를 단순화하고 운영 효율성을 극대화한다. 고성능 중앙 컴퓨터(HPC, High-Performance Computing)를 활용해 다수의 ECU를 통합함으로써 차량의 여러 소프트웨어 모듈을 일괄적으로 관리할 수 있으며, 이를 통해 시스템 복잡성을 줄여 차량 성능을 향상시킨다. 차량의 데이터는 클라우드 서버에서 실시간으로 분석되어 결과가 차량에 반영되며, 클라우드 컴퓨팅을 통해 자율주행, 인공지능(AI) 등의 기술이 더욱 효율적으로 작동할 수 있다. 클라우드 기반의 데이터 처리 방식은 차량 내 컴퓨팅 자원을 최적화하고, 첨단 기능을 안정적으로 구현하는 데 필수적이다. 이와 같은 SDV의 발전은 자율주행 기술의 고도화와 맞물려, 자동차 산업의 미래에 필수적인 요소가 되고 있다. 인공지능의 발전으로 자율주행 기능이 향상되면서, SDV는 자율주행 시스템과 높은 수준의 상호작용을 통해 차량의 안전성과 성능을 높일 수 있다. SDV는 하드웨어와 소프트웨어 간의 경계를 허물며 고성능 컴퓨팅과 네트워크 기술을 바탕으로 다양한 기능을 효율적이고 안정적으로 제공하게 한다. SDV는 자율주행, 인포테인먼트, 연결성 등의 기능을 통합 관리할 수 있는 아키텍처로서, 자동차 산업의 미래에서 핵심적인 역할을 수행할 것으로 기대된다.

1.3 Future Automotive System

1.3.1 SDV의 구성과 핵심 기술

SDV(Software-Defined Vehicle)는 소프트웨어 개발 방식인 서비스 지향 아키텍처(SOA)를 차량에 적용한 개념으로, 주행 기능, 편의, 안전 기능 등 전반적인 차량 기능이 소프트웨어를 통해 구동되는 차량이다. 전통적인 차량은 기계, 즉 하드웨어가 중심이 되지만, SDV는 하드웨어와 완전히 분리된 소프트웨어를 중심으로 차량의 기능을 독립적인 서비스 단위로 나누어 관리하고 통합한다.

SDV의 서비스는 독립적으로 개발, 배포되며 클라우드와 OTA(Over The Air)를 통해 시간과 공간의 제약 없이 업데이트될 수 있다. 또 소프트웨어는 다른 서비스와 유기적으로 통신하고 협력하여 전체 시스템을 구성한다. SDV에 탑재되는 소프트웨어의 개발 방법론에 대해서 "Chapter 4: Automotive Software Development Methodologies"에서 알아보고 무선통신 방식인 OTA에 관해서 "Chapter 7: Over-The-Air Updates"에서 상세히 다룰 것이다.

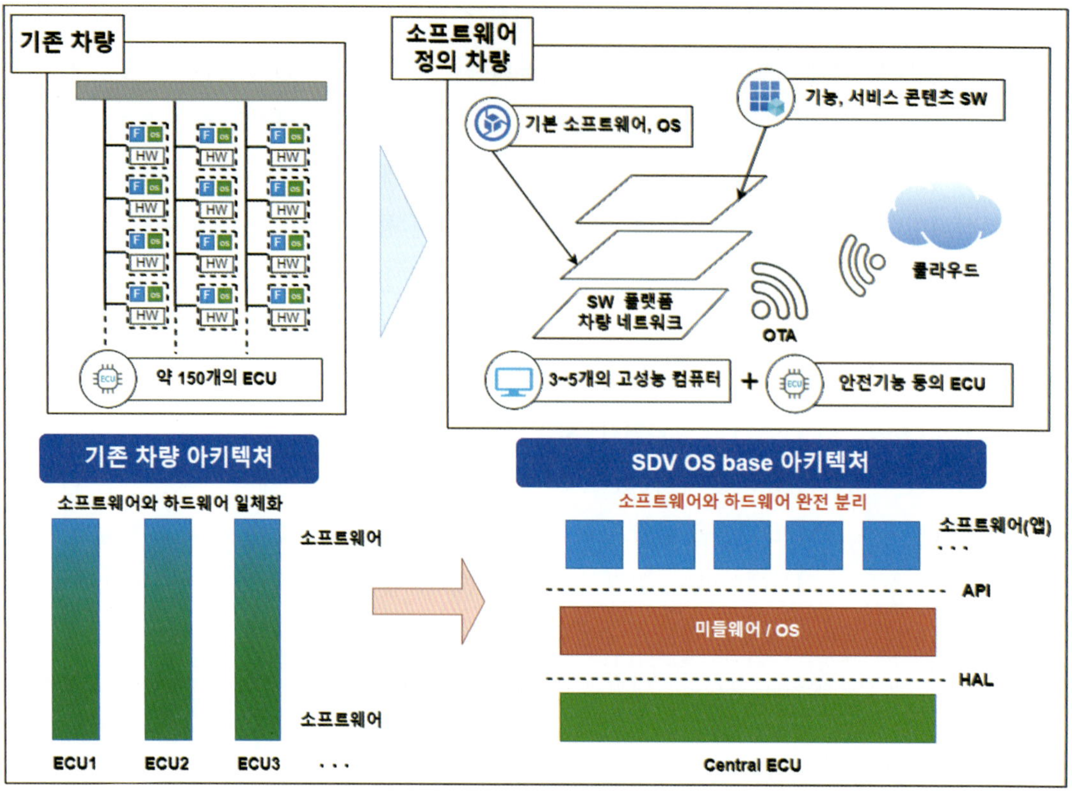

그림 1.7 SDV의 구성

미들웨어는 하드웨어와 소프트웨어 애플리케이션 사이를 연결해주는 소프트웨어 계층으로, 통신관리, 데이터 관리, 서비스 추상화, 보안 관리 등의 역할을 한다. 차량 OS는 차량 내에서 실행되는 소프트웨어 애플리케이션의 기본 운영 환경을 제공한다. 차량 OS는 다양한 하드웨어 자원을 관리하고, 애플리케이션 간의 자원 경쟁을 조정하며, 차량의 기능을 통합한다. 차량 OS 종류로 실시간 운영체제(RTOS), 리눅스 기반 OS, 안드로이드 OS 등이 있다. RTOS는 ADAS나 자율주행 같은 실시간 반응이 요구되는 시스템에 필수적이며 "블랙베리"에서 개발한 "QNX", "윈드리버"에서 개발한 "VxWorks" 등이 있다. 리눅스 OS는 오픈소스 기반이며 여러 자동차 제조사들이 참여하는 AGL(Automotive Grade Linux)이 대표적인 예이다. 안드로이드 OS는 구글이 개발한 차량 OS로, 주로 인포테인먼트 시스템에 사용되며 스마트폰과 연동, 안드로이드 생태계 구축이 주요 쟁점이다.

SDV의 복잡한 요구 사항을 충족시키기 위해 설계된 미들웨어와 OS, 애플리케이션의 통합 플랫폼 중 하나인 AUTOSAR(Automotive Open System Architecture)에 대하여 "Chapter 5: AUTOSAR"에서 상세히 다룰 것이다. 고도화된 소프트웨어의 사용으로 발생할 수 있는 불확실성과 안전 문제에 관련한 기준과 대응방법은 "Chapter 6: Automotive Safety"에서 상세히 다룰 것이다. 이후 이러한 변화들과 관련 기술이 집약되는 SDV의 구성과 작동방식, 소프트웨어의 발전에 대해서는 각각 "Chapter 8: Software-Defined Vehicles"과 "Chapter 9. Automotive Software Development for SDVs"에서 상세히 다룰 것이다.

1.3.2 SDV를 효율적으로 제어하기 위한 E/E 아키텍처 및 차량 네트워크 변화

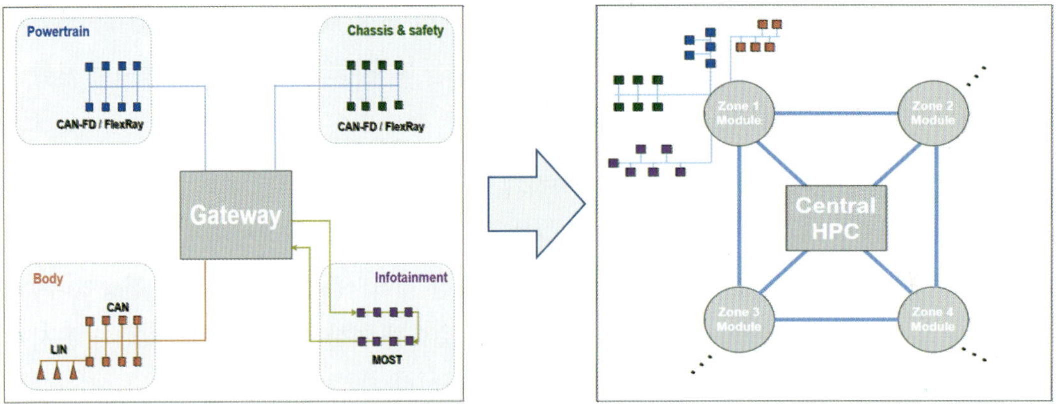

그림 1.8 **차량 E/E 아키텍처 변화**

차량 내 전자장치의 수가 증가하고 소프트웨어가 고도화되면서 차량 E/E 아키텍처가 변화하고 있다. 전통적인 차량 E/E 아키텍처는 기능별로 연결되어 ECU(Electronic Control Unit)에 의해 제어되는 구조였다. 현대에 이르러 차량 전송 데이터의 용량이 커지고 기능 상호간의 통신이 필요해짐에 따라 지역(Zone)으로 구분하여 지역 안에서 기능과 상관없이 센서와 액추에이터를 연결하는 Zonal 아키텍처 개념이 등장하였다. 예를 들어, 차량 전방 좌측부, 전방 우측부, 후방 좌측부, 후방 우측부 같이 지역으로 나누어 해당 지역에 있는 기능들을 연결한다. 중앙에서는 고성능 컴퓨터가 지역 간 통신을 제어한다.

Zonal 아키텍처는 여러 장점을 가진다. 먼저 지역별로 구분하여 전선 및 배선이 간소화된다. 이로 인해 차량의 제조와 조립의 효율성이 증가하고, 새로운 기능을 추가할 때 전선을 크게 수정할 필요가 없어 유연성과 확장성을 가진다. 또 지역별로 전력공급을 관리할 수 있어 전력 소비가 최적화된다. 마지막으로 중앙의 고성능 컴퓨터로 지역간 고속, 대용량 통신을 가능하게 하여 엔터테인먼트, 자율주행 등 고도화된 소프트웨어가 안정적으로 운영되는 환경을 제공할 수 있다.

차량 네트워크 구조에도 중요한 변화가 발생하고 있다. 기존의 CAN-BUS(Controller Area Network) 구조는 ECU간의 직렬 통신을 통해 데이터를 교환하는 방식으로, 단순한 통신 환경에서는 효과적이었지만, SDV 같은 복잡한 시스템에서는 한계가 있다. 이를 보완하기 위해 "SDN(Software-Defined Network)"과 "TSN(Time-Sensitive Networking)" 같은 최신 네트워크 기술이 도입되고 있다.

SDN은 네트워크의 제어와 데이터를 분리하는 개념으로, 차량 내의 다양한 통신 경로를 소프트웨어를 통해 중앙에서 제어할 수 있게 한다. 이는 네트워크의 유연성과 확장성을 크게 향상시켜, 새로운 서비스나 기능을 추가할 때 하드웨어의 물리적 변경 없이 소프트웨어 업데이트만으로 대응할 수 있다. SDN을 통해 차량의 네트워크 자원을 효율적으로 관리하고, 데이터 흐름을 최적화하여 차량 내 통신의 효율성을 높일 수 있다.

TSN은 시간에 민감한 데이터를 정확하고 신속하게 전송하기 위해 설계된 이더넷 기반의 네트워크 기술이다. TSN은 자율주행 시스템과 같은 시간에 민감한 애플리케이션에서 필수적이며, 데이터 패킷의 전송 지연을 최소화하고, 실시간으로 필요한 데이터를 보장된 품질로 전송할 수 있도록 한다. TSN은 특히 차량의 안전 관련 시스템에서 중요한 역할을 하며, 여러 ECU가 동시에 협력해야 하는 복잡한 작업에서도 안정적인 성능을 보장한다.

이러한 기술들은 차량 내 네트워크의 성능과 안정성을 높여주며, 점점 더 복잡해지는 SDV의 요구를 충족시키기 위한 필수적인 요소로 자리잡고 있다. 차량 네트워크의 다양한 종류와 이들의 발전 방향에 대해서는 "Chapter 2: In-Vehicle Networks"와 "Chapter 3: Evolution of In-Vehicle Networks"에서 더욱 자세히 다룰 것이다

1.3.3 미래 SDV 트렌드

미래의 SDV는 강력한 커넥티비티를 바탕으로 차량이 단순한 이동 수단을 넘어 다양한 기능을 수행하는 플랫폼으로 진화할 것이다. 차량은 5G 및 V2X 통신 기술을 통해 클라우드와 연결되어, 실시간 데이터 처리, 소프트웨어 업데이트, 차량 간 정보 공유 등을 수행할 수 있다. 이는 AI 기반의 최적 경로 안내, 교통 관리, 원격 진단 및 유지보수 등과 같은 스마트 모빌리티 서비스를 가능하게 할 것이다. 커넥티비티가 강화됨에 따라 사이버 보안의 중요성도 더욱 커지고 있으며, 이를 위한 다계층 보안 프로토콜과 실시간 위협 탐지 및 대응 기술이 필수적이다.

미래 SDV는 고성능 컴퓨팅과 AI 기술을 통해 차량 내에서의 실시간 데이터 처리와 다양한 애플

리케이션 실행을 가능하게 한다. 클라우드 컴퓨팅은 대규모 데이터 분석과 AI 모델 학습에 필요한 연산 능력을 제공하며, 엣지 컴퓨팅은 차량 내부에서 발생하는 데이터를 실시간으로 처리하여 지연 없이 반응할 수 있게 한다. 클라우드와 엣지 컴퓨팅의 결합은 자율주행 차량의 성능을 극대화할 뿐만 아니라, 차량의 정보처리 능력을 비약적으로 향상시켜 안전성과 효율성을 높인다.

이와 함께, 완전 자율주행을 구현하기 위해 고성능 센서(라이다, 레이다, 카메라), AI 기반 이미지 처리 및 인식 기술, 자율주행 알고리즘, V2X(Vehicle-to-Everything) 통신 기술이 개발되고 있다. 이 기술들은 실시간으로 수집된 데이터를 정확하게 처리하고, 차량 간 및 차량-인프라 간의 원활한 통신을 통해 보다 안전하고 효율적인 자율주행 환경을 구축할 것이다. 특히, 자율주행 알고리즘은 복잡한 도로 상황에서 신속하고 정확한 결정을 내리기 위해 고성능 컴퓨팅 파워와 결합되어 점점 더 고도화되고 있다.

미래 SDV는 이러한 기술적 발전을 통해 자동차 산업의 패러다임을 바꾸고, 차량의 역할을 이동하는 컴퓨터로 재정의할 것이다. 이에 따라, 각국의 자동차 제조사와 빅테크 기업들은 막대한 자본을 투입하여 SDV 관련 기술을 개발하고 있으며, 이는 SDV의 발전과 더불어 새로운 형태의 모빌리티와 서비스 생태계를 창출할 것으로 기대된다. SDV의 구체적 기술 동향과 미래 트렌드에 대해서는 "Chapter 10: Case Studies and Future Trends"에서 더욱 상세히 다룰 것이다.

References

[1] Leen, Gabriel, and Donal Heffernan. "Expanding automotive electronic systems." *Computer* 35.1 (2002): 88-93.

[2] Yu, Jiao, and Bogdan M. Wilamowski. "Recent advances in in-vehicle embedded systems." *IECON 2011-37th Annual Conference of the IEEE Industrial Electronics Society*. IEEE, 2011.

[3] Matsuoka, H. "Development and future outlook of steering systems." *JTEKT Engineering Journal* 1013E (2016): 8.

[4] Liu, Zongwei, Wang Zhang, and Fuquan Zhao. "Impact, challenges and prospect of software-defined vehicles." *Automotive Innovation* 5.2 (2022): 180-194.

[5] Aly, Ayman A., et al. "An antilock-braking systems (ABS) control: A technical review." *Intelligent control and Automation* 2.03 (2011): 186.

[6] Kaiser, Martin. "Electronic control unit (ECU)." *Gasoline Engine Management: Systems and Components*. Wiesbaden: Springer Fachmedien Wiesbaden, 2014. 254-259.

[7] Fleming, Bill. "Microcontroller units in automobiles [automotive electronics]." *IEEE Vehicular Technology Magazine* 6.3 (2011): 4-8.

[8] Lutanto, Agus, et al. "Advancements in Automotive Braking Technology for Enhanced Safety: A Review." *Multidisciplinary Innovations and Research in Applied Engineering* 1.1 (2024): 6-20.

[9] 余卓平, et al. "Review on hydraulic pressure control of electro-hydraulic brake system." *Journal of mechanical Engineering* 53.14 (2017): 1-15.

[10] Klinedinst, Dan, and Christopher King. "On board diagnostics: Risks and vulnerabilities of the connected vehicle." *CERT Coordination Center, Tech. Rep* (2016).

[11] HPL, Steve Corrigan. "Introduction to the controller area network (CAN)." *Application Report SLOA101* (2002): 1-17.

[12] Malik, Asad Waqar, et al. "Over-the-air software-defined vehicle updates using federated fog environment." *IEEE Transactions on Network and Service Management* 19.4 (2022): 5078-5089.

[13] Papazoglou, Mike P., and Willem-Jan Van Den Heuvel. "Service oriented architectures: approaches, technologies and research issues." *The VLDB journal* 16 (2007): 389-415.

제 2 장

차량 내부 네트워크 (In-vehicle Networks)

김태우

| 목차 |

2.1 소개

2.1.1 개요

최근 컴퓨터 하드웨어와 처리 능력의 발전은 자동차 산업에 혁신을 가져왔으며, 차량 내 전자 시스템의 급속한 성장으로 이어졌다. 최신 차량에는 다양한 시스템을 지원하는 다수의 센서와 프로세서가 탑재되어, 운전자에게 종합적인 상황 인식을 제공하고 주행을 보조하며, 내부 성능을 모니터링한다. 새로운 전자 센서와 애플리케이션이 추가되면서, 독립형 전자 제어 장치(ECU)의 사용이 확산되어 복잡한 차량 내 네트워크가 형성되었다[1].

초기에 제한된 수의 구성 요소 간 기본적인 통신을 위해 설계된 차량 내 네트워크는 꾸준히 발전해왔다. 특히, CAN(Controller Area Network)과 같은 버스 기반 네트워크의 도입은 배선의 복잡성을 줄이고 ECU 간의 통신을 크게 개선했다. 그러나 인포테인먼트 시스템과 첨단 운전자 보조 시스템(ADAS)의 등장은 ECU의 수와 데이터 대역폭 요구를 증가시켜, 기존의 버스 기반 네트워크에 상당한 대역폭 문제를 야기했다[2]. 따라서, 새로운 차량 내 네트워크 기술은 고대역폭 통신을 지원하면서도 비용 효율적이어야 하며, 사이버 위협으로부터의 보안을 포함한 다양한 기능을 제공해야 한다[3].

본 챕터에서는 차량 내 네트워크의 구조와 프로토콜을 심도 있게 살펴본다. 차량 내 네트워크의 필수 요구 사항을 검토하고, CAN 및 LIN(Local Interconnect Network)과 같은 기존 프로토콜의 데이터 프레임과 전송 표준을 설명한다. 이어서, CAN의 확장안인 CAN FD, FlexRay, MOST, 그리고 이더넷 등 최신 네트워크를 자세히 살펴보고, 각 네트워크에서 데이터 충돌 방지, 무결성 보장, 실시간성 확보를 위해 어떤 기술이 사용되는지를 분석한다.

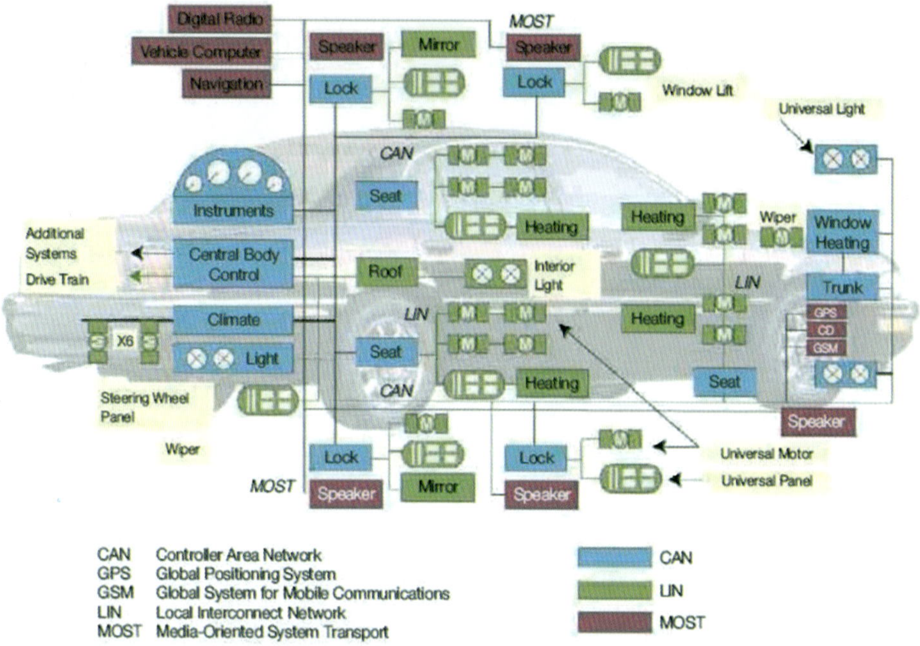

그림 2.1 차량 통신 네트워크의 구성[4]

2.1.2 In-vehicle Network의 종류

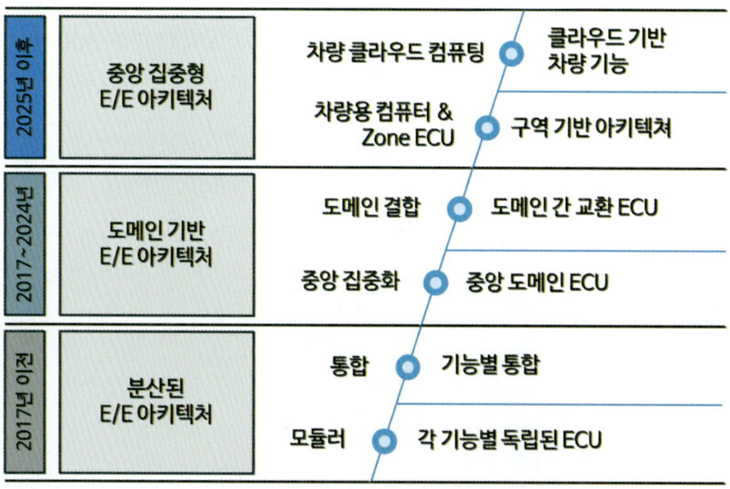

그림 2.2 E/E 아키텍처의 토폴로지 개발 로드맵[5]

차량 내 네트워크는 간단한 센서와 액추에이터 연결부터 복잡한 안전 시스템 및 인포테인먼트 시스템에 이르기까지 다양한 차량 시스템의 원활한 작동을 보장하는 데 매우 중요하다. 각 프로토콜은 특정 애플리케이션에 최적화된 독특한 장점을 제공한다.

로컬 인터커넥트 네트워크(LIN)은 저속, 저비용 애플리케이션용으로 설계되어 창문 제어, 시트 조정, 공조 시스템 등 높은 대역폭이 필요하지 않은 작업에 이상적이다. 최대 20kbps의 데이터 속도와 단일 와이어 비차폐 케이블을 사용하는 LIN은 단순하고 비용 효율적이어서 고속이나 광범위한 오류 검사가 필요하지 않은 하위 시스템에 통합하기에 적합하다.

컨트롤러 영역 네트워크(CAN)은 엔진 관리, 변속기 제어, ABS 시스템과 같은 실시간 제어 애플리케이션에 널리 사용되는 프로토콜이다. 표준 CAN의 경우 최대 1Mbps, CAN FD의 경우 최대 5Mbps의 데이터 속도를 지원하며, 이중 와이어 케이블을 사용해 전자기 간섭을 최소화한다. CAN은 강력한 오류 감지 기능을 통해 안정적이고 신뢰할 수 있는 통신을 제공한다.

FlexRay는 안전이 중요한 애플리케이션에서 고속의 결정론적 데이터 전송에 대한 요구를 충족시키기 위해 개발되었다. 최대 10Mbps의 데이터 속도와 트위스트 페어 및 광섬유 케이블을 모두 활용하는 FlexRay는 어댑티브 크루즈 컨트롤 및 전자식 안정성 제어와 같은 첨단 안전 시스템에 사용된다. 내결함성 및 이중화 아키텍처는 중요한 메시지를 제시간에 전달할 수 있도록 보장한다.

미디어 지향 시스템 전송(MOST)은 특히 멀티미디어 및 인포테인먼트 시스템에 적합하며 최대 150Mbps의 데이터 속도를 제공한다. 플라스틱 광섬유(POF)와 구리 케이블을 사용하는 MOST는 동기와 비동기 데이터 전송을 모두 지원하여 고품질 오디오, 비디오, 내비게이션 및 텔레매틱스 애플리케이션에 이상적이다. 확장 가능한 아키텍처를 통해 다양한 멀티미디어 구성 요소를 유연하게 통합할 수 있어 차량 내 엔터테인먼트 경험을 향상시킬 수 있다.

차량용 이더넷은 100Mbps에서 10Gbps에 이르는 높은 데이터 속도와 대역폭의 이점을 제공하여 운전자 보조 시스템(ADAS), 인포테인먼트, 무선(OTA) 업데이트, V2X(차량과 사물 간의 통신) 등의 수요를 원활하게 처리할 수 있다. 이더넷의 표준화된 기술과 높은 범용성은 다양한 애플리케이션을 효과적으로 지원한다.

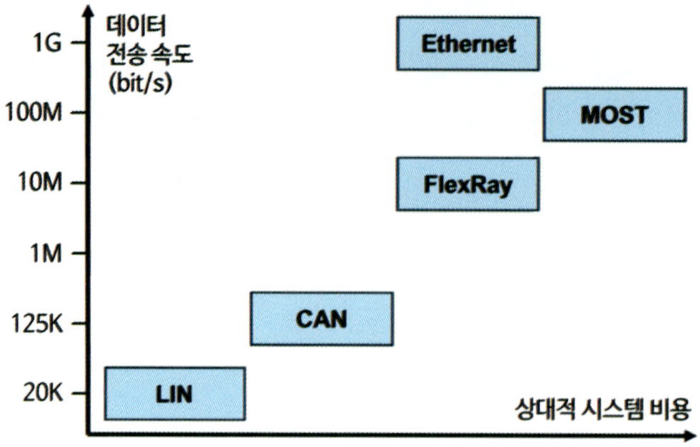

그림 2.3 차량 내 네트워크 프로토콜의 데이터 속도 및 통신 비용 비교[6]

표 2.1 차량 내 네트워크별 특징과 요구사항[7]

네트워크	시스템 비용	최대 효율	상대적 오류 허용 한도	MAC 메커니즘	전형적인 토폴로지	보안 위협
LIN	낮음	11.2K or 19.6K	낮음	폴링	버스	낮음
CAN	낮음-중간	125K or 500K	낮음-중간	CSMA/CA	대부분 버스	높음
FlexRay	중간	5M or 10M	높음	TDMA	버스, 스타, 하이브리드	중간
MOST	높음	100M	중간	시간 분할 CSMA	링	중간-높음
이더넷	중간	25M	중간-높음	CSMA/CD PLCA	Point-to-Point	높음

2.2 In-Vehicle Network 특징

2.2.1 특징

차량에 내장된 전자 시스템의 수와 복잡성이 증가함에 따라 차량 내 네트워크의 복잡성 또한 증가했다. 이로 인해 차량 내 시스템에 대해 성능, 신뢰성, 비용 효율성, 그리고 출시 기간 단축에 대한 요구가 높아지고 있다[1].

차량 내 네트워크를 설계하려면 이러한 자동차 도메인의 엄격한 요구 사항을 충족해야 한다. 차량 내 네트워크는 일반적으로 다음과 같은 주요 성능 속성을 갖고 있다.

2.2.1.1 신뢰성 (Reliability)

신뢰성이란 서비스의 연속성을 의미하며, 이는 차량 내 네트워크가 시간이 지나도 고장 없이 일관되게 기능을 수행할 수 있음을 보장한다. 안정적인 차량 내 네트워크는 다양한 전자 제어 장치(ECU) 간의 통신이 원활하고 중단 없이 이루어지도록 보장한다. 예를 들어, 마이크로컨트롤러와 디바이스가 호스트 컴퓨터 없이 서로 통신할 수 있도록 설계된 강력한 차량 버스 표준인 CAN 버스는 고가용성을 염두에 두고 설계되었다. 오류 감지 및 오류 제한과 같은 기능을 통합하여 장애 조건에서도 네트워크 가용성을 유지한다.

시간 트리거 프로토콜(TTP)을 구현함으로써, 안전이 중요한 애플리케이션에서 필수적인 결정론적 통신을 가능하게 할 수 있다[7]. 스트레스 테스트 및 결함 주입을 포함한 엄격한 테스트 및 검증 프로세스를 통해 차량 작동에 영향을 미치기 전에 잠재적인 문제를 식별하고 수정함으로써 신뢰성을 확보할 수 있다. 또한 이상 징후를 조기에 감지하고 필요한 업데이트 또는 수리를 수행하기 위해서는 지속적인 모니터링과 유지보수도 중요하다.

2.2.1.2 안전성 (Safetya)

안전성은 차량 내 네트워크의 필수적인 속성으로, 유해한 결과를 피할 수 있는 시스템의 능력에 중점을 둔다. 여기에는 네트워크가 승객, 보행자 또는 기타 도로 사용자에게 위험을 초래하지 않고 차량의 운행을 지원할 수 있도록 보장하는 것이 포함된다. 예를 들어, 고장 안전 및 고장 작동 시스템과 같은 안전 메커니즘을 이용하면 고장 발생 시 차량이 안전하게 정지하거나 안전하게 정지할 수 있을 때까지 제한된 용량으로 계속 작동할 수 있다. 이러한 메커니즘은 네트워크 안전이 전체 차량 안전에 직접적인 영향을 미치는 자율 주행 및 ADAS와 같은 애플리케이션에 매우 중요하다[8].

ISO 26262[9] 표준은 자동차 산업에서 기능 안전에 대한 표준이다. 이 표준은 잠재적 위험을 식별하고, 위험을 평가하며, 차량 내 네트워크에서 이러한 위험을 완화하기 위한 조치를 구현하기 위한 포괄적인 프레임워크를 제공한다[10].

2.2.1.3 기밀성 (Confidentiality)

기밀성은 정보에 대한 무단 접근을 방지하고, 차량 내 네트워크 내에서 전송되는 데이터를 외부 위협으로부터 안전하게 보호하는 기능을 의미한다. 도로 차량용 사이버 보안 엔지니어링에 관한 ISO/SAE 21434[11] 표준은 자동차 시스템 내의 민감한 정보를 보호하기 위한 지침을 제공한다. 이 표준은 위험 관리, 위협 분석, 데이터 보호를 위한 보안 조치 구현 등 사이버 보안의 다양한 측면을 다룬다.

기밀성을 보장하기 위해 차량 내 네트워크는 전송 중 데이터를 보호하기 위해 TLS(전송 계층 보안) 및 IPsec(인터넷 프로토콜 보안)과 같은 암호화 프로토콜을 사용할 수 있다[12]. 이러한 프로토콜은 데이터가 중간에 가로채지더라도 권한 없는 자가 데이터를 읽거나 변조할 수 없도록 보장한다.

2.2.1.4 무결성 (Integrity)

무결성은 네트워크 내에서 교환되는 데이터가 정확하고 일관되며 변경되지 않도록 보장한다. 이러한 특성은 엔진 제어부터 안전 시스템에 이르기까지 다양한 차량 시스템이 올바르게 작동하는 데 필수적이다.

차량 내 네트워크의 데이터 무결성은 체크섬, 암호화 해시, 디지털 서명 등 다양한 기술을 통해 유지된다. 이러한 방법을 통해 데이터 변경을 즉시 감지하고 수정할 수 있으므로 잘못된 정보가 차량 운행에 영향을 미치는 것을 방지할 수 있다[13]. 또한 네트워크의 여러 부분에서 데이터의 일관성을 검증하기 위해 중복 데이터 경로와 교차 검사 메커니즘이 사용된다.

2.2.1.5 유지보수성 (Maintainability)

유지보수성은 차량 내 네트워크의 중요한 측면으로, 이러한 시스템을 수리, 업데이트 또는 수정할 수 있는 용이성을 의미한다. 유지보수성이 높으면 차량이 새로운 기술에 적응하고 수명이 다할 때까지 효율적으로 작동할 수 있다.

통합 진단 서비스(UDS)로 알려진 ISO 14229[14] 표준은 차량 진단 및 유지보수를 위한 포괄적인 프레임워크를 제공한다. UDS는 효율적인 문제 해결, 시스템 업데이트 및 수정을 용이하게 하여 차량 내 네트워크의 기능을 최신 상태로 유지한다.

모듈식 설계와 표준화된 인터페이스를 통해 전체 시스템에 영향을 주지 않고 개별 구성 요소를 쉽게 교체하거나 업그레이드하여 유지보수성을 확보할 수 있다. 그리고 원격 진단 및 무선(OTA) 업데이트는 차량이 물리적인 개입 없이도 소프트웨어 업데이트를 받고 시스템 점검을 수행할 수 있도록 한다[15].

2.2.2 데이터 유형

차량 내 네트워크는 차량 기능, 진단 및 운전자 정보에 중요한 다양한 데이터를 전송한다. 자동차 전자장치는 하나의 시스템으로 간주되지만, 파워트레인, 섀시, 차체, 인포테인먼트와 같은 여러 하위 시스템 또는 도메인으로 나눌 수 있다. 각 하위 시스템에는 기계적 장치와 자체 제어 장치가 있으며, 다른 하위 시스템과 독립적으로 작동하지만, 상호협력한다[16].

표 2.2 **하위 시스템별 연결 요구 사항 요약[16]**

하위 시스템	설명	요구 대역폭	지연 시간	신뢰성
파워 트레인	동력 생성 및 전달	낮음	엄격함	높음
섀시	조향, 브레이크, 서스펜션 제어	낮음	엄격함	높음
차체	에어컨, 창문, 조명 등 제어	낮음	느슨함	낮음
인포테이먼트	정보 및 엔터테인먼트 제공	높음	느슨함	낮음

2.2.2.1 파워 트레인(Power Train)

파워트레인에는 엔진, 변속기, 샤프트, 휠 등 동력을 생성하고 차량을 구동하는 구성 요소가 포함된다. 최신 파워트레인에는 승차감을 높이고 배기가스를 줄이며 연비와 안전성을 개선하기 위한 센서와 액추에이터가 장착되어 있다. 이러한 센서는 오일 흐름, 실린더 압력, 속도, 토크, 각도, 부피, 위치, 안정성 등의 매개변수를 모니터링한다. 첨단 파워트레인 시스템은 정밀한 제어와 실시간 데이터 처리가 필요하며, 마이크로초 이내에 결과를 제공해야 할 수 있다. 파워트레인 시스템에서 실시간 통신을 위해 CAN, FlexRay, 차량용 이더넷 등이 사용된다.

2.2.2.2 섀시 (Chassis)

섀시 하위 시스템은 파워트레인과 브레이크, 스티어링, 서스펜션 등 주행에 필요한 기타 부품을 지원하는 구조적 프레임워크를 제공한다. 예를 들어 잠김 방지 브레이크 시스템(ABS), 전자식 주행 안정화 컨트롤(ESC) 등이 포함된다. 섀시 영역의 센서와 액추에이터는 차량의 안정성, 제어 및 안전을 보장한다. 파워트레인과 마찬가지로 섀시 시스템 역시 주행 조건에 적시에 정확하게 대응하기 위해 엄격한 지연 요구 사항을 가지고 있다.

2.2.2.3 차체 (Body)

차체 하위 시스템에는 실내 온도 조절, 시트 조정, 창문 롤링, 조명 등 편안함과 편의성을 향상시키는 구성 요소가 포함된다. 이러한 시스템은 일반적으로 대역폭 요구 사항이 낮으며 약간의 지연이 있더라도 견딜 수 있다.

2.2.2.4 인포테인먼트 (Infotainment)

인포테인먼트 하위 시스템은 차량의 전자장치와 사용자 간의 상호 작용을 보조하며 엔터테인먼트와 정보를 제공한다. 여기에는 멀티미디어 시스템, 텔레매틱스 시스템 등이 포함된다. 이 시스템은 블루투스, Wi-Fi, 셀룰러 네트워크 등을 통해 모바일 장치와 다른 차량 하위 시스템과 통합하여 진단 데이터를 표시하고 다양한 기능을 제어한다. 인포테인먼트 시스템은 높은 대역폭이 필요하지만 지연 요구 조건은 느슨하다.

2.2.3 In-vehicle Network 구조

2.2.3.1 네트워크 토폴로지

네트워크 토폴로지란 노드(디바이스)와 연결(케이블 등)이 어떻게 구성되고 서로 상호 작용하는지를 포함하는 네트워크의 배열 또는 구조를 말한다. 이는 데이터가 전송되는 방식, 디바이스간의 통신 방식, 네트워크의 전반적인 성능과 안정성을 결정한다[17]. 네트워크 토폴로지에는 크게 버스, 링, 스타, 토폴로지가 있다.

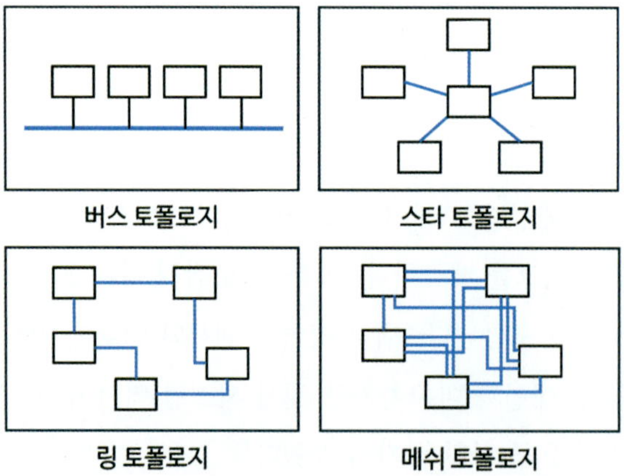

그림 2.4 주요 네트워크 토폴로지의 개념도

- 버스 토폴로지 : 모든 노드는 탭 라인을 통해 하나의 중앙 케이블(버스)에 연결된다. 한 노드에서 보낸 메시지는 다른 모든 노드에서 수신된다. 간단하고 비용 효율적이며 새로운 노드를 쉽게 추가할 수 있으며 한 노드에 장애가 발생해도 다른 노드 간의 통신에는 영향을 미치지 않는다는 장점이 있다. 다만 중앙 케이블에 결함이 있으면 전체 네트워크 장애로 이어질 수 있다.
- 스타 토폴로지 : 모든 노드가 중앙 허브(노드 또는 스위치)에 연결된다. 각 노드에서 중앙 허브로 데이터를 전송하면 중앙 허브가 이를 적절한 목적지로 중계한다. 이 역시 각 노드에서는 장애가 발생해도 네트워크에는 영향을 미치지 않지만, 중앙 허브에 장애가 발생하면 전체 네트워크가 다운될 수 있다.
- 링 토폴로지 : 각 노드는 인접한 두 개의 노드에 연결되어 닫힌 루프를 형성한다. 데이터는 한 방향(싱글 링) 또는 양방향(더블 링)으로 이동한다. 한 노드에 장애가 발생하면 네트워크에 영향을 끼칠 수 있으며, 단일 링에서는 노드를 넘어서는 메시지 전송이 불가능하다[7].
- 메쉬 토폴로지 : 각 노드가 모두 하나 이상의 노드에 연결된다. 모든 노드가 다른 모든 노드와 연결되면 풀 메쉬가 된다. 하나의 연결이 실패할 경우 메시지의 경로를 다시 지정할 수 있어 안정성이 높지만, 필요한 연결 수가 많기 때문에 구현 비용이 높다.
- 하이브리드 토폴로지 : 기본 토폴로지만으로 요구사항을 충족할 수 없을 경우 서로 다른 기본 토폴로지의 요소를 결합하여 사용할 수 있다. 스타-버스 또는 스타-링 조합 등이 있다.

2.2.3.2 차량 네트워크

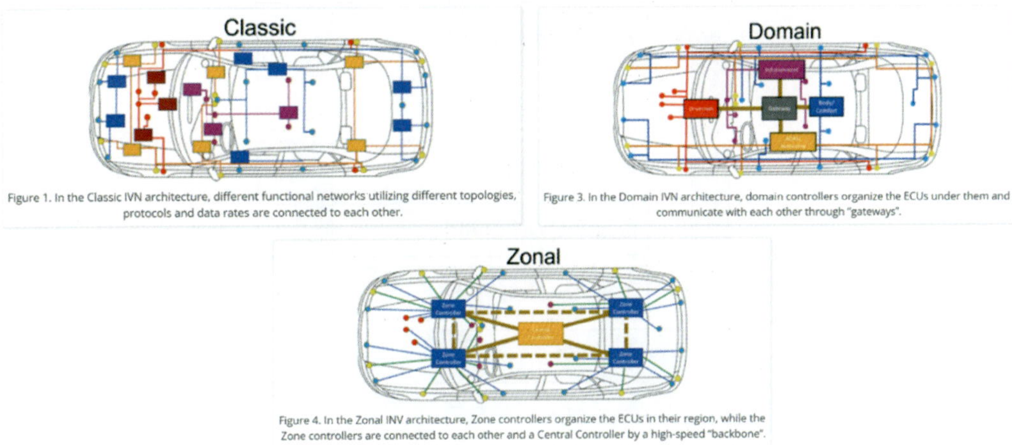

그림 2.5 주요 차량 네트워크 아키텍처의 형태[18]

클래식 차량 아키텍처에서는 차량 내 전자 제어 장치(ECU)가 차량 전체에 분산되어 있으며, 각각 제어하는 센서 또는 모터 근처에 배치된다. 모든 ECU는 무겁고 비싼 케이블 네트워크로 연결된다. 이 아키텍쳐는 ECU의 수가 증가함에 따라 효율성이 떨어지게 되며, 따라서 차량 내 ECU의 수가 증가함에 따라 현재 최신 차량에 사용되는 도메인 아키텍처가 등장하였다.

도메인 아키텍쳐에서 ECU를 인포테인먼트, 파워트레인 등과 같이 기능 그룹 또는 도메인으로 묶어 중앙 집중화한다. 각 도메인은 서로 다른 도메인 간의 통신을 관리하는 게이트웨이를 통해 연결된다. 서로 다른 도메인은 서로 다른 물리적 레이어와 버스 시스템을 사용할 수 있다. 게이트웨이는 서로 다른 도메인 간의 변환을 처리하고 모든 ECU 간의 원활하고 정확한 통신을 보장한다.

최신 차량 네 네트워크 아키텍처를 구역(Zonal) 기반 아키텍처라고 한다. 구역 기반 아키텍처에서는 구역 컨트롤러(Zone Controller)라고 하는 메인 컨트롤러가 차량의 각 섹션(예: 전면 왼쪽, 전면 오른쪽)에 위치한다. 센서와 액추에이터는 구역 컨트롤러에 직접 연결되며, 구역 컨트롤러가 인터페이스 장치와 가깝기 때문에 연결에 필요한 케이블 길이가 상대적으로 짧아 무게와 비용을 줄일 수 있다[19]. 그리고 각 구역 컨트롤러는 고속 데이터 백본을 통해 중앙 컨트롤러와 연결된다. 구역 기반 아키텍쳐에 대한 설명은 5.1.2장에 상세하게 있다.

2.2.4 OSI 레이어와 In-vehicle network

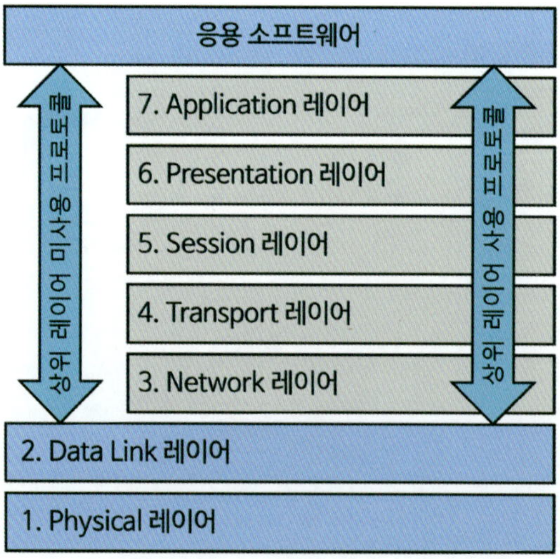

그림 2.6 네트워크 통신의 OSI 7계층

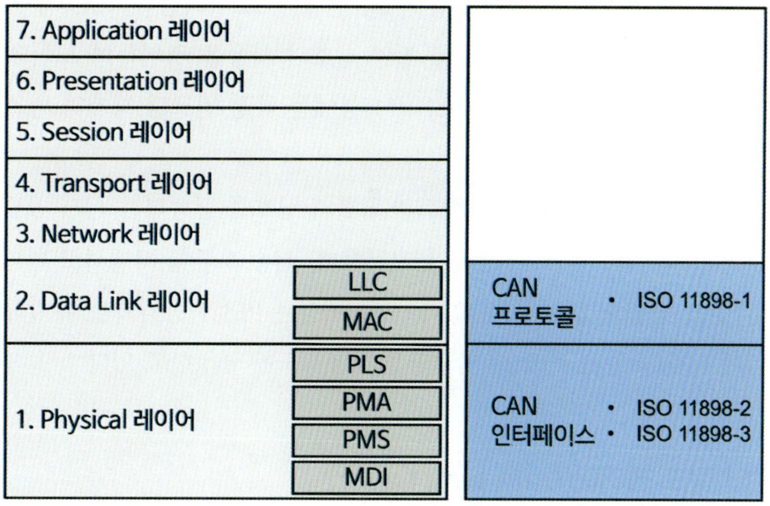

그림 2.7 CAN 표준과 OSI 7계층

차량 내 네트워크는 엄격한 시간 제약이 있는 실시간 통신을 처리하도록 설계되었기 때문에 일반적인 네트워크에 비하여 간소화된 통신이 필요하다. 따라서 차량 내 네트워크는 물리 및 데이터 링크 레이어의 표준화와 통신 프로토콜에 중점을 두어, 복잡성을 최소화하고 처리 오버헤드를 줄이며 빠른 데이터 전송을 보장한다.

2.2.4.1 물리 레이어 (Physical Layer)

케이블, 스위치 및 기타 하드웨어 구성 요소를 포함한 장치 간의 물리적 연결을 담당하는 OSI 모델의 최하위 계층이다. 이 레이어는 다음과 같은 하위 요소들을 포함한다.

- MDI (매체 종속 인터페이스) : 단말 장비와 전송 매체 사이의 물리적 인터페이스를 의미한다. 네트워크에서 장치를 물리적으로 연결하는 데 사용되는 커넥터와 배선 사양을 정의한다. CAN에서는 전자기 간섭을 줄일 수 있는 트위스트 페어 케이블의 사용을 명시하고 있으며, 이 외에도 차폐 케이블이나 광섬유 등의 사용이 가능하다.
- PMS (물리적 매체 사양) : 데이터 전송에 사용되는 데이터 속도, 전송 거리, 전기적 특성 등 물리적 매체의 특성을 정의한다. CAN의 경우 최대 버스 길이가 40미터인 트위스트 페어 케이블을 통해 최대 1Mbps의 데이터 속도를 지원한다. 데이터 속도 및 케이블 길이에 따라 여러 표준이 정의되어 있는 경우가 많다.
- PMA (물리적 미디어 연결) : 물리적 매체를 통해 신호를 전송하기 위한 변조 방법과 인코딩 방법을

다룬다. 데이터 신호 전송에 필요한 전압 레벨, 전류 등도 정의한다. CAN에서는 두 전선 사이의 전압 차이로 비트를 나타내는 차동 전압 신호의 사용을 정의하여 노이즈 내성을 높인다. 이더넷의 100BASE-T1 및 1000BASE-T1 등에는 특정 인코딩 체계와 변조 방법에 대한 정의가 포함되어 있다.

- PLS (물리 계층 신호) : PLS는 개별 데이터 비트의 표현과 신호를 전송하는 실제 방법을 정의한다. 신호의 타이밍을 지정하고 비트 전송률을 지정하며, 전송 오류를 식별하고 처리하기 위한 기본적인 오류 감지 방법도 포함될 수 있다. CAN에서는 PLS가 동기화를 유지하기 위해 비트 스터핑과 함께 NRZ(Non-Return to Zero) 인코딩을 사용하도록 규정하고 있다.

2.2.4.2 데이터 링크 레이어(Data Link Layer)

이 계층은 데이터 프레임이 송수신되는 방식을 정의하여 노드 간 데이터 전송, 오류 감지 및 수정을 처리한다. 논리적 링크 제어(LLC) 및 매체 액세스 제어(MAC) 하위 계층이 포함된다.

- 논리적 링크 제어(LLC) : 네트워크를 통한 장치 간 통신을 관리하고 네트워크 계층과 데이터 링크 계층 간의 인터페이스를 제공하는 역할을 담당한다. 그리고 데이터 프레임이 송수신되는 속도를 관리하며 오류 감지 및 수정을 처리한다. CAN에서는 직접 구현되지는 않지만 주기적 중복 검사(CRC)를 통한 오류 확인과 오류 발생 시 자동 재전송 기능이 통합되어 있다.
- 중간 액세스 제어(MAC) : 이 하위 계층은 통신 매체에 대한 액세스 제어를 담당한다. 그리고 장치 간의 우선순위와 데이터 프레임의 시작과 끝을 관리하여 데이터 충돌을 처리하고 재전송을 관리한다. CAN에서는 메시지 우선순위에 기반한 고유한 중재 메커니즘을 사용하며, LIN에서는 마스터 노드가 버스에 대한 액세스를 제어하는 마스터/슬레이브 아키텍처를 사용한다. 다른 네트워크에서는 CSMA/CD 등의 충돌 관리 매커니즘이 사용될 수 있다.

2.3 전통적인 In-vehicle Network 기술

2.3.1 Controller Area Network (CAN)

2.3.1.1 개요

컨트롤러 영역 네트워크(CAN)는 호스트 컴퓨터 없이 자동차의 다양한 전자 부품 간 통신을 용이하게 하는 강력한 차량 버스 표준이다. 1983년에 Bosch사에서 처음 개발한 CAN은 이후 국제 표준(ISO 11898)이 되어 자동차 및 산업용 애플리케이션에 널리 채택되고 있다. 메시지 기반 아키텍처를 통해 공유 버스에서 원활한 통신이 가능하므로 중앙 호스트 컴퓨터 없이도 여러 노드가 데이터를 전송할 수 있다[20].

CAN 인터페이스는 CAN 컨트롤러와 CAN 트랜시버로 구성된다. CAN 컨트롤러는 이 CAN 프로토콜이 요구한 통신 기능을 수행하며 CAN 트랜시버는 CAN 컨트롤러를 물리 전송 매체에 연결한다. CAN 인터페이스는 전기적으로 분리되어 있어, CAN 트랜시버가 CAN 버스의 과전압으로 인해 손상되더라도 CAN 컨트롤러와 호스트는 보호된다.

CAN은 저비용으로 실시간 데이터 전송을 가능하게 하며, 뛰어난 오류 감지 및 정정 능력을 제공한다. 복잡한 시스템을 관리할 수 있으며, 확장성과 유연성 덕분에 다양한 크기의 네트워크에 쉽게 적용할 수 있다[21]. 또한 중재 메커니즘을 통해 메시지 우선순위를 지정하여 중요한 데이터가 지연 없이 전송되도록 한다. 그리고 순환 중복 검사(CRC) 및 ACK 메커니즘을 통해 데이터 전송의 신뢰성과 무결성을 보장한다.

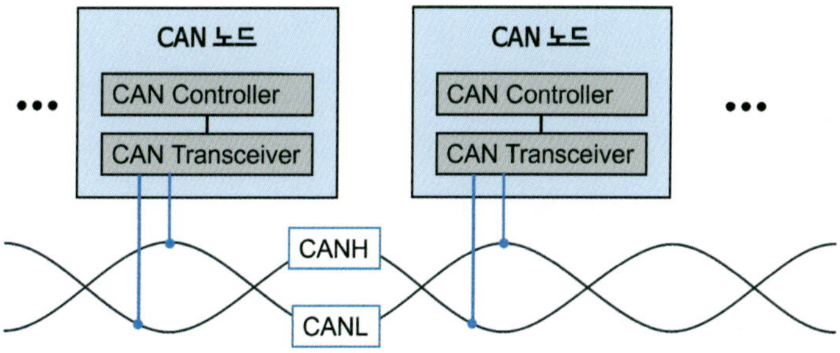

그림 2.8 CAN 인터페이스의 물리적 구조

2.3.1.2 메시지 프레임

CAN 프로토콜은 작동에 중요한 여러 유형의 메시지 프레임을 정의한다. 이러한 프레임은 노드 간의 통신을 용이하게 하고 데이터 무결성과 우선순위를 보장한다. 주요 메시지 프레임 유형에는 데이터 프레임, 원격 프레임, 오류 프레임, 과부하 프레임이 있다[20].

데이터 프레임은 CAN에서 가장 일반적으로 사용되는 프레임 유형으로 다른 노드로 데이터를 전송하는 데 사용된다. 표준 CAN(CAN 2.0A)과 확장 CAN(CAN 2.0B)의 주요 차이점은 데이터 프레임의 중재 필드에 사용되는 식별자 길이이다. 표준 CAN은 11비트 식별자를 사용하는 반면, 확장 CAN은 29비트 식별자를 사용한다.

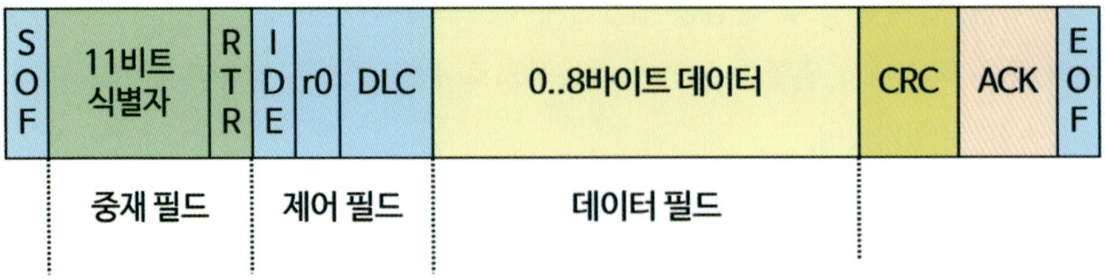

그림 2.9 11비트 식별자를 가진 표준 CAN 데이터 프레임

데이터 프레임은 다음과 같이 구성된다.

- 프레임 시작(SOF): 프레임의 시작을 표시한다.
- 중재(Arbitration) 필드: 식별자와 원격 전송 요청(RTR) 비트를 포함한다. 표준 CAN에서는 식별자의 길이가 11비트이고, 확장 CAN에서는 29비트다
- 제어 필드: 데이터의 길이를 바이트 단위로 표시한다. 표준 CAN 프레임과 확장 CAN 프레임을 구분하는 식별자 확장(IDE) 비트가 포함된다
- 데이터 필드: 최대 8바이트의 데이터(64비트)를 포함한다.
- CRC 필드: 데이터 무결성을 보장하기 위한 순환 중복 검사용 필드이다.
- ACK 필드: 2비트로 구성된다. 수신 노드가 메시지를 올바르게 수신하면 이를 승인하는 우성 비트를 전송하여 송신자가 전송한 열성 비트를 덮어쓴다.
- 프레임 끝(EOF): 프레임의 끝을 표시한다.

원격 프레임은 다른 노드에 데이터를 요청하는 데 사용된다. 구조적으로 데이터 프레임과 유사하지만, RTR 비트는 데이터 대신 원격 전송 요청을 나타낸다.

오류 프레임은 노드에서 감지한 에러를 알리는 데 사용되며, 비트 스터핑 규칙을 위반하는 6개의 연속된 우성 비트로 네트워크의 모든 노드에 오류를 알린다.

과부하 프레임은 일반적으로 사용되지는 않지만 네트워크에서 데이터 흐름을 관리하기 위해 잠시 멈춰야 하는 상황에서 필수적이다. 네트워크 부하가 높을 때 노드가 데이터를 처리할 수 있는 추가 시간을 제공하는 데 사용된다.

2.3.1.3 중재 (Arbitration)

CAN 프로토콜은 통신 버스에 대한 액세스를 관리하기 위해 중재 메커니즘을 사용한다. CAN의 중재 과정은 우선순위가 가장 높은 메시지가 충돌 없이 전송되어 네트워크의 무결성과 효율성이 유지되도록 한다[22]. 여러 노드가 동시에 메시지를 전송하려고 시도할 때 중재 메커니즘은 우선순위가 높은 메시지는 전송을 계속하고 우선순위가 낮은 메시지는 데이터 손상 없이 중단되도록 보장한다. 이 과정은 중재 단계에서 메시지 식별자를 비트 단위로 비교함으로써 이루어진다.

식별자의 숫자 값이 낮을수록 우선순위가 높은 메시지이다. 두 노드가 동시에 전송하는 경우, 숫자가 낮은 식별자를 전송하는 노드가 통신 권한을 획득하게 된다. 각 노드는 전송하는 동안 버스의 메시지 식별자를 모니터링한다. 노드가 열성 비트(논리 1)를 전송하지만 버스에서 우성 비트(논리 0)를 감지하면 권한을 얻지 못한 것으로 간주하고 전송을 중단한다.

메시지 식별자가 각각 0x300, 0x200, 0x100인 세 개의 노드 A, B, C를 예로 들어보자. 세 노드 모두 동시에 전송을 시도하는 경우:

1. 모든 노드는 식별자의 가장 중요한 비트(MSB)를 전송하는 것으로 시작한다.
2. 노드 A는 우성 비트(0)를 보내고, 노드 B와 C는 열성 비트(1)를 보낸다.
3. 노드 A는 버스 상태가 전송된 비트와 일치하는 것을 감지하고 전송을 계속한다.
4. 노드 B와 C는 전송된 비트(열성)와 버스 상태(우성) 사이의 불일치를 감지하여 전송을 중지한다.
5. 노드 A가 중재에서 승리하여 메시지 전송을 완료한다.

이를 통해 우선순위가 가장 높은 노드 A의 메시지가 충돌이나 데이터 손실 없이 가장 먼저 전송된다.

그림 2.10 CAN 버스에서의 충돌 중재 과정[22]

2.3.1.4 오류 감지

CAN에는 데이터 무결성을 보장하기 위한 여러 오류 검사 메커니즘이 포함되어 있다. 이러한 메커니즘들은 데이터 무결성과 내결함성이 중요한 자동차 애플리케이션에서 안정적인 통신을 보장하는 데 필수적이다. CAN은 비트 레벨과 메시지 레벨 모두에서 여러 계층의 오류 감지 기능을 사용하여 오류를 식별하고 수정함으로써 네트워크 안정성을 유지한다.

- 순환 중복 검사(CRC): CRC는 CAN에서 사용되는 기본적인 오류 감지 메커니즘이다. 각 CAN 메시지에는 메시지 데이터에서 계산된 체크섬이 포함된 16비트 CRC 필드가 포함된다. CRC는 높은 수준의 오류 감지 기능을 제공하며, 최대 5비트까지 비트 오류를 감지할 수 있다.
- ACK 확인: 메시지를 전송한 후, 송신자는 수신자로부터 확인을 기대한다. 메시지를 올바르게 수신한 각 노드는 열성 ACK 비트를 우성 비트로 덮어써서 수신에 성공했음을 나타낸다. 송신기가 우성 ACK 비트를 감지하지 못하면 메시지가 올바르게 수신되지 않은 것으로 간주하고 메시지를 재전송한다.
- 형식 검사: 형식 검사는 CAN 메시지의 구조가 프로토콜 사양을 준수하는지 확인하는 데 사용된다. CAN 메시지 내의 특정 필드는 항상 특정 비트 패턴을 포함해야 한다. 예를 들어, 프레임 끝(EOF) 필드는 열성 비트로 구성되어야 한다. 이러한 필드에서 우성 비트가 감지되면 형식 오류가 발생하여 오류 프레임을 전송하고 이후 메시지를 재전송한다.
- 비트 모니터링: CAN 노드는 버스에 전송하는 각 비트를 확인하여 비트 모니터링을 수행한다. 노드가 열성 비트를 전송하지만 버스에서 우성 비트를 감지하면 비트 오류를 식별한다. 이 메커니즘은 우성 비트가 열성 비트를 합법적으로 덮어쓸 수 있는 중재 중에는 적용되지 않으며, ACK 비트가 덮어쓰여져야 하는 ACK 슬롯에서도 적용되지 않다.
- 비트 스터핑: 동기화를 유지하고 연속된 동일한 비트의 오해를 방지하기 위해 CAN은 비트 스터핑을 사용한다. 동일한 값의 비트 5개를 연속으로 전송하면 송신기는 자동으로 보완 비트를 삽입한다. 수신기는 데이터를 받을 때 이러한 스터핑된 비트를 제거한다. 예상된 스터핑 비트가 부정확하거나 누락되면 비트 스터핑 오류가 감지되어 오류 프레임과 재전송이 트리거된다.

언급된 방법 중 하나로 오류가 감지되면 감지 노드는 오류 프레임을 전송한다. 오류 프레임은 비트 스터핑 규칙을 위반하는 6개의 우성 비트로 구성되며, 네트워크의 모든 노드에 오류를 알린다. 그러면 모든 노드가 자체 오류 프레임을 전송하여 전체 네트워크가 오류를 인식하도록 한다.

2.3.2 Local Interconnect Network (LIN)

2.3.2.1 개요

로컬 인터커넥트 네트워크(LIN)는 차량 내 네트워킹을 위해 설계된 비용 효율적이고 저속의 강력한 직렬 통신 프로토콜이다[23]. LIN은 단선 신호선을 통해 19.2kbps의 속도로 데이터를 전송하며, 주로 창문, 도어 잠금장치, 좌석 조정 및 다양한 센서와 같은 간단하고 시간이 덜 중요한 자동차 애플리케이션을 제어하는 데 사용된다[24].

LIN의 단일 와이어 버스 시스템은 배선 비용을 크게 절감하고, 와이어링 하니스의 복잡성과 무게를 줄여준다. 이 프로토콜은 구현이 간단하며, 다른 차량 네트워크에서 요구되는 복잡한 중재 메커니즘이 불필요하다. LIN 네트워크는 최대 16개의 노드를 포함하도록 쉽게 확장할 수 있어 큰 재설계 없이 다양한 애플리케이션에 활용할 수 있다.

2.3.2.2 메시지 프레임

일반적인 LIN 메시지 프레임은 다음과 같은 구성 요소로 이루어져 있다:

- 브레이크 펄스: 새로운 메시지 프레임의 시작을 나타낸다. 최소 13비트 동안 지속되는 우세 상태와 열성 상태가 뒤따르며, 모든 노드가 새 프레임의 시작을 감지할 수 있도록 한다.
- 동기화 바이트: 브레이크 펄스 다음에 동기화 바이트(0x55)가 전송된다. 이 바이트는 슬레이브 노드가 내부 시계를 마스터 노드의 시계와 동기화할 수 있도록 한다.
- 보호 식별자(ID): ID 바이트에는 식별자 6비트와 패리티 2비트가 포함된다. 패리티 비트는 ID 필드의 오류를 감지하는 역할을 한다. ID의 범위는 0에서 63까지이며, 진단과 같은 특정 기능을 위한 특정 ID가 예약되어 있다.
- 데이터 바이트: 페이로드는 애플리케이션에 따라 1바이트에서 8바이트까지 다양할 수 있다. 각 데이터 바이트는 최하위 비트(LSB) 우선 형식을 따른다.
- 체크섬: 체크섬은 데이터 무결성을 보장한다.

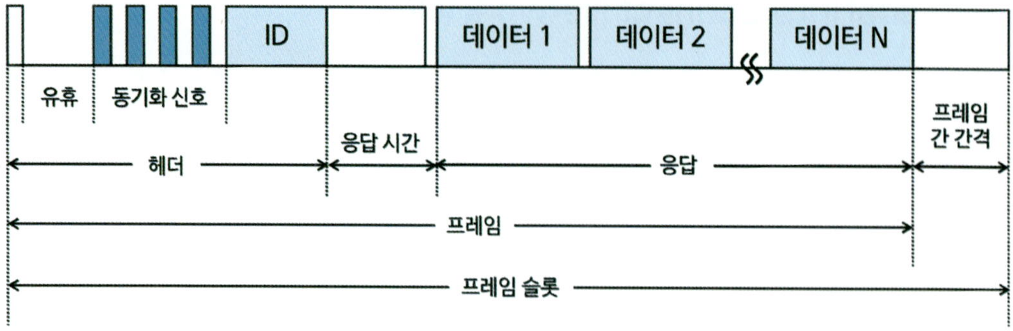

그림 2.11 LIN 데이터 프레임의 구조[7]

그리고 LIN은 다음과 같은 메시지 프레임을 정의한다:

- Unconditional 프레임: 일반 데이터 전송에 사용되는 표준 프레임 유형이다. 마스터 노드에 의해 시작되며 미리 정의된 일정에 따라 슬레이브 노드와 데이터를 주고받는다.
- Event-Triggered 프레임: 이 프레임 유형은 특정 조건이 충족되면 여러 슬레이브 노드가 동시에 자신의 상태를 보고할 수 있다. 여러 신호를 하나의 프레임으로 결합하여 버스 부하를 줄이는 데 도움이 된다.
- Sporadic 프레임: 마스터 노드가 현재 필요에 따라 다양한 유형의 데이터를 전송하는 데 사용된다. 이를 통해 마스터는 버스를 동적으로 관리하고 중요한 데이터 전송의 우선순위를 정할 수 있다.

표 2.3 LIN 메시지 프레임의 종류[23]

프레임	게시자	구독자	브로드캐스트	충돌	슬롯 공유
Unconditional	아무나	아무나	가능	없음	없음
Event-Triggered	슬레이브	마스터	불가능	있음	메시지 ID 1개로, 2개 이상의 슬레이브 노드가 슬롯의 공유 가능
Sporadic	마스터	슬레이브	가능	없음	2개 이상의 메시지 ID로 한 슬롯을 공유 가능하지만 한번에 하나의 메시지만 전송됨

2.3.2.3 프로토콜

LIN 버스의 물리 계층은 논리 0을 나타내는 우성 레벨과 논리 1을 나타내는 열성 레벨의 두 가지 전압 레벨로 작동한다. 신호를 전송하지 않을 때, 버스는 열성 상태로 유지되며 논리 1을 나타낸다. 주 전압은 0V이고 열성 전압은 배터리 전압과 일치하며 배터리 상태에 따라 7~18V 사이에서 변동한다.

LIN 버스는 마스터-슬레이브 아키텍처로 통신을 관리한다. 마스터 노드는 버스에서 통신을 제어한다. 마스터 노드는 응답할 슬레이브를 나타내는 헤더를 전송하여 프레임 전송을 시작한다. 마스터 노드는 스케줄 테이블을 활용하여 메시지 프레임에 특정 타임 슬롯을 할당하고 이러한 프레임을 연속적으로 전송한다. 이 스케줄 테이블은 작동 중에 마스터가 동적으로 조정할 수 있다. 각 슬레이브 노드는 데이터를 전송하거나 수신해야 할 때까지 대기한다.

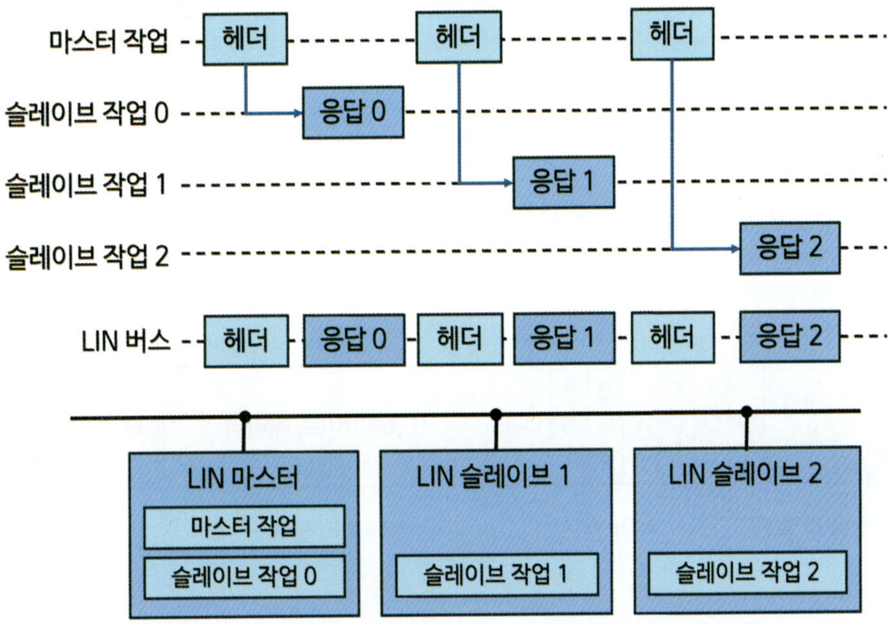

그림 2.12 LIN 버스에서의 각 메시지 프레임의 전송 과정[23]

LIN 버스는 1:1 및 1:N 통신을 모두 지원하며, 마스터가 전송하는 헤더의 ID는 데이터를 주고받을 노드를 지정한다. 1:1 통신에서는 마스터 노드가 특정 슬레이브 노드에 헤더를 보내면 해당 슬레이브 노드만 데이터로 응답한다. 1:N 통신에서는 하나의 헤더에 여러 슬레이브 노드가 동시에 또는 순차적으로 응답한다.

LIN 버스에서의 전송은 헤더와 응답으로 나뉜다. 처음에 마스터 노드는 프레임 ID가 포함된 헤더를 전송한다. 그러면 이 ID로 식별된 슬레이브 노드는 데이터를 전송하여 응답한다. 마스터가 슬레이브 노드 역할을 하는 경우, 마스터 역시 ID를 기반으로 응답을 전송한다. 메시지 프레임 내의 각 바이트는 연속적으로 전송되지 않고 시간 간격을 두고 전송되므로 일반적으로 각 슬레이브 노드가 모두 데이터를 처리할 수 있는 충분한 시간을 확보할 수 있다.

2.4 개량형 In-Vehicle Network 네트워크 기술

2.4.1 CAN FD

CAN-FD(Controller Area Network with Flexible Data Rate)는 최신 자동차 및 산업용 애플리케이션의 증가하는 데이터 속도와 대역폭 크기 요구를 해결하기 위해 개발되었다[25]. CAN FD는 속도와 효율성 측면에서 향상된 성능을 제공하면서도 기존의 CAN과의 하위 호환성을 유지한다.

CAN FD는 중재 단계(버스 우선순위 설정 단계)에서는 최대 5Mbps, 데이터 단계(실제 데이터 전송 단계)에서는 최대 10Mbps의 속도를 지원한다. 또한 기존 CAN과의 호환성을 유지하면서 최대 64바이트까지 확장된 데이터 필드를 사용한다. 호환성을 유지하기 위해 EDL(Extended Data Length) 및 BRS(Bit Rate Switch)와 같은 새로운 필드를 도입했다.

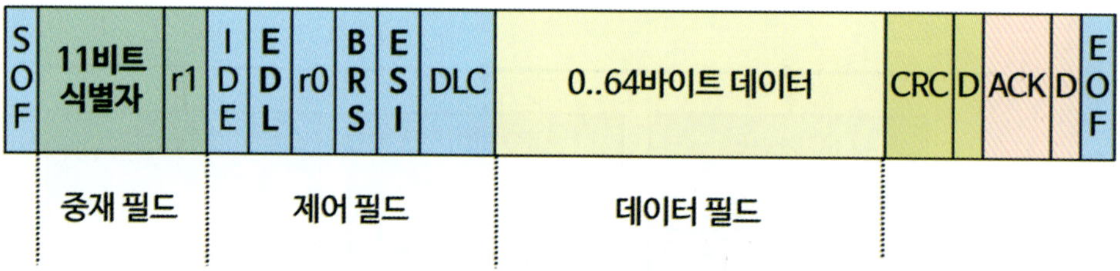

그림 2.13 CAN-FD 데이터 프레임 구조[25]

EDL 필드는 클래식 CAN 프레임과 CAN-FD 프레임을 구분하는 지표 역할을 한다. 이 필드는 이전 버전과의 호환성을 유지하면서도 새로운 CAN-FD 기능을 사용할 수 있도록 하는 핵심 역할을 한다. EDL 필드가 CAN-FD 프레임을 나타내는 경우, 데이터 필드는 최대 64바이트까지 확장된다.

BRS 필드는 비트 전송률을 동적 전환하여 중재 단계와 데이터 단계가 서로 다른 비트 전송률을 갖는 것을 서로 다른 허용하기 위해 CAN-FD에 도입되었다. 이 기능은 CAN-FD의 주요 개선사항 중 하나로, 중재의 신뢰성에 영향을 주지 않으면서 더 빠른 데이터 전송을 가능하게 한다. 중재 단계에서서는 클래식 CAN과 호환되는 비트 전송률로 작동하여 우선순위를 안정적으로 관리한다. BRS 비트가 설정되면 데이터 단계에서 비트 전송률은 10Mbps까지 높여 더 많은 데이터를 전송할 수 있도록 한다.

2.4.2 FlexRay

FlexRay 프로토콜은 BMW와 DaimlerChrysler가 협력하여 시작된 FlexRay 컨소시엄에서 개발되었다. 이 프로토콜은 현재와 미래의 요구에 맞는 새로운 네트워크 체계를 만들기 위해 고안되었다[26]. FlexRay는 자동차 업계에서 CAN과 같은 기존 네트워킹 체계를 대체하거나 지원하는 방식으로 널리 사용되고 있다.

FlexRay 프로토콜의 핵심 개념은 네트워크 통신에 대한 시간 트리거 방식이다. 이는 이전의 네트워킹 방식과는 다른 접근 방식이다. 예를 들어 CAN 네트워킹 체계는 우선순위 기반 버스 중재 시스템을 사용한다. 즉, 우선 순위가 더 높은 메시지 ID를 가진 메시지에 네트워크 액세스 권한이 부여된다. 이로 인한 메시지 전송 지연은 안전 시스템에 문제를 일으킬 수 있으며[27], 이 때문에 FlexRay 프로토콜에 TDMA(Time Division Multiple Access, 시분할 다중 액세스)방식이 선택되었다.

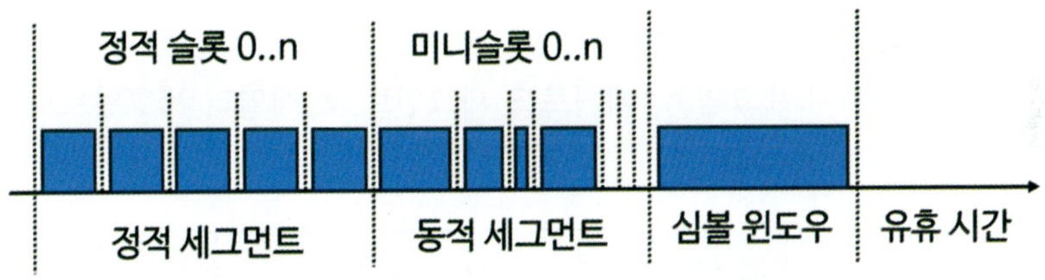

그림 2.14 TDMA에서 각 통신 세그먼트의 슬롯 할당 방법[26]

2.4.2.1 TDMA(Time Division Multiple Access)

TDMA 시스템에서 각 통신 주기는 먼저 시간 세그먼트로 분할된다. 각 세그먼트는 다시 여러개의 시간 슬롯으로 나뉘며, 슬롯은 특정 통신 노드에 할당되어 각 통신 주기에서 해당 노드만 해당 시간에 전송할 수 있다. 노드는 시스템 설정과 메시지 송신 요구량에 따라 세그먼트당 두 개

이상의 슬롯을 가질 수 있다. 할당된 슬롯 동안 노드는 다른 노드와 경합 없이 데이터를 전송할 수 있다.

주요 FlexRay 통신 세그먼트는 다음과 같다.

- 정적 세그먼트: 정적 세그먼트는 각각 동일한 기간의 고정된 시간 슬롯으로 나뉘며, 이러한 슬롯은 특정 노드에 정적으로 할당된다. 정적 세그먼트 동안에는 하나의 노드만 지정된 슬롯에서 전송할 수 있으므로 결정론적 통신이 보장된다. 정적 세그먼트에서 우선순위가 높고 시간에 민감한 데이터를 전송한다.
- 동적 세그먼트: 동적 세그먼트는 CAN 프로토콜의 중재 메커니즘과 유사하게 우선순위에 따라 시간 슬롯을 동적으로 할당할 수 있다. 동적 세그먼트는 미니슬롯으로 불리는 더 작은 단위로 나뉜다. 노드가 할당된 기간 동안 전송이 이루어지지 않으면 미니슬롯 카운터가 증가하고 다음 ID를 가진 노드가 데이터 전송을 시작할 수 있다. 데이터는 동적 세그먼트에 충분한 시간이 남아있는 경우에만 전송된다. 이러한 방식으로 동적 세그먼트는 CAN과 마찬가지로 ID가 가장 낮은 노드에 가장 높은 우선순위가 지정된다.
- 심볼 윈도우: 심볼 윈도우는 특수 제어 심볼을 전송하기 위한 전용 시간 슬롯이다. 이러한 심볼은 네트워크 활성화 및 동기화와 같은 기능에 사용된다. 심볼 윈도우에서는 하나의 심볼만 전송될 수 있다. 전송할 심볼이 두 개 이상일 경우, FlexRay 프로토콜은 심볼 윈도우에 대한 중재를 제공하지 않기 때문에 상위 프로토콜에서 우선순위를 결정해야 한다.

2.4.2.2 프레임 포맷

FlexRay 프레임은 크게 헤더 세그먼트, 페이로드 세그먼트, 트레일러 세그먼트로 구성된다.

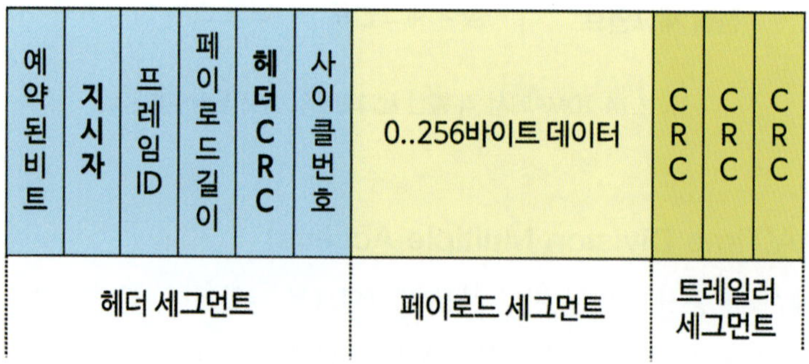

그림 2.15 FlexRay 데이터 프레임 구조[26]

헤더 세그먼트에는 프레임을 올바르게 해석하고 처리하는 데 필수적인 제어 정보가 포함되어 있다. 여기에는 다음 필드가 포함된다:

- 프레임 ID(11비트): 통신 주기 내에서 프레임을 고유하게 식별한다.
- 페이로드 길이(7비트): 페이로드 데이터의 길이를 바이트 단위로 지정한다.
- 헤더 CRC (11비트): 헤더 필드에 대해 계산된 CRC 값이다.
- Cycle count(6비트): 통신 주기 내의 사이클 번호를 나타낸다.
- Reserved(6비트): 향후 사용 또는 특정 프로토콜 요구 사항을 위해 예약된 비트이다.
- Indicator(5비트): 동기화 프레임, 널 프레임, 시작 프레임 등 다양한 정보를 표현하는 플래그를 포함한다.

페이로드 세그먼트는 전송되는 실제 데이터를 전달한다. 0바이트에서 254바이트까지 다양한 데이터 크기를 수용할 수 있다.

트레일러 세그먼트에는 페이로드 세그먼트에서 전송되는 데이터의 무결성을 보장하기 위해 헤더와 페이로드 세그먼트 모두에 대해 계산된 CRC 값이 전달된다.

2.4.3 미디어 지향 시스템 전송 (MOST)

MOST는 멀티미디어 장치 지원에 중점을 둔 Domestic Digital Bus(D2B)에서 발전했다. 1990년대에 BMW, Becker(Harman), OASIS Silicon이 공동으로 개발하였으며 컨소시엄은 더 많은 회원사를 포함하도록 확장되어 현재 많은 OEM에서 널리 사용되고 있다[7]. MOST의 주요 목표는 인포테인먼트 시스템, 운전자 지원 및 기타 차량 하위 시스템에 높은 대역폭 통신을 낮은 지연시간으로 제공하는 것이다.

2.4.3.1 네트워크 구조

MOST 네트워크는 주로 링 토폴로지의 형태로 구현된다[28]. 링 토폴로지에서 각 노드는 두 개의 다른 노드에 연결되어 순환 데이터 경로를 형성한다. 시퀀스의 마지막 노드는 다시 첫 번째 노드에 연결되어 링을 완성한다. 데이터는 네트워크를 통해 한 방향으로 이동하며 한 노드에서 다음 노드로 전달되어 소스로 돌아간다. 이러한 단방향 흐름은 다른 네트워크 토폴로지에서 흔히 발생하는 데이터 충돌을 방지한다.

링 토폴로지의 각 노드는 링 내 위치에 따라 주소가 지정된다. 타이밍 마스터 역할을 하는 노드에는 위치 0이 할당되고 이후 노드에는 점진적으로 위치 주소가 부여된다. 타이밍 마스터 노드는 네트워크 클럭을 관리하여 다른 모든 노드에 동기화 신호를 제어한다. MOST 링 토폴로지는 최대 64개의 노드를 지원한다. 각 새 노드는 인접한 두 개의 노드에만 연결하면 되기 때문에 네트워크에 새 노드를 추가하는 것은 비교적 간단하다.

링 토폴로지가 가장 일반적이지만, MOST 네트워크 내에서 스타 토폴로지를 구현하는 것도 가능하다. 스타 토폴로지에서는 모든 노드가 중앙 노드에 연결된다. 하지만 링 토폴로지에 비해 복잡성과 비용이 높기 때문에 덜 일반적이다.

2.4.3.2 버전 종류

표 2.4 MOST 버전별 특징[29]

특징	MOST25	MOST50	MOST150
비트레이트	25 Mbps	50 Mbps	150 Mbps
물리적 레이어	광섬유	광섬유/전도성 케이블	광섬유/전도성 케이블
프레임 크기	512 bit	1024bit	3072 bit
인터페이스 컨트롤	NIC	INIC	INIC
최대 비트레이트 (스트리밍 데이터)	21.17 Mbps	44.93 Mbps	142.85 Mbps
최대 비트레이트 (패킷 데이터)	10.84 Mbps	44.54 Mbps	142.85 Mbps
최대 비트레이트 (컨트롤 채널)	405.84 Kbps	810.62 Kbps	1.130 Mbps

MOST는 데이터 전송 속도 대한 증가하는 수요를 충족하기 위해 다양한 버전이 개발되어 왔다. 주요 버전은 MOST25, MOST50, MOST150이 있다[28].

MOST25는 최대 25Mbps의 데이터 전송 속도를 지원하며 64바이트 프레임에서 44.1kHz 또는 48kHz의 샘플링 속도로 작동한다. 데이터 전송에는 광섬유만을 사용하도록 하였다. 프레임 형식은 동기화를 위한 1바이트 헤더와 스트리밍 및 제어를 위한 데이터 세그먼트로 구성된다.

MOST50에서는 프레임 크기를 64바이트에서 128바이트로 늘려 50Mbps의 더 높은 데이터 전송 속도를 제공하였다. 또한 MOST50부터 광학 및 전기적 물리 계층 연결을 모두 지원하며 전기 연결은 UTP 또는 STP 케이블을 사용한다.

MOST150은 384바이트 프레임 크기와 함께 최대 150Mbps의 데이터 전송 속도를 지원한다. 그리고 비동기 데이터 채널을 도입하여 필요한 버스 처리량을 미리 예약할 수 있어 오디오 및 비디오 스트리밍과 같은 애플리케이션이 안정적인 전송을 보장할 수 있도록 하였다. 또한 이더넷 브리징 기능을 통해 IP 기반 네트워크와의 통합을 지원하며, DTCP와 같은 디지털 콘텐츠 보호 프로토콜도 제공한다.

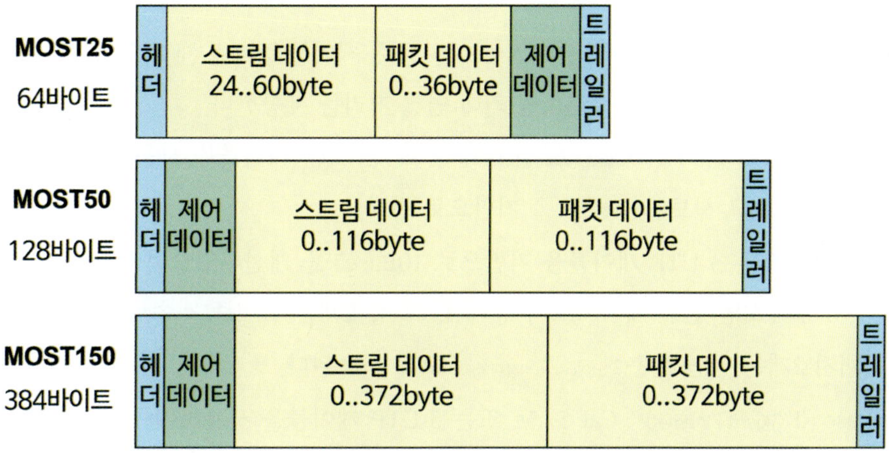

그림 2.16 MOST 버전별 데이터 프레임 구조[7]

2.5 이더넷 (Ethernet)

차량 통신에 이더넷을 통합하는 것은 넓은 대역폭 덕분에 최신 차량의 증가하는 트래픽 요구를 충족시키며 점점 더 널리 사용되고 있다[30]. 이더넷 물리 계층은 표준화되어 있으며, 10Mbps에서 최대 10Gbps까지의 광범위한 대역폭을 제공한다. 이더넷은 국제 표준으로서 다양한 플랫폼과 제조업체 간에 상호 운용성과 통합 용이성을 보장한다.

초기에는 이더넷이 100BASE-TX 및 CAT5 케이블을 통해 사용되었다. 이는 주로 실시간 통신이 필요하지 않은 덜 중요한 애플리케이션에 사용되었다. 이후 이더넷은 첨단 운전자 지원 시스템(ADAS) 및 인포테인먼트 시스템으로 확장되었다. 현재 세대의 차량은 이더넷을 네트워크 백본으로 사용하며, 전자 제어 장치(ECU)가 백본을 통해 연결되는 계층적 구조를 특징으로 한다. 이 방식은 차량 시스템 전반에 걸쳐 확장 가능한 고속 통신을 가능하게 한다[17].

이더넷은 IEEE 802.3에서 물리 계층(PHY)과 데이터 링크 계층(DLL)에 대한 표준을 규정하고 있다. 여기에 더하여, 이더넷 기반 통신 시스템의 구현을 정의하는 IEEE 802.1과 논리적 링크 제어 계층을 표준화하는 IEEE 802.2와 같은 추가 표준을 통해 보강하고 있다. 이들 이더넷 표준은 물리적 계층에서 디바이스 간의 물리적 연결에 대한 전기적, 기계적, 절차적 인터페이스를 정의하고, 데이터 링크 계층에서 노드 간 데이터 전송을 관리하고 오류 감지 및 수정, 프레임 동기화, 흐름 제어 기능을 제공한다.

주요 IEEE 802.3 이더넷 표준은 다음과 같다.

- 10Base2 : ThinNet으로도 알려진 10Base2는 동축 케이블을 사용한 최초의 이더넷 표준 중 하나이다. 10 Mbps의 속도와 185m의 최대 연결 거리를 제공한다.
- 10BaseT : UTP(Unshielded Twisted Pairs, 차폐되지 않은 꼬인 전선 페어) 케이블을 사용하여 전자기 간섭을 줄였으며 네트워크 허브(스타 토폴로지)를 기반으로 한다.
- 100BaseT4 : Cat. 3 UTP 케이블을 기반으로 10BaseT를 개선하였으며 100Mbps 속도를 제공한다. 4개의 꼬인 전선 페어으로 구성되며, 그 중 2개는 반이중 전송(half-duplex transmission)으로, 나머지 2개는 단면 전송(Simplex Transmission)으로 사용된다.
- 1000Base-T(Gigabit Ethernet) : Cat 5, 5e 또는 6 UTP 케이블을 사용하며 100m의 연결 거리와 1Gbps의 속도를 제공한다. 4레인으로 구성된 모든 페어가 5레벨 PAM-5를 사용하여 양방향으로 동시에 전송할 수 있다.
- 10GBaseT : Cat 6a 또는 7 UTP 케이블을 사용하여 최대 10Gbps의 속도를 제공한다.

2.5.1 차량용 이더넷

2.5.1.1 차량용 이더넷 표준

한편, 자동차 산업에서는 산업적 욕구에 맞춰 이더넷 표준이 정의되었다. 100BASE-T1 (IEEE 802.3bw)은 BroadR-Reach로도 알려진 이더넷 표준으로, 최소한의 케이블로 효율적인 고속 통신을 제공하도록 정의되었다[31,32]. 100BASE-T1은 단일 트위스트 페어를 사용함으로써 케이블 무게를 크게 줄인다. 이는 자동차 환경에서 연비를 크게 향상시켰다. 100BASE-T1은 최대 15m의 거리에서 작동한다.

100BASE-T1는 단일 트위스티드 케이블로 전이중 통신을 지원한다. 이를 위해서 특유의 인코딩 방식을 사용한다. 100BASE-T1의 물리 계층은 4비트 데이터를 3비트단위로 변환하는 동시에 클록 주파수를 33 1/3MHz로 높여 전송한다. 이 때 각 3비트 세트를 사용하여 삼원쌍(TA, TB)를 생성하고, 마지막으로, 삼원쌍 벡터는 66 2/3MHz의 기본 주파수에서 3레벨 펄스 진폭 변조(PAM3)를 통해 전송된다. 이 신호는 진폭이 2.2V 미만인 세 가지 전압 레벨(+1V, 0V, -1V)을 사용한다. 100BASE-T1은 하나의 페어에서 동시에 전송과 수신이 가능하므로 전용 페어에서 전송과 수신을 처리하는 10BASE-T 및 100BASE-TX와 구별된다.

10BASE-T1S 역시 자동차 및 산업용 애플리케이션을 위해 특별히 설계된 이더넷 표준으로, 단일 트위스트 페어를 사용한다. 기존 이더넷 표준이 적용되지 않는 에지 디바이스로 이더넷을 확장하는 것을 목표로 하는 IEEE 802.3cg-2019 개정안의 일부이다. 10Mbps의 속도로 작동하는 대신, 결정론적 통신과 멀티드롭 토폴로지를 지원한다. 결정론적 통신을 보장하고 충돌을 회피하기 위해 물리적 계층 충돌 회피(PLCA) 메커니즘을 도입하였다. 노드 우선순위 지정과 패킷 분할 방식을 도입하여 10BASE-T1S는 버스 주기와 최대 지연 시간을 크게 단축하였고, 기존의 지연이 중요한 대부분의 노드를 연결하여 CAN 또는 CAN-FD를 대체할 수 있음을 보였다[33].

2.5.1.2 구역 기반 아키텍처

기존의 차량 내 네트워크는 파워트레인, 안전, 인포테인먼트와 같은 전자 제어 장치(ECU)의 도메인을 기반으로 네트워크를 구성하는 도메인 기반 아키텍처를 사용하는 경우가 많다. 다만 도메인 기반 시스템은 일반적으로 ECU가 물리적 근접성에 따라 그룹화되지 않기 때문에 케이블이 길어지고 무게가 증가하며 복잡성이 높아진다.

구역 기반 아키텍처는 ECU와 센서의 물리적 위치, 즉 구역을 기반으로 네트워크를 재구성한다. 이를 통해 동일한 물리적 영역 내의 구성 요소를 로컬화된 네트워크에 연결할 수 있다. 각 구역은 차량용 이더넷을 사용하는 고속 백본에 연결되어, 구역 간 통신을 원활하게 하며 전체 차량 네트워크 구조를 단순화한다[34].

구역 기반 아키텍처를 통하여 ECU와 센서를 물리적으로 가깝게 그룹화함으로써 전체 케이블 길이를 크게 줄일 수 있다. 따라서 케이블 하네스와 관련된 무게와 비용이 최소화된다. 또한 케이블 라우팅의 복잡성이 감소하고 중앙 컴퓨팅 노드에서 센서와 액추에이터를 관리할 수 있어 유지보수 및 업그레이드가 더욱 효율적이다. 그리고 영역 기반 네트워크는 대규모 배선 작업 없이도 새로운 기술을 구현하거나 기존 시스템을 재구성할 수 있다.

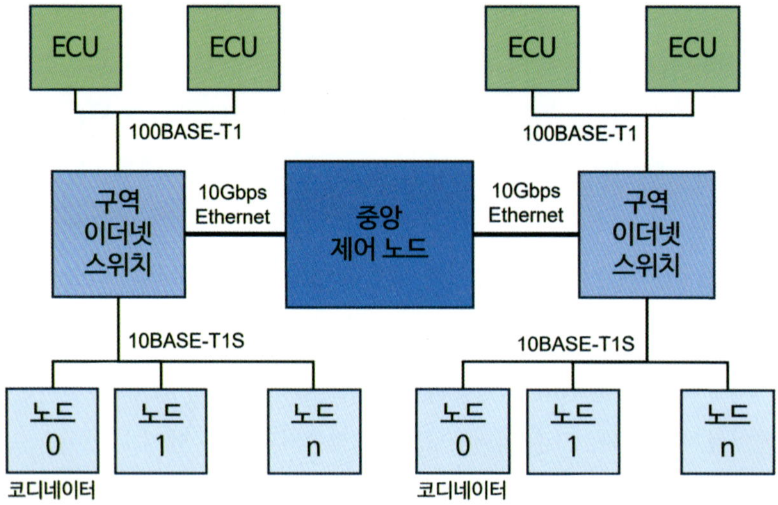

그림 2.17 구역 기반 아키텍쳐의 개념도[31]

2.5.2 물리적 계층 충돌 회피(PLCA)

물리적 계층 충돌 회피(PLCA) 알고리즘은 각 이더넷 노드가 충돌 없이 네트워크에 액세스하면서도, 시간이 중요한 메시지가 일정 이상 지연되지 않는 것을 목표로 것을 목표로 한다.[31]. 이더넷 네트워크에 대한 공유 액세스를 가능하게 하는 프로토콜로는 CSMA/CD (Carrier Sense Multiple Access with Collision Detection, 충돌 감지 기능이 있는 캐리어 감지 다중 액세스)이 있다. 이더넷에서는 여러 장치가 통신 매개체 액세스할 수 있지만, 주어진 시간에 한 장치만 성공적으로 전송할 수 있다.

CSMA/CD는 두 대 이상의 디바이스가 동시에 전송하여 충돌이 감지되면, 디바이스는 전송을 중단하고 방해 신호를 전송하여 다른 디바이스에 충돌을 알린다. 충돌 후 디바이스는 재전송을 시도하기 전에 임의의 백오프 기간을 기다린다. 이 대기 시간은 시도 횟수에 따라 기하급수적으로 증가하여 충돌의 확률을 줄인다. 이러한 경합 기반 특성으로 인해 지연 시간과 지터가 높다.

물리적 계층 충돌 회피(PLCA)는 CSMA/CD가 갖는 예측 불가능성 및 높은 지연 문제를 해결한다. 이더넷 네트워크의 결정론적 통신을 보장하고 지연 시간을 줄이기 위해 10BASE-T1S 이더넷과 같은 차량용 네트워크에 사용되고 있다[31].

PLCA는 데이터의 우선순위를 지정함으로써 노드의 전송 순서를 변경할 수 있도록 하였다. 각 노드는 일반 노드와 우선순위 노드로 분류할 수도 있다. 우선순위 노드는 시간이 매우 중요하며 짧은 지연 시간 내에 전송이 필요한 노드이다. 다른 노드보다 먼저 데이터를 전송하여 중요한 통신의 지연 시간을 더욱 줄일 수 있다. PLCA에서는 마이크로컨트롤러의 인터럽트 처리와 유사하게 우선순위가 높은 노드가 낮은 노드의 전송을 중단시킬 수 있다.

PLCA 하의 각 네트워크 노드에는 고유 ID가 할당되고 라운드 로빈 방식으로 전송 기회가 주어진다. PLCA 코디네이터(노드 ID = 0)가 신호를 전송하여 사이클을 시작하고 각 노드가 순차적으로 데이터를 전송할 수 있는 기회를 부여한다. 이를 통해 PLCA는 한 번에 하나의 노드만 전송하도록 하여 물리적 충돌을 방지하고 최대 지연 시간을 보장한다.

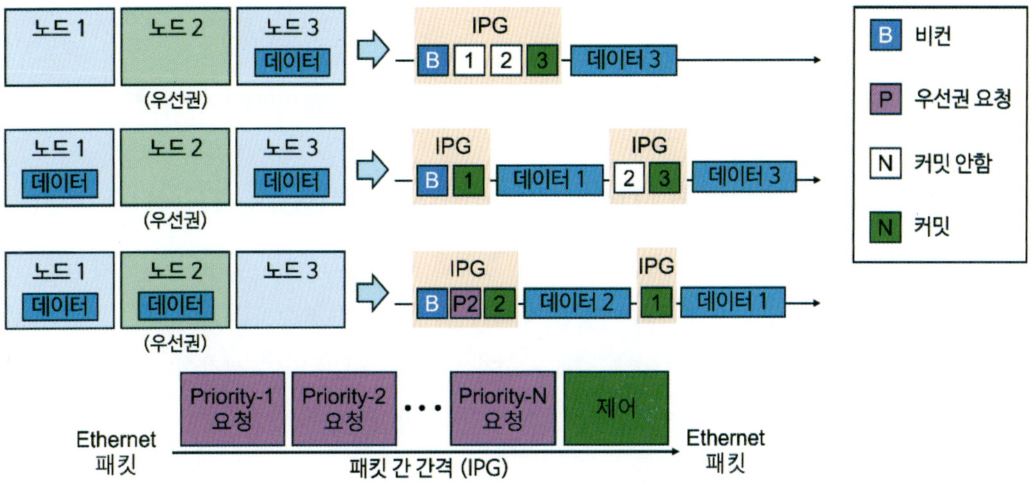

그림 2.18 PLCA에서 우선순위 패킷의 전송 방법과 IPG의 구조[31]

우선순위 할당은 우선순위 요청 정보를 나타내기 위해 패킷 간 간격(IPG)을 활용한다. IPG는 각 이더넷 패킷 뒤 최소 12바이트의 간격이다. 송신 노드는 이 기간 동안 데이터를 전송할 수 없다. IPG는 요청 슬롯과 제어 메시지 슬롯으로 나뉜다. 전자는 우선순위 요청을 전송하는 데 사용되며 후자는 PLCA 제어 메시지를 전송하는 데 사용된다.

PLCA는 노드 우선순위 지정과 패킷 세분화 등의 방법을 통해 10BASE-T1S의 지연 시간을 크게 줄였다[33]. 우선순위를 지정한 노드는 일반 노드보다 앞선 TO를 가지고 전송되어, 네트워크에 부하가 증가하더라고 최대 지연 시간이 늘어나지 않고 일정 미만으로 유지되어, 지연에 민감한 ECU에 사용할 수 있음을 보였다.

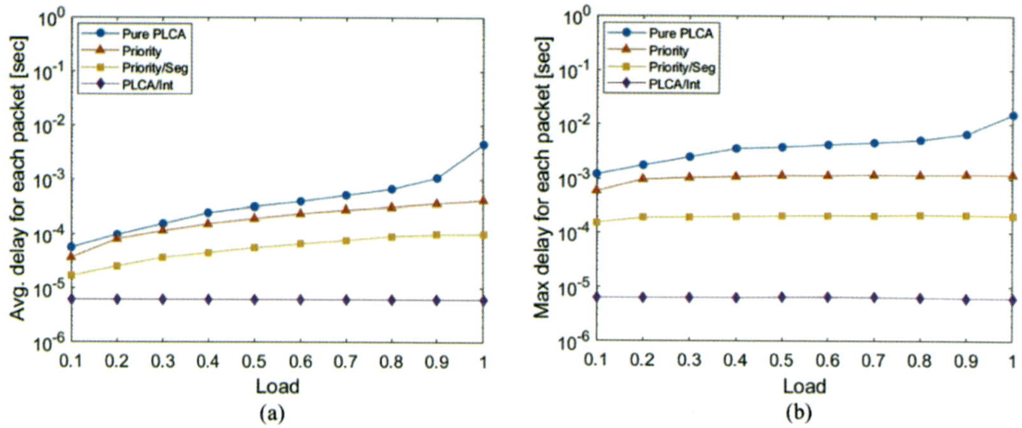

그림 2.19 다양한 PLCA 방식에서의 우선순위 패킷에 대한 지연. (a) 평균 지연 (b) 최대 지연[31].

2.5.3 시간 민감형 네트워크 (Time Sensitive Network, TSN)

시간 민감형 네트워킹(TSN)은 이더넷에서 실시간 통신을 지원하기 위해 개발된 일련의 IEEE 표준을 의미한다. TSN의 목표는 데이터 패킷을 제때에 안정적으로 전송하는 것이다. 실시간 이더넷 통신에 관한 표준으로는 AVB(Audio Video Bridging)가 있으며, 이는 지연 시간이 짧은 오디오 및 비디오 데이터 전송을 제공한다. TSN은 AVB의 기능을 확장하여 더 광범위한 애플리케이션과 더 엄격한 요구 사항을 지원한다[35].

IEEE 802.1AS-2011는 AVB 표준 중 하나로, 타이밍 및 동기화에 관한 표준이다. 이 표준은 브리지 및 가상 브리지 네트워크에서 IEEE 1588 PTP(정밀 시간 프로토콜)의 레벨 2 프로파일을 정의하여, 동기화된 시간 전송, 타이밍 소스 선택, 위상 및 주파수 불연속과 같은 타이밍 장애 알림을 제공한다. 이를 통하여 모든 디바이스와 호스트가 내부 클럭을 1μs~10ns의 정확도로 동기화할 수 있도록 보장한다. IEEE 802.1AS-2020에서는 여러 개의 동기화된 그랜드마스터와 여러 동기화 경로를 지원하여 활성 그랜드마스터가 손실됐을 때의 원활한 핸드오버와 장애 모드에서의 빠른 시간 동기화를 구현하였다.

IEEE 802.1-Qav는 AVB의 일부로 개발되어 목적지와 브리지의 글로벌 동기화 없이도 실시간 전송을 보장하는 프로토콜 및 메커니즘을 정의했다 TSN은 여기에 더 나아간 IEEE 802.1Qbv와 IEEE 802.1Qbu를 정의하여 성능을 더 향상시켰다. IEEE 802.1Qbv는 스케줄 기반 통신, 즉 네트워크에서 메시지의 전송 및 전달 결정에 동기화된 시간을 활용하는 것을 정의한다. IEEE 802.1Qbu는 중요한 메시지가 덜 중요한 전송을 중단할 수 있도록 하는 선점 메커니즘을 표준화한다. IEEE 802.1Qch-Cyclic Queuing and Forwarding은 사이클 시간이라고 하는 고정된 시간 간격 동안 프레임을 교대로 수신 및 전송하는 메커니즘을 도입하였다.

TSN이 대상으로 하는 애플리케이션은 AVB보다 더 높은 안정성의 패킷 전송을 요구한다. 예를 들어, 자율 주행 시스템에서는 손실된 프레임의 재전송으로 인한 지연이 발생해서는 안 된다. 또한 이러한 애플리케이션은 트래픽 과부하와 같은 오류 상태를 신속하게 감지하고 오류가 전파되는 것을 방지하는 조치가 필요하다. 따라서 패킷 손실 확률을 줄이기 위한 패킷 중복 및 제거, 경로 제어 및 대역폭 예약, 오작동 스트림 감지 및 완화 조치 시행, 구성 등 다양한 관점에서 통신 안정성에 기여하는 여러 TSN 표준이 있다.

IEEE 802.1CB-Frame Replication and Elimination for Reliability standard는 패킷 손실 확률을 줄이기 위해 네트워크를 통해 별도의 경로로 패킷을 중복 전송하고 목적지 또는 그 근처에서 중복 패킷을 제거하는 브리지 및 엔드 스테이션용 프로토콜을 정의한다. IEEE 802.1Qca-Path Control and Reservation standard 은 데이터 흐름 제어 프로토콜을 정의하여 최단 경로가 아닌 경로도 사용할 수 있도록 하는 브리징 확장 표준이다. 이러한 표준을 통해 TSN은 여러 경로를 통해 여러 개의 데이터 패킷 복사본을 전송하고 목적지에서 중복을 제거하여 장비 장애 발생 시에도 지속적인 데이터 전송을 보장한다[36].

2.6 결론

차량 내 네트워크는 점점 더 복잡해지는 차량 시스템의 통합과 조정을 가능하게 하며, 자동차 산업의 지속적인 진화에서 핵심적인 역할을 담당하고 있다. 이 장에서는 차량 내 네트워크가 가져야 할 특징과 요구 사항을 분석하고 다양한 네트워크 기술을 살펴보았다.

CAN 및 LIN과 같은 기존 네트워크 프로토콜은 실시간 제어 애플리케이션에서 안정성과 효율성을 이미 입증했다. 이러한 네트워크는 특히 엔진 제어 장치(ECU) 및 기타 핵심 구성 요소를 관리하는 데 필수적인 역할을 해왔다. 그러나 고속 데이터 전송과 대역폭 증가에 대한 수요가 높아지면서 더 진보된 네트워크의 개발이 요구되었다. 이에 따라 FlexRay와 MOST가 등장했고, 차량 내 이더넷 활용을 위한 여러 표준도 제안되었다.

이러한 발전에도 불구하고 차량 내 네트워킹 분야에는 여전히 여러 과제가 남아 있다. 특히, 차량의 연결성이 증가하고 기능이 향상됨에 따라 사이버 위협이 현실적인 문제로 떠오르고 있다.

따라서 네트워크를 통해 전송되는 데이터의 보안을 보장하는 것이 무엇보다 중요하다. 또한, 각 네트워크의 장점을 최대한 활용하기 위해 서로 다른 프로토콜과 표준 간의 원활한 상호운용성을 확보하는 것이 현대 차량의 다양한 애플리케이션과 시스템을 지원하는 데 필수적이다.

References

[1] L. Lo Bello, R. Mariani, S. Mubeen, S. Saponara, Recent advances and trends in on-board embedded and networked automotive systems, IEEE Trans Industr Inform 15 (2018) 1038-1051.

[2] R. Hegde, G. Mishra, K.S. Gurumurthy, An insight into the hardware and software complexity of ecus in vehicles, in: International Conference on Advances in Computing and Information Technology, Springer, 2011: pp. 99-106.

[3] M.S.U. Alam, S. Iqbal, M. Zulkernine, C. Liem, Securing vehicle ECU communications and stored data, in: ICC 2019-2019 IEEE International Conference on Communications (ICC), IEEE, 2019: pp. 1-6.

[4] Korean Ministry of Knowledge Economy, [국가R&D연구보고서] 차량 무선통신 통합 플랫폼 개발, 2010. https://scienceon.kisti.re.kr/srch/selectPORSrchReport.do?cn=TRKO201300015281 (accessed October 27, 2024).

[5] W. Wang, S. Yu, W. Cao, K. Guo, Review of in-vehicle optical fiber communication technology, Automotive Innovation 5 (2022) 272-284.

[6] M. Wolf, A. Weimerskirch, C. Paar, Secure in-vehicle communication, Embedded Security in Cars: Securing Current and Future Automotive IT Applications (2006) 95-109.

[7] W. Zeng, M.A.S. Khalid, S. Chowdhury, In-vehicle networks outlook: Achievements and challenges, IEEE Communications Surveys & Tutorials 18 (2016) 1552-1571.

[8] S. Tuohy, M. Glavin, C. Hughes, E. Jones, M. Trivedi, L. Kilmartin, Intra–vehicle networks: A review, IEEE Transactions on Intelligent Transportation Systems 16 (2014) 534–545.

[9] International Organization for Standardization, ISO 26262–1:2018 Road Vehicles – Functional Safety, (2018).

[10] R. Palin, D. Ward, I. Habli, R. Rivett, ISO 26262 safety cases: Compliance and assurance, (2011).

[11] International Organization for Standardization, ISO/SAE 21434:2021 Road vehicles — Cybersecurity engineering, (2021).

[12] J. Lastinec, L. Hudec, A study of securing in–vehicle communication using IPSEC protocol, Journal of Electrical Engineering 72 (2021) 89–98.

[13] W. Choi, H.J. Jo, S. Woo, J.Y. Chun, J. Park, D.H. Lee, Identifying ecus using inimitable characteristics of signals in controller area networks, IEEE Trans Veh Technol 67 (2018) 4757–4770.

[14] International Organization for Standardization, ISO 14229–1:2020 Road vehicles — Unified diagnostic services (UDS), (2020).

[15] S. Halder, A. Ghosal, M. Conti, Secure ota software updates in connected vehicles: A survey, ArXiv Preprint ArXiv:1904.00685 (2019).

[16] J. Huang, M. Zhao, Y. Zhou, C.–C. Xing, In–vehicle networking: Protocols, challenges, and solutions, IEEE Netw 33 (2018) 92–98.

[17] P. Hank, S. Müller, O. Vermesan, J. Van Den Keybus, Automotive ethernet: in–vehicle networking and smart mobility, in: 2013 Design, Automation & Test in Europe Conference & Exhibition (DATE), IEEE, 2013: pp. 1735–1739.

[18] Teledyne LeCroy, The Evolution of In–vehicle Network Architectures, (2023). https://blog.teledynelecroy.com/2023/02/the–evolution–of–in–vehicle–network.html (accessed August 11, 2024).

[19] A. Frigerio, B. Vermeulen, K.G.W. Goossens, Automotive architecture topologies: Analysis for safety–critical autonomous vehicle applications, IEEE Access 9 (2021) 62837–62846.

[20] S.C. HPL, Introduction to the controller area network (CAN), Application Report SLOA101 (2002) 1–17.

[21] L.M. Pinho, F. Vasques, Reliable Real–Time Communication in CAN Networks, IEEE Trans. Computers 52 (2003) 1594–1607. https://doi.org/10.1109/TC.2003.1252855.

[22] O. Avatefipour, H. Malik, State–of–the–art survey on in–vehicle network communication (CAN–Bus) security and vulnerabilities, ArXiv Preprint ArXiv:1802.01725 (2018).

[23] S. Lee, Local Interconnect Network (LIN): Protocols, Frames, and LIN Description file (LDF), Journal of IKEEE 27 (2023) 355–367.

[24] W. Zeng, M.A.S. Khalid, S. Chowdhury, In–vehicle networks outlook: Achievements and challenges, IEEE Communications Surveys & Tutorials 18 (2016) 1552–1571.

[25] M.S. Dhanush, T. Ananthakrinshna, Enhancing In–Vehicle Networks with CAN–FD: A study of Protocol Improvements over Classical CAN, in: 2024 International Conference on Electronics, Computing, Communication and Control Technology (ICECCC), IEEE, 2024: pp. 1–6.

[26] R. Makowitz, C. Temple, Flexray–a communication network for automotive control systems, in: 2006 IEEE International Workshop on Factory Communication Systems, IEEE, 2006: pp. 207–212.

[27] H. Zhang, Y. Shi, J. Wang, H. Chen, A new delay–compensation scheme for networked control systems in controller area networks, IEEE Transactions on Industrial Electronics 65 (2018) 7239–7247.

[28] Volvo, Volvo MOST Networks and Infotainment Systems Problems and Solutions, Volvo TechTips (2021). https://automotivetechinfo.com/2021/05/volvo–most–networks–and–infotainment–systems–problems–and–solutions/ (accessed August 11, 2024).

[29] Saravana Pandian Annamalai, Guide to Automotive MOST Bus: Multimedia Transfers in Vehicles, Linkedin (2023). https://www.linkedin.com/pulse/guide–automotive–most–bus–multimedia–transfers–annamalai (accessed August 11, 2024).

[30] L. Lo Bello, G. Patti, L. Leonardi, A perspective on ethernet in automotive communications—Current status and future trends, Applied Sciences 13 (2023) 1278.

[31] J. Min, Y. Park, Interrupt-enabled Physical Layer Collision Avoidance for 10BASE-T1S Automotive Ethernet, IEEE Trans Veh Technol (2023).

[32] D. Porter, 100BASE-T1 Ethernet: the evolution of automotive networking, Texas Instruments, Techn. Ber 2 (2018).

[33] J. Min, Y. Park, Performance Enhancement of In-Vehicle 10BASE-T1S Ethernet Using Node Prioritization and Packet Segmentation, IEEE Access 10 (2022) 103286-103295.

[34] C. Park, S. Park, Performance evaluation of zone-based in-vehicle network architecture for autonomous vehicles, Sensors 23 (2023) 669.

[35] N. Finn, Introduction to time-sensitive networking, IEEE Communications Standards Magazine 2 (2018) 22-28.

[36] P. Danielis, H. Parzyjegla, G. Mühl, E. Schweissguth, D. Timmermann, Frame replication and elimination for reliability in time-sensitive networks, ArXiv Preprint ArXiv:2109.13677 (2021).

제 3 장

차량 내부 네트워크의 진화와 발전 (Evolution of In-Vehicle Networks)

김시호

| 목차 |

이번 챕터에서는 차량 내부 네트워크(IVN)의 기술적 진화와 발전을 살펴보고자 한다. IVN은 차량에서 각 ECU(Embedded Control Unit)를 네트워크로 통신 방식으로 연결하여 효율적으로 필요한 기능을 구현하기 위하여 개발되었다. 운전자 지원 시스템(ADAS)의 도입과 지능형 자동차와 소프트웨어 정의 차량 등의 도입으로 차량에 디지털과 AI 기술이 본격적으로 탑재되면서 IVN 구조와 기능은 혁신적인 발전이 요구되고 있다. 복잡한 차량의 기능을 구현하기 위해서는 SW 서비스 중심 차량으로의 발전이 필요하며, SW 중심의 기능 구현을 위해서는 이에 알맞은 IVN 구조의 혁신을 통해서 실현이 가능해진다[1].

본 챕터에서는 데이터와 SW 서비스 중심차량의 기술 발전과 이를 위해서 요구되는 IVN의 중요성과 필요성 및 진보 전망에 대해서 살펴 하고자 한다.

3.1 자동차 전장시스템과 차량 내부 네트워크의 특징

3.1.1 전장 시스템의 클래스 분류

자동차의 전장 시스템(Vehicular Electronics)의 특징은 안전 등급과 기능의 연관성을 고려하여 클래스가 서로 나뉘어져 있다는 것이다. 자동차 전장 시스템을 클래스로 분류하는 이유는 복잡한 자동차의 전자 장치 기능을 체계적으로 관리하고, 한 부분에서 기능의 오류가 발생하더라도 다른 기능으로 전이하지 않고 주행 중 자동차의 제어 기능이 오류에 대응하여 정상적으로 동작하도록 하는 게 주 목적입니다. 또한 전장 시스템을 클래스로 나누어 체계적으로 관리하면 다음과 같은 이득을 기대할 수 있다[1,2].

- 전장 시스템의 복잡성 관리: 매우 복잡한 구조를 갖는 자동차 전장 시스템을 클래스로 분류하여 나누면, SW 개발자는 각 시스템의 역할과 상호작용을 더 쉽게 이해할 수 있으며 각 시스템의 기능과 요구사항을 보다 명확하게 정의할 수 있다.
- 유지보수 및 문제 해결 용이성: 시스템이 명확히 분류되어 있으면 차량의 문제를 진단하고 수리하는 데 간편해진다, 또한 진단 프로세스를 표준화 하는데 유리하여 문제 식별 및 해결이 더욱 용이해진다.
- 산업 표준 및 규정 준수: 자동차 제조업체와 부품 공급업체는 전장 시스템을 클래스별로 분류함으로써 요구되는 표준과 규정을 보다 쉽게 준수할 수 있다. 특히 안전과 관련된 분류는 법적 규제와 맞물려 있어 차량의 규제 당국이 요구하는 테스트와 기준을 충족해야 인증 절차에

서 중요하다.

- 효율적인 네트워크 통신 및 상호작용 관리: 자동차는 수십 개 이상의 전자 시스템이 서로 통신하고 데이터를 주고받는 복잡한 환경이며, 전장 시스템을 클래스로 나누면, 각 시스템 간의 상호작용을 보다 체계적으로 관리할 수 있다. 예를 들어, 파워트레인 시스템은 주로 엔진 및 변속기 제어와 관련된 데이터를 처리하고, 안전 시스템은 센서 데이터를 기반으로 긴급 제동 등을 처리하면 된다.
- 모듈화된 시스템 설계: 전장 시스템을 클래스별로 나누면, 각 시스템을 모듈화 하여 설계할 수 있다. 새로운 기능을 도입할 때 특정 클래스만 업데이트하면 되므로, 전체 차량 시스템에 미치는 영향을 최소화하면서 성능을 확장할 수 있어서 신기술을 적용할 때, 기존 전장 시스템과의 호환성을 유지하면서도 새로운 기술을 더 쉽게 통합할 수 있다.

클래스 구분에 모든 차량에 적용되는 통일된 표준이 존재하지는 않으며 자동차 제조사마다 유사하지만 약간씩 다르게 클래스를 구분하고 있다. 자동차 전장 시스템에 보편적으로 적용되는 클래스는 다음과 같다.

- 파워트레인(Power-train): 엔진이나 구동 모터로부터 동력을 생성하고 바퀴까지 동력을 전달하는 시스템으로 구성
  - 엔진 제어 유닛(Engine Control Unit): 엔진의 연료 분사, 점화 타이밍, 공기-연료 비율 등을 제어하여 동력 생성을 제어하는 시스템
  - 변속기 제어 장치: 변속기의 기어 전환을 제어하고 시스템을 제어하는 시스템
  - 전기자동차(EV)의 배터리 관리 시스템(Battery management/motor control System) 자동차에서 배터리의 충방전 제어와 상태 관리 시스템
  - 전기자동차(EV)의 전기 구동 시스템: 전기차와 하이브리드 차량의 전기 모터와 에너지 회생을 관리
- 섀시(Chassis) 장치: 자동차의 동력학과 관련되어 운동 제어 또는 자세를 제어하는 시스템
  - 브레이크 시스템 자동차 제동 시스템(브레이크)에 관련된 장치 등
  - 서스펜션 시스템: 차량의 저크 또는 진동 감쇄 장치 관련 시스템 등
  - 회전 운동시에 자세제어와 차량의 감가속시 안정성을 제어하는 시스템 등
- Body 장치: 운전자에 차량 내부(Interior)의 정보 제공 및 운전자 편의 시스템
  - 차량 시트 제어, 속도계, 미러 조정, 차량 내 온도 조절(에어컨, 히터 등) 인테리어 관련 시스템

- 창문 개폐 및 차문 개폐 제어 시스템 등
- 전조등 조명 장치

- Infotainment (Information + Entertainment): 운전자나 탑승자에게 운행에 필요한 정보와 오락 기능 제공
  - 차량 네비게이션 등 운행 정보 제공 시스템
  - 텔레매틱스 서비스 등
  - 엔터테인먼트 시스템: 뒷좌석 스크린, 오디오 시스템 및 스마트폰 연결 기능을 통해 승객에 오락과 편의를 제공

- ADAS (Advanced Driver Assistant Systems): 차량의 안전성과 운전 편의성을 향상시키기 위한 다양한 기술과 시스템, 대표적인 서비스는 아래와 같음.
  - 차선 이탈 경고 시스템(Lane Departure Warning - LDW):
  - 차선 유지 보조 시스템(Lane Keeping Assist - LKA):
  - 자동 긴급 제동 시스템(Automatic Emergency Braking - AEB)
  - 차량 주행 지원, 크루즈 컨트롤 (Adaptive Cruise Control - ACC)
  - 주차 보조 시스템(Park Assist) 등

3.1.2 임베디드 시스템 구조와 전장 시스템

자동차의 전장 시스템은 제어기 별로 개별적으로 구성된 임베디드 시스템으로 구성되어 있으나, 전장 시스템이 클래스로 구분되어 있으며, 차량을 제외한 일반적인 개인용 컴퓨터나 스마트폰 등의 정보기기의 일반적인 전장 시스템 구조와는 다르다. 차량 전장시스템은 클래스로 전체 시스템을 분할하고 개별 임베디드 시스템이 네트워크로 연결된 구성을 갖는다. 임베디드 시스템은 가전제품, 자동차, 의료기기, 통신 시스템, 공장 자동화 등 여러 분야에서 적용되며, 임베디드 시스템은 특정 기능을 수행하기 위해 하드웨어와 소프트웨어가 밀접하게 결합된 컴퓨터 시스템의 구조이다. 역할을 한다. 임베디드 시스템의 구조는 일반적으로 다음과 같은 주요 구성 요소로 나뉜다.

■ 하드웨어 층 (Hardware layer)

임베디드 시스템의 하드웨어는 시스템의 기초적인 기능을 수행하는 물리적 구성 요소들로 이루어진다. 일반적으로 임베디드용 마이크로 컨트롤러는 CPU, 메모리, 통신과 인터페이스, 입출력

장치 (Input/Output Devices)가 하나의 칩에 통합되어 있다.

■ 소프트웨어 층 (System Software layer)

임베디드 시스템의 소프트웨어는 하드웨어를 제어하고, 사용자가 요구하는 특정 기능을 구현하기 위한 프로그램들로 구성된다.

- 미들웨어/펌웨어 (Middleware/Firmware) : 펌웨어는 하드웨어와 소프트웨어를 연결하는 소프트웨어 계층으로, ROM에 저장되어 시스템이 구동될 때 초기화 및 기본 기능을 수행합니다. 펌웨어는 시스템의 부팅, I/O 장치 제어, 통신 등의 기본적인 작업을 처리한다. 미들웨어 (Middleware)는 소프트웨어와 소프트웨어 간의 중간에서 작동하여, 서로 다른 애플리케이션이나 시스템이 상호작용할 수 있도록 돕는 중간 계층 소프트웨어이다. 운영체제와 애플리케이션 소프트웨어 사이에서 작동하며, 다양한 하드웨어 또는 네트워크 환경에서도 애플리케이션이 효율적으로 작동할 수 있도록 해주는 역할을 수행한다.
- 운영체제 (Operating System) : 일부 임베디드 시스템에서는 실시간 운영체제(RTOS: Real-Time Operating System)가 요구되는 경우가 많다. RTOS는 임베디드 시스템이 시간에 민감한 작업을 처리해야 할 때, 즉 실시간 요구사항을 충족시켜야 할 때 사용된다
- 드라이버 (Drivers) : 하드웨어 장치와 소프트웨어 간의 상호작용을 가능하게 하는 소프트웨어입니다. 드라이버는 각 하드웨어 장치에 대한 제어와 데이터 전송을 관리한다.

■ 응용 소프트웨어 (Application Software)

임베디드 시스템에서 사용자 또는 시스템이 특정 작업을 수행하기 위해 동작하는 소프트웨어이다.

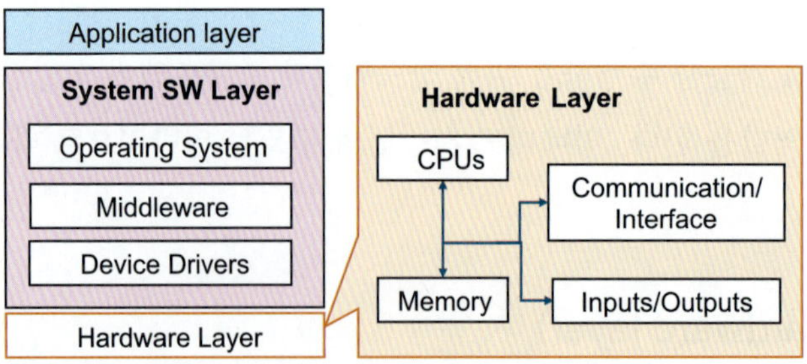

그림 3.1 일반적인 임베디드 시스템 구조 (General Architecture of Embedded Systems)

3.2 차량 내부 네트워크의 구성과 진화

3.2.1 게이트웨이 중심의 분산형 임베디드 전장 시스템 구성 (Distributed IVN EE architecture with Centralized gateway)

차량의 전장시스템은 수많은 임베디드 컨트롤 유닛(ECU)가 차량 네트워크(In-Vehicle Network, IVN)에 연결된 구성을 갖는다[1-3]. 차량에는 수많은 센서와 구동 장치인 액추에이터(actuator)가 ECU와 연결되어 정보를 센싱하고 필요한 제어 신호를 액추에이터에 전달하여야 한다. 그림 3.2에서는 차량 내부 게이트웨이와 자동차의 차량 네트워크(IVN) 구성을 백본으로 특정한 기능들을 구현하기위한 센서와 액추에이터들로 구성된 전형적인 임베디드 시스템(In-vehicle network Architecture with Central gateway)을 제시하였다. IVN과 ECU로 구성되는 차량의 전장 시스템 구성을 자동차의 EE 아키텍춰(Electrical & Electronics Architecture)라고 부른다. 네트워크 백본으로는 CAN이 대표적으로 사용되며, 서브 네트워크로 LiN(Local Interconnect Network)이 사용된다. 그림 3.2에서 각 ECU들은 해당되는 클래스의 백본 네트워크와 CAN 인터페이스를 통해서 서로 연결된다. 게이트웨이를 통해서 서로 다른 클래스의 백본이 서로 다른 백본 네트워크간 연결을 수행한다. 게이트웨이 프로토콜 변환(Protocol Conversion)을 통해서 각기 다른 프로토콜(CAN, FlexRay, Ethernet 등)을 사용하는 네트워크 간의 통신을 가능하게 한다. 데이터 라우팅(Data Routing)은 필요한 네트워크로 데이터를 전송하고, 불필요한 데이터를 차단하거나 필터링 및 대역폭 관리(Bandwidth Management)를 수행하며, 데이터 전송량이 많은 네트워크에서는 대역폭을 효율적으로 관리하여 네트워크 혼잡을 방지하고, 우선순위가 높은 데이터가 먼저 처리되도록 조정 등을 수행하는 장치이다.

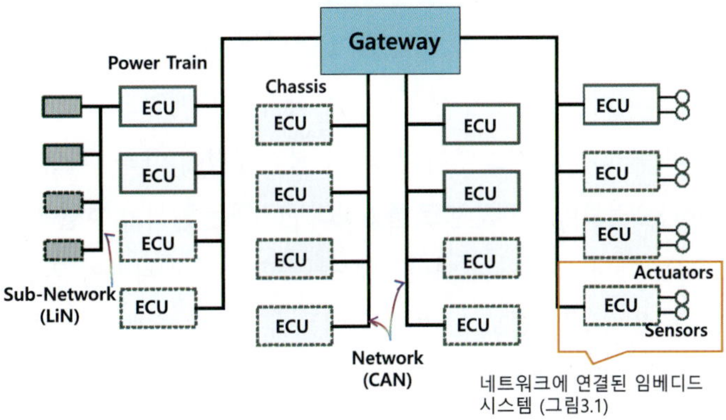

그림 3.2 중앙 게이트웨이와 클래스별 나뉘어진 백본 구성의 IVN. 네트워크에 연결된 ECU에센서와 액추에이터로 구성된 임베디드 시스템으로 개별 기능 구현 (In-vehicle network Architecture with Central gateway)

3.2.2 도메인 제어기 중앙형 IVN 시스템 구성(IVN EE architecture with Domain Control Units)

게이트웨이 중심의 분산형 IVN 구조는 복잡도가 높지 않고 시스템이 클래스로 분할된 자동차 전장의 임베디드 시스템에서는 매우 효율적인 구조로 차량 네트워크가 도입된 1980년대 부터 2010년도까지 30년 이상 차량의 전장시스템 내부 네트워크의 표준 아키텍처로 사용되었다. 그러나, 차량의 전장 시스템 성능이 향상됨에 따라서 ECU의 개수가 증가하여 중앙 게이트웨이가 처리해야 하는 데이터의 트래픽이 증가함에 따라서 게이트웨이의 실시간 트래픽 처리 능력에 한계에 도달하였다. IVN의 백본으로 사용되는 CAN은 데이터 전송 속도가 최대 1M bps(bits per second)이내이고 게이트웨이는 클래스 간의 통신 패킷을 실시간으로 처리해야 하므로 처리 능력을 감당하기 어렵게 되었다. 특히 2010년대 후반기부터 첨단 운전자 지원 시스템(ADAS)가 차량에 본격 탑재되면서 데이터 트래픽이 급격히 증가하였다. ADAS는 운전자가 수행해야 하는 가감속 및 조향 관련된 차량 제어 기능 수행을 지원하므로 기존의 전장 클래스와 차별화되는 분류가 필요한데, 중앙 게이트웨이 방식으로는 다른 클래스와 구별하여 처리하는 기능을 구현할 수 없는 기술적인 문제를 맞이하게 되었다. ADAS의 기능의 대부분은 인간 운전자가 수행해야 하는 기능을 차량의 시스템이 대행하는 것으로써 차량의 다른 클래스와 같은 수준으로 동작하면 제어권의 우선 순서에 모순이 발생한다. 즉, 인간 운전자는 차량의 조향, 가감속 등 운전 제어을 담당하므로 운전자의 운행 기능수행을 명령어로 받아서 기능을 제어하는 차량의 전장 클래스보다 논리적으로 한단계 위의 감독자 지위(supervisor)에 있어야 한다[4-5].

이러한 게이트웨이의 성능제약과 논리적 모순을 극복하기 위하여 각 클래스를 서로 다른 도메인 제어 유닛(Domain Control Unit, DCU)아래에 배치하여 도메인 제어 유닛이 각 크래스의 제어를 담당하도록 구성하는 방식 개발되었다[5]. 도메인 제어 유닛(DCU)은 차량의 전자 아키텍처에서 중요한 역할을 하는 장치로, 여러 전자 제어 장치(ECU)를 하나의 도메인으로 통합하여 제어하는 중앙 집중식 시스템이다. 차량의 전장 시스템이 점점 더 복잡해짐에 따라, 차량 내 다양한 ECU들이 각각의 역할을 수행하는 것보다 도메인별로 통합하여 관리하는 방식이 효율적이라는 필요성이 대두되었다. 이때, DCU는 해당 도메인의 여러 ECU를 통합하고 관리하는 역할을 수행한다. DCU는 차량의 전자 시스템을 도메인별로 관리하기 때문에, 여러 도메인을 설정하여 각각에 맞는 ECU와 기능을 통합할 수 있다. DCU 구조의 도입은 중앙 게이트웨이 방식에서 진보한 구조로써, 차량의 전자 시스템을 도메인별로 통합하여 관리하여, 차량의 성능, 효율성, 보안, 유지보수 용이성을 크게 향상시켰다. 중앙 게이트웨이에 비교하여 DCU 구조의 장점은 다음과 같다.

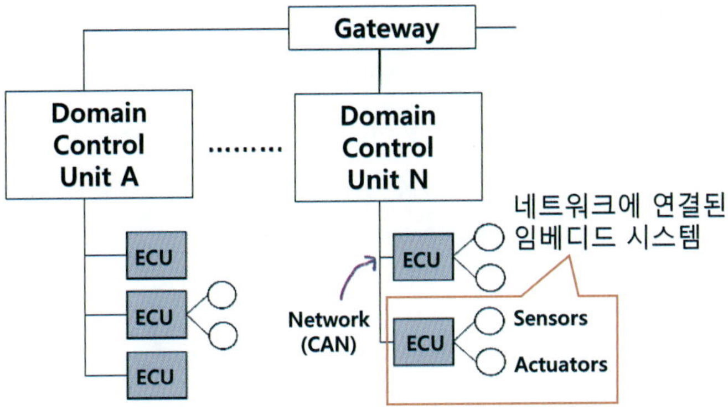

그림 3.3 도메인 제어 유닛(Domain Control Unit)을 채택한 차량 네트워크 구조와 임베디드 시스템 구성 (EE architecture of with Domain Control Unit composed of Embedded Systems with Sensors and Actuators for specific functions)

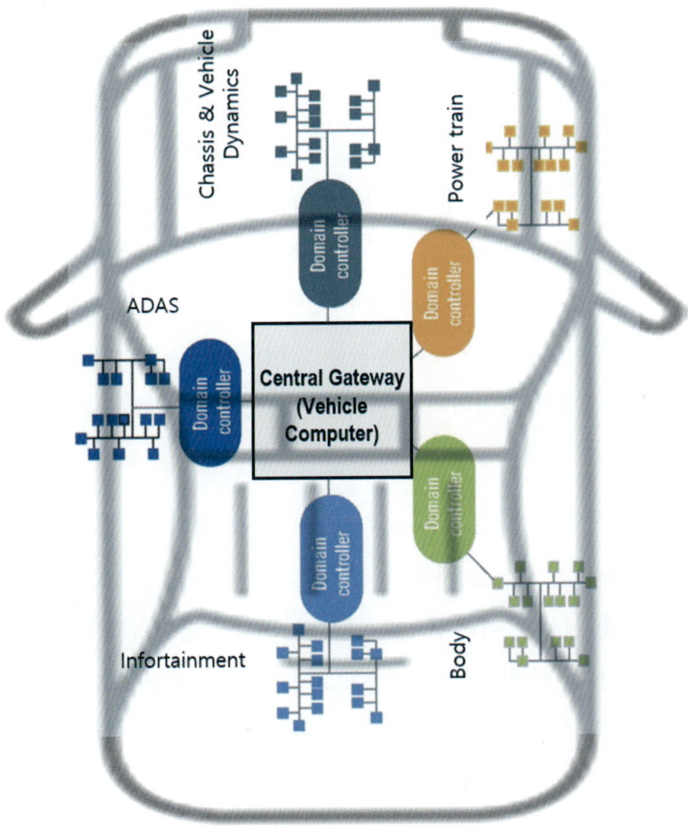

그림 3.4 기능별 도메인 콘트롤러를 기준으로 분할된 고성능 자동차 중앙형 컴퓨터 네트워크 구조 (Centralized vehicle computer network architecture based on Domain functions)

- 중앙 집중화: 각 도메인의 다양한 ECU를 하나의 DCU가 관리함으로써, 하드웨어 및 소프트웨어의 통합되어 IVN 시스템의 복잡성을 줄이고 효율성을 높일 수 있다.
- 통신 효율성: DCU는 통합된 중앙 제어기로서, 여러 ECU 간의 통신을 최적화할 수 있다. 이는 실시간으로 많은 데이터를 처리해야 하는 ADAS 구현에서 중요한 역할을 한다.
- 기능 업데이트 용이성: ECU가 각각 개별적으로 업데이트될 필요 없이DCU에서 소프트웨어 업데이트를 일괄적으로 수행할 수 있다.
- 기능 확장 용이성: 차량 내 새로운 기능이나 서비스가 추가될 때, 각 도메인별로 기능을 확장할 수 있어 차량의 기능을 확장하는 경우 구현이 용이하다.

3.2.3 지역 분할형 IVN 시스템 구조 (Zonal Architecture of IVN)

지역 분할형 (Zonal Architecture) IVN 시스템 구조는 차량을 물리적 영역(Zone)으로 나누고, 각 구역에 지역 게이트웨이(Zonal Gateway) 또는 지역 제어기(Zone Controller)를 배치하여 해당 구역의 ECU 및 센서를 관리하여 특정 기능과 연결성을 집중시키는 아키텍처이다[6-7]. 지역 제어기는 지역에 분할된 센서, 액추에이터, ECU 등과 통신하며 데이터 처리를 수행한다는 점에서 전장의 클래스 기반으로 네트워크를 분할하는 도메인 제어 유닛과 차별화됩니다. 지역 제어기는 기존의 CAN, LIN, FlexRay와 같은 기존의 도메인 제어기에서 사용되었던 네트워크 프로토콜을 지원할 수 있으며, 10Mbps 급의 속도를 지원하는 저속 자동차용 이더넷(Automotive Ethernet)과 같은 네트워크 프로토콜을 적용하여 ECU들과 통신하는 것을 지원하는 것이 기본이다. PLCA(Physical Layer Collision Avoidance) 프로토콜은 10Mbps 급의 저속 자동차용 이더넷(Automotive Ethernet) 네트워크에서 패킷의 충돌을 방지하면서 실시간성과 데이터의 우선 순위에 맞도록 arbitration을 제공할 수 있도록 개발되었다[7].

그림 3.5는 간략화된 자동차 지역 분할 네트워크 구조(Zonal Architecture)을 제시하고 있다. 지역 분할형(Zonal Architecture)는 중앙의 고성능 자동차 컴퓨터(High performance Vehicle Computer)와 1Gbps 이상의 속도를 지원하는 고속 자동차 이더넷으로 연결되어 지역 제어기의 데이터를 중앙 처리 장치로 전달하는 것이 가능하며, 지역 제어기 간에도 고속 자동차 이더넷으로 연결되는 형태가 기본 구조이다. 최근에는 IEEE 802.1WG에서는 자동차 이더넷을 보다 개량한 TSN(Time sensitive Network)가 고속 연결 표준으로 개발되고 있다[9-12].

지역 분할형 구조가 가지는 가장 대표적인 장점은 하네스(와이어와 캐이블)의 비용이 감소하여 제조시 재료비 원가감소로 인한 제조비용 감소 및 차량의 무게 감소로 인한 연비 향상효과이다.

도메인 제어 방식은 논리적 또는 기능적으로 분할된 클래스에 맞추어서 네트워크 제어기를 분할하는 방식으로 논리적으로는 인정하지만 ECU와 센서, 액추에이터는 차량의 다른 부분에 분산될 수 있습니다. 이러한 경우에 이들을 연결하기 위한 통신선과 전원 연결선이 길어지고 심각한 경우에는 복잡하게 얽히게 되는 단점이 있다. 지역 분할형 구조는 지역적으로 분할하는 제어기를 할당하므로 연결선 비용 즉, 하네스의 비용을 크게 감소시킬 수 있다. 차량 설계와 적용된 기술에 따라 다를 수 있으나, Zonal Architecture를 채택함으로써 차량 내 케이블 길이를 줄이는 효과는 상당히 크며, 일반적으로 20~30% 감소 케이블 길이 감소 효과가 있다고 알려져 있다. 승용차의 하네스 케이블의 총 길이는 약 2Km에 도달하며, 무게는 30 에서 50kg 정도 이다. 케이블 길이 감소는 단순히 경량화뿐만 아니라 생산 비용 절감, 배선 오류 감소, 정비 편의성 향상 등 다양한 이점을 제공한다[1-9]. Zonal Architecture는 차량 내 통신 요구가 급증하는 현대 자동차 산업의 변화에 대응하는 핵심 설계 방식으로 자리잡고 있다. 이는 차량 전자 시스템의 단순화, 성능 최적화, 미래 기술과의 통합을 가능하게 한다.

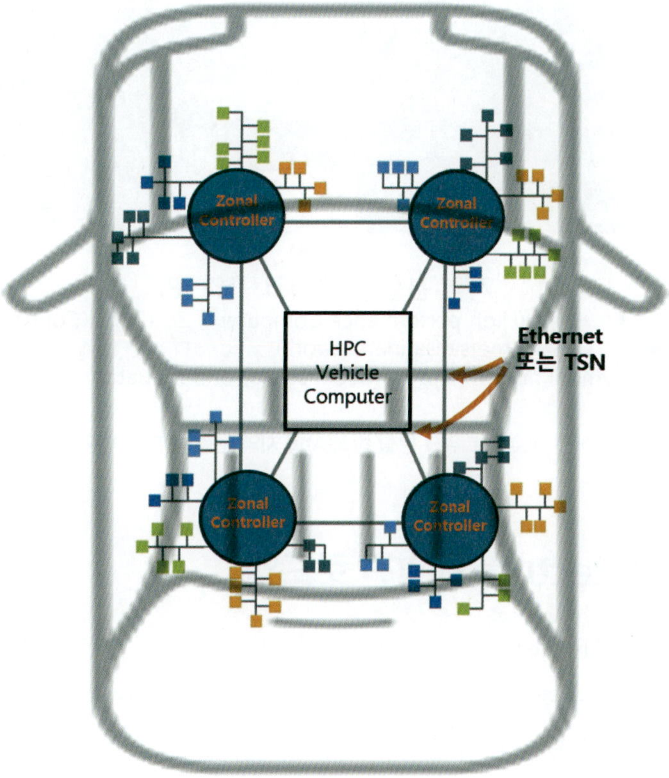

그림 3.5 자동차 지역 분할 네트워크 구조 (Zonal Architecture)

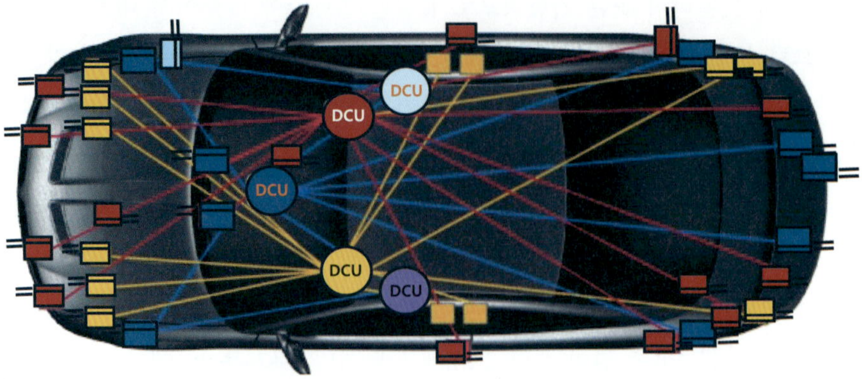

도메인 기준 네트워크 분할 방식(A)
DCU(Domain Control Unit), (Symbol ▬=) ECU+ sensor and Actuator

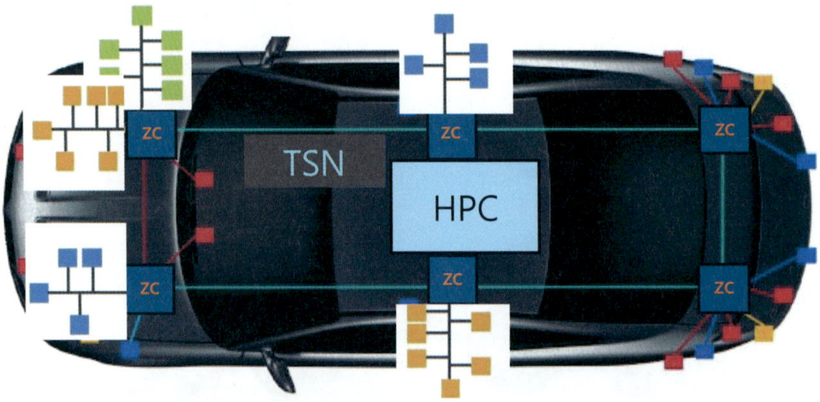

지역 분할 네트워크 구조 (B)
HPC (High performance Computer), ZC (Zonal Controller),
TSN(Time sensatine network)
Symbol : network, dot : ECU+ sensor and Actuator

그림 3.6 도메인 별로 네트워크 분할 방식(A)과 지역 분할 네트워크 구조(B)의 비교

3.3 E/E architecture의 발전 로드맵

E/E(Electrical and Electronic) Architecture는 차량 내 통신, 데이터 처리, 전원 분배를 통합적으로 관리하는 시스템을 말하며, 자동차 기술의 핵심 구성 요소이다. E/E 아키텍처는 1990년대 네트워크가 본격적으로 자동차 전장시스템에 도입된 이후로 자동차의 기능 향상과 더불어 계속해서 진화해왔으며, 빠르게 발전하고 있습니다.

3.3.1 자동차 E/E 아키텍춰의 종류와 진보

- 분산형 아키텍처 (Distributed EE Architecture): 분산형 아키텍처는 차량 E/E 초기 단계로, 게이트웨이에 연결된 각 클래스별로 할당된 네트워크에 각 차량 기능에 독립적인 전자제어장치(ECU, Electronic Control Unit)를 배치하는 방식이다. 이 구조는 1990년대부터 2010년대 초반까지 시판된 대부분의 자동차에서 사용되었으며, 차량 EE 시스템 IVN 아키텍처의 시작점이라 할 수 있다.

분산형 아키텍처 (Distributed Architecture)의 특징을 살펴보면 다음과 같다.

- 독립적인 ECU 배치: 각 클래스내에서 기능 구현을 위해서 개별적인 ECU에 임베디드 SW와 센서 액추에이터로 구현하여, 한 ECU는 단일 기능을 담당하며, 시스템 간 연계는 최소화
- 네트워크 프로토콜: 주요 통신 네트워크는 CAN (Controller Area Network), LIN (Local Interconnect Network), 그리고 일부 고급 시스템에서 FlexRay를 사용하며, 저속 통신 네트워크의 데이터 전송과 제한된 대역폭으로 기본적인 차량 기능을 충족함.
- 배선 하니스(Wire Harness): 각 ECU가 센서와 액추에이터에 직접 연결되므로 통신 배선(하네스)가 복잡하고 길어짐. 분산형 IVN 아키텍춰를 채택한 상용화된 승용차의 전기 배선 길이는 평균 2~3km 정도임.
- 분산형 처리: 데이터를 개별 ECU에서 처리하여, 데이터 간 통합이 제한적임. 기능 간 데이터 공유는 어려워서 최소화되어 ECU별로 독립적 제어가 주된 방식임.
- 분산형 아키텍처 (Distributed Architecture)의 단점
  - ECU 개수 : 차량의 전자 기능이 증가하면서 기능 구현에 필요한 ECU 수가 기하급수적으로 늘어남. 평균 차량은 100개 이상의 ECU 탑재가 필요해짐 .
  - 배선 하니스 문제: ECU 간 연결로 인해 배선 길이가 길어지고 차량의 무게와 조 비용이 증가하며, 배선 복잡성으로 인한 설치 및 유지보수 어려움.
  - 통합 및 확장성 부족: 개별 ECU가 독립적으로 작동하므로 기능 간 협업이 제한적인 한계가 있으며, 새로운 기술이나 고성능 컴퓨팅 요구를 충족하기 어려움.
  - 통신 대역폭 한계: CAN, LIN 등 전통적인 차량 통신 네트워크는 1Mbps가 제한 속도이며, 지능화되는 첨단 자동차의 고속 데이터 전송 요구를 충족하지 못함.
- 도메인 중앙형 아키텍처 (Domain Control Unit EE Architecture)는 차량의 기능을 클래스별로 도메인(예: 파워트레인, 바디, ADAS, 인포테인먼트)으로 나누고, 각 도메인에 Domain Controller를 배치하는 구성. 하나의 도메인 컨트롤러가 해당 도메인의 모든 기능을 관리하며, ECU를 통합하거나 대체하는

구성임. 분산형 아키텍처가 가진 한계를 극복하기 위해 개발되었으며, 2010년대 이후 차량의 복잡성 증가에 대응하기 위한 표준이 되었다.

도메인 중앙형 아키텍처의 특징을 살펴보면 다음과 같다.

- 도메인 간 중앙 게이트웨이: 모든 도메인 컨트롤러는 중앙 게이트웨이(Central Gateway)와 연결되어 데이터를 주고받음. 도메인 간 데이터 통신 및 관리가 용이해짐.
- 전장 시스템의 계층적 구조: 센서 및 액추에이터는 도메인 컨트롤러와 연결되며, 데이터를 처리 후 중앙 게이트웨이에 전달하는 ECU와 DCU간에는 계층적인 구조를 가지며, 실시간 데이터 처리와 중앙 관리가 수월해 짐.
- 도메인 중앙형 아키텍처의 장점
  - 데이터 통합성 증가 데이터 통합성 증가 도메인 간 데이터가 중앙 게이트웨이를 통해 통합되어, 기능 간 상호작용 및 통합 관리가 가능
  - 도메인별 고성능 컨트롤러가 데이터 처리 속도를 높임.
- 도메인 중앙형 아키텍처의 단점
  - 도메인은 논리적인 기능의 분할에 기반을 두므로 동일 DCU에 속하는 ECU의 배치가 지역적으로 떨어지면서 연결 선의 길이가 분산형에 비하여 개선되지 못함.
  - 도메인 간 통합 한계: 도메인 간 데이터 처리 속도가 중앙 게이트웨이에 의존하여 지연 발생 가능
- 도메인 제어기와 중앙 게이트웨이 통합 기반 차량 컴퓨터 E/E 아키텍처(Domain Control Unit and Central Gateway in Vehicle Computer E/E Architecture) : 도메인 중앙형 방식의 단점을 극복하기 위하여, 도메인 제어기(DCU)의 기능을 통합하여 중앙 게이트웨이의 기능을 고성능 차량 컴퓨터(Vehicle Computer)로 통합하여 차량 통신, 데이터 처리, 제어 효율성을 극대화하고자 하는 단계로 발전하고자 제안된 구조 . 기업별로 약간씩 다른 형태의 아키텍춰를 제시하였으나, 그림 3.4의 구성이 제안된 구조의 보편적으로 구성이다.
- 도메인 중앙형 아키텍처의 장점과 한계
  - 하드웨어 비용 절감 : 독립적인 ECU 수 감소로 하드웨어 복잡성과 원가 감소 가능
  - 중앙 집중형 제어 : 도메인별로 분산되어 있던 제어 및 데이터를 중앙 차량 컴퓨터에서 처리. 도메인 간의 데이터 통합과 고속 협업 지원 가능 .
  - 새로운 기능 추가 또는 업그레이드시에 OTA(Over-the-Air) 업데이트를 통해 소프트웨어 기능 추가 및 유지보수 용이함.

– 신뢰성과 이중화 필요 : 차량 컴퓨터의 단일 장애가 전체 시스템에 영향을 줄 수 있으므로 이중화(redundancy) 설계 필수적이며 HW와 SW의 신뢰성 확보가 어려움.
– 여전히 DCU 기반으로 논리적인 기능 분할 방식으로 센서와 액추에이터가 차량에 흩어져서 분포하므로 배선의 길이가 길어져서 배선 복잡도와 하네스 비용 증가

- 지역 분할형 아키텍처 기반 고성능 차량 컴퓨터 아키텍춰 (Zonal Architecture with High performance Vehicle Computer Architecture)는 중앙 집중식 고성능 컴퓨터(High-Performance Compute Unit, HPC)와 지역을 담당하는 지역 콘트롤러(Zonal Controller)를 고성능 네트워크인 고속 차량 이데넷 또는 TSN으로 연결하는 구조. 물리적 구역(Zone)으로 나누어, 해당 구역 내의 센서, 액추에이터, 전자제어장치(ECU)를 통합적으로 관리하여 배선 단순화, 비용 절감을 추구하고 고성능 HPC를 통하여 기능 확장성 강화를 목표로 합니다. 자율주행 기능 구현과 소프트웨어 정의 차량(SDV) 등 미래 기술 요구를 충족하기 위한 구조로 도입됨.

지역 분할형 아키텍처 기반 고성능 차량 컴퓨터 아키텍춰의 특징을 살펴보면 다음과 같다.

- 물리적 지역 (Zone) 기반 설계 : 차량의 물리적 지역 구조를 기반으로 구역을 나누고, 각 지역의 장치를 관리하는 컨트롤러 배치. 센서, 액추에이터는 가까운 Zonal Controller에 연결
- 실시간성을 보장하는 고속 네트워크 백본 :각 지역 제어기는 고속 네트워크 통해 중앙 컴퓨팅 유닛과 연결. 고속 데이터 전송과 실시간 패킷 및 통신 지원.
- 중앙 집중 데이터 처리 : Zone Controller는 데이터의 전처리를 담당하며, 주요 계산 및 통합 처리는 중앙 차량 컴퓨터에서 수행.
- 소프트웨어 중심 : Zone Controller와 중앙 컴퓨터에서 대부분의 기능이 소프트웨어로 정의 가능하며, OTA(Over-The-Air) 업데이트를 통해 새로운 기능 추가 및 유지보수 가능.
- 지역 분할형 아키텍처 기반 고성능 차량 컴퓨터 아키텍춰의 의장점과 한계
  – 배선 효율성과 하드웨어 비용 절감 : 배선 하니스 수요와 ECU 개수 감소로 기존 도메인 기반 아키텍처 대비 배선 하니스 길이가 20~40% 감소하여 제조 비용 절감 및 차량 경량화로 에너지 효율성 향상.
  – 유연성과 확장성 : 기능에 Ekfms 분할이 아니고, 물리적 지역 분할 구조이므로 Zone Controller를 용이하게 추가 가능하며, 업그레이드하여 새로운 기능 통합 가능.
  – 중앙 집중형 제어로 소프트웨어 정의 차량(SDV) 지원 용이 : 기능이 하드웨어가 아닌 소프트웨어에서 구현되어 OTA 업데이트를 통해 개선 가능

- Zonal Controller 설계의 복잡성 :Zonal Controller는 각 Zone의 다양한 장치와 통신해야 하므로 설계 및 개발 난이도가 높음.
- 고속 네트워크 요구 :Automotive Ethernet 및 TSN과 같은 고속 네트워크 인프라 구축이 필요한데, 아직 해당 기술의 표준화가 진행되고 있어서 표준을 만족하는 칩셋의 개발이 아직 진행중임.

그림 3.7에서는 자동차 네트워크 구조의 발전 로드맵을 정리하였다.

네트워크는 각 클래스의 ECU가 계층 또는 우선 순위를 가지지 않는 Flat한 형태의 분산형 아키텍처 (Distributed Architecture)가 2010년도 까지 사용되었다. 2017년 이후에는 대부분의 차량이 특정 도메인 네트워크를 분할하는 도메인 제어기 기반 구조로 발전하였다. 도메인 제어기 기반 구조에 2022년 정보부터 고성능 중앙 컴퓨터(HPC)를 도입하는 차량이 개발되었다. 지역 분할형 아키텍춰는 2022년 경부터 테슬라 사에서 출시되는 전기자동차에서부터 상용화 되었다. 테슬라를 제외한 다른 자동차 제조사들은 2025년 이후에 지역 분할형 아키텍춰를 채택한 자동차를 상용화를 목표로 하고 있다.

3.3.2 자동차 네트워크 구조의 발전 로드맵

네트워크는 각 클래스의 ECU가 계층 또는 우선 순위를 가지지 않는 Flat한 형태의 분산형 아키텍처 (Distributed Architecture)가 2010년도 까지 사용되었다. 2017년 이후에는 대부분의 차량이 특정 도메인 네트워크를 분할하는 도메인 제어기 기반 구조로 발전하였다. 도메인 제어기 기반 구조에 2022년 정보부터 고성능 중앙 컴퓨터(HPC)를 도입하는 차량이 개발되었다. 지역 분할형 아키텍춰는 2022년 경부터 테슬라 사에서 출시되는 전기자동차에서부터 상용화 되었다. 테슬라를 제외한 다른 자동차 제조사들은 2025년 이후에 지역 분할형 아키텍춰를 채택한 자동차를 상용화를 목표로 하고 있다[1].

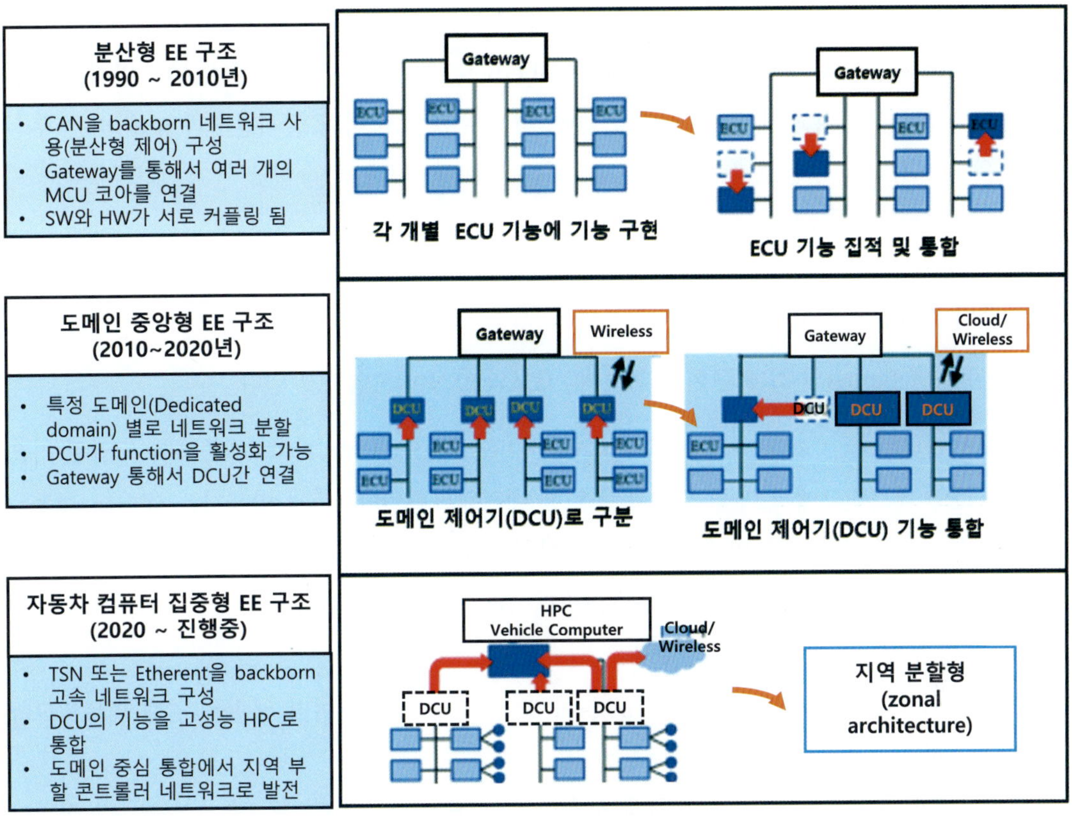

그림 3.7 **자동차 네트워크 구조의 발전 로드맵**

3.3.3 Automotive Ethernet, PLCA 및 TSN의 관련성

기존에 IVN의 백본 네트워크로 사용되었던 CAN을 대체하기 위하여 자동차용 Ethernet과 실시간성을 만족하는 네트워크 기술이 개발되고 있다. 이러한 기술중은 Automotive Ethernet, PLCA, 및 TSN 등이 있으며 이들 기술의 관련성을 살펴보고자 한다.

- Automotive Ethernet : Automotive Ethernet은 차량 내부의 통신 네트워크 인프라로, 기존의 CAN, LIN, FlexRay와 같은 네트워크 기술을 대체하면서 인터넷에서 사용되는 LAN의 기본 네트워크 방식인 이더넷을 차량 네크워크 통신의 요구사항을 만족하도록 개량하여 더 안정적인 데이터 전송을 제공하기 위해서 개발되는 네트워크 방식이다[6, 8]. 네트워크 통신에서는 단일선을 사용하기 때문에 접근하고자는 단말기간에 충돌이 발생하는데 기존 LAN의 방식인 이데넷은 CSMA/CD(Carrier Sensing Multiple Access/Collision Detection)방식을 사용한다. 이데넷은 종류에 따라서 100Gbps까지 고속의 통신 속도를 지원하지만 실시간성과 IP 주소의 우선

순위에 따른 라우팅 등을 지원하지 않기 때문에 자동차와 같은 실시간성이 요구되는 네트워크에서는 사용이 곤란하다. Automotive Ethernet은 기존 이데넷의 CSMA/CD 방식을 개선하고 네트워크선의 최대 적용 길이를 10미터 범위로 축소하여 실시간성과 IP에 따른 우선순위를 보장하는 통신을 제공하도록 개발되는 네트워크이다.

차량용 이더넷은 IEEE 802.3 기반 표준에 기반을 두고 있으며, 단일 비차폐 트위스티드 페어 (UTP) 케이블 사용하는 경량 배선을 특징으로 한다.

Automotive Ethernet의 실제 구현을 위하여 PLCA와 TSN이 도입되고 있다.

■ PLCA (Physical Layer Collision Avoidance) : PLCA는 IEEE 802.3cg (10BASE-T1S) 표준에서 도입된 기술로, 차량 네트워크에서 다중 장치가 동일한 네트워크를 공유할 때 발생하는 데이터 충돌을 방지하는 기술이다.기존 이데넷과 유사한 환경에서 CSMA/CD를 대체하여 PLCA (Physical Layer Collision Avoidance) 방식으로 패킷의 충돌없이 데이터 전송을 보장한다[9].

- PLCA의 특징
  - 네트워크에 연결된 모든 장치에 Logical ID를 부여하고, 데이터 전송을 위해 네트워크를 일정한 시간 슬롯으로 분할
  - 모든 장치가 네트워크를 공평하게 사용할 수 있도록 토큰 기반 시간 슬롯 할당, 각 장치가 자신의 슬롯에서만 데이터를 전송
  - 충돌이 발생하지 않고 네트워크 대역폭을 효율적으로 사용
  - PLCA의 Automotive Ethernet에서의 역할 :10BASE-T1S와 같은 저속 Ethernet에서 안정적인 데이터 전송을 보장
  - 센서 네트워크와 같은 다중 노드 환경에서 적합
  - 배선 간소화와 비용 절감을 위해 다수의 장치가 하나의 버스를 공유하도록 지원

■ TSN (Time-Sensitive Networking) : TSN은 IEEE 802.1 표준 기반의 기술로, 고속 데이터 통신을 위한 Automotive Ethernet에 실시간 데이터 처리 능력과 시간 동기화를 추가합니다[10-12].

- TSN의 특징

1) 정밀한 시간 동기화: 네트워크 내 모든 장치 간 정확한 시간 동기화하며, IEEE 802.1AS 표준[10-11]을 사용해 밀리초 이하의 지연 시간(latency) 차이를 유지

2) 우선순위 기반 데이터 처리: 네트워크 트래픽을 우선순위에 따라 분류하고 처리. 중요한 데

이터 우선 순위에 따라서 먼저 전송

3) 지연 시간 최소화: 네트워크 트래픽의 대역폭 예약을 통해 데이터 전송 지연을 방지. IEEE 802.1Qbv[13]를 활용해 트래픽 스케줄링 가능

4) 네트워크 안정성 향상: 데이터 손실을 방지하고 일관된 성능 제공하고, 네트워크 혼잡 상황에서도 안정적인 데이터 흐름 유지

■ TSN의 Automotive Ethernet에서의 역할

- 고속 Automotive Ethernet 네트워크에서 실시간성 보장되는 지연 시간이내의 데이터 전송 보장
- ASIL 등급이 높은 기능, 자율주행, V2X 통신, ADAS와 같은 지연에 민감한 애플리케이션에서 실시간 데이터 처리를 지원
- 우선순위와 대역폭 예약으로 네트워크 혼잡 방지

PLCA는 저속 네트워크에서 데이터 충돌을 방지하여 안정적인 데이터 전송을 가능하게 하고, 센서 네트워크와 같은 다중 노드 환경에 적합하다. TSN은 Automotive Ethernet에 실시간성과 시간 동기화를 추가하여 지연에 민감한 애플리케이션(예: 자율주행, ADAS)에 필수적이다.

세 기술의 통합은 차량의 실시간 데이터 처리, 네트워크 안정성, 확장성을 극대화하며, 미래형 차량 아키텍처(Zonal Architecture 및 Software-Defined Vehicle)의 핵심이 된다.

3.4 E/E architecture의 향후 전망

자동차 네트워크 통신 방식은 안전과 보안을 최우선으로 고려하여 각 기능을 서로 격리시키는 클래스와 도메인 중심 구조 필요에서부터 고성능 중앙 컴퓨터를 채택하고 자동차의 네트워크를 물리적으로 분할하는 지역 분할 구조로 발전하였다. 이러한 구조의 발전에는 자동차에 운전자 지원 시스템이 탑재되어야 하고 궁극적으로 자율주행이 가능한 지능형 커넥티드카의 제어와 내부 데이터 처리를 위한 네크워크 구조가 필요하기 때문이다. 지역 분할 구조는 ECU의 개수 및 하네스 비용을 절감하여 자동차의 제조 비용과 연비를 향상시키는 효과도 얻을 수 있다.

2025년 이후에 자동차 개발의 궁극적인 방향은 소프트웨어의 재사용성을 극대화 하면서도 OTA를 통한 소프트웨어 업데이트가 지원되는 소프트웨어 정의차량을 개발하는 것이다. 소프트웨

어 정의차량은 기존 차량의 임베디드 소프트웨어의 안전성과 보안(safety & security)을 만족하기 위해서 적용하였던 ISO 20262 기능안전성 표준을 적용하는 것이 곤란한 상황을 맞이하게 되어서 새로운 SW 개발 방향의 정립과 표준화가 필요하다. 이와 관련된 내용은 소프트웨어 정의 차량 부분에서 다루고자 한다.

References

[1] Zeng, Weiying, Mohammed AS Khalid, and Sazzadur Chowdhury. "In-vehicle networks outlook: Achievements and challenges." IEEE Communications Surveys & Tutorials 18.3 (2016): 1552-1571.

[2] Wang, Wenwei, et al. "Review of Electrical and Electronic Architectures for Autonomous Vehicles: Topologies, Networking and Simulators." Automotive Innovation 7.1 (2024): 82-101.

[3] Mauser, Lucas, Stefan Wagner, and Peter Ziegler. "Methodical Approach for Centralization Evaluation of Modern Automotive E/E Architectures." European Conference on Software Architecture. Cham: Springer International Publishing, 2022.

[4] Mariño, Angela Gonzalez, Francesc Fons, and Juan Manuel Moreno Arostegui. "The future roadmap of in-vehicle network processing: A HW-centric (R-) evolution." IEEE access 10 (2022): 69223-69249..

[5] Bandur, Victor, et al. A domain-centralized automotive powertrain E/E architecture. No. 2021-01-0786. SAE Technical Paper, 2021.

[6] Oh, Sung Bhin, Young Soo Do, and Jae Wook Jeon. "The Time Synchronization of CAN-FD and Ethernet for Zonal E/E Architecture." 2023 International Technical Conference on Circuits/Systems, Computers, and Communications (ITC-CSCC). IEEE, 2023.

[7] Park, Chulsun, and Sungkwon Park. "Performance evaluation of zone-based in-vehicle network architecture for autonomous vehicles." Sensors 23.2 (2023): 669.

[8] Lo Bello, Lucia, Gaetano Patti, and Luca Leonardi. “A perspective on ethernet in automotive communications—Current status and future trends.” Applied Sciences 13.3 (2023): 1278.

[9] J. Min and Y. Park, “Interrupt-Enabled Physical Layer Collision Avoidance for 10BASE-T1S Automotive Ethernet,” in IEEE Transactions on Vehicular Technology, vol. 73, no. 5, pp. 6083-6092, May 2024, doi: 10.1109/TVT.2023.3336843.

[10] P802.1DG - TSN Profile for Automotive In-Vehicle Ethernet Communications, IEEE P802.1DG, https://1.ieee802.org/tsn/802-1dg/

[11] IEEE Draft Standard for Time-Sensitive Networking Profile for Automotive In-Vehicle Ethernet Communications https://standards.ieee.org/ieee/802.1DG/7480/

[12] M. H. Farzaneh and A. Knoll, “Time-sensitive networking (TSN): An experimental setup,” IEEE Vehicular Networking Conference (VNC), Turin, Italy, 2017, pp. 23-26, doi: 10.1109/VNC.2017.8275648.

[13] Zhao, Luxi, Paul Pop, and Silviu S. Craciunas. “Worst-case latency analysis for IEEE 802.1 Qbv time sensitive networks using network calculus.” Ieee Access 6 (2018): 41803-41815.

제 4 장

자동차 소프트웨어 개발 방법론 및 표준 (Automotive Software Development Methodologies and Standards)

석호

| 목차 |

4.1 도입 (Introduction)

1967년 최초의 전자 제어 장치(ECU, Electronic Control Unit)를 탑재한 전자식 연료 분사 시스템이 상용화되면서 자동차 소프트웨어의 역사가 시작된 이래로, 소프트웨어는 인포테인먼트와 안전 시스템을 넘어, 첨단 운전자 보조 시스템(ADAS, Advanced Driver Assistance System)과 자율주행 기술까지 포괄하는 방향으로 발전해왔다. ECU 형태의 100여 개의 임베디드 시스템과 1억 5천 줄 이상의 코드로 이루어져 복잡성이 증대되고 있는 오늘날의 자동차는 더 이상 운송을 위한 기계에 그치지 않으며, 파워트레인, 인포테인먼트, ADAS, 텔레매틱스를 위한 다양한 소프트웨어를 아우르는, 움직이는 컴퓨터가 되었다.

자동차 업계에서 소프트웨어 정의 자동차(SDV, Software-Defined Vehicle)를 가장 중요한 이정표로 제시함에 따라, 자동차는 소프트웨어 중심 플랫폼으로의 변혁이라는 흐름에 직면하고 있다. 자동차 플랫폼의 중심이 하드웨어에서 소프트웨어로 옮겨 가고, 자동차 소프트웨어가 점차 정교해지고 복잡해지는 과정에서, 자동차 소프트웨어를 효율적 그리고 효과적으로 개발하는 방법에 대한 중요성이 증대되고 있다. 자동차는 하나의 상품으로서, 개발 기간 및 비용을 줄이는 것이 필수적이다. AUTOSAR와 같은 표준은 자동차 소프트웨어의 재사용성, 업그레이드 가능성, 통합 가능성을 고려한 개발 방법을 제시하여, 자동차를 구성하는 다양한 소프트웨어 간의 표준화된 아키텍처를 강조한다. 소프트웨어의 모듈화는 아키텍처의 표준화에 있어서 가장 일반적인 전략이며, 자동차를 구성하는 대규모 시스템을 기능별로 더욱 작게 분리하여, 유지관리를 용이하게 한다. 뿐만 아니라, 자동차는 인명과 연관된 장비이므로, 신뢰성과 안전이 무엇보다도 중요하다. AEC-Q100, Q101, Q102, Q200 표준은, 자동차용 반도체의 품질을 보장하기 위한 테스트 기준 및 등급을 제시한다. ISO 26262 및 ISO 21448과 같은 표준은 자동차 시스템의 안전을 보장하기 위한 개발 방법을 제시한다.

이 장에서는 자동차 소프트웨어 개발의 주요 방법론과 표준을 다룬다. 2절에선 시대적 흐름에 따른 자동차의 신규 소프트웨어 도입 및 발전 과정을 소개하며, 자동차 소프트웨어의 역사에 대해 설명한다. 3절에선 자동차 소프트웨어의 개발이 점차 복잡해지면서 도입된 자동차 소프트웨어 개발 방법론에 대해 설명한다. 다양한 방법론이 자동차 업계에서 활용되고 있는데, 전통적 방법론, 모델 기반 개발 방법론, 애자일 들방법론, 데브옵스 방법론 4가지로 나누어 설명한다. 4절에선 자동차 소프트웨어를 개발할 때 준수해야 하는 표준들에 대해 설명한다. 소프트웨어 아키텍처 표준, 안전 표준, 사이버보안 표준 3가지로 구분해서 설명한다.

4.2 자동차 소프트웨어 개발의 발전 과정 (Progress of Automotive Software Development)

4.2.1 시작: ECU와 소프트웨어의 도입

1967년, 보쉬(Bosch)는 전자식 연료 분사(EFI, Electronic Fuel Injection) 시스템인 D-제트로닉(D-Jetronic)을 공개하였다. 기존의 가솔린 엔진은 기계식 장치인 기화기(Carburetor)를 통해 연료와 공기를 혼합한 후, 에어로졸 형태로 엔진 실린더에 공급하는 방식을 활용하거나, 기계식 인젝터를 통해 연료를 분사하는 방식을 택하고 있었다. 비단 엔진의 인젝터 뿐만 아니라, 당시에 자동차를 구성하는 모든 시스템은 기계식 부품에 의존하고 있었다. 보쉬가 출시한 D-제트로닉은 최초로 ECU를 자동차에 탑재한 사례로 남았는데, 비록 전자식과 기계식의 혼합 방식이었고 오늘날의 연료분사 시스템에 비하면 정교함이 떨어졌지만, ECU와 자동차 소프트웨어의 시대를 열었다는 점에서 높게 평가할 수 있다.

인젝터와 같은 엔진의 단일 구성요소에 ECU와 소프트웨어를 적용하는 것에서 더 나아가, 1974년, 포드(Ford)는 일련의 ECU들을 통합하여, 최초의 전자식 엔진 제어(EEC, Electronic Engine Control) 시스템인 EEC I을 생산하였다. 이때를 기점으로, 자동차 소프트웨어가 엔진 전반을 제어하기 시작하였다. 자동차의 내연기관에 성공적으로 안착한 ECU와 소프트웨어는 1980년, ZF 프리드리히스하펜(ZF Friedrichshafen)이 전자식으로 유압을 제어하는 변속기 제어 유닛(TCU, Transmission Control Unit)을 탑재한 토크 컨버터 방식의 4HP 22라는 자동 변속기를 출시하면서 그 저변을 넓혀갔다.

ECU와 소프트웨어가 자동차에 적극적으로 채용되기 시작한 계기는, 시장과 정부에서 제기된 2가지 수요 때문이었다. 1970년대에 발생한 오일 쇼크로 인해 폭등한 유가는, 시장으로 하여금 자동차의 연비 개선의 필요성을 제시하는 계기가 되었다. 또한 1970년대에 납을 함유한 유연 휘발유가 인체와 환경에 심각한 악영향을 미친다는 사회적 우려가 제기되고, 1977년 미국 정부가 청정대기법(Clean Air Act)을 개정하여 배기가스 감축을 의무화하자, 엔진의 불완전연소를 최소화해 자동차의 배기가스를 줄여야 한다는 요구가 본격적으로 나타나기 시작하였다. 하지만 물리적으로 동작하는 자동차의 기계식 부품들로는, 빠르고 정밀한 조작이 어렵다는 한계를 극복할 수가 없었기에, 연비 개선과 배기가스 감축에 대한 목표치를 달성하기 어려웠다. 상술한 2가지 요구에 대응하고자, 자동차 시스템의 정교한 제어를 목적으로 ECU와 같은 전자식 제어 기법이 자동차에 적용되기 시작한 것이다.

상술한 청정대기법의 요구사항을 충족하려는 시도는 부차적 산물로 전자식으로 자동차를 진단하는 방법 또한 등장시켰다. 1980년, 제너럴 모터스(GM, General Motors)는 최초의 자동차 진단 코드인 DTC(Diagnostic Trouble Codes)를 도입하였고, 이듬해인 1981년에는 ALDL(Assembly Line Diagnostic Link)이라는 명칭의, 자동차의 상태를 점검하는 전자식 진단 방식을 GM의 모든 승용차 모델에 도입하였다. GM의 배기가스 제어 시스템 프로젝트 센터(Emissions Control Systems Project Center)가 내놓은 ALDL은 설계 및 테스트 과정에서 배기가스를 모니터링하려는 목적으로 개발되었으나, 결국에는 오늘날 OBD(On-Board Diagnostics)의 모체가 되었다. OBD는 자동차 소프트웨어를 활용하여 부품을 일일이 분해하지 않고도 자동차를 손 쉽게 진단할 수 있게 함으로써 점검을 용이하게 만들어 주었고, 예방 정비가 가능하게끔 하여 자동차 부품의 내구성을 향상시켜 주었다.

4.2.2 확장: 인포테인먼트 및 안전

자동차의 ECU와 소프트웨어는 초기에는 파워트레인과 섀시와 같은 핵심 구성요소에만 적용되었으나, 점차 적용 범위가 확장되어, 바디와 인포테인먼트와 같은 편의 장치에도 적용되기 시작하였다. 1986년, 뷰익(Buick)은 럭셔리 세단인 리비에라(Riviera)의 7세대 모델을 출시하면서, ECU와 소프트웨어를 적용해 에어컨, 오디오 등의 차량 기능을 통합하여 제어 및 조회할 수 있는 그래픽 제어 센터(GCC, Graphic Control Center)를 공개하였다. 최초의 전자식 통합형 인포테인먼트 시스템이었던 GCC는 당시에는 낯설었던 터치 스크린 기술을 적용하여 호평을 받지 못하였다. 하지만 GCC는 소프트웨어 기반의 자동차 인포테인먼트 시스템이 나아갈 방향을 제시하여, 1990년대 후반부터 내비게이션을 통합한 인포테인먼트가 자동차에 적용되는데 일조하였다.

ECU와 소프트웨어의 적용은 자동차와 탑승객을 위한 안전 기술의 발전 또한 이끌었다. 1980년, 보쉬는 전자식 센서를 통해 충돌을 감지하여 에어백 전개 시기를 결정하는 ACU(Airbag Control Unit)를 최초로 개발하였다. 보쉬의 ACU는 이듬해인 1981년 메르세데스 벤츠(Mercedes-Benz)의 S클래스(S-Class) 에어백에 적용되었다. 에어백과 같은 수동형 안전 시스템뿐만 아니라, 능동형 안전 시스템은 ECU와 소프트웨어의 채택으로 인해 특히 발전하는 양상을 보였다. 기계식 시스템과는 달리, 전자식 시스템은 센서를 통해 초당 수십~수백 회에 이르는 빠른 속도로 변화를 감지하여, 자동차가 제어력을 상실하는 상황에 빠지지 않도록 소프트웨어로 정교하게 제어할 수 있었기 때문이다. 그 결과 1970년대부터, 전자식 ABS(Anti-lock Braking System)와 TCS(Traction Control System)가 시판되는 차량에 적용되기 시작했다. 1995년, 보쉬와 메르세데스 벤츠는 협력 개발을 통해 ABS, TCS 등의 여러 능동형 안전 기술을 통합한 최초의 전자식 차체 자세 제어 장치(ESC,

Electronic Stability Control)인 ESP(Electronic Stability Program)를 출시하였다.

4.2.3 진화: ADAS와 자율주행 그리고 SDV

카메라, 레이더 등의 센서와 ECU의 성능이 발전하고, 자동차 소프트웨어 기술이 점차 정교하고 복합적으로 발전하면서, 능동형 안전 시스템의 적용 범위는 더욱 확대되어, 차량의 주행을 대신하는 ADAS의 개발로 이어지게 되었다. 1999년, 메르세데스 벤츠가 디스트로닉(Distronic)이라는 적응형 크루즈 컨트롤(ACC, Adaptive Cruise Control)을 S클래스에 적용하면서 출시하였는데, 레이더로 앞 차량과의 거리를 감지하여 운전자 대신 가감속을 수행하는, 오늘날의 ACC와 유사한 기능을 갖춘 시스템이었다. 그 후로 2000년대에, 주행 중 위험 상황을 운전자에게 경고하는 초기 형태의 ADAS인 차로 이탈 경고(LDW, Lane Departure Warning), 전방 충돌 경고(FCW, Forward Collision Warning), 사각 지대 경고(BSW, Blind Spot Warning) 등의 기능이 도입되기 시작하였다. 단순 경고 기능만 갖추고 있었던 ADAS는 빠르게 발전하여, 차로 이탈 방지 보조(LKA, Lane Keeping Assist), 자동 긴급 제동(AEB, Autonomous Emergency Braking), 사각 지대 충돌 회피(BCA, Blind-spot Collision Avoidance) 등, 주행에 직접 개입하는 능동적 시스템으로 거듭났고, 2020년대에 들어서는, 여러 자동차 제조사들이 ADAS를 별도의 옵션이 아닌 기본 구성으로 포함하기에 이르렀다.

한 편에서는 ADAS의 개발 및 출시가 진행되는 동시에, 다른 편에서는 자율주행에 대한 연구 개발 또한 진행되기 시작하였다. 2004년부터 미국 방위고등연구계획국(DARPA, Defense Advanced Research Project Agency)은 미국 모하비 사막에서 자율주행 경연대회인 그랜드 챌린지(Grand Challenge)를 개최하였다. 2004년에는 완주한 팀이 없었으나, 2005년에는 5개 팀이 132마일에 달하는 코스를 완주하며, 자율주행 기술의 가능성을 보여주었다. 당시 우승팀을 이끈, 스탠포드 대학교 인공지능 연구소(SAIL, Stanford Artificial Intelligence Laboratory)의 소장이었던 세바스찬 스런(Sebastian Thrun) 교수는, 2009년, 구글(Google)이 비밀리에 설립한 연구조직인 Google X의 자율주행자동차 프로젝트에서 수장을 맡게 되었다. 구글의 자율주행 프로젝트는 2015년 세계 최초로 완전 자율주행을 시연하였으며, 2016년에는 웨이모(Waymo)로 분사하여, 2019년부터 대중에게 운전자가 없는 무인 자율주행 운송 서비스를 제공해오고 있다. 한편 2014년, 전기차 기업인 테슬라(Tesla)는 ADAS인 오토파일럿(Autopilot)을 출시하였고, 2020년에는 자율주행 소프트웨어의 베타 버전인 FSD(Full Self-Driving)를 공개하였다. 자율주행 기술의 개발 동향에 있어 특이사항은, 전통적인 자동차 기업보다는 IT 업계와 밀접한 기업들을 위시하여, 자율주행 기술이 발전하고 있다는 점이다.

여러 센서와 전자장비를 통합한 자율주행 시스템을 운영하기 위해서는 지속적인 업데이트를 지원하면서도 고수준의 복합적인 자동차 소프트웨어가 요구되기 때문에, IT 업계의 유동적이면서도 효율적인 소프트웨어 개발 방법과 같은 새로운 패러다임이 자동차 업계에서 어느 때보다도 주목받게 되었다.

그 밖에도 1997년 출시된 토요타(Toyota)의 하이브리드 자동차 프리우스(Prius)와 2010년 출시된 닛산(Nissan)의 전기차 리프(Leaf)가 상업적 성공을 거두면서, 자동차에 새로이 탑재된 고전압 대용량 배터리와 고출력 모터를 제어할 자동차 소프트웨어도 추가되고, 4G 및 5G 네트워크를 통한 커넥티비티 기술이 도입되는 등, 오늘날 자동차에서 소프트웨어의 비중과 그 중요성은 지속적으로 증대되고 있다. 자동차 소프트웨어의 성장세는 수치로 입증되는데, 맥킨지 앤 컴퍼니(McKinsey & Company)의 보고서에 따르면 2010년 1천만 줄에 그쳤던 자동차 소프트웨어 코드 라인의 길이는, 2016년 1억 5천만 줄을 돌파했으며, 2030년에 3억 줄에 이를 것으로 예상된다[1]. 도입 초기에는 자동차 1대에 몇 개 수준으로 탑재되는데 불과했던 ECU의 개수도, 이제는 100개 이상으로 늘어났다. 딜로이트(Deloitte)는 2017년 자동차 전장이 자동차의 원가에서 약 40%의 비중을 차지했다고 추산했으며[2], 맥킨지 앤 컴퍼니는 2019년 19억 달러 규모였던 자동차 소프트웨어 시장이 2030년까지 50억 달러 규모로, 매년 9.2%씩 급격하게 성장할 것이라고 예상했다[3].

자동차 소프트웨어의 코드 라인 길이와 원가 비중이 늘어난 이유는 자동차에 새로운 기능이 계속해서 추가되는데 기인한다. 이에 따라, 자동차의 두뇌 역할을 하는 ECU와 소프트웨어로 구성된 자동차 전장 시스템도 점차 복잡해졌고, ECU가 개별적으로 동작하던 분산형 아키텍처는 비효율 때문에 사장되었다. 유사한 기능들을 묶어서 관리하는 도메인 컨트롤러 아키텍처로 진화한 전장 시스템은, 이젠 SDV로의 패러다임 전환에 발맞추어, 중앙의 고성능 컴퓨터가 자동차 기능의 전반을 제어하는 중앙집중식 아키텍처로 나아가고 있다. 뿐만 아니라 시장에서는, 사용자들이 자동차 소프트웨어 기능의 완성도에 주목하기 시작했으며, 최신 기술의 업데이트를 통한 서비스의 지속적인 진화를 기대하고 있다. 그로 인해 자동차의 생명주기가 연장되면서, 자동차 제조사들은 모델의 출시 이후에도 소프트웨어의 지속적인 순환형 관리체계를 구축해나기 시작했다. 자동차 전장 아키텍처가 개선되고, 자동차가 소프트웨어 기반 플랫폼으로 진화함에 따라, 자동차 소프트웨어 개발 방법론도 자동차 업계의 전통적 방법론에서 벗어나, IT 업계의 방식을 받아들여 더욱 효율적이고 유연한 방향으로 변화하고 있다. 다만 자동차는 사용자의 생명과 직결되는 안전에 민감한 도메인인만큼, 여러 국제 표준을 준수하여 개발하는 과정을 거쳐, 자동차의 안전성을 입증할 의무가 있다. 이러한 특수성으로 인해, 자동차 소프트웨어 개발에 있어서는, 개발하려는 기능과 관련된 안전도가 얼마나 중요한지에 따라 적재적소에 여러 개발 방법론이 혼합되는 양상을 보이고 있다.

표 4.1 자동차 소프트웨어 개발의 역사를 정리한 연표. 자동차 소프트웨어에 있어서 중요한 시기, 개발 방법론이 고안된 시기, 자동차 소프트웨어 관련 표준이 발표된 시기 순으로 나열하였다.

	자동차 소프트웨어	개발 방법론	표준
1967년	최초의 전자식 연료 분사 시스템 (EFI) 출시		
1970년		전통적 방법론의 폭포수 모델 고안	
1974년	최초의 전자식 엔진 제어 시스템 (EEC) 출시		
1980년	최초의 전자식 변속기 제어 유닛 (TCU) 출시		
1981년	최초의 전자식 자동차 진단기 (OBD) 출시		
1984년		모델 기반 개발을 위한 매트랩 출시	
1986년	최초의 전자식 인포테인먼트 시스템 출시	전통적 방법론의 V 모델 고안	
1990년		모델 기반 개발을 위한 시뮬링크 출시	
1994년			MISRA Development Guideline for Vehicle Based Software 발표
1995년	최초의 전자식 차체 자세 제어 장치 (ESC) 출시	애자일 방법론의 스크럼 고안	
1998년			IEC 61508 - Functional Safety of Electrical/Electronic/Programmable Electronic Safety-related Systems 발표
1999년	최초의 적응형 크루즈 컨트롤 (ACC) 출시		
2000년			ISO/TR 15497 - Road vehicles - Development guidelines for vehicle based software 발표
2003년			AUTOSAR - AUTomotive Open System Architecture 발표
2004년	DARPA 그랜드 챌린지 개최		
2005년	독립 도메인 아키텍처 채용 보편화		Automotive SPICE - Automotive Software Process Improvement and Capability dEtermination 발표
2007년		애자일 방법론의 칸반 고안	
2009년	구글 X 프로젝트 시작	데브옵스 고안	
2010년	자동차 소프트웨어 코드 라인 1천만 줄 돌파		
2011년			ISO 26262 - Road vehicles - Functional safety 발표
2016년	자동차 소프트웨어 코드 라인 1억 5천만 줄 돌파		SAE J3061 - Cybersecurity Guidebook for Cyber-Physical Vehicle Systems 발표
2020년	통합 도메인 아키텍처 및 서비스 지향 아키텍처 채용 보편화		UL 4600 - Evaluation of Autonomous Products 발표
2021년			ISO/SAE 21434 - Road vehicles - Cybersecurity engineering 발표
2022년			ISO 21448 - Road vehicles – Safety of the intended functionality 발표

4.3 자동차 소프트웨어 개발 방법론 (Methodologies in Automotive Software Development)

1967년 최초의 자동차 소프트웨어가 공개된 이후로, 자동차에 소프트웨어가 탑재되는 것이 본격화되면서, 자동차 업계는 체계적인 프로세스에 따라 소프트웨어를 개발하기 위한, 자동차 소프트웨어 개발 방법론의 필요성을 느끼게 되었다. 기존의 제조업계는 기계공학 중심이었으므로, 컴퓨터공학에 기반한 소프트웨어 개발 체계의 토대가 부족했기 때문에, 제대로 된 방법론이 확립되지 않은 상황이었다. 소프트웨어의 철저한 검증을 원했던 자동차 업계는 폭포수 모델 및 V 모델과 같은 전통적 방법론을 도입하였고, 그 이후로 모델 기반 개발 방법론, 스크럼 및 칸반 등의 애자일 방법론, 마지막으로 데브옵스 방법론까지 이어지는 새로운 방법론들을 순차적으로 도입하면서, ADAS와 같은 복합적인 소프트웨어를 안전하고 효율적으로 개발하기 위한 노력을 기울였다. 여기서는 자동차 소프트웨어 개발 방법론을 앞에서 언급한 전통적 방법론, 모델 기반 개발, 애자일 방법론, 데브옵스 4가지로 분류하여 설명한다.

표 4.2 자동차 소프트웨어의 대표적인 4가지 개발 방법론의 특징과 장단점을 요약한 표.

방법론	특징	장점	단점
전통적 방법론	• 선형적이고 순차적인 개발 프로세스로 구성됨.	• 철저한 테스트로 시스템의 안전을 보장하는데 적합함.	• 개발 프로세스에유연성이 부족함.
모델 기반 개발	• 모델을 기반으로 소프트웨어를 모듈 및 컴포넌트 단위로 개발함.	• 시뮬레이션을 통한 검증과 모델을 활용한 재사용성 향상으로 개발 비용을 절감함.	• 모델 기반 개발을 지원하는 전문적인 툴이 필요함.
애자일 방법론	• 스크럼은 반복적이고 점진적인 개발 프로세스로 구성됨. • 칸반은 개발 프로세스를 직관적으로 시각화해줌.	• 주기적인 피드백을 통해 유연성을 확보함. • 업무의 투명성을 높여 적극적인 협업을 도움.	• 규모가 큰 팀에는 확장 적용하기 쉽지 않음. • 조직 문화의 대대적인 변화가 필요함.
데브옵스	• 개발과 운영을 결합한 협업을 통해 개발 프로세스를 자동화함.	• 빠른 피드백 반영을 통한 서비스의 지속적인 업데이트가 가능함.	• 빌드, 테스트, 배포의 자동화를 위한 툴 체인이 필요함.

4.3.1 전통적 방법론 (Traditional Methodologies)

■ 폭포수 모델 (Waterfall Model)

미국의 컴퓨터 과학자인 윈스턴 W. 로이스(Winston W. Royce)가 1970년 그의 논문을 통해 소개한 것으로 알려져 있는 폭포수 모델(Waterfall Model)은 순차적인 단계로 구성된 선형 구조의 소프트웨어 개발 방법론이다[4]. 폭포수 모델이라는 명칭은 위에서 아래로 내려가는 선형적 단계 구성의 모습에서 유래하였는데, 요구사항 분석(Requirements Analysis) → 설계(Design) → 구현(Implementation) → 검증(Verification) → 유지보수(Maintenance) 5단계, 또는 명칭만 일부 바꾸어 6단계로 구성된다. 폭포수 모델은 제조업 분야에서 시작된, 최초의 소프트웨어 개발 방법론이며, 시스템 개발 라이프사이클(SDLC, Systems Development Life Cycle)를 적용한 최초의 방법론이기도 하다. 비록 폭포수 모델은 유연성이 부족한 선형 개발 방식으로 인해, 요구사항 변경이 빈번한 현장 업무에 적합하지 않아 비현실적이라는 비판을 받았지만, 폭포수 모델이 제기한 라이프 사이클이라는 개념은 이후 여러 개발 방법론에서 널리 차용되는 핵심이 되었다는 데서 의의를 갖는다.

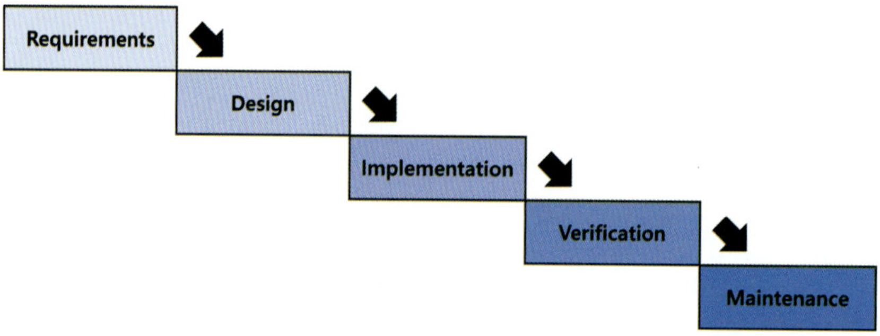

그림 4.1 폭포수 모델. 하향식의 선형 구조로 개발 단계를 구성한 모습이, 물이 위에서 아래로 떨어지는 모습을 닮아 폭포수 모델이라는 이름이 붙었다.

■ V 모델 (V Model)

V 모델(V Model)은 폭포수 모델을 확장 및 개선한 모델로, 1986년 영국 GEC(General Electric Company)의 폴 룩(Paul Rook)이 처음 제안하였다[5]. V 모델은 자동차 업계에서 필수적으로 통용되는 ASPICE 및 ISO 26262 등의 표준에서 개발 프로세스를 설명하는데 활용되는 전통적 소프트웨어 개발 방법론의 대표적인 모델이다. 하향식 선형 구조인 폭포수 모델과는 달리, V 모델은 라이프 사이클 내에서 설계 및 개발 단계와 테스트 단계를 대칭으로 구성한, V자 형태의 개발 프로세스와, 매 단계 사이에서 검증을 거치는 방식이 가장 큰 특징이다. 검증 및 테스트의 중요성을 부

각시켜 라이프 사이클의 필수적인 부분으로 구성하였기 때문에, 자동차 소프트웨어의 완성도를 향상시키는데 크게 기여하였다. V 모델이라는 호칭은 개발 프로세스를 V자 형상으로 표현한 것과, 검증 및 확인 모델(Verification and Validation Model)이라는 명칭에서 유래했다.

ISO 26262의 파트 6에서 다루는 소프트웨어 레벨에서의 제품 개발(Product development at the software level)에 제시된 개발 프로세스는 자동차 소프트웨어 개발에 있어 가장 대표적인 V 모델 방법론이기 때문에, 이를 기반으로 V 모델을 설명하겠다. V자의 좌변을 따라 내려가는 과정은 설계 및 구현, V자의 우변을 따라 올라가는 과정은 검증 및 테스트로 구성된다. 우선, 소프트웨어의 상위 개념인 시스템 레벨에서 기술 안전 컨셉(Technical Safety Concept)을 제시한 후, 소프트웨어 레벨에서의 설계 단계로 진입하여 소프트웨어 안전 요구사항을 명세화(Specification of Software Safety Requirements) 하는 것으로 시작한다. 요구사항 명세에 따라, 소프트웨어 아키텍처를 설계(Software Architecture Design)하고, 아키텍처보다 더욱 세분화된 레벨로 내려가 소프트웨어 유닛을 설계 및 구현 (Software Unit Design and Implementation)한다. 초기 단계에서 문제를 가능한 빨리 찾아내고자 하는 목적으로, 모든 설계 단계에 걸쳐 검증(Verification)을 수행하여 요구사항 명세나 설계에 문제가 없는지 확인하는 과정을 거친다.

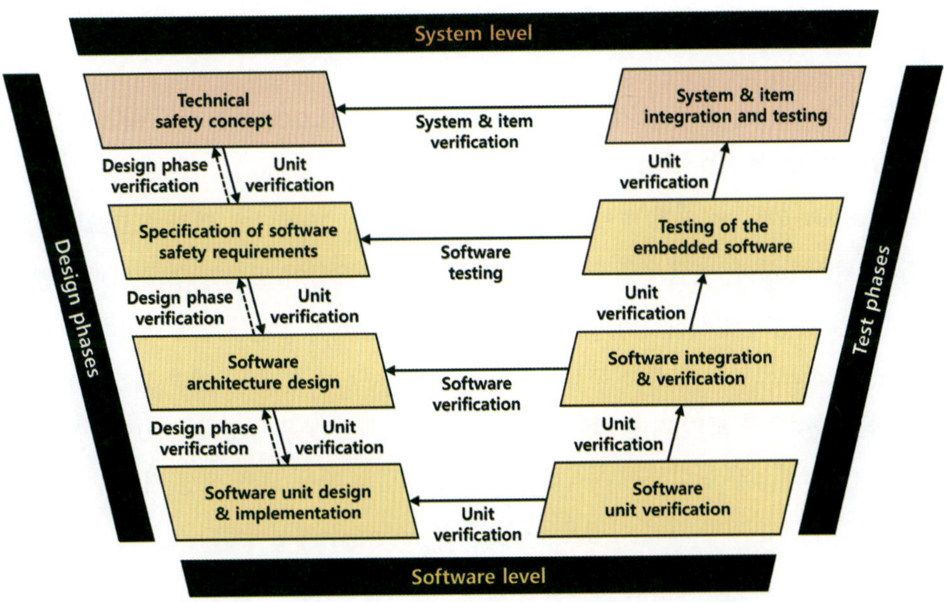

그림 4.2 ISO 26262에서 제시된 소프트웨어 레벨에서의 제품 개발 V 모델. V자의 좌변을 따라 내려가는 과정은 자동차 소프트웨어의 설계 및 구현, V자의 우변을 따라 올라가는 과정은 자동차 소프트웨어의 검증 및 테스트로 구성된다.

소프트웨어 유닛을 구현하고 나면 소프트웨어 유닛 검증(Software Unit Verification)을 수행하고, 유닛 검증이 완료되면 상술한 소프트웨어 아키텍처 설계 단계에 대응하여, 소프트웨어를 통합한 후 검증한다(Software Integration and Verification). 검증된 소프트웨어는 상술한 소프트웨어 안전 요구사항을 잘 지켰는지 확인하기 위해 테스트 대상이 되며(Testing of the Embedded Software), 테스트를 통과하면 소프트웨어를 시스템과 통합한 후 테스트하는 것으로(System and Item Integration and Testing) 소프트웨어 개발 프로세스를 완료한다.

V 모델은 폭포수 모델을 개선하였지만, 선형적인 개발 프로세스가 갖는 태생적인 문제점인 유연성 및 효율성의 부족을 해소하지는 못했다는 비판을 받는다. 하지만 초기의 자동차 소프트웨어를 개발할 때는 시스템, 소프트웨어, 유닛으로 이어지는, V 모델의 계층화된 개발 프로세스에 기반한 수직적 종속성이 명확하고 체계적인 업무 진행을 유도하였기 때문에, 자동차 소프트웨어의 품질 및 안전 확보에 많은 도움을 제공하였다. 자동차 소프트웨어 개발에 있어서, 유연성을 강조하는 애자일 방법론이 많은 관심을 받는 요즘에도, V 모델은 안전이 중요한 시스템 개발에 여전히 활용되면서 그 가치를 인정받고 있으며, V 모델을 보완한 여러 확장형 모델들이 계속해서 제시되고 있다.

4.3.2 모델 기반 개발 (Model-Based Development)

■ 소프트웨어 인 더 루프 (SIL, Software-In-the-Loop)와 하드웨어 인 더 루프 (HIL, Hardware-In-the-Loop)

매스웍스(MathWorks)가 1984년에 매트랩(MATLAB)을 출시하고, 1990년에 확장 프로그램인 시뮬링크(Simulink)를 출시하였다. 항공우주 산업처럼 복잡한 수학 계산이 필요한 업계는 매트랩과 시뮬링크 등의 툴을 활용하기 시작하며, 모델 기반 소프트웨어 개발의 선구자가 되었다. 2000년대에 들어서 자동차 소프트웨어가 점차 복잡해지던 시기에, 자동차 설계 및 개발 과정에서 생산성을 향상시키려는 목적으로 모델 기반 개발이 자동차 업계에서 주목을 받았다. 2003년, 토요타와 덴소 (DENSO)는 매스웍스와 협력하기 시작하였으며, 매트랩의 자동 코드 생성 기능을 활용하는 자동차 소프트웨어 모델 기반 개발 방법론을 도입하여 생산성을 개선하였다[6].

시스템 모델을 만들어 시뮬레이션 환경을 통해 조기에 검증하면, 실제 차량에 탑재할 물리적 프로토타입을 제작하기 전에 검증 결과를 얻을 수 있어 개발 비용을 절감할 수 있다. 가상화된 시뮬레이션 하드웨어 플랫폼에서 소프트웨어를 테스트하는 기법을 소프트웨어 인 더 루프 (SIL,

Software-In-the-Loop)라고 하며, 모델을 실물 하드웨어와 통합하여 실시간 시뮬레이션을 통해 테스트하는 기법을 하드웨어 인 더 루프(HIL, Hardware-In-the-Loop)라고 하는데, 모델 기반 개발을 수행하는 오늘날의 자동차 업계에선 매우 보편적인 개발방식이다. 하드웨어 인 더 루프는 앞서 언급한 경제성뿐만 아니라, 다양한 시뮬레이션 조건에서 광범위한 테스트를 수행할 수 있다는 장점을 갖기 때문에, 신뢰성 있는 검증을 가능케 하여 시스템의 품질을 개선하는데 기여한다[7],[8].

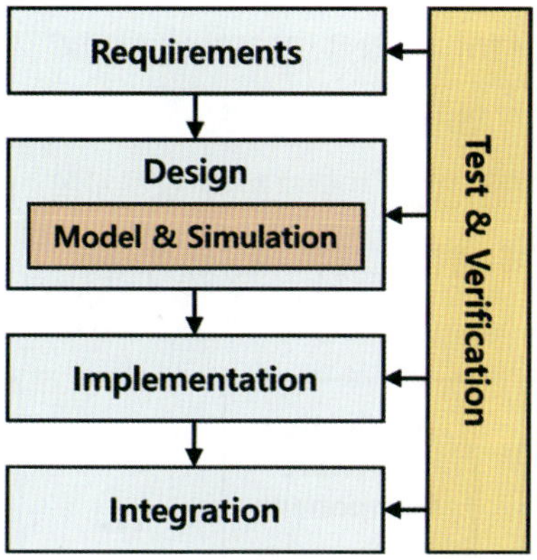

그림 4.3 모델 기반 개발의 워크플로. 시뮬레이션을 활용한 하드웨어 인 더 루프 테스트가 주요 특징이다.

후술할 AUTOSAR 표준의 도입으로 인해, 모델 기반 개발 및 하드웨어 인 더 루프가 업계 표준이 되면서, 자동차 업계에선 하드웨어 인 더 루프 테스트를 지원하는 다양한 툴이 사용되고 있다. 앞에서 소개한 매스웍스의 시뮬링크, 디스페이스(dSPACE)의 SCALEXIO, 내셔널 인스트루먼트(National Instrument)의 VeriStand, 보쉬의 자회사인 이타스(ETAS)의 LABCAR, 지멘스(Siemens)의 Amesim 등이 대표적이다. 또한 매스웍스는 AUTOSAR Blockset이라는 AUTOSAR 소프트웨어 설계 및 시뮬레이션 툴을 제공하여, 자동차 업계가 AUTOSAR 표준을 준수하는 모델 기반 개발 방법론에 따라 자동차 소프트웨어를 개발하는 것을 지원하고 있다.

■ 모델 기반 개발 (MBD, Model-Based Development)

모델 기반 개발(MBD, Model-Based Development) 방법론이 대세가 된 것은, 소프트웨어 업계와 자동차 업계에서 추진된 소프트웨어 모듈화 흐름과 무관하지 않다. 시뮬라(Simula) 언어에서 유래된 객체(Object) 개념을 C 언어에 통합한 C++이 1985년 출시되고, 1991년 ISO에서 C++ 표준 위원회가 설립되어 1998년 ISO/IEC 14882 – Programming languages – C++ 표준이 발표되면서, 1990년대에 객체 지향 프로그래밍(OOP, Objected-Oriented Programming)은 소프트웨어 업계의 주축이 되었다[9]. 객체 지향에서 중요하게 다루어지는 추상화와 캡슐화를 통한 모듈화는 모델 기반 개발에서 주장하는 블록 형태의 모듈화를 통한 소프트웨어 재사용성의 향상과 궤를 같이한다.

자동차의 대량 생산에 부합하는 소프트웨어 생산성의 향상을 목표로 하던 자동차 업계에게 있어, 모델 기반 개발의 재사용성으로 인한 비용 절감이라는 장점은 매력적인 요소였다. 이러한 흐름에 동조하여, 2003년 출범한 AUTOSAR는 모듈화된 계층 구조를 가진 소프트웨어 아키텍처를 기반으로 하는 표준을 내놓으면서, 모델 기반 개발 방법론을 적용한 자동차 소프트웨어 개발 방식을 업계 표준으로 만들었다[10]. 수많은 ECU가 통합되기 시작한 오늘날의 자동차에, AUTOSAR와 같은 표준은 서로 다른 업체가 개발한 자동차 소프트웨어 간에 유연성과 호환성을 보장하여, 자동차 소프트웨어의 모듈 및 컴포넌트화를 실현시켜, 모델 기반 개발을 정착시켰다고 평가할 수 있다[11]. AUTOSAR에 대한 자세한 내용은 후술한다.

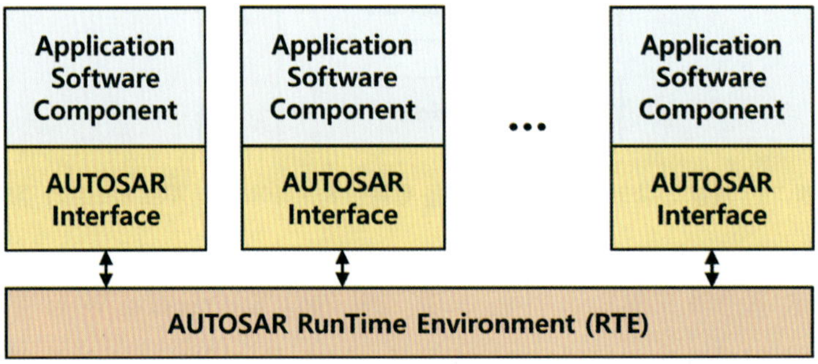

그림 4.4 AUTOSAR 소프트웨어의 데이터 통신 방법. 자동차의 애플리케이션 소프트웨어들은 표준화된 AUTOSAR 인터페이스 및 런타임 환경을 통해 데이터를 주고받기 때문에, 각각의 소프트웨어 모듈을 유연하게 개발할 수 있다.

4.3.3 애자일 방법론 (Agile Methodologies)

■ 스크럼 (Scrum)

1986년 일본 히토츠바시 대학의 상경대 교수였던 타케우치 히로타카(Takeuchi Hirotaka)와 노나카 이쿠지로(Nonaka Ikujiro)는 혼다(Honda), 토요타 등의 제조업체의 관행을 분석하여, 새로운 개발 방법론을 설명하였다[12]. 논문은 제품 개발의 속도와 유연성을 높이기 위해, 서로 다른 기능을 담당하는 팀들을 유기적으로 묶어 교차 기능 팀(CFT, Cross-Functional Team) 구조로 개발을 수행하는 이러한 접근법을, 팀끼리 공을 주고받으며 목표로 나아가는 럭비에 비유하였다.

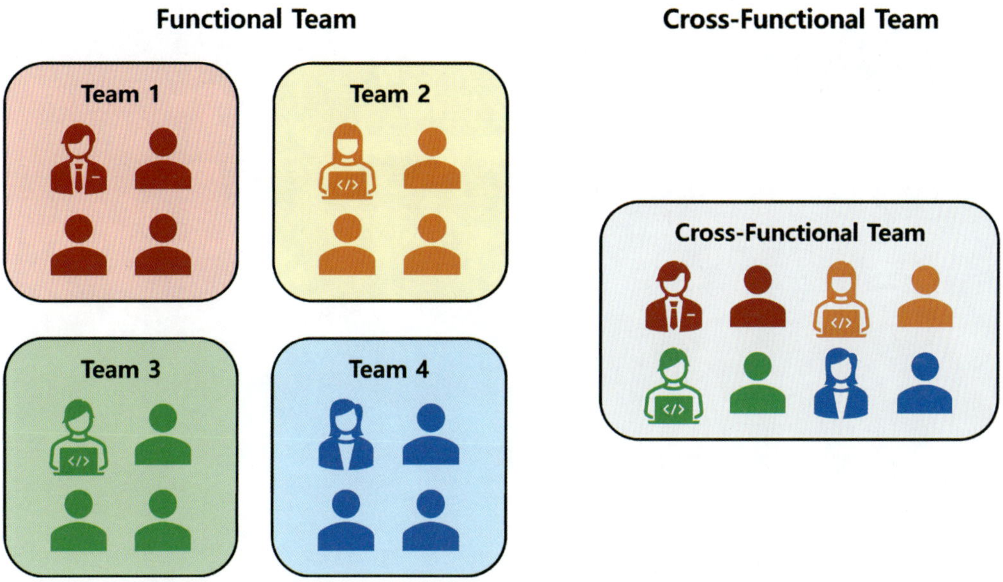

그림 4.5 교차 기능 팀의 예시. 서로 다른 역할을 맡은 부서의 구성원들이 한 팀으로 모여 업무를 수행함으로써, 의사 결정의 유연성과 자율성을 갖게 되어 개발 속도를 향상시킬 수 있다.

1990년대 초, 제프리 서덜랜드(Jeffrey Sutherland)와 켄 슈와버(Ken Schwarber)는 타케우치와 이쿠지로가 소개한 새로운 개발 방법론을 소프트웨어 개발에 적용하였다. 각자 다른 회사에서 근무하고 있었던 서덜랜드와 슈와버는 서로가 비슷한 방법으로 작업하고 있음을 알게 되었고, 개발 방법론을 완성된 프레임워크로 구성하기 위한 연구를 공동으로 진행하였다. 그들은 이 방법론에 럭비 용어에서 유래한 스크럼(Scrum)이라는 이름을 붙였다. 스크럼은 앞서 설명한 교차 기능 팀이 업무를 수행하는 모습을 비유적으로 표현한 것이다. 서덜랜드와 슈와버는 스크럼 개발 프로세스를 담은 논문을 1995년에 발표하였고, 2010년에는 스크럼 프레임워크에 대한 정의를 담은 스크럼 가이드(Scrum Guide)를 출판하여 지금까지 지속적으로 업데이트를 해오고 있다[13].

하지만 이들만이 전통적 방법론이 갖는 느리고 융통성 없다는 문제점을 해결할 새로운 방법론을 고민하고 있었던 것은 아니었다. 스크럼이 발표된 1990년대 후반 무렵에는, 익스트림 프로그래밍(XP, eXtreme Programming)이나 적응형 소프트웨어 개발(ASD, Adaptive Software Development) 등 유연성과 반복 강조하는 다양한 방법론들이 제시되고 있었다. 비슷한 뜻을 가진 17명의 소프트웨어 개발자들은 2001년에 한데 모여 애자일 얼라이언스(Agile Alliance)를 결성하였다. 이 그룹은 합의를 통해, 애자일 소프트웨어 개발(Agile Software Development)이라는 선언문을 발표하였다. 애자일 방법론이라는 용어가 처음으로 등장한 때가 바로 이 무렵이다.

그림 4.6 럭비의 기술인 스크럼의 모습. 서로 다른 포지션을 맡은 한 팀의 선수들이 한데 뭉쳐, 상대팀을 밀어내면서 공을 상대방 골대 쪽으로 몰고가는 기술이다. 소프트웨어 개발의 애자일 방법론에 따라, 서로 다른 역할의 팀원들이 뭉쳐서 공동의 목표를 향해 나아가는 모습에서 스크럼이라는 이름이 붙었다.

애자일 방법론의 대표격인 스크럼은 자율성과 소통의 가치를 중시하며, 유연성을 가지고 우선순위와 개발주기를 조정해가며 개발 프로세스를 수행하는 방법을 제시한다. 스크럼 방법론에 따라 소프트웨어 개발을 수행하는 기본 단위인 스크럼 팀(Scrum Team)은 크게 스크럼 마스터(Scrum Master), 제품 책임자(Product Owner), 개발자(Developer)라는 3가지 구성원으로 구성되며, 일반적으로 10명 이하의 작은 규모를 갖는다. 스크럼 마스터는 스크럼 팀의 구성원들에게 스크럼 이론과 실무를 교육 및 지도하는 리더로, 스크럼의 방해 요인들을 해소하여, 스크럼의 여러 이벤트들이 기한 내에 이루어질 수 있도록 돕는다. 제품 책임자는 1인으로, 이해 관계자 및 스크럼 팀과 지속적으로 소통하며, 요구사항이 담긴 제품 백로그(Product Backlog)를 작성하고 우선순위를 조정하는 관리 업무를 맡는다.

개발자는 개발주기인 스프린트(Sprint)마다 제품 백로그의 요구사항을 반영하기 위해 스프린트 계획(Sprint Planning)을 논의하여, 스프린트의 목표 및 작업 목록을 담은 스프린트 백로그(Sprint Backlog)를 작성한 후, 이에 따라 목표에 맞춰 계획대로 소프트웨어 개발 업무를 수행한다. 스프린트는 일반적으로 1개월 이내의 개발주기를 갖는데, 주기가 짧을수록 매 주기마다 목표가 더욱 작게 분할되어 단순화될 수 있으므로 실패의 위험성을 줄일 수 있고, 짧은 주기로 인해 시간과 비용의 손실을 제한할 수 있기 때문이다. 스프린트 주기는 대개 2주가 일반적이다. 스프린트가 진행되는 동안, 스크럼 팀의 구성원들은 일일 스크럼(Daily Scrum)이라는 소통시간을 매일 15분 정도로 가지며, 목표를 달성하기 위한 현재 진행상황을 검토하고, 오늘 혹은 내일 수행할 단기 계획을 확정한다. 스프린트의 마무리 단계에서, 스크럼 팀은 작업 결과물을 이해 관계자에게 제시하면서, 최종 목표에 대한 진행 상황을 논의하는 스프린트 리뷰(Sprint Review)를 진행한다. 1개월 스프린트의 경우 4시간 이내의 스프린트 리뷰가 권장된다. 이에 더불어, 스프린트 회고(Sprint Retrospective)를 수행하여, 지난 스프린트에서 있었던 긍정적인 점과 부정적인 점, 그리고 문제를 해결한 방법을 복기하고, 필요에 따라 다음 스프린트 백로그에 이를 반영한다. 1개월 스프린트의 경우 3시간 이내의 스프린트 회고가 권장된다.

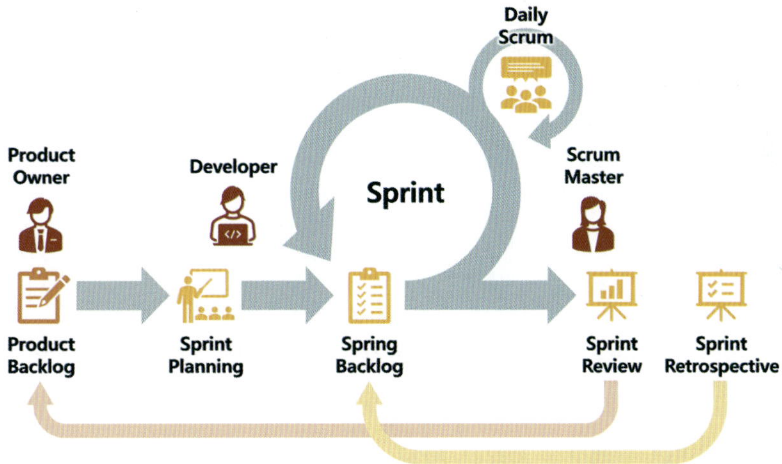

그림 4.7 스크럼의 개발 프로세스. 짧은 주기로 반복되는 스프린트가 중점이다.

오늘날의 복잡한 자동차 소프트웨어를 개발하는 팀은 기본적으로 일정 수준 이상의 규모를 갖는다. 하지만 상술했듯이 스크럼은 기본적으로 10명 이하의 팀을 상정하기 때문에, 자동차 업계에는 적합하지 않다. 스크럼을 수백 명의 개발자가 참여하는 대규모 개발 프로젝트에 적용하기 위한 방안으로서, 2010년대 이후로 스크럼의 스크럼(SoS, Scrum-of-Scrums)이나 대규모 스크럼(LeSS, Large-Scale Scrum) 등의 프레임워크도 제시되고 있어, 프로젝트를 장기적으로만 구상하는 조직 문화를 수정한다면 자동차 업계에도 적용될 수 있다[14].

자동차 개발은 기본적으로 여러 하드웨어와 소프트웨어를 아우르는 복잡한 시스템을 다루기 때문에, 개발 및 검증 기간이 길어질 수밖에 없다. 또한 자동차 시스템에선 안전이 최우선시되기 때문에, 소프트웨어를 개발할 때 표준을 엄격히 준수하여 안전을 보장하는 것이 필수적이다. 그런데 ISO 26262와 AUTOSAR와 같은 대표적인 표준들이 소프트웨어의 철저한 검증에 적합한 V 모델 기반의 전통적인 관행을 예로 들어 개발 프로세스를 설명하고 있기 때문에, 스크럼과 같은 애자일 방법론을 자동차 소프트웨어 개발에 적용하는데 있어서 어려움이 많은 상황이다. 예를 들어, ISO 26262 표준에 따르면, 안전에 상당히 유의해야 하는 수준에 해당하는 ASIL D 등급의 자동차 소프트웨어를 테스트하는 과정에선, 결함 주입 테스트, 자원 사용량 테스트, 모델과 코드의 백투백 비교 테스트를 필수적으로 수행해야 한다. 여기에 요구사항 테스트, 인터페이스 테스트까지 기본적으로 포함해야 한다. 하지만 스크럼처럼 프로젝트를 단기적인 스프린트로 나누어, 짧고 반복적인 주기에 따라 개발을 수행하는 방법으로는 세세하고 복합적인 테스트를 제대로 수행할 수가 없다. 스크럼은 태생적으로 자동차 소프트웨어를 개발하는데 적합하지 않은 것이다. 이에 대한 해결책으로서, ASIL 등급이 낮거나, 품질 관리(QM, Quality Management) 만을 필요로 하는 자동차 소프트웨어 개발에는 애자일 방법론을 적용하고, 안전 보장이 중요하여 ASIL 등급이 높은 자동차 소프트웨어 개발에는 기존의 전통적인 V 모델을 그대로 적용하는 보완적인 개발 방법이 제안 및 적용되고 있기도 하다.

■ 칸반 (Kanban)

1940년대 후반, 토요타의 엔지니어였던 오노 다이이치(Ohno Taiichi)가 고안한 칸반(Kanban)은 고객 수요와 재고 부족 간의 균형을 맞추어 자동차를 생산함으로써, 제조의 효율성을 개선하는 린 생산(Lean Manufacturing) 또는 적시 생산(JIT, Just-In-Time Manufacturing) 방법이었다[15]. 상품이 품절되기 전에 슈퍼마켓의 진열대에 재고를 채우는 방식에서 영감을 얻은 이 방법은 제조 프로세스의 각 단계를 보드에 표시하여 근무자들에게 해야 할 작업들을 알리는 관행을 따랐다. 작업을 표시하던 보드가 이 방법론의 아이콘이 되어, 일본어로 간판을 뜻하는 단어인 칸반이 그대로 방법론의 이름이 되었다.

2000년대 초반, 마이크로소프트(Microsoft)에서 엔지니어로 근무하며, 칸반과 유사한 드럼-버퍼-로프(DBR, Drum-Buffer-Rope) 제조 운영 시스템을 도입한 데이비드 J. 앤더슨(David J. Anderson)은 2007년 이미지 라이선스 업체인 코비스(Corbis)로 이직하여, 소프트웨어의 변경 요청(CR, Change Request)을 처리하는데 칸반 시스템을 도입하였다. 칸반 방법론은 칸반 보드(Kanban Board)를 활용하여 워

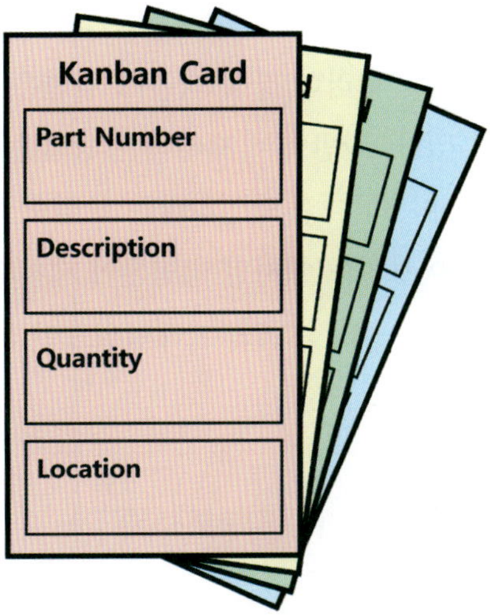

그림 4.8 칸반 카드. 작업을 표시하는 보드에 걸어놓아, 제조업 생산시설에 부품 또는 재고가 고갈되었음을 표시하는 역할을 한다. 소프트웨어 개발에 적용하는 경우, 작업의 현황을 표시하는 역할을 하며, 카드의 형태가 아닌 메모지로 대체되기도 한다.

크플로를 명확하게 시각화하는 것을 주요 골자로 한다. 칸반 보드에서 각 열은 개발 단계를 의미하고, 각 단계에는 일정량의 작업 항목(Work Item)이 할당되어 있다. 개발 단계는 해야 할 일, 진행 중, 완료 등 최소 3단계로 나뉘며, 이보다 더 세분화될 수도 있다. 칸반의 또 다른 핵심은 진행 중인 작업(WIP, Work In Progress)의 항목 수를 제한하는 것인데, 각 단계에 할당 가능한 WIP를 제한하여, 특정 단계에 업무가 과도하게 몰리는 것을 방지한다.

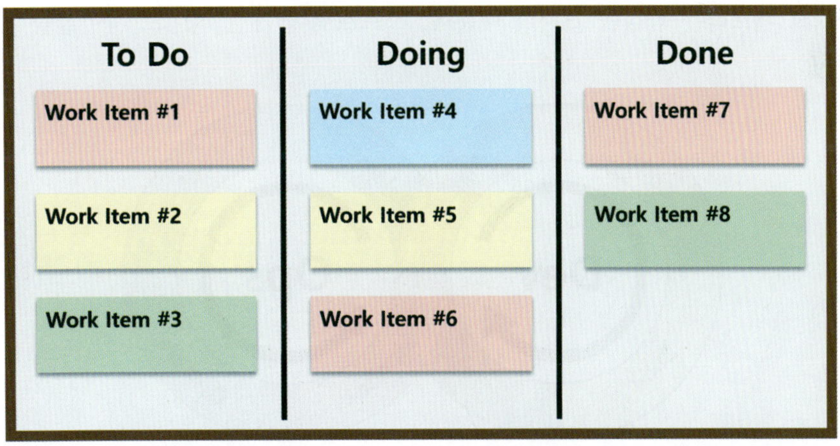

그림 4.9 칸반 보드. 개발 단계를 좌측에서 우측 방향으로 순서대로 표시한다. 한 단계에서 작업 항목을 완료하면, 우측에 있는 다음 단계로 해당 항목을 옮긴다. 각 단계마다 최대로 수용할 수 있는 진행 중인 작업의 수를 제한한다.

칸반의 장점은 첫째로 직관적이라는 것이고, 둘째는 스크럼과는 다르게 팀의 인원에 크게 구애받지 않고 적용할 수 있다는 점이다. 이러한 장점 덕분에 칸반은 실제로 제조업과 IT를 가리지 않고 다양한 업계에서 활용되고 있다. 칸반에서 제시하는 방법은 단순명료하지만, 개발 프로세스를 구체적으로 제시하지 않기 때문에 다소 막연하다는 느낌도 준다. 그래서 칸반을 스크럼과 결합한 스크럼반(Scrumban) 등의 하이브리드 애자일 방법론이 제시되기도 하였다. 팀 단위의 스크럼이나 칸반을 조직 전체에 적용하는 상위 개념의 프레임워크인 확장형 애자일 프레임워크(SAFe, Scaled Agile Framework)도 제시된 바 있다.

4.3.4 데브옵스 (DevOps)

■ 데브옵스 (DevOps)

지금까지 설명한 방법론들이 제조업 분야에서 최초로 고안된 것과는 달리, 데브옵스(DevOps)는 2000년대 후반 IT 업계에서 고안된 소프트웨어 개발 방법론이다. 소프트웨어의 개발과 운영이 완전히 별개로 이루어지며, 타 부서간에 정보 공유를 꺼리는 사일로(Silo) 관행에 대한 우려의 목소리가 커지자, 애자일 방법론을 실무에 사용하고 있었던 벨기에의 컨설턴트인 패트릭 드부아(Patrick Debois)가 2009년 DevOpsDays라는 컨퍼런스를 개최하면서, 데브옵스가 본격적으로 고안되기 시작하였다. 애자일 방법론에서 영향을 받은 데브옵스는 설계와 개발, 그리고 배포와 운영을 결합하여, 둘간의 격차를 메우는 협업을 강조한다. 개발과 운영의 결합은 CI/CD(Continuous Integration/Continuous Deployment)를 통해 이루어지는데, 개발한 코드를 자동으로 빌드하고 테스트한 후 사용자에게 배포하는 과정을 거치기 때문에, 소프트웨어 개발 라이프 사이클을 자동화해주

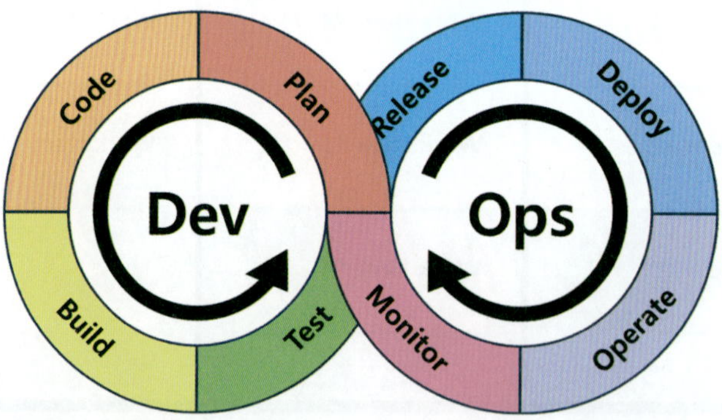

그림 4.10 개발과 운영을 결합한 데브옵스의 단계 구성을 나타내는 그림. 일반적으로 7~8단계로 표현되며, 그림과 같이 무한히 순환하며 지속적으로 소프트웨어를 개발하고 배포하는 구조이다.

는 툴을 사용하는 것이 필수적이다. 젠킨스(Jenkins), 쿠버네티스(Kubernetes), 앤시블(Ansible), 애저 데브옵스(Azure DevOps) 등이 주로 사용되는 대표적인 데브옵스 자동화 툴이다.

사용자의 입장에서 데브옵스의 특장점은 잦은 배포에서 오는 지속적인 업데이트이다. 이를 위해서 개발자는 서비스를 지속적으로 모니터링하며, 사용자로부터 수집한 피드백을 바탕으로 다음 배포를 준비한다. 데브옵스에서는 마이크로서비스 아키텍처(Microservices Architecture)가 주로 활용되는데, 시스템을 서비스 지향 아키텍처보다 더욱 작고 구체적인 서비스 단위로 분할하여 독립적으로 배포 가능하게 만들어 지속적으로 배포하기 위함이다. 서비스간 독립성 덕분에, 필요에 따라 다양한 언어와 기술 스택을 혼합하여 시스템을 개발할 수 있다는 장점을 갖는다. 일반적으로 소규모 팀 단위로 적용되는 애자일 방법론과 달리, 데브옵스는 조직 전반의 전략으로서 동작한다는 특징이 있다.

2010년대 이후로, 자동차 소프트웨어에 OTA(Over-The-Air) 업데이트가 도입되기 시작했다. 소비자들이 최신 기술의 원격 업데이트를 통한 서비스의 지속적인 진화를 기대하면서, 이제 OTA는 당연히 적용되어야 할 주류 기술이 되었다. 소비자의 피드백을 받아 업데이트를 진행하므로, OTA 업데이트가 적용된 서비스는 DevOps를 통해 개발 및 운영되는 것이 일반적이다. OTA 업데이트는 소비자의 서비스 만족도 상승뿐만 아니라, DevOps 방법론으로 유지되는 자동차 소프트웨어의 라이프 사이클을 연장시키는 효과를 낳았다.

4.4 자동차 소프트웨어 개발 표준 (Standards for Automotive Software Development)

자동차 소프트웨어 개발에 있어서 표준은 단순 참고대상이 아니라, 자동차 업계 전반에서 반드시 준수해야만 하는 요소이다. ISO 26262나 AUTOSAR 같은 대표적인 표준은 앞에서 설명한 V 모델 방법론을 활용하여 자동차 소프트웨어 개발 프로세스를 설명하고 있기 때문에, 표준은 개발 방법론과도 뗄 수 없는 관계다. 설문조사에 따르면, 자동차 소프트웨어 프로젝트의 82%가 AUTOSAR를 사용하고 있을 정도로, 자동차 소프트웨어 개발 과정에서 표준을 준수하는 것은 업계에서 매우 보편적이다[16]. 자동차 소프트웨어 개발과 관련된 가이드라인, 업계 표준, 국제 표준, 규정은 2000년대부터 본격적으로 발표되기 시작하여, 현재는 수십여 가지로 많지만, 여기서는 크게 소프트웨어 아키텍처 표준, 안전 표준, 사이버보안 표준 3가지로 분류하여 핵심 표준들만 추려 소개한다.

표 4.3 자동차 소프트웨어 개발과 관련된 대표적인 가이드라인, 업계 표준, 국제 표준, 규정을 나열한 표. 소프트웨어 아키텍처 표준, 안전 표준, 사이버보안 표준 3가지로 분류하였다.

소프트웨어 아키텍처 표준	안전 표준	사이버보안 표준
MISRA Development Guideline for Vehicle Based Software (1994)	IEC 61508 – Functional Safety of Electrical/Electronic/Programmable Electronic Safety-related Systems (1998)	SAE J3061 – Cybersecurity Guidebook for Cyber-Physical Vehicle Systems (2016)
ISO/TR 15497 – Road vehicles – Development guidelines for vehicle based software (2000)	ISO 26262 – Road vehicles – Functional safety (2011)	ISO/SAE 21434 – Road vehicles – Cybersecurity engineering (2021)
AUTOSAR – AUTomotive Open System Architecture (2003)	SAE J2980 – Considerations for ISO 26262 ASIL Hazard Classification (2015)	UNECE WP.29 R155 – Cybersecurity and cyber security management system (2021)
ISO/IEC 15504 – Information technology – Process assessment (2003)	UL 4600 – Evaluation of Autonomous Products (2020)	
Automotive SPICE – Automotive Software Process Improvement and Capability dEtermination (2005)	UNECE WP.29 R157 – Automated Lane Keeping Systems (ALKS) (2021)	
UNECE WP.29 R156 – Software update and software update management system (2021)	ISO 21448 – Road vehicles – Safety of the intended functionality (2022)	

4.4.1 소프트웨어 아키텍처 표준 (Software Architecture Standards)

■ MISRA Development Guideline for Vehicle Based Software (1994)

자동차에 탑재되는 ECU의 수가 급격히 증가하면서, 자동차 전장 시스템을 구성하는 소프트웨어의 복잡성도 함께 증가하였다. 복잡해진 자동차 소프트웨어의 안전성과 신뢰성에 대한 요구가 증대되자, 표준화된 개발 방식을 통한 소프트웨어의 일관성 확보의 필요성이 논의되었다. 영국 정부 및 영미권의 자동차 업체들로 구성된 자동차 산업 소프트웨어 신뢰성 협회(MISRA, Motor Industry Software Reliability Association)는 1994년, 자동차 소프트웨어의 생명주기(Lifecycle)에 따른 개발 프로세스 및 코드 작성 스타일에 대한 지침인, 차량 기반 소프트웨어 개발 가이드라인(Development Guideline for Vehicle Based Software)을 발표하였다. 앞서서, 군사 시스템이나 항공기 등의 분야에서 소프트웨어의 안전성을 보장하기 위한 개발 표준은 존재했지만, MISRA의 가이드라인은 자동차 소프트웨어의 안전성과 신뢰성을 확보하기 위한 자동차 업계 최초의 합의였다. 이 가이드라인은 2000년 ISO/TR 15497이라는 기술 보고서의 기반이 되었다. 그 밖에도 MISRA는 자동차 소프트웨어 개발에서 널리 사용되는 프로그래밍 언어인 C와 C++을 위한 MISRA C와 MISRA C++ 가이드라인을 지속적으로 배포하였으며, MISRA의 이러한 가이드라인들은 자동차 업계에서 널리 채택되었다.

■ ISO/TR 15497 - Road vehicles - Development guidelines for vehicle based software (2000)

ISO/TR 15497은 2000년 국제 표준화 기구(ISO, International Organization for Standardization)에서 발표한 기술 보고서(TR, Technical Report)로, 상술한 MISRA의 Development Guideline for Vehicle Based Software를 기반으로 작성되었다. 1994년 발표된 MISRA의 기존 가이드라인과 거의 동일한 내용으로 구성되어 있다.

■ AUTOSAR – AUTomotive Open System Architecture (2003)

AUTOSAR(AUTomotive Open System Architecture)는 ECU를 위한 개방적이고 표준화된 소프트웨어 아키텍처를 구축하려는 목적으로, 2003년 독일의 주요 자동차 OEM과 부품 공급업체들이 모여 설립한 글로벌 컨소시엄이다. 주요 완성차 업체들이 주도하는 컨소시엄인 만큼, AUTOSAR는 OEM 중심의 개발방법론을 제시한다. AUTOSAR는 2004년 1단계 작업물로서 AUTOSAR Release 1.0을 공개한 것을 시작으로, 지속적으로 AUTOSAR 표준을 출간해오고 있다. AUTOSAR가 지향하는 표준화된 소프트웨어 아키텍처는 개발 비용 절약 및 기간 단축을 위한 소프트웨어의 재사용성 향상을 주요 목표로 한다.

소프트웨어 재사용성을 위한 AUTOSAR의 핵심 방법론에는 앞서 모델 기반 개발에서 설명한, 소프트웨어를 컴포넌트 단위로 나누어 조립하여 개발하는 방식인 컴포넌트 기반 개발(CBD, Component Based Development)과, 환경에 독립적인 메타 모델을 구현한 후 자동으로 환경에 맞춰 모델을 변환하는 방식인 모델 구동형 아키텍처(MDA, Model Driven Architecture)가 있다. CBD 방법론에 따르면, 우선 업무영역을 분석한 후 설계한 다음, 업무영역 설계에 따라 컴포넌트 단위로 설계한 후 구현을 하고, 최종적으로 컴포넌트를 조립하여 시스템을 완성한다. MDA 방법론에 따르면, 먼저 시스템의 요구사항과 환경을 기술하는 연산 독립 모델(CIM, Computation Independent Model)을 모델링 한 후, 그 다음 기술적 세부사항 없이 플랫폼에 독립적인 시스템의 동작을 정의하는 플랫폼 독립 모델(PIM, Platform Independent Model)을 모델링 하고, 마지막으로 앞서 PIM에서 정의한 내용에 따라 기술적인 부분을 상세하게 정의하는 플랫폼 종속 모델(PSM, Platform Specific Model)을 모델링한다. PSM은 표준 언어인 통합 모델링 언어(UML, Unified Modeling Language)로 표현된다.

AUTOSAR는 설립 초기부터 발표된 클래식 플랫폼(Classic Platform)과 어댑티브 플랫폼(Adaptive Platform)으로 나뉜다. 클래식 플랫폼에선 소프트웨어 아키텍처를 기본 소프트웨어(BSW, Basic SoftWare), 런타임 환경(RTE, RunTime Environment), 애플리케이션 계층(Application Layer)으로 구분한다. 애플리케이션 소프트웨어는 RTE를 거쳐 BSW에 액세스한다. RTE는 가상 기능 버스(VFB, Virtual Functional Bus)를 실체화한 것인데, VFB는 ECU의 통신을 처리하는 버스로, 애플리케이션이 하위 수준을 신경 쓰지 않고, 하드웨어에 독립적이도록 만들어 준다. BSW는 애플리케이션과 하드웨어 사이에 존재하며, 서비스 계층(Service Layer), ECU 추상화 계층(ECU Abstraction Layer), 마이크로컨트롤러 추상화 계층(Microcontroller Abstraction Layer), 드라이버(Driver)로 구성된다. 또한 AUTOSAR는 소프트웨어 계층 간 표준화된 인터페이스를 통하여 호환성을 제공한다. 클래식 플랫폼은 자동차의 전통적인 기능들에 대한 소프트웨어에 특화되어 있다.

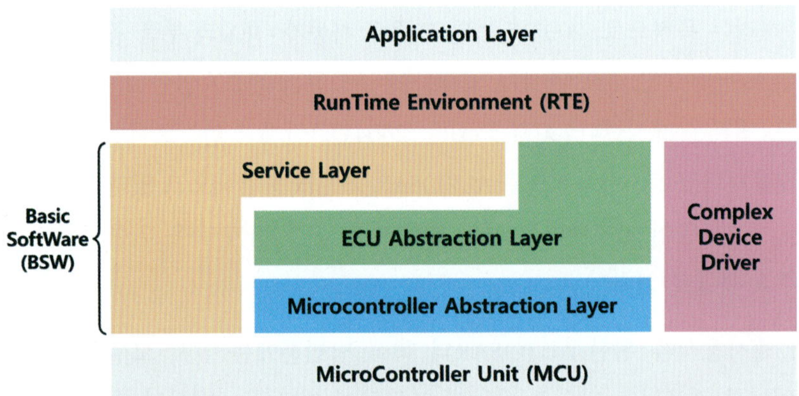

그림 4.11 AUTOSAR의 소프트웨어 아키텍처. 기본 소프트웨어, 런타임 환경, 애플리케이션 계층으로 구성된다.

반면, 어댑티브 플랫폼은 GPU와 같은 고성능 컴퓨팅 파워를 활용하는 ADAS와 V2X를 필두로 하는 자동차의 새로운 기능들에 대한 소프트웨어에 초점을 맞추고 있다. 어댑티브 플랫폼은 클래식 플랫폼이 활용하는 CAN이나 LIN 통신 프로토콜 대신, 더 높은 대역폭을 가진 SOME/IP나 이더넷 통신 미들웨어를 활용한다. 또한 클래식 플랫폼이 활용하는 실시간 운영체제(RTOS, Real

Time Operating System)에서 더 나아가, POSIX(Portable Operating System Interface) 호환 운영체제를 활용하여 고성능 애플리케이션을 지원한다. 서비스 지향 아키텍처(SOA, Service-Oriented Architecture)를 통해 유연성과 확장성도 제공한다. 어댑티브 플랫폼은 클래식 플랫폼과 통합이 가능하며, 2016년에 처음으로 도입된 이후로, 매년 지속적으로 업데이트 되고 있다.

소프트웨어 개발 방법론 관점에서 AUTOSAR를 평가하자면, AUTOSAR의 계층적 아키텍처는 전통적 방법론의 단계적 개발 및 검증 프로세스와 잘 맞는다. AUTOSAR는 시스템의 기능을 추상화하여 독립적인 소프트웨어 구성 요소로 나누는데, 이는 모델 기반 개발의 접근 방식과 일치한다. AUTOSAR의 모듈화된 구조는 모델 기반 개발의 패러다임과 일치하며, 애자일 방법론의 유연하고 반복적인 개발 사이클에도 적합하다. AUTOSAR의 표준화된 아키텍처는 DevOps의 자동화된 빌드, 테스트, 배포 프로세스에 잘 맞는다. AUTOSAR 표준은 개발 프로세스의 평가와 관련된 PRM, PAM, ASPICE 등, 후술할 여러 다른 표준들과 함께 활용된다.

■ ISO/IEC 15504 - Information technology - Process assessment (2003)

1995년, 소프트웨어의 라이프사이클 프로세스를 다룬, ISO/IEC 12207 국제 표준이 도입되었다. 이 표준은 소프트웨어 개발에 있어서 설계부터 폐기까지의 프로세스를 아울러 설명하였으며, 소프트웨어 개발 및 유지보수 프로세스를 계획, 관리, 수행하기 위한 포괄적인 프레임워크인 프로세스 참조 모델(PRM, Process Reference Model)을 제시하였다. 그리고 2002년, 시스템 및 소프트웨어의 라이프사이클 프로세스를 다룬, ISO/IEC 15288 국제 표준이 출판되었는데, 기존의 ISO/IEC 12207 표준에서 소프트웨어에 한정하여 다룬 PRM을 시스템 수준까지 확장하였다.

2003년, ISO/IEC 12207과 ISO/IEC 15288에서 파생된 ISO/IEC 15504가 국제 표준으로 발표되었는데, 이 표준은 소프트웨어 프로세스 개선 및 능력 측정(SPICE, Software Process Improvement and Capability dEtermination)을 골자로 한다. ISO/IEC 15504 SPICE는 앞선 표준에서 제시된 PRM을 활용하여, 소프트웨어 개발 프로세스의 역량과 성숙도를 평가하기 위한, 프로세스 평가 모델(PAM, Process Assessment Model)이라는 프레임워크를 제공한다. PAM은 프로세스의 구체적인 활동 또는 작업으로 구성된 기본 지침(BP, Base Practice), 그리고 기본 지침의 결과물인 작업 산출물(WP, Work Product)을 프로세스 수행 지표(Process Performance Indicator)로 활용한다. 또한 일반 지침(Generic Practice), 일반 자원(Generic Resource), 일반 작업 산출물(Generic Work Product)을 프로세스 역량 지표 (Process Capability Indicator)로 활용한다. 각 프로세스 속성(PA, Process Attribute)을 평가하여, 달성도에 따라 N(Not achieved, 0~15%), P(Partially achieved, 15~50%), L(Largely achieved, 50~85%), F(Fully achieved, 85~100%) 4단계로 등

급을 매긴 후, 평가 결과를 6단계로 정의된 성숙도 수준(Maturity Level)으로 나타내는데, 레벨 0부터 시작하여 레벨 5로 올라갈수록 프로세스가 더 높은 역량과 성숙도를 확보했다고 평가한다. ISO/IEC 15504는 2015년, 프로세스 평가를 포괄적으로 다루는 ISO/IEC 330xx 국제 표준 시리즈로 계승되었고, 후술할 ASPICE의 근간이 되었다.

Process Assessment Model		Level 0 Incomplete	Level 1 Performed	Level 2 Managed	Level 3 Established	Level 4 Predictable	Level 5 Innovating
PA 1.1	Process Performance		Largely (> 50%)	Fully (> 85%)	Fully (> 85%)	Fully (> 85%)	Fully (> 85%)
PA 2.1	Process Performance Management			Largely (> 50%)	Fully (> 85%)	Fully (> 85%)	Fully (> 85%)
PA 2.2	Work Product Management			Largely (> 50%)	Fully (> 85%)	Fully (> 85%)	Fully (> 85%)
PA 3.1	Process Definition				Largely (> 50%)	Fully (> 85%)	Fully (> 85%)
PA 3.2	Process Deployment				Largely (> 50%)	Fully (> 85%)	Fully (> 85%)
PA 4.1	Quantitative Analysis					Largely (> 50%)	Fully (> 85%)
PA 4.2	Quantitative Control					Largely (> 50%)	Fully (> 85%)
PA 5.1	Process Innovation						Largely (> 50%)
PA 5.2	Process Innovation Implementation						Largely (> 50%)

그림 4.12 ISO/IEC 33020의 프로세스 평가 모델 (PAM). PA를 평가하여 Not, Partially, Largely, Fully 4단계의 등급을 매긴 후, Level 0부터 5까지 6단계로 성숙도 수준을 결정한다. PAM은 ASPICE에서 활용된다.

■ Automotive SPICE – Automotive Software Process Improvement and Capability dEtermination (2005)

Automotive SPICE(ASPICE)는, ISO/IEC 15504 SPICE를 기반으로 하는, 자동차 소프트웨어 개발의 품질 관리를 위한 프로세스 평가 모델이다. 2005년, 자동차 특별 이익 집단(AUTOSIG, AUTOmotive Special Interest Group)이 발표한 ASPICE는 국제 표준은 아니며, 자동차 업계에서 통용되는 표준으로, 주로 OEM이 자동차 소프트웨어 공급업체의 개발 프로세스를 평가할 때 활용한다. ASPICE는 기존 ISO/IEC 국제 표준을 기반으로 하는 프로세스 차원과 역량 차원으로 구성된다. ASPICE의 프로세스는 크게 주요 라이프사이클 프로세스(Primary Lifecycle Process), 조직 라이프사이클 프로세스(Organizational Lifecycle Process), 지원 라이프사이클 프로세스(Supporting Lifecycle Process) 3가지로 구성된다. 주요 라이프사이클 프로세스는 시스템은 엔지니어링 프로세스 그룹(SYS), 소프트웨어 엔지니어링 프로세스 그룹(SWE), 하드웨어 엔지니어링 프로세스 그룹(HWE) 등을 포함하는데, 이 3가지 그룹은 V 모델 개발 방법론으로 구성되어 있다. ASPICE는 지속적으로 업데이트 되고 있으며, 2023년 12월에 대대적 수정을 거친 4.0 버전이 발표되었다. ASPICE의 핵심 목표는, 표준화된 프로세스 평가를 통한 시스템과 소프트웨어의 지속적인 개선으로, 제품의 신뢰성과 안정성을 보장하는데 있다.

자동차 소프트웨어에 애자일 개발 방법론이 도입되기 시작하자, 자동차 업계 종사자들은 기존의 V 모델 위주로 서술된 ASPICE에 애자일 방법론을 어떻게 통합하는 것이 좋을지 고심하게 되었다. 이에 부응하여, 국제 평가자 인증 기구(INTACS, INTernational Assessor Certification Scheme)는 2018년 Agile SPICE를 발표하였다. 애자일 SPICE 프로세스는 기존 ASPICE의 V 모델을 유지하면서, 애자일 작업 관리, 파트너 협업 관리, 애자일 품질 보증 등의 브리지를 제공하여, 기존 프로세스들을 연결한다.

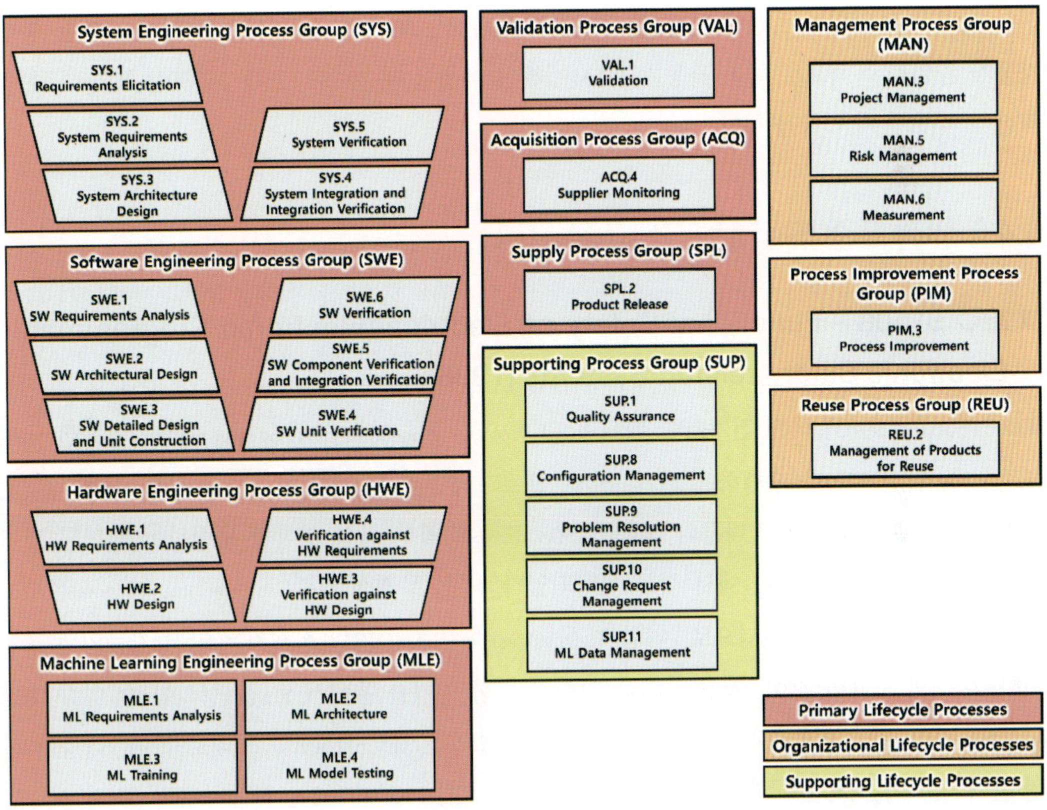

그림 4.13 ASPICE 4.0의 프로세스 참조 모델 (PRM). 핵심에 해당하는 시스템 엔지니어링 프로세스 그룹, 소프트웨어 엔지니어링 프로세스 그룹, 하드웨어 엔지니어링 프로세스 그룹이 V 모델로 표현된다.

■ UNECE WP.29 R156 - Software update and software update

management system (2021)

유엔 유럽 경제 위원회(UNECE, United Nations Economic Commission for Europe) 산하의 차량 규제 조정을 위한 세계 포럼(World Forum for Harmonization of Vehicle Regulations)인 WP.29에선 2021년 자동차 소프트웨어 업데이트 및 소프트웨어 업데이트 관리 시스템(SUMS, Software Update Management System)과 관련된 R156 규정을 발효하였다. WP.29는 차량 부품의 형식 승인(Type Approval)에 동의하는 전세계 68개국이 참여하는 포럼으로, R156에 따르면, 2022년 7월부터 출시되는 신차가 회원국에서 형식 승인을 받기 위해서는, 상세내용을 담은 문서를 통해 차량에 SUMS가 탑재되어 있음을 입증해야 하며, 2024년 7월부터는 기존에 생산되던 차량들도 R156를 준수해 SUMS의 여부를 입증해야 한다. R156을 준수하는 경우, 주행 중에 소프트웨어 업데이트가 이루어지더라도 차량의 안전에 영향을 주어서는 안 되며, 업데이트가 실패하는 경우, ISO 26262의 기능 안전을 보장하도록 안전한 상태로 복원되어야 한다. 상술한 표준들과는 달리, R156과 같은 규정은 형식 승인을 통한 자동차 판매를 목적으로 하는 자동차 OEM에게 강제성을 부여한다. ISO 24089는 R156 구현을 위한 국제 표준의 역할을 한다.

4.4.2 안전 표준 (Safety Standards)

■ IEC 61508 - Functional Safety of Electrical/Electronic/Programmable Electronic Safety-related Systems (1998)

IEC 61508은 1998년 국제 전기기술 위원회(IEC, International Electrotechnical Commission)에서 발표한 국제 표준으로, 안전 기능을 수행하는 전기, 전자, 프로그래밍 가능 전자 시스템의 설계, 개발, 운영, 유지보수와 관련된 내용을 다룬다. IEC 61508 표준은 일부 산업 분야를 특정하여 제정된 것이 아니었기 때문에, 산업 전반에서 적극 채택되었다. 안전 무결성 기준(SIL, Safety Integrity Level)은 IEC 61508에서 제시된 핵심 개념으로, 위험 평가(Risk Assessment)를 거쳐 정해지는 안전 기능의 목표치이다. 아래의 도표와 같이, 정량적 혹은 정성적 위험 평가를 통해서 SIL을 정의할 수 있다. IEC 61508은 2010년 2판이 출간되며 1차례 개정을 거쳤으며, IEC 61508을 모태로 하여, 다양한 산업 분야 맞추어 새로운 국제 표준들이 여럿 제정되었다. ISO 26262는 자동차 전기/전자 시스템에 맞추어 제정된 IEC 61508의 변형으로, 자동차 업계에서 전기/전자 시스템을 구성하는 하드웨어 및 소프트웨어 개발에 필수적으로 적용되고 있다.

Safety Integrity Level	Low Demand Mode		High Demand or Continuous Mode	
	Average Probability of Failure on Demand per Year	Risk Reduction Factor (Fail Every f Years)	Probability of Dangerous Failure per Hour	Risk Reduction Factor (Fail Every f Hours)
SIL 1	$10^{-2} \le p < 10^{-1}$	$10 < f \le 100$	$10^{-6} \le p < 10^{-5}$	$100,000 < f \le 1,000,000$
SIL 2	$10^{-3} \le p < 10^{-2}$	$100 < f \le 1,000$	$10^{-7} \le p < 10^{-6}$	$1,000,000 < f \le 10,000,000$
SIL 3	$10^{-4} \le p < 10^{-3}$	$1,000 < f \le 10,000$	$10^{-8} \le p < 10^{-7}$	$10,000,000 < f \le 100,000,000$
SIL 4	$10^{-5} \le p < 10^{-4}$	$10,000 < f \le 100,000$	$10^{-9} \le p < 10^{-8}$	$100,000,000 < f \le 1,000,000,000$

그림 4.14 정량적 위험 평가를 통해 정의된 SIL 목표치. 낮은 수요 모드는 기능이 연 1회 이하로 작동하는 경우이며, 높은 수요 모드는 기능이 연 1회보다 많이 작동하는 경우에 해당한다. SIL 1에서 SIL 4로 갈수록 더욱 엄격한 안전 등급을 나타낸다.

Consequence of Damage	Frequency and Exposure Time	Possibility of Avoidance	Probability of Unwanted Occurrence		
			W1: Very Low	W2: Low	W3: Relatively High
C1: Minor Injury			No Requirements	No Requirements	No Special Requirements
C2: Serious Permanent Injury or One Dead	F1: Rare	P1: Possible	No Requirements	No Special Requirements	SIL 1
		P2: Impossible	No Special Requirements	SIL 1	SIL 2
	F2: Frequent	P1: Possible	No Special Requirements	SIL 1	SIL 2
		P2: Impossible	SIL 1	SIL 2	SIL 3
C3: Several Dead	F1: Rare	P1: Possible	No Special Requirements	SIL 1	SIL 2
		P2: Impossible	SIL 1	SIL 2	SIL 3
	F2: Frequent	P1: Possible	SIL 1	SIL 2	SIL 3
		P2: Impossible	SIL 2	SIL 3	SIL 4
C4: Disaster	F1: Rare	P1: Possible	SIL 1	SIL 2	SIL 3
		P2: Impossible	SIL 2	SIL 3	SIL 4
	F2: Frequent	P1: Possible	SIL 2	SIL 3	SIL 4
		P2: Impossible	SIL 3	SIL 4	Multiple System Required

그림 4.15 위험 행렬 (Risk Matrix)을 활용한 정성적 위험 평가를 통해 정의된 SIL 목표치. 피해 결과, 노출 빈도, 회피 가능성, 발생 가능성을 조합하여 4가지 등급으로 구성된 SIL을 정의한다.

■ ISO 26262 - Road vehicles - Functional safety (2011)

ISO 26262는 2011년 ISO에서 발표한 국제 표준으로, 상술한 IEC 61508을 자동차 산업에 맞게 특화하기 위해 2005년부터 작성되기 시작한 표준이다. ISO 26262는 자동차의 안전 라이프사이클(Safety Lifecycle) 프로세스에 맞춰, 기능 안전(Functional Safety)을 보장하여 자동차 하드웨어 및 소프트웨어를 개발하도록 안내한다. 전통적 개발 방법론에 해당하는 V 모델(V-Model)을 기준으로, 컨셉 단계, 시스템 수준에서의 제품 개발, 하드웨어 수준에서의 제품 개발, 소프트웨어 수준에서의 제품 개발, 그리고 생산, 운영, 서비스, 폐기 단계로 개발 프로세스를 구성하여 설명한다.

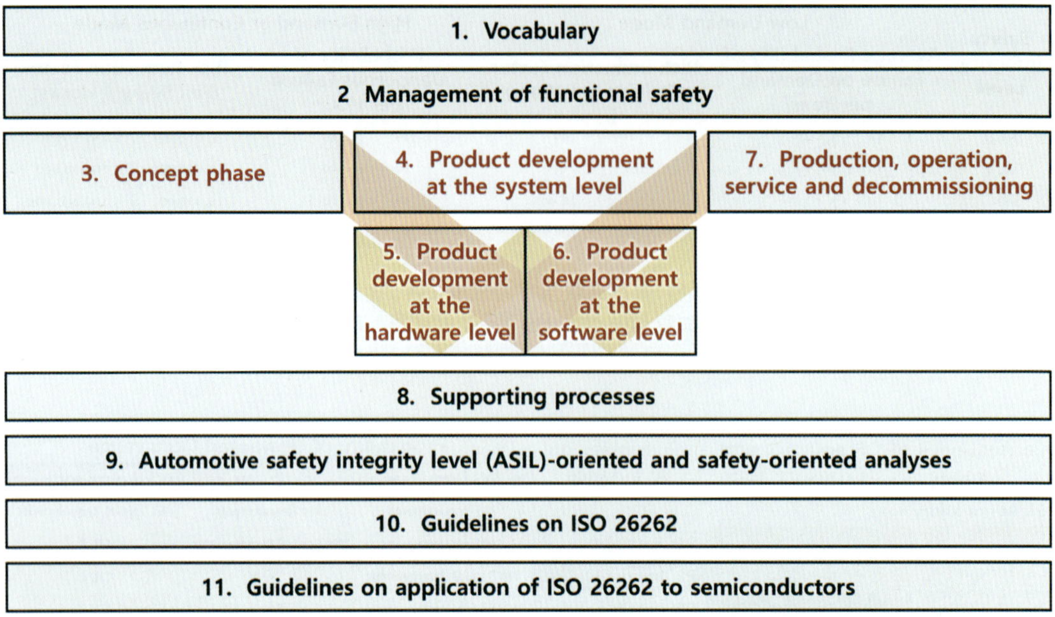

그림 4.16 V 모델로 표현된 ISO 26262 국제 표준의 구성. 자동차의 안전 라이프사이클에 따른 전체적인 프로세스가 파트 3부터 파트 7까지 하나의 큰 V 모델로 구성되며, 하드웨어 개발, 소프트웨어 개발이 각기 작은 V 모델로 구성된다.

ISO 26262에서는 IEC 61508에서 제안된 SIL을 자동차 도메인의 특수성에 맞춰 재정의한, 자동차 안전 무결성 기준(ASIL, Automotive Safety Integrity Level)을 목표치로 활용한다. 컨셉 단계에서 위험 분석 및 위험 평가(HARA, Hazard Analysis and Risk Assessment)를 거쳐, 각 기능의 ASIL을 결정한다. ASIL이 SIL과 다른 점은, SIL은 숙련된 엔지니어가 정해진 상황에서 산업 장비를 작동한다고 가정하지만, ASIL은 운전면허만을 취득한 일반인이 자동차를 다룬다고 가정하기 때문에, 자동차의 기능 안전에 대해 더욱 엄격한 기준을 제시하도록 강력하게 권장한다는 것이다. ISO 26262의 내용 만으로는 HARA를 어떻게 수행해야 하는지 접근하기가 쉽지 않다면, 후술할 SAE J2980 등의 문서를 보고, ASIL 등급을 결정하는데 참고할 수 있다.

Severity of Possible Injury	Probability of Exposure	Controllability by Driver		
		C1: Simple	C2: Normal	C3: Difficult
S1: Light and Moderate	E1: Very Low	Quality Management	Quality Management	Quality Management
	E2: Low	Quality Management	Quality Management	Quality Management
	E3: Medium	Quality Management	Quality Management	ASIL A
	E4: High	Quality Management	ASIL A	ASIL B
S2: Severe and Possibly Life Threatening	E1: Very Low	Quality Management	Quality Management	Quality Management
	E2: Low	Quality Management	Quality Management	ASIL A
	E3: Medium	Quality Management	ASIL A	ASIL B
	E4: High	ASIL A	ASIL B	ASIL C
S3: Life Threatening and Fatal	E1: Very Low	Quality Management	Quality Management	ASIL A
	E2: Low	Quality Management	ASIL A	ASIL B
	E3: Medium	ASIL A	ASIL B	ASIL C
	E4: High	ASIL B	ASIL C	ASIL D

그림 4.17 위험 행렬을 활용한 정성적 HARA를 통해 정의된 ASIL 목표치. 부상의 심각성, 노출 가능성, 운전자의 제어 가능성을 조합하여, 4가지 등급으로 구성된 ASIL을 정의한다. ASIL A에서 ASIL D로 갈수록 더욱 엄격한 안전 등급을 나타낸다.

컨셉 단계에서 결정된 ASIL은 개발 과정에서 달성해야 할 안전 목표(Safety Goal)로 정의되며, 정해진 목표를 바탕으로, 기능 안전 요구사항(Functional Safety Requirement)을 명세화 한다. 이후의 개발 단계에선, 기능 안전 요구사항을 기반으로 기술 안전 요구사항(Technical Safety Requirement)을 구체화하고, 기술 안전 요구사항을 토대로, 하드웨어 개발과 관련해서는 하드웨어 안전 요구사항(Hardware Safety Requirement), 그리고 소프트웨어 개발과 관련해서는 소프트웨어 안전 요구사항(Software Safety Requirement)을 도출해낸다. 소프트웨어 수준에서의 제품 개발에 대해 다루는 ISO 26262의 파트 6에선, 자동차 소프트웨어 아키텍처 디자인, 소프트웨어 유닛 디자인, 유닛 구현, 유닛 검증, 유닛 테스트, 소프트웨어 통합, 통합 테스트, 임베디드 소프트웨어 테스트 등의 프로세스와 관련해서, ASIL 등급에 따라 각기 다른 요구사항 및 권장사항을 제시한다. ADAS 기술이 빠르게 발전하면서 ADAS를 탑재한 차량이 널리 보급되자, 2018년 ISO 26262는 2판으로의 개정을 거치며, 표준에서 다루는 주제의 범위를 확장하고, 내용을 보완하였다.

■ SAE J2980 - Considerations for ISO 26262 ASIL Hazard Classification (2015)

2015년, 국제 자동차 기술자 협회(SAE International. Society of Automotive Engineers International)는 ASIL 위험 분류에 대한 고려사항(Considerations for ISO 26262 ASIL Hazard Classification)이라는 제목의 SAE J2980 권장 지침(RP, Recommended Practice)을 발행하였다. 자동차 소프트웨어를 개발할 때, 사례 중심의 SAE J2980 지침을 참고하여 HARA를 수행함으로써, ASIL 등급을 결정할 수 있다.

■ UL 4600 - Evaluation of Autonomous Products (2020)

2020년, 미국의 인증 기관인 UL(Underwriters Laboratories)에서 발표한 UL 4600은레벨 4 이상의 자율주행자동차의 안전 평가에 초점을 맞춘 표준으로, ADAS 및 레벨 3 주행 자동화에 초점을 맞춘 ISO 21448 국제 표준을 보완할 수 있다. UL 4600은 전통적인 V 모델에 개발 프로세스를 맞추지 않은, 안전 사례(Safety Case) 접근법을 기반으로 서술되었다. 안전 사례는 목표(Goal), 논증(Argumentation), 증거(Evidence)로 구성되는데, 안전 목표를 달성하기 위한 방법을 논증이 설명하며, 시뮬레이션이나 테스트와 같은 증거로 논증을 뒷받침한다. UL 4600은 자율주행자동차의 개발 과정에서 안전 여부를 판단하는데 고려해야 할 체크 리스트를 통해 안전 사례를 입증한다.

■ UNECE WP.29 R157 - Automated Lane Keeping Systems (ALKS) (2021)

R157은 UNECE WP.29에서 2021년 발효한 규정으로, 자동 차선 유지 시스템(ALKS, Automated Lane Keeping Systems)이 갖추어야 할 요건을 명시하고 있다. 시스템의 실패에 대비한 안전 장치(Fail-safe), 시스템의 활성화 및 비활성화를 운전자에게 경고해주는 휴먼 머신 인터페이스(HMI, Human Machine Interface), 감지 거리 등의 최소 요구사항을 만족하는 사물 및 이벤트 감지 대응(OEDR, Object and Event Detection and Response) 기능, 시스템의 다양한 이벤트를 기록하는 데이터 저장 시스템(DSSAD, Data Storage System for Automated Systems), 사이버보안 및 소프트웨어 업데이트 기능이 R157을 준수하였다고 인증된다면, ALKS는 형식 승인을 받을 수 있다. 기존의 UNECE WP.29 규정들과는 달리, R157은 ADAS 및 자율주행 시스템의 기능이 안전을 위해 준수해야 할 명세사항을 제시한 최초의 규정이라는 점에서 의의가 있다.

■ ISO 21448 - Road vehicles - Safety of the intended functionality (2022)

2010년대에 들어서, 인공지능(AI)을 활용한 ADAS 및 자율주행에 대한 연구개발이 빠르게 이루어지기 시작했다. 하지만 기존의 국제 표준 만으로는 점차 복잡해지는 AI 기반 시스템의 기능을 재단하기가 어려워졌고, 이로 인해 시스템의 안전을 보장하는 것 또한 힘들어졌다. 자동차 시스템을 구성하는 하드웨어와 소프트웨어의 기능 안전만을 다루는 ISO 26262를 보완하려는 목적으로 2016년부터 작성되기 시작한, 의도된 기능의 안전(SOTIF, Safety Of The Intended Functionality)을 다루는 ISO 21448이 2019년 공개 활용 규격(PAS, Publicly Available Specification)의 형태로 배포되었고, 2022년 정식으로 발행되었다. ISO 21448의 목적은 불충분한 명세사항이나 성능의 한계로 인한 위험한 동작이 피해로 이어지는 상황을 막는 것이다. 이를 위해 SOTIF HARA를 수행하여, SOTIF를 위한 기능 요구사항으로 구성된 차량 수준 SOTIF 전략(VLSS, Vehicle-Level SOTIF Strategy)을 정의한 후, 주행 정책(Driving Policy)을 정의함으로써, SOTIF를 보장한다. ISO 21448이 SOTIF를 보장하는 프로세스는 V 모델에서 ISO 26262와 병렬로 수행되며, 두 표준의 설계, 개발, 검증 프로세스 간에 서로를 보완한다.

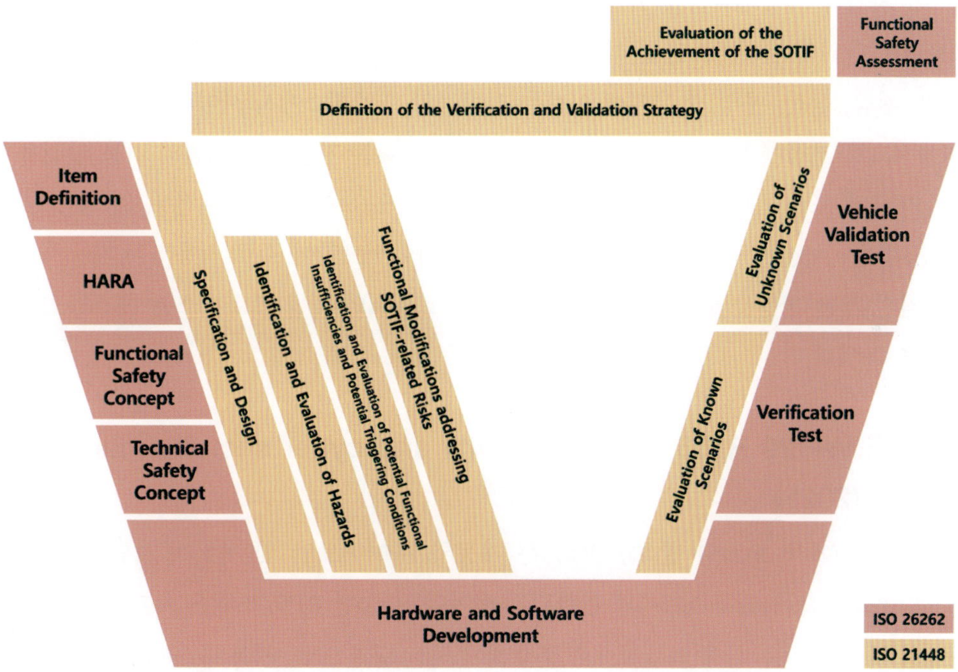

그림 4.18 ISO 26262와 ISO 21448 국제 표준을 통합한 V 모델. ISO 26262에서 다루지 않는 부분을 ISO 21448이 보완하여 다룬다.

4.4.3 사이버보안 표준 (Cybersecurity Standards)

■ **SAE J3061 - Cybersecurity Guidebook for Cyber-Physical Vehicle Systems (2016)**

자동차가 점차 소프트웨어 집약적으로 변화하고, 외부 네트워크와의 통신을 통해 사이버 시스템과 연결되자, 자동차에 대한 사이버 공격의 우려도 점차 커지게 되었다. 2016년, SAE는 차량의 안전만을 다루던 기존 표준들이 구체적으로 다루지 않았던 자동차 사이버보안에 대해 다룬 최초의 권장 지침인 SAE J3061을 내놓았다. SAE J3061은 위협 분석 및 위험 평가(TARA, Threat Analysis and Risk Assessment)라는 방법을 통해 사이버보안을 위한 요구 사항을 정의할 것을 제안한다. SAE J3061은 ISO 26262와 호환 가능하도록 구성되어 있어, 자동차 업계에서 널리 활용되었다. 권장 지침이었던 SAE J3061은 후술할 ISO/SAE 21434 국제 표준의 토대가 되었다.

■ **ISO/SAE 21434 - Road vehicles - Cybersecurity engineering (2021)**

ISO/SAE 21434는 SAE의 권장 지침인 SAE J3061을 기반으로 2021년 ISO와 SAE가 출판한 국제 표준으로, 차량용 사이버보안을 위한 포괄적인 프레임워크를 제안한다. ISO/SAE 21434는 조직 및 프로젝트 단위의 사이버보안 관리와, 사이버보안 활동에 대해서 설명한다. 그리고 제품의 설계, 개발, 검증, 생산, 운영 및 유지에 이르는 전반적인 프로세스에서 사이버보안 목표를 설정하여, 최종적으로 제품에 반영되도록 한다. ISO/SAE 21434는 자동차 시스템의 기능 안전을 다루는 기존의 국제 표준인 ISO 26262를 보완하므로, ISO 26262가 제안하는 전통적인 V 모델 개발 방식과 통합될 수 있는 구조를 상정하였다. 하지만 사이버보안이 주로 적용되는 자동차 소프트웨어는 최신 개발 관행을 따르기 때문에, ISO/SAE 21434의 개발 프로세스는 애자일 방법론에도 적용될 수 있다.

■ **UNECE WP.29 R155 - Cybersecurity and cyber security management system (2021)**

UNECE WP.29에서 2021년 발효한 R155는 자동차 사이버보안 및 사이버 보안 관리 시스템(CSMS, Cyber Security Management System)과 관련된 규정이다. 상술한 R156과 같은 시기에 발효된 R155는 차량의 형식 승인을 위해 의무적으로 준수해야 하는 규정으로, 자동차 OEM은 차량에 CSMS가 탑재되어 있음을 상세내용을 담은 문서를 통해 입증해야 한다. CSMS는 사이버 위협의 위험을 식별한 후 평가하고 완화하기 위한 프로세스로 구성되어야 하며, 프로세스는 차량의 개발,

생산, 운영에 이르는 전 단계를 아울러야 한다. 차량 출시 이후에도, 사이버 공격은 기존에 예상치 못했던 방법으로 일어날 수 있기 때문에, 공격을 지속적으로 모니터링 하고, 대응 업데이트를 배포해야 한다. ISO/SAE 21434는 R155 구현을 위한 국제 표준의 역할을 한다.

4.5 마무리(Conclusion)

이 장에서는 시대적 요구에 따른 자동차 소프트웨어의 발전 양상을 다루면서, 전통적 방법론에서 시작하여 DevOps에 이르기까지 순차적으로 도입된 소프트웨어 개발 방법론에 대해서 소개하고, 특징과 장점을 살펴보았다. 자동차는 무엇보다도 안전이 가장 중요한 제품인 만큼, 자동차 소프트웨어 개발은 안전성을 보장하는 표준과도 밀접하게 연관되어 있으므로, 소프트웨어 아키텍처 표준, 안전 표준, 그리고 사이버보안 표준도 다루었다.

IT 업계보다는 다소 경직된 조직 문화를 가진 제조업인 만큼, 그간 자동차 업계는 소프트웨어 개발 방법론과 관련하여 새로운 문물을 천천히 받아들인 편이다. 하지만 2020년대에 들어서 자동차 플랫폼의 패러다임이 SDV로 전환됨에 따라, 일각에선 애자일 방법론과 DevOps 방법론이 채용되는 등, 자동차 소프트웨어 개발에 커다란 변혁이 이루어지고 있는 상황이다. 가까운 미래에 SDV 시대가 자리잡으면서 전통적인 V 모델에 기반하던 기존 표준들이 재정비된다면, 업계에서도 더욱 적극적으로 새로운 소프트웨어 개발 방법론을 적용할 것으로 기대된다.

자동차 소프트웨어 플랫폼 시장을 차지하기 위한 치열한 경쟁으로 인해, 초창기에는 제조사들이 각자 독점적인 IP를 개발했었다. 하지만 테슬라가 오픈 소스인 리눅스를 기반으로 많은 소프트웨어를 개발하는 등, 이제는 점차 자동차 소프트웨어에 오픈 소스 컴포넌트들이 사용되고 있다. 수백개의 자동차 OEM과 티어 1 업체들이 회원으로 소속된 AGL(Automotive Grade Linux)은 차량용 인포테인먼트에 초점을 맞춘, 타이젠(Tizen) 기반의 오픈 소스 운영체제를 개발하고 있다. 여느 소프트웨어들처럼, 향후에는 자동차 소프트웨어에서도 오픈 소스의 채택이 보편화될 것으로 예상된다[17].

이 장에서 광범위하게 다룬 내용을 토대로, 5장에선 자동차 업계에서 필수불가결한 AUTOSAR 표준, 6장에선 자동차의 안전 검증을 위해 준수해야 하는 ISO 26262 및 ISO 21448 국제 표준, 7장에선 DevOps 방법론과 OTA 업데이트, 9장에선 SDV와 관련된 자동차 소프트웨어 개발에 대해 상세히 다룬다.

References

[1] O. Burkacky, J. Deichmann, G. Doll, and C. Knochenhauer, "Rethinking car software and electronics architecture," McKinsey & Company. Accessed: Nov. 17, 2024. [Online]. Available: https://www.mckinsey.com/industries/automotive-and-assembly/our-insights/rethinking-car-software-and-electronics-architecture

[2] R. Charette, "How Software Is Eating the Car," IEEE Spectrum. Accessed: Nov. 17, 2024. [Online]. Available: https://spectrum.ieee.org/software-eating-car

[3] O. Burkacky, J. Deichmann, M. Guggenheimer, and M. Kellner, "Outlook on the automotive software and electronics market through 2030," McKinsey & Company. Accessed: Nov. 17, 2024. [Online]. Available: https://www.mckinsey.com/industries/automotive-and-assembly/our-insights/mapping-the-automotive-software-and-electronics-landscape-through-2030

[4] W. W. Royce, "Managing the development of large software systems: concepts and techniques," in *Proceedings of the 9th international conference on Software Engineering*, 1987, pp. 328-338.

[5] P. Rook, "Controlling software projects," *Software engineering journal*, vol. 1, no. 1, pp. 7-16, 1986.

[6] MathWorks, "Toyota and DENSO Transition Mass Production Engineering to MATLAB R2015a Release," MathWorks. Accessed: Nov. 17, 2024. [Online]. Available: https://kr.mathworks.com/company/newsroom/toyota-and-denso-transition-mass-production-engineering-to-matlab-r2015a-release.html

[7] MathWorks, "Model-Based Design for Automotive Control Systems," MathWorks. Accessed: Nov. 17, 2024. [Online]. Available: https://www.mathworks.com/content/dam/mathworks/white-paper/gated/auto-model-based-design-with-simulation-white-paper.pdf

[8] E. Bringmann and A. Krämer, "Model-based testing of automotive systems," in *2008 1st international conference on software testing, verification, and validation*, IEEE,

2008, pp. 485–493.

[9] R. M. De Morgan, "The programming language standards scene, ten years on Paper 16: C++," *Comput Stand Interfaces*, vol. 16, no. 5–6, pp. 531–535, 1994.

[10] B. R. Mudhivarthi, V. Saini, A. Dodia, P. Shah, and R. Sekhar, "Model based design in automotive open system architecture," in *2023 7th International Conference on Intelligent Computing and Control Systems (ICICCS)*, IEEE, 2023, pp. 1211–1216.

[11] R. Soley, "Model driven architecture," *OMG white paper*, vol. 308, no. 308, p. 5, 2000.

[12] H. Takeuchi and I. Nonaka, "The new new product development game," *Harv Bus Rev*, vol. 64, no. 1, pp. 137–146, 1986.

[13] K. Schwaber and J. Sutherland, "The scrum guide," *Scrum Alliance*, vol. 21, no. 1, pp. 1–38, 2011.

[14] C. Larman and B. Vodde, *Large-scale scrum: More with LeSS*. Addison–Wesley Professional, 2016.

[15] T. Ohno, *Toyota production system: beyond large-scale production*. Productivity press, 2019.

[16] Z. Molotnikov, K. Schorp, V. Aravantinos, and B. Schätz, "Future programming paradigms in the automotive industry," *FAT-Schriftenreihe*, no. 287, 2016.

제 5 장

AUTOSAR

김시호

| 목차 |

5.1 자동차 SW와 AUTOSAR의 배경

AUTOSAR (AUTomotive Open System ARchitecture)는 자동차 소프트웨어 아키텍처의 표준을 정의하고자 2003년 글로벌 자동차 OEM 기업과 부품 공급사(Tier 1, 2)들의 연합으로 설립된 글로벌 컨소시엄 [1, 2]이다. AUTOSAR 표준의 주요 목표는 자동차 소프트웨어의 복잡성을 관리하고, 재사용성과 상호운용성을 높여서, 자동차 SW 개발 비용을 절감하고 효율성을 향상시키는 개발 방법을 정립하는 것이다. AUTOSAR는 초기에는 10개의 독일의 자동차 OEM과 Tier1 부품 공급업체가 주축이 되어 설립되었지만, 2024년 현재는 전세계적인 자동차 OEM, Tier1 & 2, SW 개발 툴 제공업체, 시뮬레이터 및 반도체 제조업체 등 370 여개의 기관이 참여하는 글로벌 컨소시엄으로 구성되어 있다. AUTOSAR의 활동과 발표하는 표준 관련 정보는 수시로 업데이트되므로 홈페이지[1]에서 최신 정보를 얻는 것을 권장한다. AUTOSAR 기구는 2003년도에 설립되었고 2005년부터 AUTOSAR 표준을 꾸준히 발표하였으나 2014년 이후에는 한단계 진보한 Adaptive AUTOSAR(AA) 표준을 발표하였고, 이때부터 기존의 표준을 Classic AUTOSAR(CA)라고 부르게 되었다. 먼저 Classic AUTOSAR를 먼저 살펴보고자 한다.

AUTOSAR 아키텍처의 표준을 만들게 된 기술적인 배경에는 자동차 SW는 그림 5.1에서 제시하는 일반적인 임베디드 시스템 구조와는 다른 중요한 특징이 있기 때문이다.

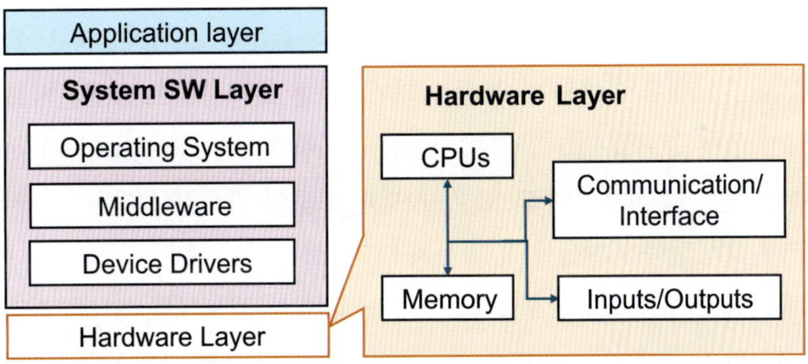

그림 5.1 일반적인 임베디드 시스템 구조(General Architecture of Embedded Systems)

일반적인 임베디드 시스템은 CPU가 버스를 통해서 메모리, 통신 및 인터페이스(communication/Interface) 및 입출력 인터페이스(inputs/outputs)와 연결되어 마이크로 컨트롤러의 하드웨어 층(Hardware Layer)를 구성한다. 이 하드웨어 층위에 운영체계(Operating System), Middle Ware, Device Driver로

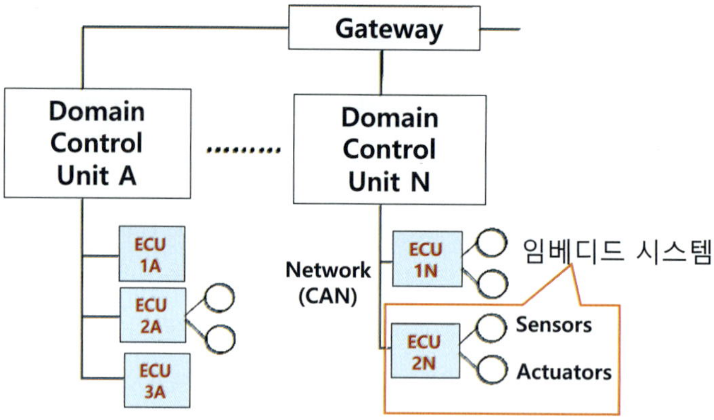

그림 5.2 도메인 제어기 적용한 자동차의 차량 네트워크 구조와 특정한 기능을 구현하는 센서와 액추에이터로 구성된 전형적인 임베디드 시스템(Typical In-Vehicle Network architecture composed of Embedded Systems with Sensors and Actuators for specific functions)

구성되는 시스템 SW 층이 있고, 응용 프로그램은 시스템 SW 층위에 응용 층(Application Layer)에 구성된다. 그런데 CPU가 다른 제품으로 바뀐다고 가정하면 시스템 소프트웨어 층이 변경되어야 하고 응용 층도 새로 코딩을 하여야 한다. 즉, HW 층과 시스템 SW 층이 서로 분리되지 않아서 어느 것 하나 라도 바뀔 때 마다 응용 SW를 다시 코딩해야 하는 번거로움이 있다. 자동차 시스템에는 보통 수십 개 이상의 마이크로 컨트롤러가 차량 네트워크인 IVN(In-Vehicle network)로 연결되어 있는데, 그림 5.2는 도메인 제어기를 적용한 전형적인 자동차 네트워크 구성과 네트워크에 연결된 임베디드 시스템의 구성의 예시이다. 여기서 ECU는 그림 5.2에서 제시하는 형태의 Embedded Control Unit를 의미하며, 통신 인터페이스를 통해서 IVN에 연결되고, 입출력 인터페이스를 통하여 센서 정보를 받고 액추에이터를 구동한다. 이러한 ECU가 하나의 차량내에서도 서로 다른 CPU를 적용하는 경우도 있고, 차량의 모델이 바뀌거나 연식이 바뀔 때에도 CPU가 변경되는 경우가 빈번하게 발생한다. 자동차 SW를 효율적인 개발을 위해서는 CPU가 바뀌더라도 응용 프로그램을 개발하는 단계에서는 기존에 개발된 프로그램 코드를 다시 사용하는 것이 매우 효율적이며 이를 위해서 CBD(Component Based Development)와 MDA(Model Driven Architecture)개발 방법을 적용하는 것이 필요하다. CBD와 MDA에 관해서는 제4장 소프트웨어 개발방법에서 상세하게 다루고 있으므로 다시 중복 설명을 할 필요는 없으나, 두가지 방식은 소프트웨어를 개발 방법을 컴포넌트들을 조립하는 개발 프로세스를 적용하여 생산성 향상하고자 하는 것이다. 이러한 방법을 적용하기 위해서는 HW층을 추상화(또는 가상화)하여 HW층에 독립적으로 응용 소프트웨어를 코딩할 수 있도록 시스템 소프트웨어를 구성하는 것이 필요하다. 또한 OS, 메모리,

통신 서비스 등을 표준화하여 응용 프로그램을 개발하는 개발자는 표준을 참조하도록 지원하면 편리하게 CBD(Component Based Development)와 MDA(Model Driven Architecture)개발 방법 적용이 가능하고 한번 개발된 응용 SW를 동일한 기능 구현에 재사용(Reusability)하는 것이 가능해진다.

참고

HW와 SW의 추상화(Abstraction)와 가상화(Virtualization)

- 추상화 기법은 하드웨어(HW)와 소프트웨어(SW) 모두에서 사용되며 복잡한 시스템의 세부 사항을 숨기고 본질적인 개념이나 동작만을 노출하는 방법이다. 추상화는 상위 계층이 시스템의 하부 계층의 내부 구조나 작동 방식을 이해하지 않고도 용이하게 상호작용할 수 있도록 구조를 설계하는 방법이다. HW에서의 추상화 방법으로는 프로그래머는 하드웨어 내부구조와 구체적인 작동 방법을 알 필요없이 명령어 집합을 통해 프로그램을 만들는 것을 지원하는 CPU 명령어 집합(ISA, Instruction Set Architectute) 방법이 있다. 운영체제는 특정 하드웨어 장치의 복잡성을 드라이버를 통해 추상화하여, 사용자나 응용 프로그램이 HW에 상관없이 동일한 방식으로 장치를 제어하는 드라이버 가상화 방법도 많이 사용된다.
- 가상화는 하드웨어나 소프트웨어 리소스를 추상화하고, 물리적 제한을 넘어서 다수의 논리적 리소스를 생성하거나, 물리적 리소스를 다른 용도로 활용할 수 있도록 하는 기술입니다. HW의 가상화는 물리적 하드웨어를 논리적으로 분리하여 다수의 사용자나 시스템이 동시에 활용 가능하게 하는 것을 목적으로 한다. 서버에서 여러 개의 운영체제를 동시에 실행하는 가상 머신(Virtual Machine)과 여러 사용자가 단일 GPU를 공유하여 사용하는 GPU 가상화 기술 등이 대표적인 예이다. SW에서의 가상화는 특정 소프트웨어 환경을 물리적 제약 없이 실행하거나, 소프트웨어 리소스를 격리 및 효율적으로 배분하는 것을 목적으로 한다. 컨테이너(Container)-Docker 플랫폼을 통해 애플리케이션과 그 의존성을 분리하여 실행 환경을 가상화기법이 대표적인 SW 가상화 방법이다.

5.2 AUTOSAR의 계층 구조

Classic AUTOSAR 계층은 크게 BSW(Basic SW)와 ASW(Application SW)로 구성되며, 두 SW 층 사이에는 RTE(Runtime Environment)이 있다.

BSW는 AUTOSAR 아키텍처에서 하드웨어와 응용 소프트웨어(Application Layer) 간의 중간 계층을 형성하며, 차량 내 다양한 기능을 제공하는 소프트웨어 프레임워크로써 BSW는 AUTOSAR 소프트웨어 플랫폼의 핵심 요소로, 소프트웨어가 하드웨어로부터 독립성을 가지면서 임베디드 시스템 SW 층의 기본적인 기능인 네트워크 통신, 메모리 관리, 진단, 운영체제(OS)와 같은 기본 기능을 제공한다. BSW의 구성 요소를 살펴보면, 그림 5.3에서 제시한 바와 같이, 크게 3개의 계층, 마이크로 컨트롤러 추상화 계층인 MCAL(Microcontroller Abstraction Layer, MCAL), ECU 추상화 계층, 그리고 서비스 계층으로 구성된다.

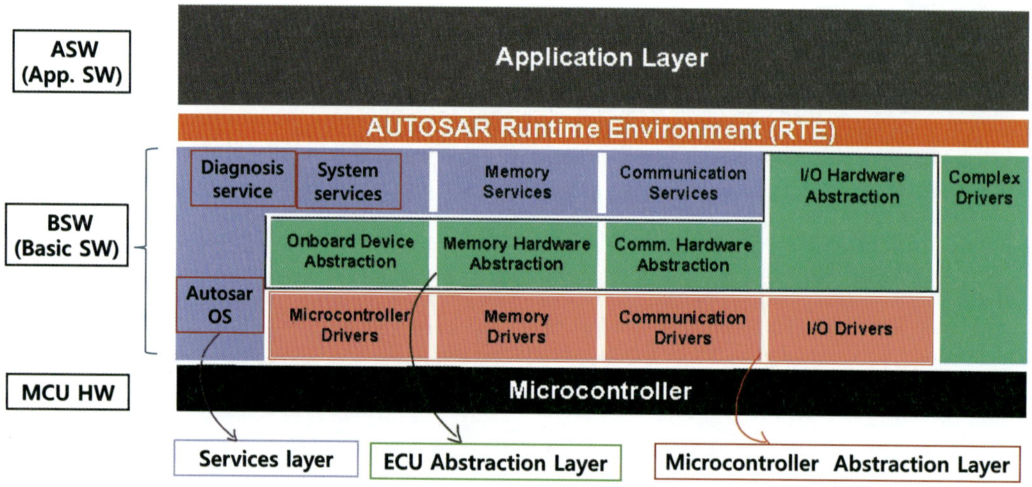

그림 5.3 Classic AUTOSAR의 소프트웨어 계층 구성 (Hierarchical Architecture of Classic AUTOSAR) [1, 2]

Service Layer는 시스템 서비스(메모리 서비스, 통신 서비스, 진단 서비스 등)를 제공하여 통신, 메모리, 진단, 전력 관리 등의 다양한 서비스를 상위 소프트웨어와 응용 계층에 제공한다.

AUTOSAR의 BSW에는 ECU 추상화 계층과 마이크로 컨트롤러 추상화 계층 두개의 추상화 계층이 있다. HW와 SW를 분리하고 다양한 통신 환경과 입출력 장치(또는 디바이스)에 독립적인 응용 소프트웨어 개발 환경을 제공하기 위해서는 추상화 방법을 적용한다. 하드웨어 MCU(Microcontroller Unit) 계층 위에 위치하는 마이크로 컨트롤러 추상화 계층 MCAL은 소프트웨어가 마이크로 컨트롤러 HW 구조에 직접 접근하지 않고, 추상화된 인터페이스를 통해 하드웨어와 상호작용할 수 있도록 설계된 계층이다. 이 추상화 계층은 AUTOSAR의 Basic Software가 특정한 하드웨어에 의존하지 않고 독립적인 소프트웨어 설계를 가능하게 한다. MCAL는 마이크라 컨트롤러와 직접 상호작용하며, 하드웨어의 세부사항을 추상화하여 상위 SW 계층이 하드웨어의 구체적인 ISA(Instruction Set Architecture)등의 차이를 고려하지 않고 기능을 수행할 수 있도록 한다. ECU 추상화 계층(ECU abstraction Layer)은 ECU 하드웨어와 소프트웨어 간의 추상화 계층으로, ECU의 하드웨어 모듈을 추상화하여 상위 SW 계층(BSW 서비스 계층 및 RTE)이 ECU하드웨어 (온 보드 디바이스 장치, 메모리 하드웨어, 통신 하드웨어, 입출력 하드웨어)에 의존성을 제거하여 독립적인 인터페이스를 제공한다. 추상화 계층을 도입함으로써 서로 다른 다양한 이종의 ECU 플랫폼에서도 동일한 소프트웨어가 실행될 수 있도록 플랫폼을 구성한다.

AUTOSAR 아키텍처에서 Service Layer는 애플리케이션 소프트웨어와 하드웨어 추상화 계층 사이에서 중요한 역할을 담당하는 계층입니다. Service Layer의 구성과 주요 역할은 다음과 같다.

- Autosar Operating System (OS) : AUTOSAR 운영 체제(OS)는 자동차 시스템의 실시간 운영 체제에 대한 사양인 OSEK 표준을 준수하며, (ECU)에 대한 실시간, 경량 실행 환경을 제공한다. OSEK: "Offene Systeme und deren Schnittstellen für die Elektronik im Kraftfahrzeug" (독일어 "Open Systems and the Corresponding Interfaces for Automotive Electronics")의 약어이며, 독일에서 제정된 자동차 ECU에 대한 개방형 시스템 표준이다.
- Communication Service : 차량 네트워크(CAN, LIN, FlexRay, Ethernet 등) 프로토콜을 추상화하여 상위 계층에서 사용 가능하도록 하는 역할
- Memory Services : 메모리 데이터를 저장하거나 읽기 위한 안정적인 인터페이스 제공.
- Diagnostic Service : 진단 정보를 저장하고 애플리케이션에 전달하며, 시스템 오류 상태를 기록 및 보고.
- 시스템 서비스 : 오토사 운영체제(OS)와 통신하여 시스템 상태 관리, 타이머, 스케줄링, 메모리 관리, Task scheduling, OS 상태 확인 등의 서비스를 제공.

Complex Device Drivers(CDD)는 AUTOSAR 표준에서 정의되지 않은 복잡하거나 독특한 하드웨어 기능을 지원하기 위해 설계된 소프트웨어 모듈이다. CDD는 표준 AUTOSAR Basic Software (BSW) 모듈이 제공하지 않는 하드웨어 기능을 직접 제어하거나 활용하는 기능과 특정 ECU의 독점적인 하드웨어 기능이나 특수 센서, 액추에이터등 특수한 하드웨어 및 소프트웨어 요구 사항을 처리하는 데 사용된다.

RTE (Runtime Environment)는 애플리케이션 소프트웨어 컴포넌트와 기본 소프트웨어(BSW) 간의 인터페이스 역할을 합니다. SW 컴포넌트 간의 통신을 중개하고, 소프트웨어 컴포넌트가 하드웨어 독립적으로 작동할 수 있도록 한다. RTE의 주요 역할 및 기능은 다음과 같다.

인터페이스 관리: RTE는 애플리케이션 소프트웨어 컴포넌트와 기본 소프트웨어 간의 명확한 인

터페이스를 제공한다. 이를 통해 각 소프트웨어 컴포넌트가 독립적으로 개발되고, 재사용될 수 있다.

- 소프트웨어 컴포넌트(SWC) 간의 통신을 관리한다. 컴포넌트가 데이터를 주고받을 때, RTE는 이러한 데이터를 중개하고 적절히 전달한다.
- 하드웨어 추상화 계층 역할 : RTE는 하드웨어와 상관없이 표준화된 인터페이스와 동작을 제공하여 소프트웨어 이식성을 높이고, 소프트웨어 컴포넌트가 특정 하드웨어 플랫폼에 종속되지 않도록 한다.
- 실행 관리 : 타이밍 및 스케줄링: 컴포넌트 간의 데이터 교환과 실행 시점을 조율하며, 주기적 혹은 이벤트 기반으로 컴포넌트가 실행되도록 스케줄링을 관리한다. 소프트웨어 컴포넌트의 실행 주기를 제어하며, 각 SWC에 필요한 이벤트, 타이머, 스케줄링 기능 제공한다.
- 서비스 호출 관리 : SWC가 BSW의 서비스를 호출하거나, 반대로 BSW가 SWC에 데이터를 제공할 수 있도록 지원한다.

SWC(Software Component)는 AUTOSAR 아키텍처에서 응용 소프트웨어의 기능을 모듈화하여 구현하는 방법이다. SWC는 차량의 다양한 기능을 구현하기 위해 모듈화된 소프트웨어 블록으로 설계되며, AUTOSAR의 RTE를 통해 다른 SWC 및 기본 소프트웨어(BSW)와 통신한다. SWC 구성과 동작방식은 SW 기능의 모듈화, 재사용성, 확장성, 유지 보수성을 확보하는 장점을 가진다.

모듈화를 통해서 시스템을 독립적인 기능 블록으로 분리하여 설계와 테스트가 용이하게 되며 표준화된 설계로 다양한 ECU 및 차량에서 SWC를 재사용 가능하게 된다. 확정성은 새로운 기능이 필요한 경우 SWC를 추가하거나 기존 SWC를 수정하여 확장 가능성을 의미하며, SWC 간의 독립성은 어떤 응용 SWC의 특정 기능 수정 시 다른 SWC에 미치는 영향을 최소화할 수 있다. 이렇게 모듈화된 접근을 통해서 SWC는 표준화된 인터페이스, 독립적인 동작, 그리고 RTE와의 통합을 통해 개발 효율성을 높이고, 시스템의 재사용성과 확장성을 보장할 수 있다.

CBD(Component Based Development)와 MDA(Model Driven Architecture)개발 방법 적용이 가능하고 한번 개발된 응용 SW를 동일한 기능 구현에 재사용(Reusability)하는 것이 가능해진다.

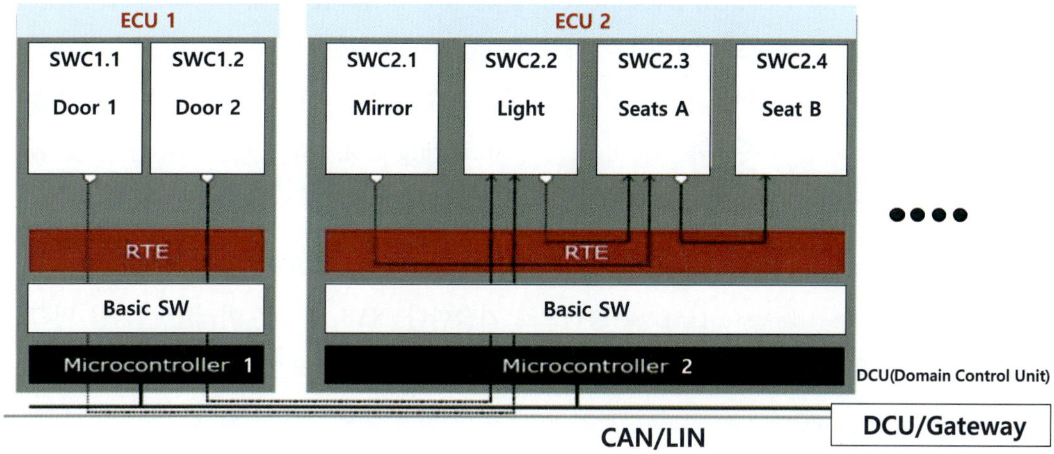

그림 5.4 Classic AUTOSAR 채택한 자동차의 차량 네트워크의 ECU 구성과 SWC의 구현 예시 (An example of SWCs implemented on the In-Vehicle Network Architecture with Classic AUTOSAR ECU's)

응용 SW는 SWC(Software Component)로써 응용층에 위치하고 RTE를 통해서 BSW을 기능을 사용하고 하나의 microcontroller가 하나의 독립된 임베디드 시스템을 구성하는 형태를 가지게 된다. ECU들이 차량 네트워크를 통해서 서로 연결되는 경우에 그림 5.4에서 예시하는 형태의 Classic AUTOSAR 채택한 자동차의 차량 네트워크의 ECU 구성을 가지게 된다. SWC(Software Component)는 AUTOSAR 아키텍처에서 애플리케이션 로직을 구현하는 모듈화 된 소프트웨어 블록이며, SWC와 ECU는 AUTOSAR 시스템에서 밀접하게 연결되어 있으며, ECU(Electronic Control Unit)는 이러한 소프트웨어가 실행되는 물리적인 하드웨어 장치이다.

SWC가 특정 ECU에 배치되면, RTE는 해당 ECU의 하드웨어 리소스를 사용하여 SWC의 실행을 지원한다. 동일한 ECU 내에 배치된 SWC는 RTE를 통해 데이터를 교환하거나 서비스를 ECU 내부 통신으로 호출합니다. 다른 ECU에 배치된 SWC 간에는 네트워크(CAN, LIN, FlexRay, Ethernet)를 통해 ECU 간 통신을 한다.

5.3 AUTOSAR의 SW(SWC) 개발 절차와 방법

임베디드 SW의 코드는 일반적으로 c 언어로 개발하는데 AUTOSAR는 유연성과 호환성을 통해서 재사용성을 만족하기 위하여 소프트웨어의 기능을 CBD(Component Based Development)와 MDA(Model Driven Architecture)개발 방법을 적용하여 개발한다.

AUTOSAR의 소프트웨어 개발 방법론은 요구사항 분석에서 시스템 설계, 소프트웨어 구현, 통합 및 테스트, 배포 및 유지보수에 이르기까지 각 단계는 명확하게 정의되어 있으며 체계적인 접근 방식을 통해 소프트웨어를 효율적으로 개발할 수 있게 한다. AUTOSAR 응용 SW 개발을 지원하는 다양한 도구들이 존재하는데 이를 크게 Authoring tool, SW 구현, BSW 구성 및 실행 코드 생성 단계로 구분하여 설명하고자 한다.

AUTOSAR Authoring 단계에서는 시스템의 요구사항, ECU 자원의 요구사항과 응용 SWC의 기능에 관하여 XML(Extensible Markup Language) 형식으로 기술한다. XML 형식은 이러한 설정을 명확하게 표현하고, 다양한 AUTOSAR 도구와 호환되어 개발 과정을 효율적으로 지원한다. XML 형식으로 표현된 시스템, ECU, SWC 요구사항은 ECU 구성 설명 문서로 매핑 되고, BSW 구성을 위한 문서로 제공된다. SWC 구현 단계에서는 Authoring 단계에서 입력 받은 API를 이용하여 C 코드(*.c 형식)와 헤더 파일(*.h 형식)을 생성합니다. BSW 구현 단계에서는 RTE 생성, OS/BSW 구성, ECU 추상화 단계를 거쳐서 이용하여 C 코드(*.c 형식)와 헤더 파일(*.h 형식)을 생성합니다. 실행코드(*.elf)는 SWC와 BSW의 C 코드와 헤더를 이용하여 생성한다.

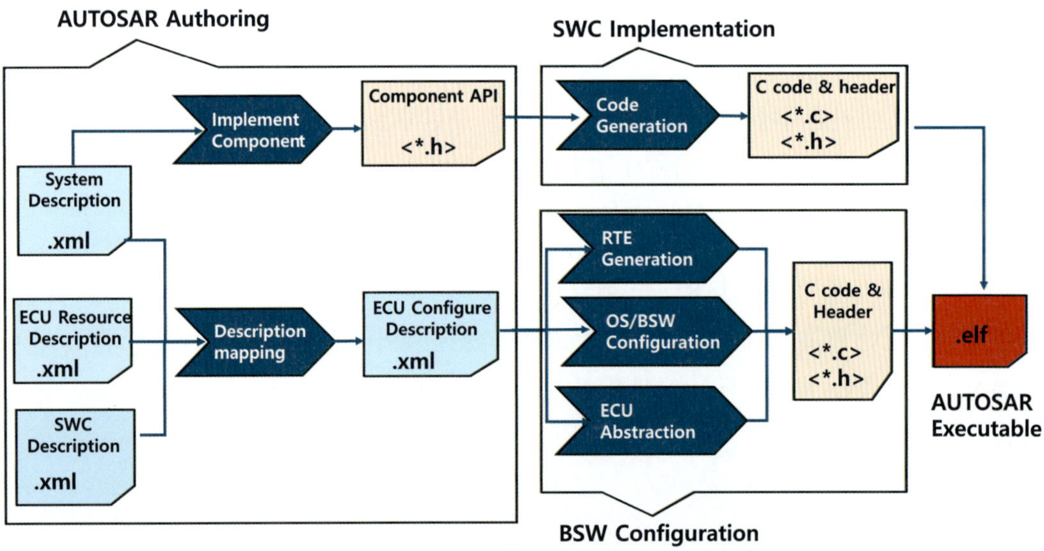

그림 5.5 Classic AUTOSAR 소프트웨어의 실행 코드의 개발 절차 (Implementation steps for AUTOSAR Executable SW)

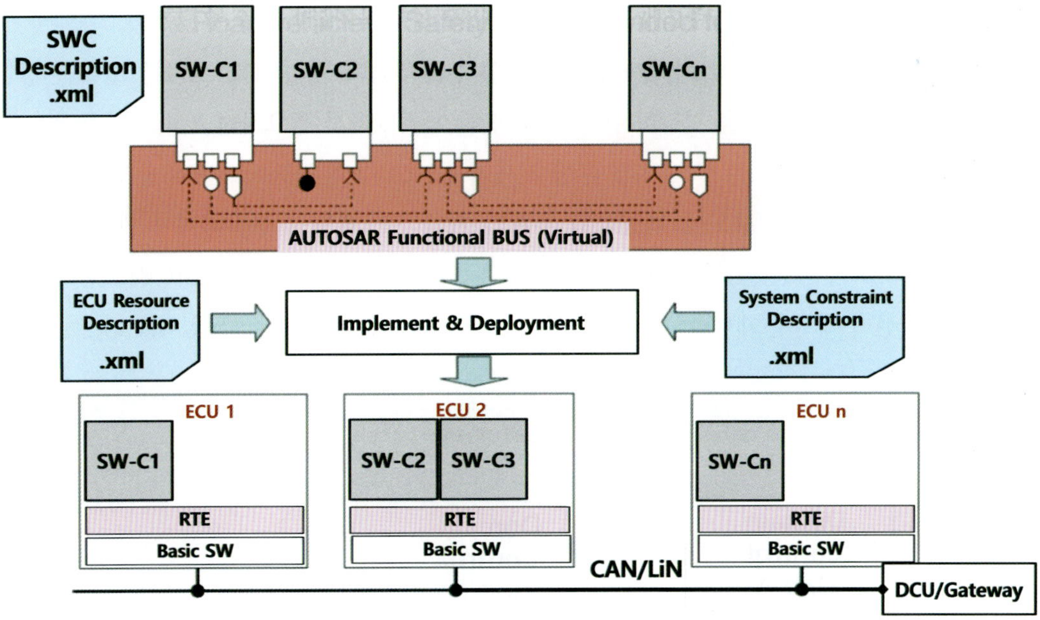

그림 5.6 AUTOSAR SWC의 구현과 배포 절차 (Implementation and deployment process of AUTOSAR SWC)

AUTOSAR의 SWC는 가상화 된 기능 버스에 소켓처럼 연결되어 서로 데이터와 정보를 주고받으며 기능을 수행하도록 구성된다. SWC의 내부 통신은 하나의 ECU안으로 제한되며 다른 ECU와 정보는 CAN 네트워크를 통해서 구현되어야 한다. ECU 자원의 기술서, 시스템 제한 요구의 기술서와 SWC의 기능과 동작 기술서를 결합하여 하나의 ECU 위에 탑재되는 SWC가 생성된다. 동일한 ECU 내에서 SWC는 가상화 된 기능 버스를 통하여 데이터와 타이밍 정보에 맞도록 동기화된 기능을 수행할 수 있다.

5.4 Adaptive AUTOSAR

5.4.1 Adaptive AUTOSAR 제안 배경

Classic AUTOSAR는 도메인 제어기 방식 또는 분산형 E/E 구조에서 CAN/LiN 네트워크로 연결된 ECU 구성에서 하나의 ECU에 임베디드 시스템의 SWC를 효율적으로 개발하기 위하여 제안된 표준 플랫폼이다. 따라서 자동차의 안정성 측면을 만족하고 전통적인 도메인 기반의 IVN에는 매우 적절한 구조이지만 자동차의 기능이 복잡해지면서 몇 가지 문제점이 발생하였다. 그림

5.7은 Classic AUTOSAR 적용시 한계를 예시하고 있다. 하나의 도메인 제어 영역(DCU N)에서 주차 지원 시스템을 위한 후방 카메라가 장착되어 있다고 있다고 가정하고, 또다른 도메인 영역인 DCU A에서는 후방 영상을 저장하는 후방 블랙 박스 카메라가 필요하다고 할 때, 두개가 서로 다른 도메인에 위치하므로 DCU N의 후방 카메라를 DCU A의 블랙박스용 후방 카메라로 사용할 수가 없으며 각각의 용도에 특정화된 두개의 카메라를 별도로 장착하여야 한다. 이러한 classic AUTOSAR의 단점을 보완하고 복잡해지는 자동차의 E/E 구조에 맞는 SW 시스템 플랫폼을 위해서 완전히 새로운 개념을 갖는 Adaptive AUTOSAR 표준화가 제안되었다[1, 3].

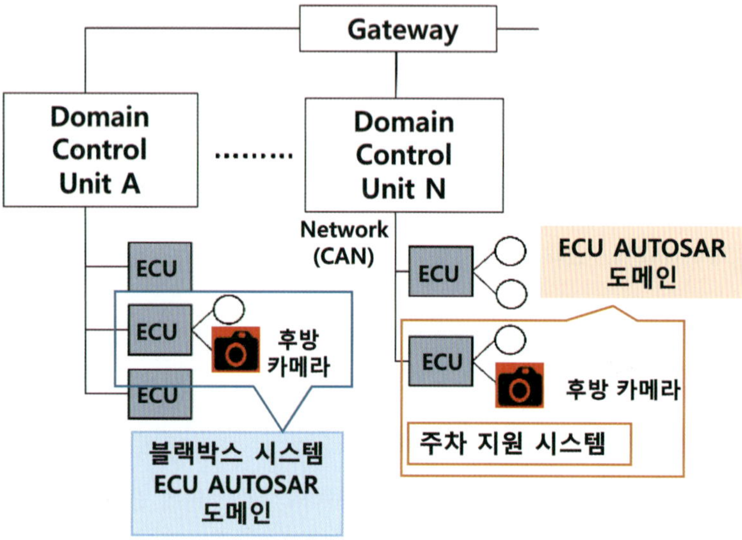

그림 5.7 Classic AUTOSAR 적용시 한계 예시 – 센서/액추에이터는 미리 정해진 ECU 내에서 용도가 제한되며 주차용 후방 카메라를 블랙박스용으로 사용 불가 (An example showing limitation of Classic AUTOSAR – Sensors/actuators have limited use within a predefined ECU. Rear view camera for parking cannot be used as a backward recorder camera.)

도메인 컨트롤 구조의 IVN과 임베디드 시스템의 문제를 해결하기 위해서는 네트워크 구조와 ECU간의 통신 방식을 개선해야 하는데 그림 5.8은 SOME/IP를 적용한 Adaptive AUTOSAR 구성의 장점을 예시하고 있다. 도메인1의 후방 카메라가 스위치 네트워크를 통해서 SOME/IP 방식으로 연결된다면 도메인 1에서도 후방 카메라와 연결되어 데이터를 처리할 수가 있게 된다. Adaptive AUTOSAR는 차량의 네트워크를 스위치 네트워크 로 변경하고 각 도메인 단말 간에 SOME/IP 통신을 하게 된다면 도메인1의 주차지원 시스템의 후방카메라를 도메인2의 블랙박스 시스템에서 사용하는 것이 가능해진다.

Classic AUTOSAR는 차량 소프트웨어의 무선 업데이트(OTA)를 위한 동적 로딩, 업그레이드, 또는 재구성이 제한적입니다. OTA 및 유연한 업데이트 지원을 위한 E/E 구조로는 부적합하다. 또한, Classic AUTOSAR는 네트워크 중심의 통신보다 ECU 내부의 기능 중심으로 설계되어 있으며, 서비스 기반 통신을 효율적으로 처리하지 못해서, 네트워크화와 서비스 지향 아키텍처(SOA)로 확장이 부적합하였다.

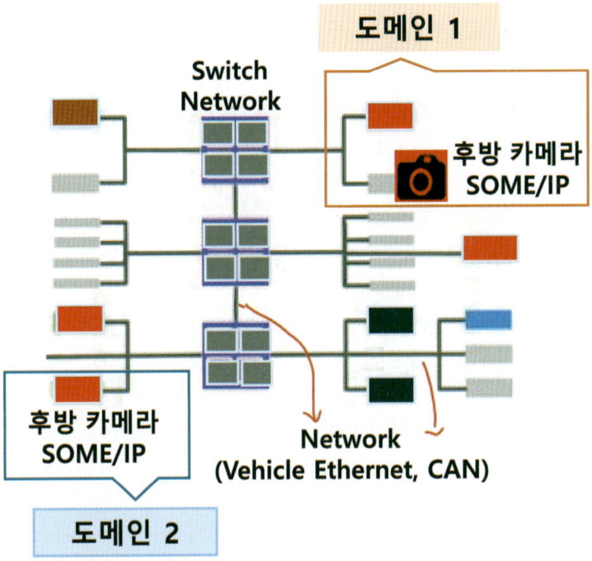

그림 5.8 SOME/IP를 적용한 Adaptive AUTOSAR 구성의 장점 예시 (An example showing an advantage of adaptive AUTOSAR configurations using SOME/IP.)

5.4.2 SOME/IP 통신 방식

자동차가 지능형 디바이스로 진화 발전함에 따라서, 운전자 지원 시스템(ADAS) 등 다양한 IT 서비스 수요를 충족시키기 위해서는 서비스 지향 아키텍처(SOA) 도입이 필요하다. Adaptive AUTOSAR는 네트워크 중심의 서비스 기반 통신을 지원하여 차량의 다양한 소프트웨어와 서비스가 효율적으로 상호작용할 수 있도록 설계하는 것이 가능하며, OTA(Over-The-Air) 업데이트와 유연한 소프트웨어 배포가 가능하여 소프트웨어가 지속적으로 업데이트되고, 시판되고 난 이후에도 중 새로운 기능이 추가될 수 있어야 한다. 이를 위해서는 Adaptive AUTOSAR는 동적 업데이트 및 재구성을 지원함으로써 차량 소프트웨어 유지보수를 간소화하고, 고성능 컴퓨팅(HPC, High Performance Computing)을 탑재하는 것을 요구되었다. Adaptive AUTOSAR는 이러한 고성능 하드웨어를 효율적으로 지원하는 표준화된 플랫폼의 필요성에 대응하여 추진되었으며, Classic AUTOSAR와는 별개로, 새로운 기능을 제공하면서도 기존의 AUTOSAR 철학(표준화, 모듈화, 재사용성)을 유지하는 플랫폼을 제공한다.

Adaptive AUTOSAR는 전자 장치들 간에 서버 클라이언트 방식에서 사용하는 SOME/IP 패킷 통신 방식을 채택하는 것이 특징이다. SOME/IP(Scalable service-Oriented MiddlewarE over IP)는 자동차 애플리케이션을 위해 개발된 프로토콜로, 차량용 Ethernet을 기반으로 동작하며 차량 내 다양한 ECU 간 또는 단말 간에 통신을 위한 프로토콜이다.

SOME/IP는 Client-Server의 통신 모델을 채택하여 클라이언트는 서비스를 요청하고, 서버는 요청을 처리한 후 응답하는 방식을 사용한다. SOME/IP는 또한 Publisher-Subscriber 통신 모델을 채택하여 Publisher는 데이터를 브로드 캐스트하고, Subscriber는 이를 수신하는 방식을 사용 가능하며, 차량 상태 데이터를 여러 ECU에 동시 전송하는 방식의 구현이 가능하다.

SOME/IP는 서비스 지향 아키텍처(SOA, Service-Oriented Architecture) 구현에 사용되며, 고속 데이터 전송과 서비스 호출을 효율적으로 처리할 수 있도록 하는 방식이다. 서비스 지향 통신을 가능하게 하며, IP(인터넷 프로토콜) 네트워크를 통해 데이터와 서비스를 유연하고 확장 가능하게 교환할 수 있도록 설계되었다. SOME/IP는 자동차 내 네트워크에서 동작하는 애플리케이션을 위한 중요한 미들웨어 프로토콜로, IP 네트워크를 통한 유연하고 확장 가능한 서비스 지향 통신을 가능하게 한다. 이는 AUTOSAR 프레임워크와 통합되어 동적 서비스 디스커버리, 효율적인 데이터 직렬화, 안전한 통신을 지원하며, 자율 주행 및 커넥티드 카와 같은 첨단 자동차 시스템에 적합하다.

SOME/IP는 하위 통신 프로토콜을 추상화 하여 TCP/IP 및 UDP/IP와 같은 다양한 전송 프로토콜에서 사용할 수 있다. SOME/IP는 서비스 지향 아키텍처(SOA)를 지원하여 기능을 서비스로 캡슐화하고, 이 서비스를 독립적으로 발견, 호출 및 관리할 수 있습니다. 서비스는 인터페이스로 정의되며, 각 ECU는 네트워크 내에서 서비스 제공자 또는 소비자로 작동할 수 있다. 단순한 신호 전송부터 복잡한 데이터 교환까지 다양한 통신 요구를 처리하는 확장성을 제공 하며, 작은 임베디드 시스템부터 차량 내 복잡한 네트워크까지 확장이 가능하다.

- 프로토콜 독립성: SOME/IP는 하위 통신 프로토콜을 추상화하여 TCP/IP 및 UDP/IP와 같은 다양한 전송 프로토콜에서 사용할 수 있다.
- 서비스 디스커버리: 네트워크 내에서 사용 가능한 서비스를 동적으로 발견하는 메커니즘을 포함합니다. 멀티캐스트 기반 서비스 디스커버리를 지원하여, 사전 구성 없이 효율적으로 서

비스를 찾을 수 있다.

- 데이터 직렬화: 표준화된 방법을 제공하여 서비스 간 교환되는 데이터를 인코딩 및 디코딩하고, 이를 통해 시스템 간 상호 운용성을 보장한다.

5.4.3 Adaptive AUTOSAR의 구조

Adaptive AUTOSAR는 동적 소프트웨어 구성을 지원하며, 고성능 하드웨어와 서비스 지향 아키텍처(SOA)에 최적화된 유연한 아키텍처로, AUTOSAR의 설계 철학인 CBD(Component Based Development)와 MDA(Model Driven Architecture)개발 방법을 반영하였지만 Classic AUTOSAR와는 완전히 다른 계층 구조를 가진다. Adaptive AUTOSAR의 계층 구조는 응용 층(Application Layer), ARA Runtime, Functional Clusters, 그리고 가상화 된 Hardware(Virtual Machine)으로 구성된다. 클래식 오토사와 비교하면 ASW는 응용층, RTE는 ARA, BSW는 Functional Clusters 층, 추상화된 마이크로 컨트롤러는 가상 머신에 서로 대응한다. Functional Clusters 층은 Adaptive Platform Foundation과 Adaptive Platform Services 두개의 구성 요소가 플랫폼의 기본 구조를 형성하며, 응용 계층의 SW가 플랫폼 서비스를 사용하여 작동할 수 있도록 지원합니다. Adaptive Platform Foundation은 Adaptive AUTOSAR의 핵심 동작을 지원하는 기반 구조를 제공하며, Adaptive Platform Services는 이러한 기반 위에서 애플리케이션이 필요로 하는 고급 기능을 제공합니다. Adaptive Platform Foundation은 다음과 같은 기능을 제공한다.

- 실행 관리(Execution Management) : Adaptive Applications의 애플리케이션 시작, 중지, 재시작 등 제어, 애플리케이션 상태(Active, Inactive) 관리, 런타임 시 애플리케이션 실행 스케줄링, 라이프사이클 관리를 수행한다.
- 시간 동기(Time Synchronization) : 네트워크나 여러 ECU 간 시간 동기화를 제공
- 암호 및 보안(Crypto Services) : 플랫폼에서 제공하는 데이터 암호화 및 복호화,디지털 서명 및 검증, 안전한 키 관리 등 암호화 서비스 관리
- 로그 기록 및 추적(Logging and Tracing) : Adaptive Applications 및 시스템의 상태를 모니터링하고 로그 기록을 관리하여 오류 진단 및 성능 추적에 사용된다.
- 지속성 관리(Persistency Management) : 설정값, 상태 정보 등의 저장 및 복구를 지원하며, 데이터를 비휘발성 메모리(NVM)에 저장하고 복구하는 기능을 제공.
- 통신 관리(Communication Management) : SOME/IP를 통해 서비스 기반 통신(Service-Oriented Communication) 제공하며, Adaptive Applications 간, 또는 ECU 간 통신을 지원

• Adaptive AUTOSAR의 Operating System(OS)은 Classic AUTOSAR의 임베디드 ECU용 OSEK와 달리 POSIX 기반의 운영 체제로 설계 되어있다. OS는 POSIX(Portable Operating System Interface) API를 만족하여, 다양한 하드웨어 및 소프트웨어 환경에서 호환성과 확장성을 제공한다. POSIX는 IEEE가 정의한 컴퓨터 운영 체제를 위한 이식성 표준을 만족하는 OS이며, POSIX는 운영 체제 간 호환성과 이식성을 보장한다. 이식성(Portability)은 POSIX를 준수하는 프로그램은 다양한 운영 체제에서 수정 없이 실행 가능함을 의미한다.

Adaptive Platform Services는 서비스들은 플랫폼의 동작을 지원하고, 애플리케이션이 플랫폼의 리소스를 효율적으로 사용할 수 있도록 다음과 같은 기능을 제공한다.

• 상태 관리(State Management) : 시스템의 상태 전환(Start-up, Shutdown, Restart)을 관리하며, 애플리케이션과 플랫폼 간 상태 동기화를 제공
• 진단(Diagnostics) : 오류 탐지 및 기록 및 진단 요청에 대한 응답 서비스 제공
• 업데이트 및 구성 관리(Update and Configuration Management) : 안전한 업데이트 수행과 런타임 중 소프트웨어 구성 변경 지원하는 기능을 제공하며 소프트웨어 업데이트(OTA) 및 플랫폼 구성 변경을 관리
• 시스템 건강 관리(System Health Management) : 시스템 오류 복구 및 자원 할당 최적화 서비스 제공하여 Adaptive Platform의 상태를 모니터링하고, 시스템 성능 및 안정성을 보장

ARA(AUTOSAR Runtime for Adaptive Applications)는 Adaptive AUTOSAR의 Adaptive Platform 계층에서 제공되는 서비스를 Application Layer가 호출할 수 있도록 연결하는 역할을 한다. ARA는 SOME/IP 프로토콜을 통해 클라이언트와 서버 간의 통신을 지원합니다. ARA는 Adaptive Applications가 Adaptive Platform에서 제공하는 다양한 서비스를 호출하거나 데이터를 교환할 수 있는 표준화된 API를 제공하여 애플리케이션 개발자는 하드웨어 세부사항이나 플랫폼의 내부 구현을 알 필요 없이 서비스를 사용할 수 있다. ARA는 추상화 계층 역할을 수행하여 애플리케이션 개발자와 Adaptive Platform 간의 추상화 계층으로 동작하여 플랫폼 독립성을 제공한다.

Adaptive AUTOSAR 응용층에서 OS COM API는 Adaptive Applications가 운영 체제(OS)와 통신하거나 서비스 지향 통신(SOA)을 통해 다른 애플리케이션 및 시스템과 상호작용할 수 있도록 제공되는 인터페이스이다. OS COM API는 Adaptive Applications 간 통신 지원, Adaptive Applications가 운영 체제의 서비스(스케줄링, 메모리 관리 등)를 호출할 수 있는 인터페이스 제공하여 운

영 체제와 상호 작용을 지원하는 API이다.

표 5.1에서는 Classic과 Adaptive AUTOSAR의 주요 특징을 비교하였다. CA는 임베디드 시스템을 가정하고 개발된 SW 개발 방법을 제공하는 플랫폼이며, AA는 서비스 지향 구조를 위한 서버-클라이언트 시스템 구조에 적합하도록 개발되는 SW 플랫폼이다.

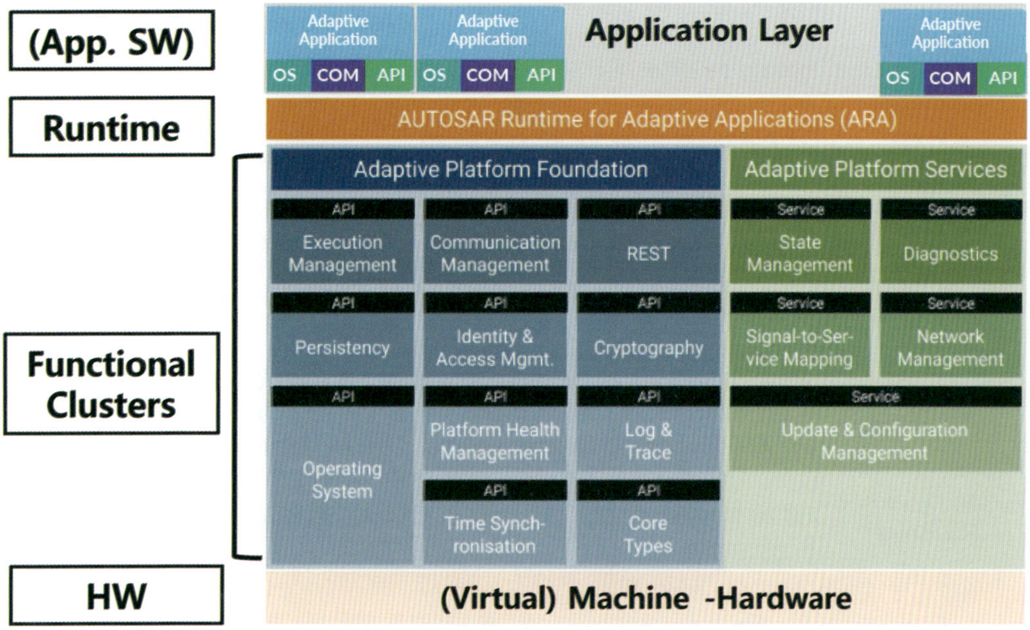

그림 5.9 Adaptive AUTOSAR의 계층 구성 (Hierarchical Architecture of Adaptive AUTOSAR)

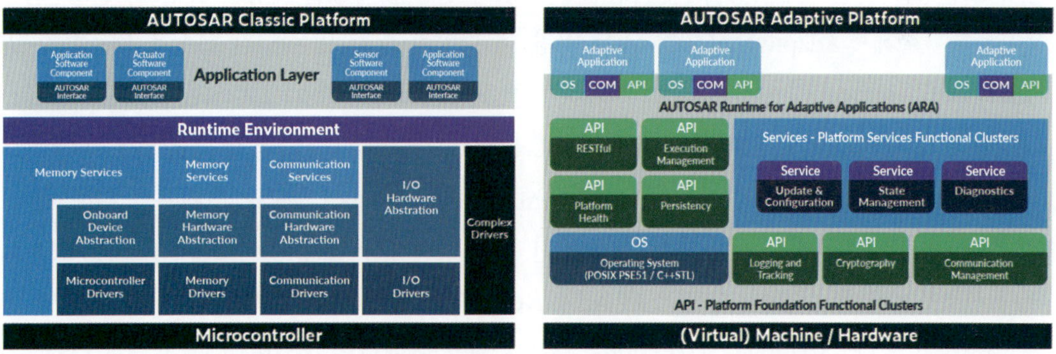

그림 5.10 Classic과 Adaptive AUTOSAR의 계층 비교 (Architecture of Classic vs. Adaptive AUTOSAR)

표 5.1 Classic과 Adaptive AUTOSAR의 주요 특징 비교 (Key features of Classic vs. Adaptive AUTOSAR)

	Classic Platform	Adaptive Platform
Operating System	AUTOSAR OS Based on OSEK	POSIX(PSE51)
Execution	Execution of code directly from ROM	Application is loaded from non-volatile memory into RAM
Real-time	It works for hard real-time processing requirements (in microseconds), and meeting deadlines is critical.	There is a soft real-time requirement (in milliseconds).
Address	Same address space for all applications	Each application has its own (virtual) address space
Communication	Optimized for signal-based communication (CAN, FlexRay)	Service-oriented communication (Automotive Ethernet, SOME/IP)
Scheduling	Fixed task configuration	Support of multiple (dynamic) scheduling strategies
SW Update	Software update at run time is not possible, communication between the software components are hard-wired	Adaptive AUTOSAR RTE is independent of the applications, and hence, Over-The-Air update is possible.
Functional Safety & ASIL Level	ISO 26262 (ASIL A~D)	Up to ISO 26262 ASIL B

Adaptive AUTOSAR는 기존 Classic AUTOSAR 및 기타 ECU/OS와의 상호운용성을 위해 설계되었다[5, 6]. 자동차의 전장 시스템 구성에서 다양한 플랫폼 간 통합, 데이터 교환, 그리고 기능적 호환성을 지원하여 자동차 내 복잡한 시스템의 원활한 작동을 가능하게 한다. 상호운용성을 만족하기 위해서 Adaptive AUTOSAR는 차량 내 다양한 ECU 및 OS 간 통신을 지원하기 위해Service-Oriented Communication(SOA)와 Signal-Based Communication을 모두 지원한다. Adaptive AUTOSAR는 SOME/IP(Scalable service-Oriented MiddlewarE over IP)를 통해 다른 ECU와 서비스 기반으로 통신 것는 것이 기본이지만, Classic AUTOSAR 기반 ECU와의 상호작용을 위해 CAN, LIN, FlexRay, 또는 Ethernet을 통한 신호 기반 통신 지원하여 Adaptive ECU가 Classic ECU로부터 신호를 수신할 수 있다. 그림 5.11 Adaptive AUTOSAR와 다른 ECU/OS간의 상호 운영 성을 예시하고 있다. Adaptive AUTOSAR는 POSIX 기반 OS에서 실행되며, Classic AUTOSAR는 OSEK/VDX 기반 RTOS에서 실행되지만, 상호운용성을 보장하기 위해 중재(Mediation)와 타이밍 동기화를 지원한다. 중재는 Adaptive Applications가 RTE(Runtime Environment)를 통해 Classic AUTOSAR

OS 서비스에 접근 가능하도록 하며, PTP(Precision Time Protocol) 또는 NTP(Network Time Protocol)를 통해 모든 ECU 간 시간 동기화 제공한다. Adaptive AUTOSAR는 Classic AUTOSAR와의 상호운용성을 최적화하여, 차량 내 모든 ECU가 원활히 통신하고 협력할 수 있도록 설계되어서. 기존 시스템과의 호환성을 유지하면서도 자율주행, ADAS, 인포테인먼트와 같은 고성능 애플리케이션을 지원하는 지능형 SDV의 요구사항을 충족하도록 개발되고 있다.

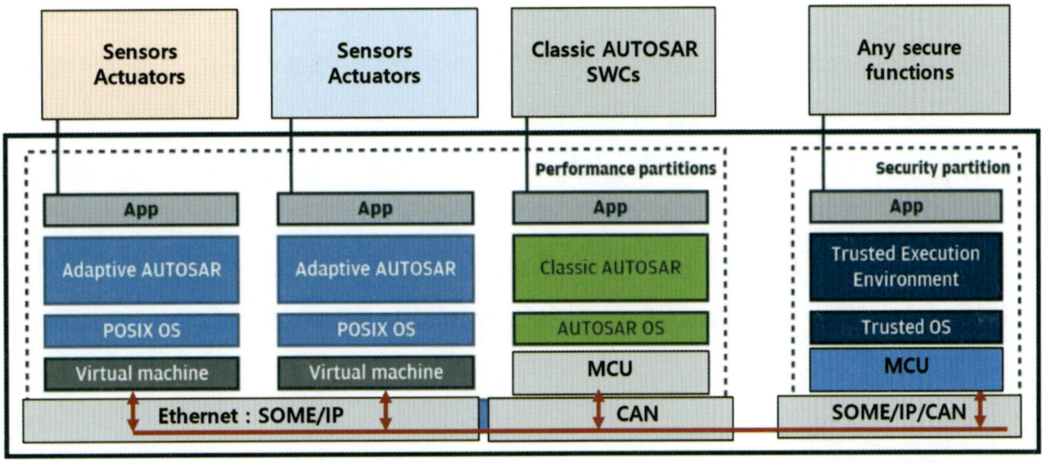

그림 5.11 Adaptive AUTOSAR와 다른 ECU/OS간의 상호 운영 성 (Interoperability of Adaptive AUTOSAR with Classic and other Operating Systems)

5.5 AUTOSAR 향후 진행 전망과 방향

AUTOSAR(AUTomotive Open System ARchitecture)는 자동차 ECU 소프트웨어 표준화를 목표로 2003년에 설립된 글로벌 컨소시엄이다. 2004년 Classic Platform의 표준이 최초 발표되었고, Adaptive Platform은 2017년 최초 발표이후에 최신 기술과 요구사항을 반영하여 지속적으로 업데이트되고 있다[1, 5, 6]. AUTOSAR는 Classic과 Adaptive 플랫폼의 상호 운용성을 보장하기 위해 Foundation 릴리스를 도입하여 Classic과 Adaptive 플랫폼 간의 호환성을 강화하고 있다. AUTOSAR는 자동차 소프트웨어의 표준화와 혁신을 동시에 추구하며, 자동차 SW의 새로운 기술과 시스템의 다양한 요구를 만족시키기 위해 지속적으로 발전된 표준을 발표하고 있다. 향후 기술 개발에서 다음과 같은 기술적인 과제를 AUTOSAR가 지속적으로 개선하고 반영해야 한다.

- 실시간 성능 보장 : Adaptive AUTOSAR는 유연성을 제공하지만, 소프트실시간 시스템 수준의 실시간성을 보장한다. 수행시간 준수(deadtime miss)를 보장하는 실시간성(hard-real time)을 만족하는 Classic AUTOSAR에 비해 실시간 제어 요구사항을 완벽히 충족하기 어렵다. 소프트 실시간 시스템은 기한(deadline)을 준수하는 것이 중요하지만, 필수는 아닌 시스템입니다. 기한을 초과해도 기한을 초과해도 심각한 문제는 발생하지 않으며 시스템이 기능을 유지하며, 성능이 일시적으로 저하될 수 있습니다. 반면, 하드 실시간 시스템은 기한을 반드시 준수해야 하는 시스템입니다. 기한을 초과하면 치명적인 결과가 발생할 수 있으며, 시스템의 실패로 이어질 수 있다. Adaptive AUTOSAR는 하드 실시간성 보장이 필요한 ASIL-C 등급 이상의 안전등급을 요구하는 시스템에는 적용하기 어렵다.
- 복잡성 증가와 다양한 하드웨어 지원 : 고성능 컴퓨팅, 네트워크 연결, 클라우드 통합 등 다양한 요구사항을 충족하기 위한 하드웨어 지원이 필수적입니다. 인공지능 기능을 지원하는 멀티코어 CPU, GPU, FPGA와 같은 다양한 형태의 고성능 하드웨어를 지원하기 위한 최적화가 진행되어야 한다. Adaptive AUTOSAR는 대규모 데이터 처리를 위한 병렬 컴퓨팅 기능을 확대할 것이다
- 사이버 보안 : 차량의 인터넷 연결성이 증가함에 따라 보안 위협도 증가하고 있으며, 강력한 보안 메커니즘이 지속적으로 개발되어야 한다[7, 8].
- 종래 기술과의 호환성 유지 : 기존 Classic AUTOSAR 기반 ECU와의 통합 및 호환성을 유지하는 것이 중요한 과제가 된다. Classic AUTOSAR는 여전히 실시간 제어 및 안전-critical 애플리케이션에서 중요하며, Adaptive AUTOSAR와의 통합 작업이 진행되며, 두 플랫폼 간의 원활한 상호작용을 보장하기 위한 표준화가 지속된다.

SDV(Software Defined Vehicle)가 본격적으로 자동차에 적용되면, 자동차 기술은 하드웨어 중심에서 소프트웨어 중심으로 전환된다. SDV의 발전은 AUTOSAR의 역할과 방향에도 중대한 영향을 미치며, 이에 따라 AUTOSAR는 새로운 요구사항을 충족하기 위해 지속적으로 진화되어야 한다. SDV는 기존의 AUTOSAR Classic 플랫폼과 더불어 Adaptive 플랫폼의 중요성을 증대 시키며, Adaptive AUTOSAR는 다음과 같은 구성이 지원되도록 차량 소프트웨어의 표준화를 요구하게 된다.

- 동적 구성 및 실행: 서비스 기반 아키텍처(SOA)를 활용해 클라이언트-서버 및 퍼블리셔-구독 모델 지원하며, 애플리케이션 추가, 업데이트 및 삭제 가능
- 고성능 컴퓨팅 지원: HPC 플랫폼에 최적화된 병렬 처리와 멀티코어 아키텍처 지원

- AI 및 머신러닝 통합: AI 알고리즘 실행 및 학습 데이터 처리를 위한 프레임워크와 API 개발
- 클라우드 통합: 차량과 클라우드 간 데이터 교환을 위한 표준화된 통신 프로토콜 제공하며, 클라우드 기반의 소프트웨어 배포 및 업데이트 지원. Adaptive AUTOSAR 기반의 OTA 시스템을 통해 차량 기능과 소프트웨어를 업데이트 가능하며, OTA 프로세스의 안전성과 무결성을 보장하기 위한 규격화 필요

References

[1] Autosar web page, https://www.autosar.org/ last visited Dec. 6 2024.

[2] Staron, Miroslaw, e. al. "Autosar standard." Automotive Software Architectures: An Introduction (2017): 81–116.

[3] Fürst, Simon, and Markus Bechter. "AUTOSAR for connected and autonomous vehicles: The AUTOSAR adaptive platform." 46th annual IEEE/IFIP International Conference on Dependable Systems and Networks Workshop (DSN-W). IEEE, 2016.

[4] Shajahan, Mohamed Ali, et al. "AUTOSAR Classic vs. AUTOSAR Adaptive: A Comparative Analysis in Stack Development." Engineering International 7.2 (2019): 161–178.2.

[5] Classic Platform Release Overview, AUTOSAR CP R22-11, https://www.autosar.org/fileadmin/standards/R22-11

[6] Shwetha Bhadravathi Patil, et al., Develop and Integrate AUTOSAR Classic and Adaptive Applications Based on SOME/IP , Embedded world 2022

[7] Kim, Shiho, and Rakesh Shrestha. Automotive Cyber Security: Introduction, Challenges, and Standardization. Springer Nature, 2020.

[8] Adi Karahasanovic, Pierre Kleberger, and M. Almgren, "AUTOSAR embedded security in vehicles.", Chap. 5, Automotive Cyber Security: Introduction, Challenges, and Standardization, , pp.97–120. Springer Nature, 2020

제 6 장

자동차 안전과 표준 (Automotive Safety)

이예린, 여상협

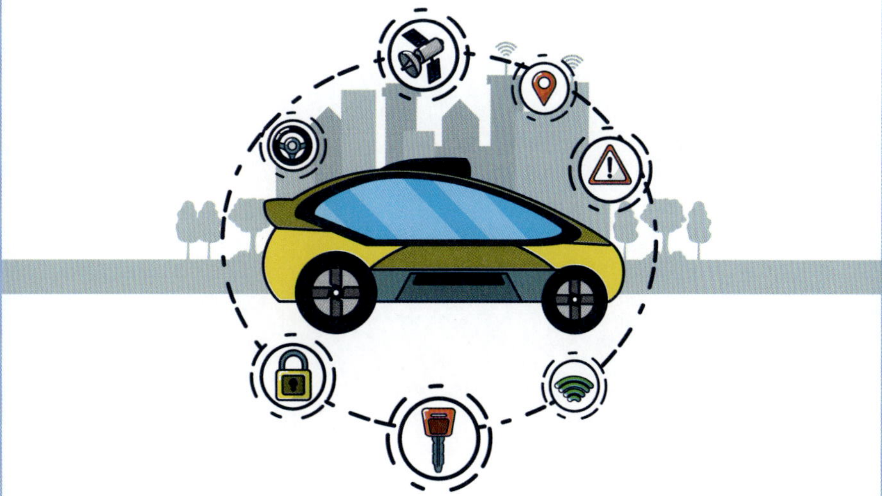

| 목차 |

6.1 SDV와 기능적 안전의 개요 (Introduction of SDV and Functional Safety)

6.1.1 기능적 안전 개요

기능 안전은 시스템이나 장비가 설계된 기능을 수행하여 예상치 못한 위험으로부터 사람들을 보호하는 능력을 의미한다. 즉, 시스템 고장이나 오작동으로 인해 발생할 수 있는 사고나 재해를 방지하는 것을 목표로 한다. 기능 안전은 자동차, 항공기, 의료 기기, 철도 시스템 등 다양한 분야에서 중요하게 고려된다. 이러한 분야에서는 사고 발생 시 심각한 피해가 발생할 수 있기 때문에 시스템의 안전성을 확보하는 것이 매우 중요하다. 가장 일반적으로 기능 안전을 구현하기 위해 기능 안전에 대한 요구사항을 규정하는 국제 표준은 IEC 61508이며[1], 다양한 산업 분야에 기능 안전을 적용할 수 있도록 다양한 파생 규격들이 생성되었는데 그 중 자동차 시스템 개발에 대한 지침을 제공하는 것은 ISO 26262에서 규정한다.

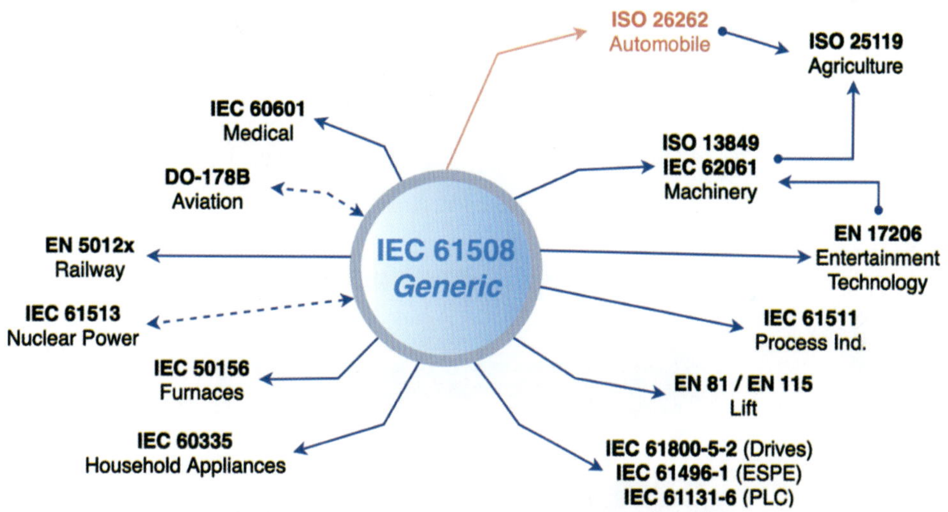

그림 6.1 IEC 61508 및 관련 규격: 기능안전을 구현하기 위해 가장 일반적으로 사용되는 기능안전에 대한 요구 사항을 규정하는 국제 표준이다.[2]

기능 안전은 안전 관련 기능의 계통적 장애(Systematic Failure)뿐만 아니라 계통적/임의 장애(Systematic/Random Failure)에 대해 예상되는 위험도를 허용할 수 있는 수준으로 낮추는 것(Risk Reduction)을 목적으로 한다. 여기서 위험도 저감(Risk Reduction)이란, 장치 혹은 제품에 내재된 잠재적인 위험도를 허용가능한 수준까지 낮추는 것을 의미하며, 아래의 그림을 참고하면 이해가 될 것이다. 위험도 감소 관점에서 기능안전은 위험한 사건의 발생 확률과 심각도 조합이 허용 가능한 위험도의 수준을 넘어서는 안되며, 요구되는 안전성을 만족하거나 유지하기 위해 필요한 안전 관련 기능의 신뢰성 요구사항을 의미한다. 여기서 위험도 저감에 필요한 수준을 정의하는 것은 안전 무결성 수준(Safety Integrity Level)으로 정의하며, 이에 관한 자세한 내용은 뒤에서 다루도록 한다.

20세기 초, 자동차는 주로 기계 장치였다. 안전 조치는 브레이크와 스티어링 시스템과 같은 물리적 구성 요소에 국한되어 있었다. 하지만 기술이 발전하고 자동차 사고와 안전에 대한 경각심이 증가함에 따라 ABS(잠김 방지 제동 시스템) 및 ESC(전자식 안전성 제어) 등과 같은 전자 시스템이 필수적인 안전 장치가 되었다. 이러한 흐름으로 TPMS, ADAS, LKAS 등의 안전 장치가 개발되고 차량에 장착이 되면서 하드웨어와 소프트웨어를 모두 고려하는 새로운 안전 표준의 필요성이 증가되었다[3].

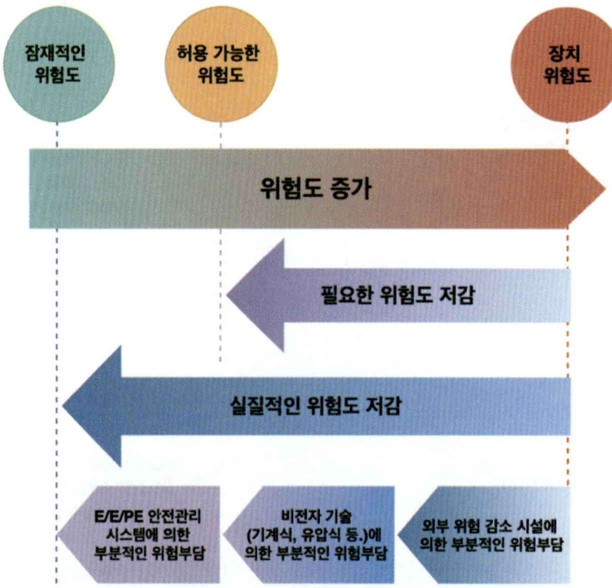

그림 6.2 **기능안전의 목적인 위험도 저감: 위험한 사건의 발생 확률과 심각도 조합이 허용 가능한 위험도의 수준을 넘어서는 안된다[2].**

자동차 시스템의 복잡성이 증가함에 따라 국제 안전 표준이 개발되었다. 그 중 가장 중요한 이정표는 2011년에 도입된 ISO 26262가 있다. 이 표준은 자동차 시스템의 기능적 안전을 보장하기 위한 포괄적인 프레임워크를 제공하여 컨셉부터 폐기에 이르는 전체 자동차 수명 주기를 다루고 있다.

그저 기계 장치였던 자동차가 다양한 센서와 결합하여 운전 보조 장치와 같은 소프트웨어 기반의 장치가 결합되면서 안전의 범위가 더욱 넓어졌다. 특히 SDV와 자율주행 기술의 등장으로 기능 안전의 역할은 더욱 중요해졌다. SDV는 작동을 위해 소프트웨어에 크게 의존하기 때문에 소프트웨어 관련 위험을 관리하는 것이 무엇보다 중요하다. 사람의 개입을 최소화하면서 작동하는 자율주행 차량은 대중의 신뢰와 규제 당국의 승인을 얻기 위해 최고 수준의 안전성을 보장해야 한다. 그리고 이를 위해선 더욱 강력한 안전 표준이 우선 정의되어야 한다.[4]

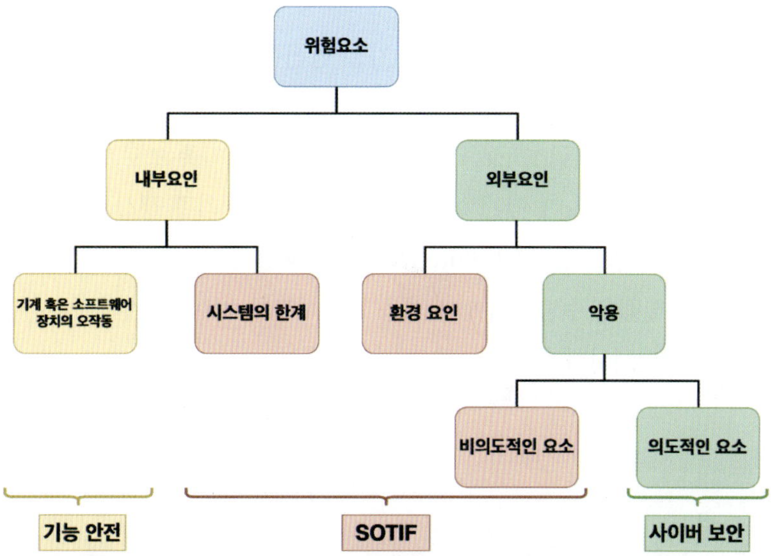

그림 6.3 **자동차 기능안전의 분류: 내부 요인과 외부 요인에 기인한 위험 요소로 기능 안전, SOTIF, 사이버 보안으로 나눌 수 있다.**

자동차 기능안전의 종류는 위의 그림처럼 분류할 수 있다. 우선 차량이 가질 수 있는 위험은 내부 요인과 외부 요인으로 나뉜다. 내부 요인은 기계 혹은 소프트웨어 장치의 오작동과 시스템의 한계로 나뉜다. 외부 요인은 환경 요인과 악용으로 나뉠 수 있고, 악용은 의도적인 것과 의도적이지 않은 것으로 나뉜다.

기계 혹은 소프트웨어 장치의 오작동으로 인한 위험 요소를 다루는 것이 기능 안전, ISO 26262에서 정의한다. 시스템 한계와 환경 요인으로 인한 위험, 의도적이지 않은 악용에 의한 위험을

SOTIF에서 정의한다. 이외 의도적인 악용으로 인한 위험을 다루는 것이 사이버 보안이나, 이 장에서는 사이버 보안은 다루지 않는다.

다음의 내용에서 우리는 ISO 26262와 SOTIF에 대해 자세히 알아보도록 한다.

6.1.2 ISO 26262란?

"안전"의 뜻은, "위험 원인이 없는 상태 또는 위험 원인이 있어도 사람이 위해를 받는 일이 없도록 대책이 세워져 있고 그런 사실이 확인된 상태"이다. ISO 26262는 도로 주행 차량의 전기 및 전자 시스템의 기능 안전을 다루기 위해 특별히 고안된 국제 표준으로, 차량의 시스템이 "안전하다"함을 어떤 방식으로 입증해야 하는지 표준으로 정리한 문서이다.

ISO 26262는 자동차의 전기 및 전자 시스템의 기능 안전을 다룬다고 말하였다. 시스템은 어떠한 상황에서도 100% 안전한 시스템임을 보장할 수 없다. 예를 들어, 임의의 소스코드에 Fault가 발생하였지만 개발자가 이러한 Fault를 미처 파악하지 못해 최종 프로그램이 Error를 가진 채 생성되었다고 생각해보자. Error가 있는 이 프로그램이 그대로 최종 생산되어 결국 제품 전반의 성능 저하와 Failure를 일으켰다. 이 Failure로 인해 사용자에게 어떠한 위험이 초래될지 미리 예측하여 그에 대한 대비책을 수립하여 안전성을 보장하도록 가이드라인을 제시하는 것이 바로 ISO 26262의 역할이다[5], [6], [7].

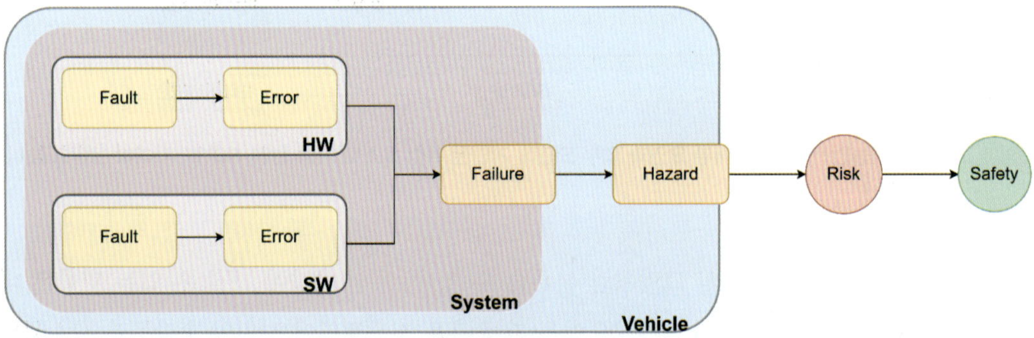

그림 6.4 "Fault", "Error", "Failure" 관계: 용어의 정의를 내리는 것이 ISO 26262의 시작이다.

표 6.1 "Fault", "Error", "Failure"의 용어 정의

용어	의미
Fault (Defect, Bug)	요소나 항목이 실패할 수 있는 비정상적인 상태
Error (Mistake)	기대 결과와 실제 결과 간의 불일치를 초래하는 컴포넌트나 시스템의 결점
Failure	눈으로 확인할 수 있는 시스템의 잘못된 동작

앞서 개요에서 다뤘듯이, 기능 안전은 위험도를 측정하여 그에 맞는 대비책을 수립하는 것이다. 위험도는 어떻게 정의할 수 있을까? ISO 26262는 이 위험에 대한 다양한 해석을 정의하며 시작한다. 우선 아래의 그림을 한 번 들여다보자.

위 그림을 보면, 바닷속 상어는 위험 요소(Hazard)로써, 사람에게 해를 끼칠 수 있는 힘과 의도를 가지는 존재 자체로 위험 요소가 된다. 만약 사람이 없다면 사람에게 피해가 없지만, 오른쪽 그림과 같이 사람이 수영을 하기 위해 바다에 들어갔다가 상어를 만나게 된다면 공격을 받을 수 있고, 그로 인해 신체적인 피해, 심리적인 충격을 받을 수 있다. 이 때 상어의 물림으로 인해 신체적인 부상이 발생하거나 심각한 경우 생명까지 위협받는 피해(Harm)가 생길 수 있다. 이러한 상황에서 피해가 실제로 발생할 가능성인 위험(Risk)를 설명한다면, 위험 요소와 노출(Exposure)의 곱으로 정의할 수 있다. 오른쪽 그림에서 사람은 상어에게 매우 가까운 거리에서 헤엄치고 있기 때문에 노출이 매우 높으며 따라서 위험도 높다. 상어가 공격하려는 의도를 가지고 있고, 사람

이 이를 피하기 위해 빠르게 도망치더라도 상어의 속도와 힘을 고려하면, 실제로 피해가 발생할 가능성은 매우 높을 것이다.

이러한 위험을 최소화하기 위해선 예방을 위한 보호 장비나 조치를 취하는 것이 중요하다. 자동차 또한 사람의 생명과 직결되는 요소이기에 안전을 보장하기 위한 예방책이 매우 중요하고, 이러한 위험을 최소화할 수 있는 방향으로의 예방책을 세우도록 가이드라인을 제시하는 것이 ISO 26262임을 이해한다면 더욱 쉽게 내용을 이해할 수 있을 것이다.

다시 정리하여, ISO 26262에서 중요한 개념인 Hazard, Harm, Risk, Safety Measure은 아래의 표와 같은 의미를 가지며, 이들 간의 상관관계를 이해하는 것으로부터 ISO 26262 표준의 시작이 된다[8].

표 6.2 ISO 26262 주요 개념 정의 및 예시

용어	의미	예시
Hazard	잠재적으로 위험한 상태 또는 사건 시스템의 오작동이나 결함으로 인해 발생 가능한 상태 또는 사건	자동차의 제동 시스템이 갑작스럽게 작동하지 않는 상황의 발생 가능성
Harm	해를 입히는 결과 Hazard가 실제로 현실화되었을 때 발생할 수 있는 인적 또는 물적 피해	자동차의 제동 시스템 고장으로 인해 교통사고가 발생하여 탑승자가 부상을 입는 상황
Risk	Hazard로 인한 Harm이 발생할 가능성과 그 심각도를 결합한 정도 Risk = 발생확률 x 피해의 심각도	제동 시스템 고장의 발생 확률과 그로인한 교통사고의 심각도를 결합해 Risk 산출
Safety Measure	Hazard를 예방하거나 Risk를 줄이기 위해 취하는 조치 또는 시스템	제동 시스템의 결함을 감지하고 이를 복구할 수 있는 안전 기능을 추가하거나, 정기적인 시스템 점검 및 유지보수를 통한 조치

즉, 자동차의 전자/전기 시스템에서 발생할 수 있는 Hazard를 식별하고, 이에 대한 Risk를 평가하며, 적절한 Safety Measure를 통해 Risk를 수용 가능한 수준으로 줄이기 위해 ISO 26262는 정의되었다. ISO 26262는 자동차 개발 과정에서 기능 안전을 보장하기 위해 체계적이고 포괄적인 지침을 제공한다. 이는 제품 개발의 모든 단계(개념, 설계, 구현, 검증, 생산, 운영, 유지보수)에 걸쳐 안전성을 고려한 접근 방식을 포함하며, Risk를 관리하기 위해 ASIL(Automotive Safety Integrity Level)이라는 개념을 도입하여, 각 기능에 대한 안전 요구사항을 정의하고, 이에 맞는 개발 프로세스와 안전 조치를 제시한다.

ISO 26262는 2011년에 처음 발표되고 이후 업데이트 된 이 표준은 결함이 있는 경우에도 자동차 시스템이 안전하고 안정적으로 작동하도록 보장하기 위한 프레임워크를 제공한다. ISO 26262는 특히 복잡한 소프트웨어 및 전자 시스템에 크게 의존하는 SDV의 경우 기능 안전의 중요한 구성 요소이다.

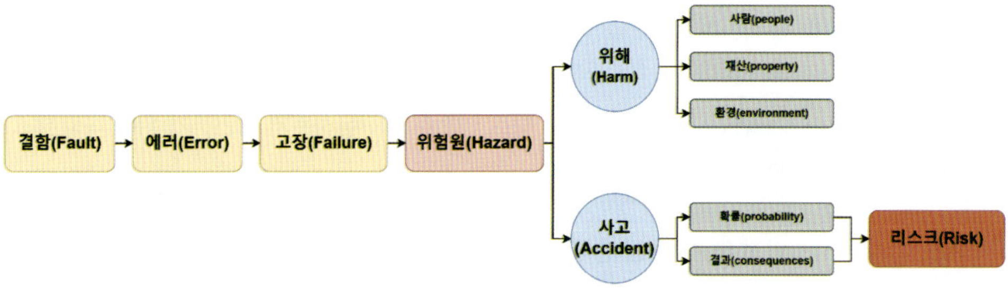

그림 6.5 Fault to Risk: 결함이 리스크를 유발하기 까지의 과정을 설명한다.

우선, ISO 26262의 주요 개념에 대해 알아본다. 첫번째로 위험 분석 및 위험 평가를 위한 HARA(Hazard Analysis and Risk Assessment)가 있다. HARA는 ISO 26262 표준의 일부로, 잠재적으로 전기/전자(E/E) 시스템의 고장을 유발할 수 있는 위험 요소를 식별하고, 이들과 연관된 위험을 평가하는 데 목적이 있다. HARA는 잠재적 위험을 식별하고 관련 위험을 평가하는 기능 안전의 기본 프로세스이다. 이 프로세스는 다음의 단계를 포함한다[9].

표 6.3 HARA를 이루는 세부 과정

HARA (Hazard Analysis and Risk Assessment)	
위험 식별	시스템 장애로 인해 발생할 수 있는 잠재적 위험 식별
위험 평가	식별된 각 위험의 심각성과 가능성 평가
위험 분류	위험의 심각도와 가능성에 따라 위험 분류 주로 자동차 안전 무결성 수준(ASIL) 분류 사용

다음으로 컨셉부터 폐차까지 차량 개발의 모든 단계를 포괄하는 안전 라이프사이클이 있다. 모든 차량 개발 단계에서 안전을 고려하는 것으로, 안전 시스템 구성의 개념 단계부터 기능안전이 더이상 유효하지 못할 때까지의 안전 시스템 이행에 필요한 모든 활동을 말한다.

표 6.4 안전 수명 주기의 세부 과정

안전 수명 주기	
개념 및 계획	• 차량의 목표와 요구사항 정의 • 안전 목표와 기능적 요구사항이 설정되며, 안전 관련 시스템의 초기 설계 시작
설계 및 개발	• 차량의 구체적인 설계와 개발 수행 • 안전 분석(HARA 등)을 통해 잠재적 위험이 식별되고, 이를 완화하기 위한 안전 메커니즘을 설계에 반영 • ISO 26262와 같은 안전 표준에 따라 안전 요구사항 정의 및 구현
시험 및 검증	• 개발된 시스템이 설계된 대로 안전하게 작동하는지 확인하기 위해 다양한 시험과 검증 수행 • 기능적 시험, 성능 시험, 안전 시험, 시뮬레이션 및 실제 차량 시험 등 포함
제조	• 안전 요구사항을 충족하는 시스템과 부품 생산
운용 및 유지보수	• 차량이 실제 운행되는 단계로, 소프트웨어 업데이트 및 하드웨어수리 등을 통해 주기적인 유지보수와 안전 점검 요구
폐기	• 환경과 안전을 고려하여 차량의 폐기 과정 수립

각 단계에서의 안전 관리와 규정 준수는 전체 수명 주기 동안 차량의 안전성을 보장하는 데 필수적이다. 이를 위해 국제 표준이 각 과정에서 중요한 가이드라인을 제공하며, 차량의 개발부터 폐기까지 전 과정에서 일괄된 안전 관리를 가능하게 한다.

이 외로 안전 메커니즘이 있다. 이는 위험을 감지하고 완화하는 데 사용되는 방법과 기술을 말하며, 다음의 것들이 포함될 수 있다.

표 6.5 안전 메커니즘의 세부 과정

안전 메커니즘	
결함 감지 및 진단 (Fault detection and diagnosis)	결함 발생 시 결함을 식별하고 원인 진단
이중화 (Redundancy)	동일한 기능을 수행하도록 여러 개의 독립적인 시스템을 구현하여 한 시스템에 장애가 발생하면 다른 시스템이 이를 대신할 수 있도록 함
Fail safe and fail operation system	장애 발생 시 시스템이 안전한 상태(fail safe)로 기본 설정되거나 장애 대응 능력(fail operation)으로 안전 보장

ISO 26262는 이러한 개념들을 기반으로 두고 도로 위 움직이는 물체를 구성하고 있는 부품들의 기능의 기술적 복잡도가 증가하는 것을 현재의 지속적인 트렌드로 파악함에 따라 다음과 같은 목적을 두고 있다[9], [10].

1. 특정 제품의 기능과 해당 제품의 상위 제품으로의 통합이 '제품 기능의 안전을 최우선시 하는 목적'에 부합되도록 개발되었는지 판단 기준을 제공한다.
2. 기술적 복잡도의 증가에 따른 리스크를 효과적으로 줄이기 위한 명확한 가이드라인을 제공한다.

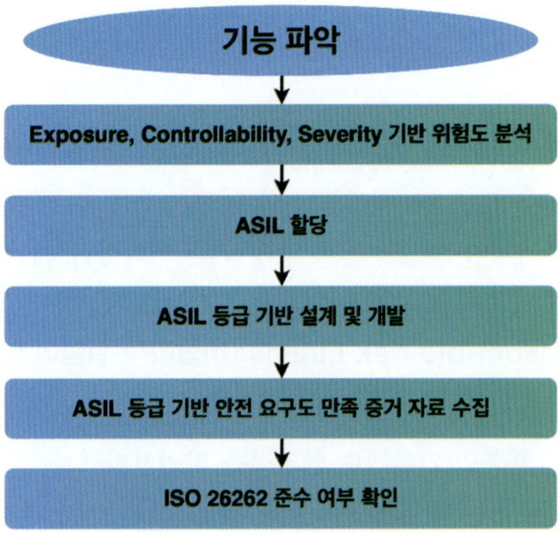

그림 6.6 ISO 26262의 전체 프로세스

ISO 26262는 시스템의 기능 안전을 보장하기 위한 가이드라인 준수 이행 단계를 제공한다. 이 표준은 ASIL(자동차 안전 무결성 수준)을 기반으로 한 안전 지향 분석을 수행하도록 한다. ASIL 할당 과정에서는 시스템의 각 기능과 구성 요소에 대해 적절한 ASIL 등급을 부여한다. ASIL 등급은 A부터 D까지 네 가지 수준으로 나누어지며, 각 수준은 위험 정도에 따라 필요한 안전성 요구 사항을 정의한다. ASIL 등급과 그 결정 방법에 대해서는 이후에 자세히 다루겠다.

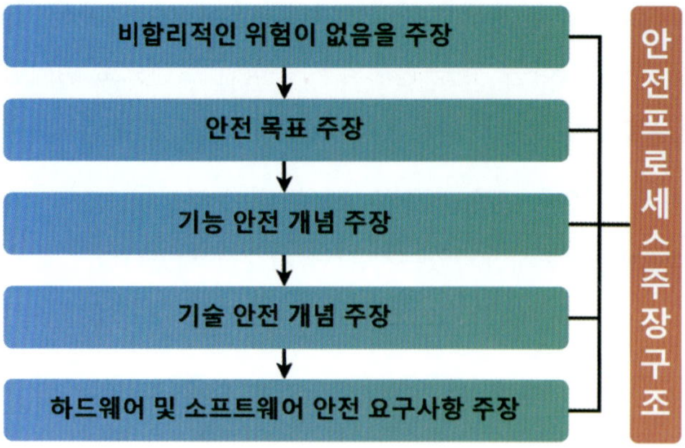

그림 6.7 ISO 26262에서 정의하는 안전 프로세스 주장 구조

위 그림은 ISO 26262의 안전성 주장 구조를 나타내고 있다. 이 구조는 제품의 안전성을 보장하기 위한 여러 단계의 주장으로 구성되어 있다. 각 단계는 특정 안전 목표를 달성하기 위한 근거를 제시한다. 순서대로 살펴보면 다음과 같이 설명할 수 있다[11], [12], [13], [14], [15].

1. Absence of unreasonable risk claims (비합리적 위험이 없음을 주장):
제품이 비합리적이거나 수용할 수 없는 위험을 초래하지 않음을 입증하는 주장. 이는 전반적인 안전성의 첫 번째 단계로, 제품의 기본적인 안전성을 확인한다.

2. Safety goals claims (안전 목표 주장):
제품이 특정 안전 목표를 충족한다는 주장. 이는 제품이 의도된 안전 성능을 달성하고 있는지를 평가한다.

3. Functional safety concept claims (기능 안전 개념 주장):
제품의 기능 안전 개념이 적절히 설계되었음을 주장. 기능 안전 개념은 제품이 안전하게 작동하기 위해 필요한 기능적 요구사항을 정의한다.

4. Technical safety concept claims (기술 안전 개념 주장):
기술적 안전 개념이 적절히 구현되었음을 주장. 이는 제품이 설계, 개발, 제조, 운영 단계에서 기술적 안전성을 확보하기 위한 구체적인 기술적 요구사항을 포함한다.

5. **Hardware and software safety requirements claims (하드웨어 및 소프트웨어 안전 요구사항 주장):**

제품의 하드웨어 및 소프트웨어가 안전 요구사항을 충족하고 있음을 주장. 이는 제품의 안전성 확보를 위해 하드웨어 및 소프트웨어 수준에서의 구체적인 요구사항을 정의한다.

6. Safety process rationale argument (**안전 프로세스 논거**):

안전 프로세스가 적절히 수행되고 있음을 설명하는 논거. 이는 전체 안전성 주장 구조를 뒷받침하는 과정으로, 모든 안전 주장들이 체계적이고 일관되게 관리되고 있음을 보장한다.

위 내용의 안전 주장 구조는 이러한 ISO 26262의 요구사항을 체계적으로 설명하고, 제품이 각 단계에서 어떻게 안전성을 확보할 수 있는지를 시각적으로 보여준다. 각 단계별 주장을 통해 제품의 안전성을 체계적으로 입증할 수 있다. 즉, 제품이 비합리적 위험이 없음을 입증하고, 안전 목표를 충족하며, 기능 및 기술 안전 개념을 적절히 구현하고 있음을 보장한다. 여기서 ASIL 할당 과정은 안전성 주장 구조의 중요한 부분으로, 위험 요인 분석과 평가를 통해 각 기능의 안전 무결성을 정의하고, 필요한 안전 요구사항을 충족하도록 지원한다. ASIL이 무엇인지, 어떻게 할당 과정이 이루어지는지 자세히 알아보도록 하겠다.

6.2 ASIL과 ASPICE

6.2.1 ASIL의 개념 및 중요성

ASIL(자동차 안전 무결성 수준)[16]은 도로용 차량의 기능 안전에 대한 ISO 26262 표준에 정의된 위험 분류 체계이다. 이는 자동차 시스템을 잠재적 위험으로부터 보호하기 위해 필요한 안전 요건을 충족하는지 확인하는 데 중요하다. ASIL은 시스템 오류와 관련된 위험을 완화하기 위해 자동차 시스템의 개발 및 검증에 필요한 적절한 수준의 엄격성을 결정하는 데 도움이 된다.

ASIL의 개념은 2011년에 처음 발표된 ISO 26262 표준의 일부로 개발되었다. 이 표준은 차량 내 전자 및 소프트웨어 기반 시스템의 복잡성과 통합이 증가함에 따라 새로운 안전 문제가 발생함에 따라 만들어졌다. ISO 26262와 ASIL이 도입되기 전, 자동차 업계는 안전 문제를 해결하기 위해 일반적인 안전 관행과 공학적 판단에 의존해왔다. 하지만 차량이 소프트웨어와 전자장치에 더욱 의존하게 되면서 보다 체계적이고 엄격한 접근 방식이 필요해졌고, 이러한 개념이 등장하게 되었다.

6.2.2 ASIL 등급과 결정 요소

ASIL은 여러 등급으로 분류되며, 각 등급은 특정 위험 수준과 그에 따른 안전 요구 사항을 나타낸다. ASIL의 등급과 그 결정 요소들을 자세히 알아보도록 한다.[17]

ASIL 등급은 ASIL A부터 ASIL D까지 다양하며, ASIL A는 가장 낮은 수준의 위험도를 나타내고 ASIL D는 가장 높은 수준의 위험도를 나타낸다.

표 6.6 ASIL 등급과 정의

ASIL A	위험 수준이 가장 낮으며 최소한의 안전 조치만 필요
ASIL B	위험도가 낮거나 중간 수준으로, ASIL A보다 더 엄격한 안전 조치 필요
ASIL C	위험 수준이 보통에서 높음, 상당한 안전 조치 필요
ASIL D	가장 높은 수준의 위험으로 가장 엄격한 안전 조치와 프로세스 필요

ASIL 등급은 Exposure(노출), Severity(심각도), Controllability(통제가능성)의 3가지 위험요소의 기준에 해당되는 숫자의 합을 기준으로 나뉜다.

그림 6.8 ASIL을 결정하는 3가지 요소: Exposure(노출성), Controllability(통제가능성), Severity(부상 정도)

각 요소 E(Exposure, 노출), S(Severity, 심각도), C(Controllability, 통제가능성)는 ASIL 등급을 결정하는 데 중요한 역할을 한다.

표 6.7 ASIL 등급 산정 기준

ASIL 등급	
6 이하	QM (Quality Management)
7	ASIL A
8	ASIL B
9	ASIL C
10	ASIL D

Exposure, 노출은 위험을 초래할 수 있는 작업 조건의 가능성을 측정한다. 노출 수준은 E0~E4로 분류되며 E4는 높은 노출을 의미한다.

표 6.8 Exposure 등급의 분류와 예시

등급	Exposure 등급				
	E0	E1	E2	E3	E4
내용	거의 불가능함	매우 낮은 확률	낮은 확률	중간 확률	높은 확률
기간 기준	–	–	평균 운용 시간의 1% 미만	평균 운용 시간의 1~10%	평균 운용 시간의 10% 이상
기간 기준 예시	• 도로배치 • 도로표면 • 근접요소 • 차량정차 상태 • 주행조작 관점 • 가시력	• Engine off 상태로 내리막 주행 • 운행 차선에 유실된 화물	• 고속도로 진출입 • 노면 결빙, 낙엽 • 주차장내 역주행 • 주유 및 세차 • 가파른 경사길 • 추월 상황	• 일방 통행로 • 빗길 • 터널 내부 • 언덕 정차 • 혼잡한 교통 • 조명없는 야간로	• 고속도로 • 가감속 실시 • 선회 실시 • 신호 정지 • 차선 변경
빈도 기준	–	운전자 대다수가 1년에 1번 미만	운전자 대다수가 1년에 몇 번	운전자 대다수가 1개월에 1번 이상	평균적으로 모든 운전 상황에 발생

Severity, 심각도는 위험으로 인한 잠재적 피해를 평가한다. 심각도 수준은 S0~S3로 분류되며 S3는 생명을 위협하는 부상 또는 사망에 이르는 심각함을 설명한다.

표 6.9 Severity 등급의 분류와 예시

등급	Severity 등급			
	S0	S1	S2	S3
내용	부상 없음	가벼운 보통의 부상	심각한 생명을 위협하는 부상 (생존 가능)	생명을 위협하는 부상 (생존 불확실), 치명적 부상
AIS 수준	AIS 0 또는 AIS 1~6 확률 10% 미만	S2, S3가 아닌 AIS 1~6 확률 10% 이상	S3가 아닌 AIS 3~6 확률 10% 이상	AIS 5~6 확률 10% 이상
예시	• 충돌 및 전복 없는 도로이탈 • 주차공간 진출입 시 피해 • 도로변 구조물과 충돌	• 매우 낮은 속력으로 나무와 충돌하여 승객칸 내부에 충격 발생 • 매우 낮은 속력으로 승용차와 측면 충돌	• 느린 속력으로 차량과 측면 충돌하여 승객칸에 침입 • 교차로 회전 중 보행자 및 자전거 사고	• 중속으로 차량과 후미 및 전면 충돌 • 보행자 및 자전거 사고

Controllability, 통제가능성은 운전자 또는 다른 도로 사용자가 위험을 피하거나 그 영향을 완화할 수 있는 능력을 평가한다. 통제가능성은 C0~C3로 분류되며 C3는 일반적으로 제어 불가능한 경우를 설명한다.

표 6.10 Controllability 등급의 분류와 예시

등급	Controllability 등급			
	C0	C1	C2	C3
내용	대개 제어 가능	간단히 제어 가능	보통의 경우 제어 가능	제어하기 어렵거나 제어 불가
제어 수준	–	모든 운전자, 교통 참여자의 99% 이상이 일반적으로 피할 수 있음	모든 운전자, 교통 참여자의 90% 이상이 일반적으로 피할 수 있음	모든 운전자, 교통 참여자의 90% 미만이 일반적으로 피할 수 있음
예시	–	조향 축이 잠긴 상태에서 감속 및 정지를 위한 제동	야간 중속 주행 시 전조등이 고장난 상태에서 갓길 정차 및 제동 수행	브레이크 고장 시 정지를 위한 제동

이렇게 각 요소 E, S, C를 결합하여 각 위험에 대한 적절한 ASIL 등급을 결정한다. 아래는 ASIL 분류 매트릭스로 평가된 위험 요소에 따라 ASIL 등급을 체계적으로 부여하는 방법을 제공한다. Exposure, Severity, Controllability 정도를 결합하여 QM, ASIL A~D 등급 중 하나로 할당해

위험 수준을 평가한다.

표 6.11 ASIL 할당 세부 기준

Severity	Exposure	Controllability		
		C1 – Simple	C2 – Normal	C3 – Difficult
S1 – Light	E1 (very low)	QM	QM	QM
	E2 (low)	QM	QM	QM
	E3 (medium)	QM	QM	A
	E4 (high)	QM	A	B
S2 – Severe	E1 (very low)	QM	QM	QM
	E2 (low)	QM	QM	A
	E3 (medium)	QM	A	B
	E4 (high)	A	B	C
S3 – Fatal	E1 (very low)	QM	QM	A
	E2 (low)	QM	A	B
	E3 (medium)	A	B	C
	E4 (high)	B	C	D

이렇게 ASIL 할당 이후, 각 기능에 대해 도출된 ASIL 수준에 따라 구체적인 안전 요구사항을 정의해야 한다. 이러한 요구사항은 시스템, 하드웨어, 소프트웨어 등 각 계층에 걸쳐 상세히 규정된다. 이 요구사항을 바탕으로 시스템 설계를 진행하고, 설계 및 구현된 시스템이 안전 요구사항을 충족하는지 확인하기 위해 Verification & Validation 과정을 거쳐 시스템이 요구사항을 올바르게 구현했는지, 실제 사용 환경에서 안전하게 작동하는지 확인한다. 이후 시스템이 모든 안전 요구사항을 충족하며, 정의된 안전 목표를 달성했음을 입증하는 체계적인 문서, 안전 사례를 문서화하여 규제 당국 및 고객에게 신뢰를 제공하기 위해 문서화 작업을 한다. 이 일련의 과정을 통해 ISO 26262는 체계적 접근, 위험 기반 접근, 문서화 및 추적성, 독립적 검증, 지속적 개선을 중점적으로 다루며, 이러한 원칙을 통해 자동차 시스템의 기능적 안전성을 확보한다.

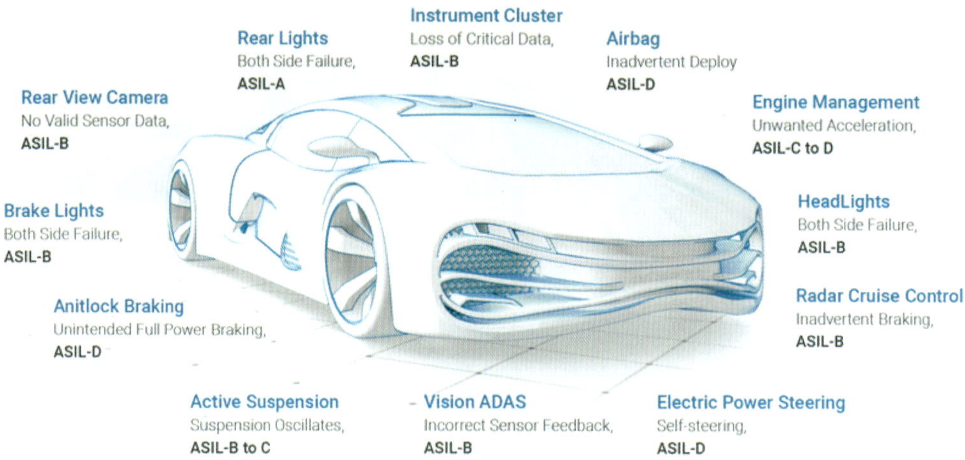

그림 6.9 자동차 기능에서의 ASIL 등급 (출처: Synopsys)

6.2.3 ASPICE란?

지금까지 자동차 전자 시스템의 기능적 안전을 보장하는 ISO 26262를 알아보았다. 하지만 자동차의 전기 및 전자 시스템에는 수만~수억개의 코드로 이루어진 소프트웨어가 큰 부분을 이루고 있기 때문에 이를 검증하기 위한 절차도 필요하다.

SPICE(Software Process Improvement and Capability Determination)는 소프트웨어 개발 및 유지보수 과정의 품질과 성숙도를 평가하고 개선하기 위한 국제 표준이다. 이를 자동차에 적용한 표준이 ASPICE(Automotive SPICE)로, 자동차 산업을 위한 소프트웨어 프로세스 평가 모델이다. ASPICE는 유럽 주요 OEM이 자동차용 S/W를 개발하는 부품업체의 개발 프로세스의 역량을 평가하기 위한 목적으로 만든 산업계 통용 표준이다. ASPICE의 내용은 프로세스 능력의 평가를 위한 프로세스 측정 프레임워크 표준인 ISO/IEC 33020과 프로세스 수행능력 평가 프레임워크 표준인 ISO/IEC 15504를 기반으로 작성되었다[18], [19].

앞서 알아보았던 ISO 26262와의 차이점을 알아보면 다음과 같다.

표 6.12 ISO 26262와 ASPICE의 비교

	ISO 26262	ASPICE
목적	자동차 전기 및 전자 시스템의 기능적 안전 보장	소프트웨어 개발 프로세스의 품질과 성숙도를 평가하고 개선
초점	시스템의 안전성과 관련된 위험을 식별하고 관리	소프트웨어 개발 및 유지보수 과정의 프로세스 성숙도 평가
범위	자동차 전자 시스템의 전체 수명 주기를 다루며, 하드웨어와 소프트웨어 모두 포함	소프트웨어 개발 프로세스 전반을 다루며, 주로 소프트웨어 엔지니어링에 집중
주요 개념	HARA, 안전 요구사항, 안전 수명 주기, 안전 메커니즘, ASIL 할당 등	프로세스 참조 모델(PRM), 프로세스 평가 모델(PAM), 성숙도 수준 등

다시 말해, 최근 자율자동차를 비롯해서 자동차의 ECU에 임베디드 되는 SW 개발과 관련한 표준으로, ECU 개발 프로세스 및 품질 전반에 관해 ASPICE는 말하고 있다. 이는 완성차 업체에 부품을 공급하는 공급업체의 능력을 평가하고, 평가 결과를 공식적으로 등급화하여 공급업체의 품질 능력 향상을 목적으로 한다.

ASPICE는 프로세스의 성숙도를 평가하기 위한 방법론을 제공한다. 이를 통해 기업은 현재의 프로세스 성숙도를 파악하고, 개선을 위한 계획을 수립할 수 있다. 단, 반드시 사용해야 하는 규제가 아니라 프로세스 성숙도 평가 모델이기에 프로세스 개선을 위한 학습이 주된 내용이며, 관련된 모범사례를 취합할 때 학습할 내용이 무엇인지를 정의하는 것이 중요하다.

ASPICE의 구성은 먼저 차량 SW 개발 시 참조하여 수행할 수 있도록 제공되는 프로세스 참조 모델(PRM, Process Reference Model)과 공급업체의 능력을 평가하는 프로세스 평가 모델(PAM, Process Assessment Model) 그리고 프로세스별 역량을 평가할 수 있는 측정 프레임워크(MF, Measurement Framework (ISO/IEC 33020))로 이루어져 있다.

전체 개발 프로세스의 역량 수준은 측정 프레임워크에 따라 6개의 역량 수준이 존재하며, 각 수준 별 내용은 다음과 같다. 이 역량 수준은 ASPICE의 3가지 구성 요소인 PRM, PAM, MF를 이용하여 결정된다.

표 6.13 ASPICE의 개발 프로세스의 역량 수준

역량 수준	설명	프로세스 속성
Level 0: 불완전한 프로세스 (Incomplete)	프로세스가 이행되지 않거나 프로세스 목적을 달성하지 못함	–
Level 1: 수행된 프로세스 (Performed)	프로세스가 수행되어 프로세스 목적을 달성	PA 1.1 프로세스 수행
Level 2: 관리된 프로세스 (Managed)	프로세스가 계획, 감시, 조정되며 프로세스에 의해 생성된 작업 산출물이 적절하게 작성되고, 통제되고, 유지됨	PA 2.1 수행 관리 PA 2.2 작업 산출물 관리
Level 3: 정립된 프로세스 (Established)	Level 2를 달성할 수 있는 정의된 프로세스가 있으며, 평가받는 프로세스가 해당 정의된 프로세스로 수행됨	PA 3.1 프로세스 정의 PA 3.2 프로세스 전개
Level 4: 예측 가능한 프로세스 (Predictable)	정립된 프로세스가 프로세스 성과를 달성하기 위해 정의된 한계 내에서 예측적으로 운영됨. 즉, 프로세스 내의 여러 요소들을 정량적으로 측정 및 분석하여 이상 원인을 식별하여 해당 이상 원인을 해결	PA 4.1 정량적 분석 PA 4.2 정량적 통제
Level 5: 혁신 프로세스 (Innovating)	예측 가능한 프로세스가 조직차원의 정량적 피드백을 통해 전사 프로세스를 지속적으로 개선하고 실제 프로젝트를 개선된 프로젝트로 수행	PA 5.1 프로세스 혁신 PA 5.2 프로세스 혁신 이행

PRM은 ASPICE의 프로세스 구조를 정의하고, 각 프로세스가 수행해야 하는 활동과 산출물을 설명한다.

다음 그림과 같이 32개의 프로세스 집합을 제공하며 프로세스는 프로세스 카테고리 별로 그룹화되고 카테고리 내에서의 프로세스는 처리하는 활동 유형에 따라 프로세스 그룹으로 그룹화된다. 이와 같은 과정으로 ASPICE는 조직의 소프트웨어 개발 프로세스를 체계적으로 평가하고 개선함으로써, 품질과 효율성을 높이고, 안전하고 신뢰성 있는 소프트웨어를 개발할 수 있다. 앞서 알아보았던 ISO 26262의 ASIL과 ASPICE의 비교를 통해 어떤 차이가 있는지 알아보도록 하겠다.

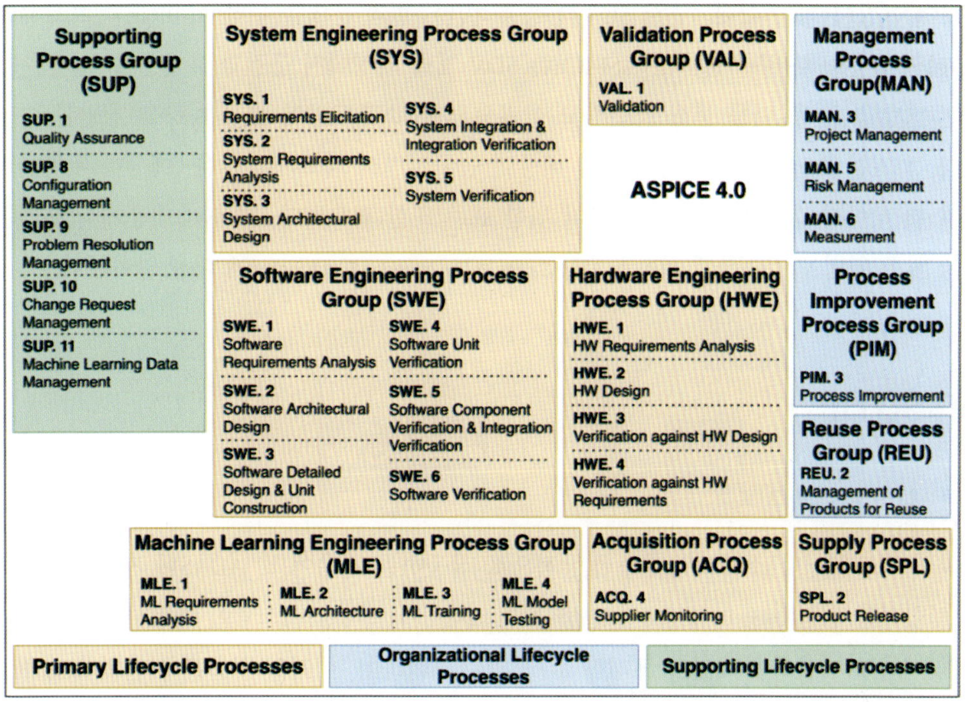

그림 6.10 ASPICE의 32개 프로세스 집합

표 6.14 ASIL과 ASPICE의 비교

항목	ASIL	ASPICE
개념	IEC 61508 SIL 개념을 자동차 특성에 맞게 개선한 안전 등급	자동차 S/W 개발조직 성숙도 수준 심사 표준 프로세스 모델
사용 목적	자동차 H/W 및 S/W 안전도 표준 등급 제공	자동차 소프트웨어 개발 조직 성숙도 수준 심사
주요 개념	Exposure, Severity, Controllability	PRM, PAM, MF
등급 범위	• 자동차 안전도 표준 등급 • A~D Level	• 자동차 S/W 개발 성숙도 등급 • 0~5 Level
등급 산정 방법	• Exposure (1~4) • Severity (1~3) • Controllability (1~3) 조합 최종 등급 산정 (ASIL A~D)	• 미달성 (0) • 수행 (1) • 관리 (2) • 수립 (3) • 예측 (4) • 최적화 (5) 역량 수준 기반 산정
관련 표준	IEC 61508 기반 ISO 26262 표준	• ISO 15504 표준 • ISO 12207 표준

SDV로의 개발이 점차 확대되면서 SDV의 성공적인 구현과 운영을 위해 ASPICE의 프로세스 평가와 개선 활동이 매우 중요하다. ASPICE는 SDV 개발 과정에서 품질과 효율성을 높이는 데 필수적인 역할을 하며, 이를 통해 안전하고 신뢰성 높은 소프트웨어 중심 차량을 개발할 수 있을 것이다. 하지만 소프트웨어 중심의 개발 비중이 높아지면서 의도하지 않은, 예상하지 못한 결함 이슈가 더 많아질 수 있어 이에 대응하기 위한 표준 또한 필요하다. 다음의 내용에서 우리는 의도하지 않은 위험을 검증하기 위한 SOTIF(Safety of The Intended Functionality)에 대해 알아본다.

6.3 SOTIF

6.3.1 SOTIF란?

자동차의 하드웨어나 소프트웨어가 정상적으로 작동하는 경우에도, ADAS나 자율주행 차량에서는 불합리한 위험(Unreasonable risk)이 발생할 수 있다. 이는 차량 시스템이 예상하지 못한 조건이나 상황에서 비정상적인 작동을 초래할 수 있음을 의미하며, 이러한 위험은 기존의 SOTIF 기반 기능 안전 분석만으로는 충분히 방지할 수 없다.

SOTIF는 차량의 하드웨어 및 소프트웨어의 오류로 인한 사고를 방지하는 데 중점을 둔다. 하지만 자율주행 차량은 그 자체의 성능 한계 외에도 센서의 제한, 예기치 않은 시스템 오류, 그리고 사용자의 잘못된 사용과 같은 다양한 외부 요인에 의해 사고가 발생할 수 있다. 예를 들어, 자율주행 시스템은 특정 운용 조건이나 상황에서 시스템이 안전하게 작동하도록 설계되지 않았거나, 고려되지 않은 변수들로 인해 사고를 일으킬 수 있다. 이러한 사고는 특히 차량의 인식 시스템이 주변 환경을 완벽하게 이해하지 못할 때 발생한다.

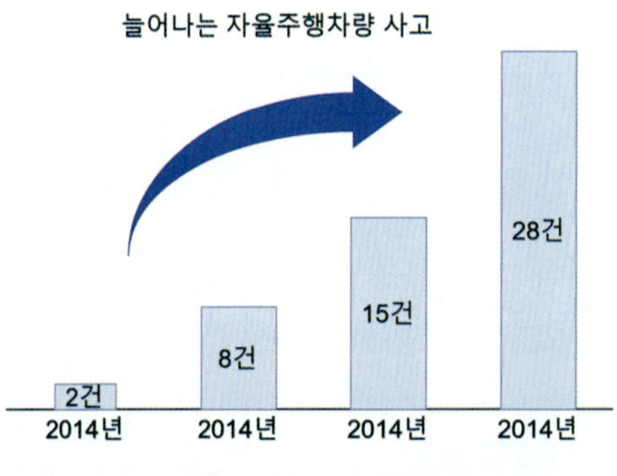

그림 6.11 계속하여 증가하는 자율주행차량 사고

위의 그래프와 같이 자율주행 시스템의 사고는 해마다 증가하고 있으며[20], 이는 자율주행 차량이 직면한 복잡하고 동적인 환경에서 예기치 않은 상황을 처리하기 위한 기술적 한계가 여전히 존재함을 시사한다[21]. 이러한 문제는 SOTIF 관점에서 중요한 이슈이다. SOTIF는 시스템의 의도된 기능에 대한 안전성을 보장하기 위한 분석 및 대응 절차를 제시한다. 이 표준은 시스템 오류나 고장으로 인한 사고를 다루는 기존의 기능 안전(Functional Safety) 분석과는 다른 접근 방식을 요구한다.

■ SOTIF의 필요성

자율주행 차량에서 발생하는 사고를 완전히 예방하기 위해서는 시스템의 성능 한계나 예기치 않은 오용에 대한 철저한 분석이 필요하다. 차량의 하드웨어와 소프트웨어가 정상적으로 작동하더라도, 예기치 않은 외부 요인, 센서의 성능 한계, 주변 환경의 변화, 운전자의 잘못된 사용 등으로 인해 자율주행 시스템이 오작동할 수 있다[22]. 이러한 문제는 특정 운용 상황이나 조건에서 시스템이 안전하게 작동할 수 있도록 설계되지 않았거나, 설계 시 고려하지 않은 변수들에 의해 발생할 수 있다.

현재 자율주행 차량의 사고는 증가하는 추세를 보이며, 이는 차량의 인식 시스템이 차량 주변의 복잡한 환경을 완벽하게 인식하지 못하고, 이를 처리하는 데 필요한 예측 능력이 부족하기 때문이라 할 수 있다. 예를 들어, 자율주행 시스템은 도로의 정확한 상태, 상대 차량의 속도, 주행 경로 등의 정보를 실시간으로 파악해야 한다. 그러나 차량이나 건물 뒤에 숨어 있는 물체를 식별하거나, 사람의 예측 능력처럼 불확실성을 다루는 데에는 한계가 있다. 인간 운전자는 주변 상황을 예측하고 반응하는 능력을 가지고 있지만, 자율주행 시스템은 아직 그만큼의 예측 능력을 갖추지 못하고 있다.

이러한 문제 SOTIF라는 개념을 통해 해결할 수 있다. SOTIF는 시스템의 의도된 기능이 다양한 환경적 요인과 사용자의 오작용에 의해 위험을 초래할 수 있는 상황을 식별하고 이에 대한 안전 표준을 제공하는 방법론이다. SOTIF는 기존의 기능 안전 분석과는 달리, 시스템의 성능 한계와 외부 요인에 의해 발생할 수 있는 위험을 관리하는 데 중점을 둔다.

■ SOTIF의 접근 방식

SOTIF는 기능 안전(Functional Safety)과 구별되는 접근 방식을 사용한다. 기능 안전은 시스템 오류나 고장을 기반으로 사고를 방지하는 데 초점을 맞추는 반면, SOTIF는 시스템이 의도된 기능을 수행하는 과정에서 발생할 수 있는 성능 한계와 외부 요인으로 인한 위험을 관리한다. 이는 예측 가능한 사용자 오용, 시스템의 예측 불가능한 성능 제한, 환경적 영향 등을 포함한다.

SOTIF의 주요 목표는 불충분한 기능 성능 및 시스템이 의도된 기능을 수행할 수 없는 조건을 보완하는 것이다. 또한, SOTIF는 시스템 오류와 무작위 오류를 포함한 기능 안전의 분석과 중복되는 부분이 있지만, 두 가지 분석이 동시에 이루어져야 하며, 이를 통해 시스템의 안전성을 보장할 수 있다.

이를 위해 SOTIF는 위험을 네 가지 주요 영역으로 분류하여 분석합니다. 아래는 SOTIF의 각 영역에 대한 구체적인 설명이다.

그림 6.12 SOTIF의 영역별 역할

표 6.15 SOTIF의 영역별 설명

영역	설명
영역 1: 안전한 상태 (Known & Safe)	시스템이 의도된 기능을 안전하게 수행할 수 있는 조건으로, 모든 시나리오가 예상되고 시스템은 정확히 작동한다. 추가적인 위험이 존재하지 않으며 시스템은 안정적인 상태를 유지한다.
영역2: 알려진 위험한 상황 (Known & Unsafe)	시스템이 예상한 시나리오 내에서 안전하지 않은 상황을 초래하는 조건입니다. 시스템의 성능이 저하되어 위험을 초래할 수 있습니다. 추가적인 조치가 필요하다.
영역 3: 알려지지 않은 위험한 상황 (Unknown & Unsafe)	시스템이 예상하지 못한 시나리오에서 발생할 수 있는 위험을 의미한다. 자율주행 차량은 실시간으로 환경과 상호작용하며 예측 불가능한 상황을 다루는 데 어려움이 있다. 이 영역은 가장 도전적인 부분이다.
영역 4: 안전한 상태 (Unknown & Safe)	시스템이 예상하지 못한 상황에서도 안전하게 작동하는 경우를 나타낸다. 다양한 환경적 요인과 예측 불가능한 조건을 고려하여 사용자의 안전을 보장한다.

SOTIF의 궁극적인 목표는 영역 3에서 발생할 수 있는 위험을 줄이고, 영역 2에서의 위험을 더 잘 관리하는 것이다. 영역 2는 이미 알려진 위험을 포함하며, 영역 3은 예측 불가능한 위험을 포

함하므로, 이를 줄이기 위한 적극적인 위험 평가와 완화 전략이 필요하다.

SOTIF는 자율주행 시스템의 설계 및 개발 단계에서, 이러한 위험을 식별하고 해결하는 방안을 제공하며, 시스템의 전반적인 안전성을 향상시키는 데 필수적인 역할을 한다. 자율주행 차량의 안전성을 보장하기 위해서는 영역 2와 영역 3에서 발생할 수 있는 잠재적인 위험을 체계적으로 분석하고, 이를 미리 예방할 수 있는 안전 메커니즘을 설계하는 것이 중요하다.

■ SOTIF와 시스템 이론적 분석

SOTIF는 자율주행 시스템의 안전성을 강화하기 위한 핵심적인 안전 표준으로, 잠재적인 위험을 식별하고 이를 최소화하기 위한 엄격한 위험 평가 절차를 진행한다. 이 과정에서는 ODD(Operational Design Domain) 이상의 상황을 평가하고, 이러한 환경에서도 시스템의 안전성을 보장하기 위한 효과적인 완화 전략을 구현하는 것이 중요한 역할을 한다.[23] 자율주행 차량은 예상하지 못한 시나리오와 예측 불가능한 상황에 직면할 수 있기 때문에, SOTIF는 이를 고려한 안전 메커니즘을 포함해야 한다.

예를 들어, 자율주행 차량이 시나리오를 알지 못한 상태에서, 그리고 그 시나리오가 안전하지 않더라도 탑승자를 안전하게 보호할 수 있는 메커니즘이 내장되어 있어야 한다.[24] 이러한 상황에서 SOTIF의 목표는 시스템이 비정상적인 상황에서도 탑승자의 안전을 최대한 보장할 수 있도록 설계되는 것이다.

SOTIF의 궁극적인 목표는 이러한 예기치 않은 상황에서 발생할 수 있는 위험을 식별하고, 이를 방지하기 위한 명확한 요구 사항을 도출하는 것이다. 이를 위해서는 시스템 구성 요소 간의 상호작용만을 고려하는 데 그치지 않고, 시스템의 기능이 주변 환경에 미치는 영향을 종합적으로 분석할 필요가 있다. 또한, 시스템의 동작에서 발생할 수 있는 데이터의 파생, 국제표준 또는 법적 규제에서 오는 제약 사항, 그리고 그 결과로 초래될 수 있는 위험들까지 충분히 고려해야 한다.

이와 같은 포괄적인 분석을 통해 시스템이 잘못된 제어를 수행할 경우 발생할 수 있는 위험을 사전에 식별하고, 이를 방지하기 위한 요구사항을 도출하는 것이 SOTIF의 목표에 다가가는 길이다.

이를 달성하기 위해서는 모델 기반 분석 방법인 시스템 이론적 분석(System-theoretic Analysis)이 필수적이다. 단순히 시스템 구성 요소 간의 상호작용 관계에서만 분석하는 것이 아니라, 시스템의 기능이 주변 환경에 미치는 영향과 이로 인해 발생할 수 있는 결과들을 종합적으로 고려해야 한다. 이러한 분석은 시스템 설계의 초기 단계부터 철저하게 이루어져야 하며, 시스템의 안전성을 보장할 수 있는 강력한 근거를 제공해야 한다.

시스템 이론적 분석(System-theoretic Process Analysis, STPA)는 SOTIF을 실현하기 위한 대표적인 분석 기법으로, 시스템의 위험 요소를 상위 수준에서부터 분석하여 잠재적인 위험을 식별하는 데 초점을 맞춘다[25]. STPA는 STAMP(System-Theoretic Accident Model and Processes) 이론을 바탕으로 하며, 사고가 발생할 수 있는 과정과 그 원인들을 시스템적 관점에서 분석한다[26].

STPA는 총 4단계로 이루어져 있으며, 사고 및 위험 정의, 제어 구조 모델링, Unsafe Control Action(UCA) 식별, 손실 시나리오 식별 등을 포함한다. 이 과정에서 위험이 발생할 수 있는 모든 요소를 포괄적으로 고려하고, 이를 해결하기 위한 적절한 전략을 수립한다. STPA를 통해 SOTIF 분석은 더 나아가 불확실성과 예측 불가능한 상황에 대한 대비책을 수립하는 데 중요한 역할을 한다.

결론적으로, SOTIF의 구현은 단순히 시스템 오류를 줄이는 것을 넘어, 예상치 못한 위험 상황에 대한 안전성을 보장하는 데 중요한 기준이 된다. SOTIF의 분석을 통해 자율주행 시스템은 예상할 수 없는 위험 요소를 사전에 분석하고, 이를 해결하기 위한 설계를 구현하여, 안전하고 신뢰할 수 있는 자율주행 시스템을 구축할 수 있게 된다. 아래의 그림은 STPA의 4단계를 도식화한 것이다.

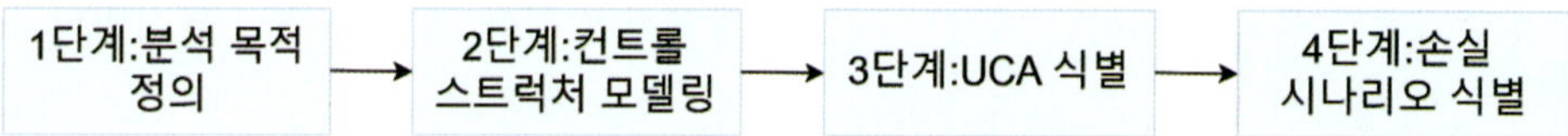

그림 6.13 STPA의 4단계

■ STPA 분석 단계

STPA 1단계: 사고 및 위험 정의

STPA 1단계에서는 시스템 내에서 발생할 수 있는 사고와 위험을 정의한다. 자율주행 시스템에서 주요 사고 유형은 다음과 같다:

- 차대 차 사고: 다른 차량과 충돌하여 사고가 발생하는 상황
- 차대 사람 간 사고: 보행자나 자전거 등 도로의 다른 사용자와 충돌하는 상황
- 차량 단독 사고: 차량 자체가 장애물이나 기물을 파손하는 사고

사고를 정의한 후에는 차량 레벨에서 사고를 발생시킬 수 있는 위험 요소를 정의한다. 이는 시스템 설계에서 사고를 예방하기 위한 중요한 첫 단계이다.

STPA 2단계: Control Structure 모델링

STPA 2단계에서는 시스템의 제어 구조를 모델링한다. 제어 구조는 시스템의 상위 수준에서 **제어 행동(Control Action, CA)**을 정의하고, 각 구성 요소 간의 상호작용을 나타낸다. 초기 단계에서는 매우 추상적인 수준에서 시작하며, 이를 반복적으로 구체화하여 시스템의 세부 정보를 표현한다. 이 과정을 통해 시스템이 각 상황에서 어떻게 작동해야 하는지 명확히 정의하고, 시스템 내에서의 안전한 제어를 보장한다.

STPA 3단계: Unsafe Control Action (UCA) 식별

STPA 3단계에서는 **UCA(Unsafe Control Action)**를 식별한다. UCA는 특정 상황과 최악의 환경에서 위험을 초래할 수 있는 제어 행동이다. 제어 행동이 안전하지 않을 수 있는 경우는 다음과 같이 네 가지로 나눠진다:

- CA를 제공하지 않는 것이 위험을 유발한다: 제어가 이루어지지 않으면 위험한 상황이 발생할 수 있다.
- CA를 제공하는 것이 위험을 유발한다: 제어 행동이 잘못 수행되면 오히려 위험을 초래할 수 있다.
- 잠재적으로 안전한 CA를 제공하지만 너무 일찍, 너무 늦게, 또는 잘못된 순서로 제공한다: 제어가 너무 빠르거나 늦으면 안전성을 해칠 수 있다.
- CA가 너무 오래 지속되거나 너무 빨리 중지된다: 제어가 불완전하게 지속되거나 너무 빠르게 중단될 때 문제가 발생할 수 있다.

STPA 4단계: 손실 시나리오 식별

STPA 4단계에서는 손실 시나리오를 식별한다. 손실 시나리오는 UCA와 그로 인해 발생할 수 있는 위험 요소를 기술하는 과정이다. 이 과정에서 위험 발생 원인을 분석하여 문제를 사전에 예방한다. 주요 원인 요소는 다음과 같다:

- 컨트롤러와 관련된 고장: 물리적 고장이나 전원 장애 등이 해당된다.
- 부적절한 컨트롤 알고리즘: 알고리즘 구현의 결함이나 성능 저하로 인한 문제.
- 안전하지 않은 컨트롤 입력: 다른 컨트롤러에서의 잘못된 입력으로 인한 위험.

• 부적절한 프로세스 모델: 컨트롤러가 잘못된 피드백을 받거나, 정보를 잘못 해석하는 경우.

이러한 원인들을 바탕으로 손실 시나리오를 정의하고, 시스템 설계에 반영하여 위험을 미리 예방한다.

표 6.16 STPA의 각 단계별 설명

단계	설명	예시
1단계: 사고 및 위험 정의	사고와 위험을 정의하고, 이를 발생시킬 수 있는 위험 요소를 분석한다.	차대 차 사고, 차대 사람 간 사고, 차량 단독 사고 정의 및 분석
2단계: Control Structure 모델링	시스템의 제어 구조를 모델링하여 제어 행동을 정의하고, 시스템 상호 작용을 분석한다.	시스템 내 제어 요소 간의 관계 모델링 및 분석
3단계: UCA(Unsafe Control Action) 식별	위험을 초래할 수 있는 불안전한 제어 행동을 식별한다.	제어 행동을 너무 일찍, 너무 늦게, 잘못된 순서로 제공할 경우 발생하는 위험
4단계: 손실 시나리오 식별	UCA 및 위험을 초래할 수 있는 원인 요소를 기술하고 이를 예방하기 위한 시나리오를 도출한다.	고장, 부적절한 알고리즘, 잘못된 컨트롤 입력 등으로 인한 위험 분석

STPA는 자율주행 시스템에서 발생할 수 있는 다양한 위험을 체계적으로 분석하는 데 중요한 역할을 한다. 각 단계에서 발생할 수 있는 위험을 식별하고, 이를 예방하기 위한 방법을 제시함으로써, 자율주행 시스템의 안전성을 보장할 수 있다. SOTIF의 목표를 달성하기 위해서는 STPA 분석을 통해 예기치 않은 상황에서의 안전성을 보장하고, 불확실성과 위험 요소를 철저히 분석하는 것이 필수적이다[27].

6.3.2 SOTIF(ISO/PAS 21448)의 개발 단계

SOTIF(Safety of the Intended Functionality)는 자율주행 시스템의 안전성을 보장하기 위한 중요한 표준으로, 시스템이 의도된 기능을 수행하는 과정에서 발생할 수 있는 잠재적인 위험을 식별하고 이를 최소화하는 데 중점을 둔다[28]. SOTIF의 개발은 4단계로 구성되며, 각 단계는 ISO/PAS 21448에 따른 안전 기준을 충족시키기 위해 필요한 절차를 포함한다.

표 6.17 SOTIF의 개발단계 설명

단계	설명	목표
1단계: 위험 식별 및 평가	시스템의 의도된 기능과 관련된 위험을 식별하고, 목표 구조 표기법을 사용하여 안전성을 입증한다.	시스템이 불합리한 위험을 초래하지 않도록 보장한다.
2단계: 위험 시나리오 식별 및 평가	자율주행 차량의 환경적 상황을 고려하여 위험을 초래할 수 있는 시나리오를 식별하고 평가한다.	시스템이 예기치 않은 위험 상황을 안전하게 처리할 수 있는지 평가한다.
3단계: 시스템 설계 및 기능적 조정	시스템 구성 요소 간의 상호작용을 분석하여 잘못된 제어로 인한 위험을 줄이고 기능적 조정을 한다.	잘못된 제어로부터 발생할 수 있는 위험을 사전에 해결한다.
4단계: 안전성 검증 및 요구사항 통합	시스템 설계를 검증하고, 안전 요구 사항을 통합하여 SOTIF 목표를 달성한다.	시스템의 안전성을 검증하고, 요구 사항을 전체 설계에 통합한다.

SOTIF의 개발 단계를 알아보기 전 SOTIF의 프로세스를 알게 되면 개발을 어떻게 진행하는지 쉽게 알 수 있을 것이다. 다음 그림은 SOTIF 달성을 이루기 위한 구체적인 SOTIF의 프로세스를 나타낸다.

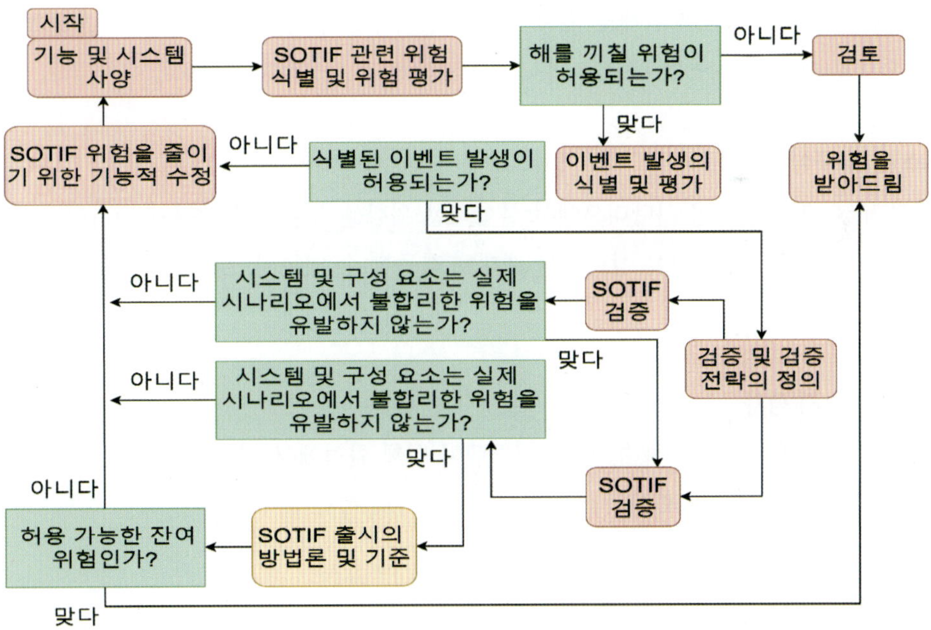

그림 6.14 SOTIF 프로세스 워크플로우

워크플로우는 SOTIF 목표를 달성하기 위한 주요 단계를 나타낸다.[29] 이를 단계별로 설명하면 다음과 같다.

1. 시작 및 기능 및 시스템 사양

워크플로우는 자율주행 시스템의 기능과 시스템 사양을 정의하는 것으로 시작된다. 이 단계에서는 시스템의 목적과 요구 사항을 설정하여 SOTIF의 적용 가능성을 평가한다.

2. SOTIF 관련 위험 식별 및 평가

이후, SOTIF 관련 위험이 식별되고 평가된다. 이는 SOTIF의 주요 목표 중 하나로, 시스템이 예상하지 못한 위험을 초래할 수 있는 잠재적인 요인들을 미리 식별하여 이에 대한 대응 방안을 마련한다.

3. SOTIF 위험을 줄이기 위한 기능적 수정

위험을 줄이기 위해 시스템 기능에 대한 기능적 수정이 이루어진다. 이 단계에서는 시스템이 특정 상황에서 발생할 수 있는 위험을 최소화하도록 설계가 변경된다.

4. 식별된 이벤트 발생이 허용되는지 평가

시스템에서 식별된 이벤트가 실제로 발생하는 것이 허용될 수 있는지 평가한다. 만약 특정 이벤트가 허용되지 않으면, 시스템 설계를 다시 조정하여 이를 방지하도록 한다.

5. 시스템 및 구성 요소 분석

시스템과 구성 요소가 특정 시나리오에서 불합리한 위험을 유발하지 않는지 평가한다. 이 평가에서는 시스템이 예상되지 않은 상황에서 제대로 작동할 수 있는지, 위험을 최소화할 수 있는지 점검한다.

6. 위험을 받는지 평가

시스템이 위험을 받는지 평가하며, 이는 시스템이 실제 환경에서 예상치 못한 위험에 직면했을 때 적절히 대응할 수 있는지 확인하는 과정이다.

7. 위험 수용 여부 평가

위험을 수용할 수 있는지 여부를 평가하여, 위험을 수용할 수 없을 경우 SOTIF 기준에 맞는 조치를 취한다.

8. SOTIF 검증 및 평가

마지막으로, SOTIF가 제대로 구현되었는지 검증하고 평가하는 단계가 진행된다. 이를 통해 자율주행 시스템이 예상치 못한 위험을 안전하게 처리할 수 있도록 설계되었는지 확인한다.

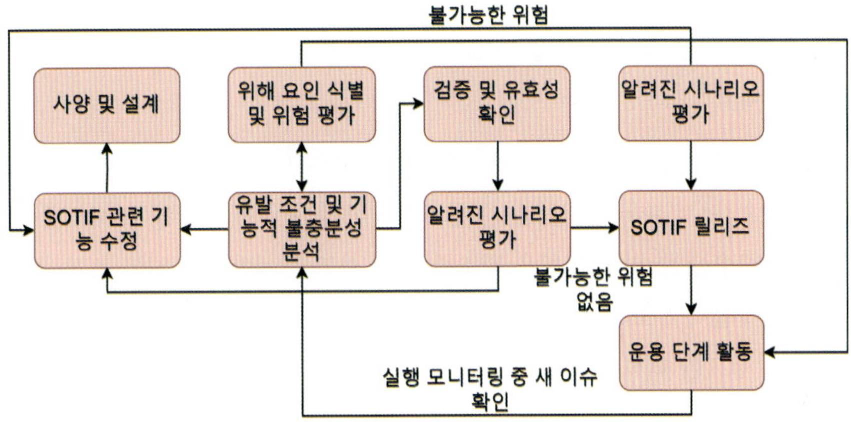

그림 6.15 SOTIF 개발 프로세스 워크플로우

위 그림은 자율주행 차량(AV)의 경로 계획 기능을 정의, 검증 및 확인하기 위해 SOTIF 개발 프로세스와 Rulebooks 프레임워크를 도식화 한 것이다. SOTIF 개발의 첫 번째 단계는 시스템이 의도된 기능을 수행하는 과정에서 발생할 수 있는 SOTIF 관련 위험을 식별하고 평가하는 것이다. 이 단계는 시스템 설계가 안전을 보장하도록 하기 위해 매우 중요한 과정이다. 위험 식별 및 평가 과정에서, 시스템이 예상치 못한 상황에서도 안전하게 작동할 수 있는지 여부를 평가하는 것은 자율주행 시스템의 기능적 안정성을 확보하는 핵심적인 작업이다.

위험 식별 및 평가는 목표 구조 표기법을 통해 체계적으로 진행된다. GSN은 시스템 설계에서 발생할 수 있는 불합리한 위험을 초래하지 않도록 보장하는 중요한 도구이다. 이 표기법은 시스템이 인간에게 해를 끼칠 수 있는 위험을 과학적 근거와 논리적 주장을 통해 입증하는 데 사용된다. GSN의 주요 목표는 시스템 설계가 안전성을 보장하는 것이며, 이를 통해 자율주행 시스템이 예상되지 않은 상황에서도 안전한 동작을 보장할 수 있도록 한다.

목표 구조 표기법(GSN)은 안전 주장을 형성하는 데 필수적인 역할을 한다. 이 표기법의 핵심은 주장과 증거를 연결하여 시스템의 안전성을 입증하는 것이다. 안전 주장은 시스템이 불합리한 위험을 초래하지 않도록 하는 주장을 말하며, 이를 입증하기 위해 다양한 증거를 제시해야 한다. GSN은 이러한 주장을 구성하고, 그 주장을 입증할 수 있는 객관적 증거를 연결하는 구조적 방법론을 제공한다.

이를 통해 시스템이 안전하게 설계되었는지 검토하고, 자율주행 시스템이 예기치 못한 위험을 사전에 식별하여 적절히 대응할 수 있는지 평가할 수 있다. 이 과정에서 GSN은 모든 상위 활동을 SOTIF 표준에 따라 유효한 안전 주장으로 추적하고 통합하는 데 사용된다. 또한, GSN은 시스템 설계와 관련된 위험 요소를 식별하고, 그에 대한 안전 증거를 확보하는 데 필요한 체계적인 절차를 제공한다.

GSN은 시스템 설계와 관련된 안전 요구사항을 명확히 하고, 이를 증거 기반으로 입증하는 중요한 방법론이다. GSN의 목표는 안전성을 증명하는 것이다.[30] 안전 주장은 시스템이 의도된 기능을 수행하면서 발생할 수 있는 위험을 최소화하고, 사고를 예방하기 위한 조건들을 설명한다. GSN은 이러한 주장들이 유효하다는 것을 입증할 수 있는 구체적인 증거를 요구하며, 안전성 분석을 수행하는 데 필요한 핵심 자료를 제공한다.

따라서, SOTIF의 첫 번째 단계인 위험 식별 및 평가는 GSN을 활용하여 위험을 체계적으로 분석하고 이를 기능적 안전성에 맞춰 평가하는 과정이다. 이 과정은 안전성 분석의 근본적인 부분이며, 자율주행 시스템이 예기치 않은 위험을 사전에 예방할 수 있는지 판단할 수 있도록 한다.

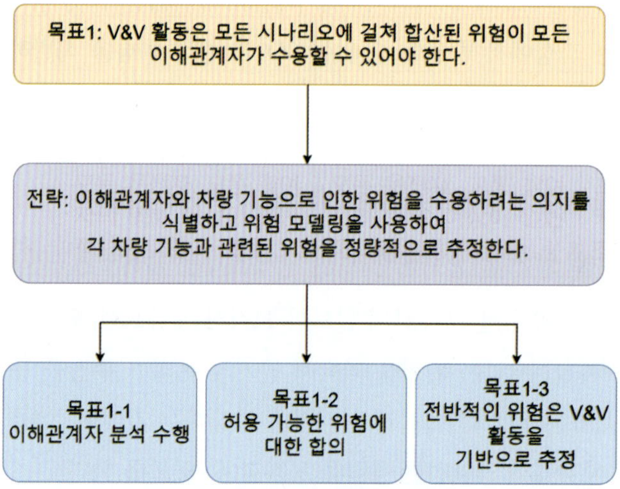

그림 6.15 SOTIF의 목표 및 전략

위 그림에서 목표 1은 SOTIF활동의 전반적인 목표를 나타내며 자율주행 차량의 검증 및 확인 활동에 대한 목표를 나타낸다.[31] 이는 시스템이 의도된 기능을 수행하면서 발생할 수 있는 알려진 위험과 알려지지 않은 위험 시나리오로 인한 위험이 모든 이해관계자에게 허용 가능하다는 것을 보장하는 것이다. 자율주행 시스템은 예상하지 못한 상황에서 위험을 초래할 수 있는 요소들을 분석하고 이에 대한 위험 수용 기준을 정의하는 중요한 작업을 포함한다. 이를 위해, 모든 관련 이해관계자를 식별하고, 각 이해관계자가 허용할 수 있는 위험 수준을 명확히 해야 한다.

이 과정에서는 일반적으로 허용되는 목표 위험(목표 1.1 및 1.2)을 수용하기 위한 상호작용을 시작한다. 목표 1.1과 1.2는 각 이해관계자가 받아들일 수 있는 위험 수준을 정의하는데 중요한 기준이 된다. 이 기준을 통해, 시스템 설계가 각 이해관계자에게 적절히 위험을 분배하고, 위험 수용을 위한 상호작용이 이루어지도록 한다.

위험 모델링은 SOTIF의 첫 번째 목표를 달성하기 위해 필수적인 요소이다. 이를 통해 전체 위험에 대한 합리적이고 추적 가능한 추정치를 얻는다. 위험 모델링은 알려진 위험 시나리오에 대해 정성적 분석을 수행하고, 해당 시나리오가 시스템의 안전성에 미치는 영향을 평가하는 방법이다. 모델링은 우선 알려진 위험 시나리오에 대한 분석부터 시작하며, 이를 통해 위험 시나리오의 유발 조건과 기능적 결함을 식별해야 한다[32]. 이를 바탕으로, 시스템이 발생할 수 있는 다양한 상황을 평가하고, 각 상황이 시스템에 미치는 영향을 수치적으로 추정하여, 위험을 최소화할 수 있는 방안을 제시한다[33].

위험 모델링에서 중요한 점은 위험 시나리오가 다음과 같은 3가지 조건 중 어느 조건에 해당하는지를 파악하는 것이다. 이 조건들은 시스템 설계 및 평가 과정에서 위험을 관리하는 중요한 기준을 제공한다.

표 6.18 위험 모델링 시나리오 3가지 설명

시나리오의 3가지 조건		
알려진 위험 시나리오	알려지거나 알려지지 않은 위험 시나리오	알려지지 않은 위험 시나리오
알려진 위험 시나리오에 대한 내용은 잠재적으로 위험한 시나리오에 대하여 필요한 평가와 필요한 증거(분석 결과, 테스트 보고서)를 고려해야 한다.	알려지거나 알려지지 않은 위험 시나리오는 시뮬레이션 결과와 같은 연구나 전문가 추정을 기반으로 이루어져야 한다.	실제 알려지지 않은 위험 시나리오는 해결하기 어렵다. 탐색적 실험과 같은 방법을 이용하면 이전에 알려지지 않은 일부 시나리오를 밝힐 수 있지만 알려지지 않은 위험한 시나리오와 관련하여서는 어떤 상황이 중요한지에 대한 지식이 필요하다.

이 세 가지 조건을 바탕으로 위험 분석을 수행하고, 각 조건에 맞는 위험 완화 전략을 마련한다. 또한, 이를 통해 시스템 설계가 각 시나리오에 대해 안전성을 보장할 수 있도록 한다.

SOTIF개발의 두 번째 단계는 위험한 문제를 야기시킬 수 있는 상황을 식별하고 평가하는 것이다. 이 단계는 자율주행 시스템이 예상하지 못한 상황에서 위험을 초래할 수 있는 잠재적인 시나리오를 식별하는 중요한 작업이다. 이를 위해서는 확률 이론(Probability theory)과 위험 분석(Risk analysis)을 적용하여 자율주행 시스템의 안전성을 충분히 평가하고, 예상치 못한 위험 요소를 사전에 파악하는 것이 필요하다.

자율주행 시스템에서 발생할 수 있는 위험을 평가하기 위해서는 정량적 위험 분석이 필수적이다. 이는 시스템의 동작과 주변 환경에 대한 불확실성을 수학적으로 모델링하고, 이를 기반으로 위험이 발생할 확률과 그로 인한 영향을 평가하는 방법이다. 불확실성이란 시스템이 예상하는 조건이 실제 환경에서 어떻게 변화할지 알 수 없는 상황을 말하며, 자율주행 시스템은 이러한 불확실성에 직면할 때 안전성을 보장해야 한다.

위험 분석에서 다뤄야 할 불확실성은 크게 세 가지 요인과 관련이 있다:

- 시스템 동작: 자율주행 시스템이 의도한 대로 작동하지 않거나, 시스템의 한계(예: 인식 시스템의 정확도 부족)로 인해 발생할 수 있는 위험이다. 예를 들어, 센서의 오작동이나 인식 범위의 한계는 시스템의 정확한 판단을 방해할 수 있다.
- 환경적 요인: 자율주행 차량은 기상 조건, 도로 상태, 다른 도로 사용자의 행동 등 환경적 요인에 영향을 받는다. 예를 들어, 비, 눈, 안개와 같은 기상 조건은 센서의 성능을 저하시킬 수 있고, 도로에 갑작스럽게 나타나는 장애물이나 보행자의 행동도 위험을 유발할 수 있다.
- 인간 행동: 자율주행 시스템은 운전자의 개입이나 다른 도로 사용자의 행동에 의해 영향을 받을 수 있다. 예를 들어, 다른 차량의 예기치 않은 급정지나 비정상적인 주행 방식은 자율주행 차량이 적절히 반응하기 어렵게 만들 수 있다.

위험은 일반적으로 잠재적인 부작용에 대한 불확실성이 존재하는 상황과 관련이 있다. 자율주행 시스템에서 위험을 정확히 평가하기 위해서는 위험이 발생할 확률과 그로 인해 초래될 영향을 정량적으로 계산해야 한다. 이를 수학적으로 표현하면 다음과 같이 정의할 수 있다.

표 6.19 위험이 발생할 확률 및 영향 정량적 계산법

R	알려진 시나리오의 전체 위험
E	단일 부작용
$c(E)$	불리한 결과와 관련이 있는 것
$\mathrm{Pr}(E)$	발생 확률
$R(E) = \mathrm{Pr}(E) \times c(E)$	

위험 추정은 자율주행 시스템에서 발생할 수 있는 위험의 정도와 그 확률을 정확히 평가하는 중요한 과정이다. 이를 통해 시스템이 예상치 못한 위험에 대해 적절히 대응할 수 있도록 준비할 수 있다. 위험 추정은 다양한 정보 소스와 분석 방법을 종합적으로 활용하여 이루어진다. 이러한 방법들은 가상 시뮬레이션 환경, 차량 테스트 데이터, 그리고 전문가 추정을 포함한다.

■ 위험 추정을 위한 주요 방법

1. 가상 시뮬레이션 환경과 같은 물리적 모델

- 가상 시뮬레이션 환경은 자율주행 시스템의 성능을 평가하고, 위험을 추정하는 데 유용한 도구이다. 이를 통해 예상치 못한 시나리오에서 시스템이 어떻게 반응할지 실험할 수 있다. 시뮬레이션은 다양한 환경적 요인(예: 날씨, 도로 상태, 주변 차량 등)을 가정하여, 각 시나리오에 대한 위험을 계산할 수 있게 해준다. 이 방식은 가상 환경에서 위험을 테스트하고, 실제 도로 환경에서 발생할 수 있는 상황을 미리 파악하는 데 유리하다.

2. 차량 테스트에서 수집된 데이터

- 실제 차량 테스트에서 수집된 데이터는 자율주행 시스템의 실제 성능을 평가하는 데 매우 중요한 역할을 한다. 테스트 데이터를 통해 차량의 동작, 센서 성능, 위험 상황 발생 시의 반응 등을 실제 환경에서 관찰할 수 있다. 이러한 데이터는 시스템 설계에 대한 실질적인 피드백을 제공하며, 위험을 추정할 때 중요한 기초 자료로 활용된다.

3. 전문가 추정

- 전문가 추정은 경험이 풍부한 전문가들이 자율주행 시스템이 직면할 수 있는 위험을 평가하는 과정이다. 전문가들은 과거 사례나 유사한 시스템에서의 경험을 바탕으로 예상할 수 있는 위험을 식별하고, 그에 따른 위험 수준을 평가한다. 이 방식은 주관적인 판단을 포함할 수 있

지만, 실제 데이터를 바탕으로 한 보정을 통해 상당히 정확한 위험 추정치를 도출할 수 있다.

복잡한 시스템에서 위험 추정은 여러 정보 소스의 조합을 통해 이루어지며, 이를 통해 보다 정확하고 신뢰성 있는 결과를 얻을 수 있다. 예를 들어, 가상 시뮬레이션과 실제 차량 테스트 데이터를 결합하여 실제 환경에서의 성능을 더 정확하게 평가할 수 있다. 이와 같은 방식은 다양한 불확실성을 고려하여 보다 포괄적이고 철저한 위험 분석을 수행하는 데 필수적이다.

위험을 추정하는 과정에서 위험을 더 작은 부분으로 나누는 것이 중요하다. 예를 들어, 알려진 위험 시나리오의 전체 위험은 상호 배타적이고 집합적으로 철저한 시나리오들로 나누어질 수 있다. 각 시나리오는 특정 위험 요소에 대한 기여도를 나타내며, 이는 시스템에서 발생할 수 있는 위험을 더 세분화하여 분석하는 방법이다. 이렇게 세분화된 위험 요소들은 각각 다른 정보 소스(예: 가상 시뮬레이션 데이터, 실제 차량 데이터 등)가 기여하는 위험을 정량화하는 방법으로 평가할 수 있다.

위험 기여도는 시스템이 직면한 특정 조건에서 위험이 발생할 확률과 그 결과의 심각성을 함께 고려하여 평가된다. 이 과정에서 각 정보 소스의 기여도는 수학적으로 계산되어, 시스템 설계가 각 시나리오에 대해 적절한 위험 관리를 할 수 있도록 돕는다.

표 6.19 SOTIF 문제가 발생할 수 있는 부분 설명

자율주행 개발시 각 분야별 SOTIF 문제가 발생할 수 있는 부분		
센싱 및 분류 구현 문제	**예상 입력 범위 문제**	**계획 및 결정 알고리즘 문제**
센싱 및 분류의 구현은 성능 제한으로 인해 기능 사양을 달성하지 못한다. 예를 들어 자동차의 센서가 물체와 배경 사이의 낮은 색상 대비를 구별하지 못하거나 자동차가 물체를 분류하지 못할 수 있다.	예상 입력 범위가 충분히 지정되지 않았다. 취약한 도로 사용자(Vulnerable Road User)가 개발 시 정의되지 않았을 수 있다.	구현된 대로 계획 및 결정 알고리즘이 요구되는 기능사양에 대한충실도를 달성하지 못한다. 이는 다른 알고리즘의 의도를 예측할 수 없어 결과적으로 위험도가 낮은 궤적(trajectory)을 선택하지 못하는 경우 발생할 수 있다.
현실 상황에서의 문제	**성능 제한 문제**	**출력 문제**
현실적인 시나리오에 직면했을 때 자율주행 시스템의 동작이 충분히 지정되지 않았다. 아마도 여러 다른 요소들이 시나리오에 들어오게 되면 안전거리와 같은 균형을 맞추는 사양이 불완전할 수 있다. 또한 다른 여러 참여자가 포함된 설정이 너무 많거나 위험 분포가 모호할 수 있다.	작동의 구현이 성능 제한으로 인해 기능 사양을 달성하지 못한다. 예를 들어, 특정 도로 및/또는 기상 조건에서는 자동차의 브레이크 또는 조향장치가 올바르게 작동하지 않을 수 있다.	적절한 출력에 관한 작동이 충분히 지정되지 않았다. 자율주행 시스템 차량과 도로를 운전하고 있는 다른 사용자 사이의 피드백 루프가 모든 경우에 대하여 학습되지 않을 수 있다. 예를 들어 급제동과 같은 순간적인 동작은 후방 충돌과 같은 결과를 초래할 수 있다.

SOTIF(Safety of the Intended Functionality) 개발의 세 번째 단계는 시스템 설계 개선을 통해 SOTIF 위험을 줄이는 것이다. 자율주행 시스템은 다양한 환경적 요인과 시스템 간의 상호작용을 고려하여 위험을 평가하고 이를 해결하기 위한 기능 수정과 사용 제한을 적용해야 한다.[34] 이 과정은 위험 평가를 기반으로 하여 진행되며, 위험을 완전히 제거할 수 없는 경우 잔여 위험을 수용하는 방식으로 마무리된다.

자율주행 시스템에서 위험이 발생하는 주요 원인은 사양과 성능의 부족이다. 사양 수준 간의 부족이나 불일치는 사양 부족으로 이어지며, 이는 시스템 설계 시 요구된 기능을 제대로 수행하지 못하게 만든다. 또한 성능 부족은 시스템의 요소가 설계된 성능을 달성하지 못할 때 발생한다. 예를 들어, 자율주행 차량이 특정 환경적 요인(예: 기상 조건, 도로 장애물 등)에서 예상되는 반응 속도나 정확도를 구현하지 못하는 경우이다.

따라서 시스템 성능을 구현하는 기술에는 시스템 자체와 환경의 요구 사항을 모두 이해하고, 이를 반영한 설계를 고려해야 한다. 시스템 설계에서 중요한 점은 시스템과 시스템 외부 요소 간의 상호작용이다. 외부 요인의 부정적인 영향을 허용하는 시스템 특성은 유발 조건으로 정의되며, 시스템의 약점은 기능 부족으로 설명된다. 기능 부족은 시스템이 특정 환경에서 제대로 작동하지 않거나 예상치 못한 상황에서 반응하지 못하는 경우에 발생한다.

SOTIF 개발에서 중요한 부분은 위험 평가를 시작으로 위험을 수용할 수 있는 수준을 정의하는 것이다. 위험 평가에는 두 가지 주요 단계가 포함된다.

■ 위험 수용 단계

첫 번째 단계에서는 위험 시나리오에 대해 제어 가능성이 일반적으로 제어 가능한 상황에서 위험이 수용될 수 있는지를 평가한다. 이 단계에서 중요한 것은 위험의 심각도와 결과적으로 피해가 없는 경우에 대해 해당 위험이 허용되는지 판단하는 것이다. 예를 들어, 시스템이 일상적인 주행 상황에서는 위험 요소를 최소화하고, 심각한 피해를 초래하지 않는다면, 해당 위험은 수용될 수 있다.

■ 위험 감소 및 회피 단계

두 번째 단계에서는 첫 번째 단계에서 허용되지 않은 위험에 대해 어떻게 처리할지 결정한다. 이 단계에서 적용할 전략은 위험 회피 또는 위험 감소에 중점을 둔다. 시스템 설계는 위험을 최소화하기 위해 센서 성능 개선이나 기능 제한(ODD 제한)을 포함하는 다양한 안전 조치를 수립한다. 예를 들어, ODD(Operational Design Domain)를 설정하여 자율주행 시스템이 특정 조건에서만 작동하도록 제한함으로써 위험을 줄일 수 있다.[35]

위험을 완전히 제거할 수 없는 경우, 자율주행 시스템은 잔여 위험을 수용하는 방법을 채택한다. 잔여 위험이란, 시스템이 완전한 안전을 제공할 수 없는 상황에서 허용 가능한 위험 수준을 정의하고 이를 관리하는 것이다. 위험 수용 기준을 결정하는 데는 여러 이해관계자가 참여한다. 이들에는 규제 기관, 사회, OEM(원래 장비 제조업체), 그리고 공급업체 등이 포함된다. 이들 각자는 자율주행 시스템에 대해 사회적 합의를 통해 위험 수용 수준을 정의한다.

SOTIF는 잔여 위험이 어느 정도 허용되는지에 대한 고정된 기준을 제공하지 않으며, 다양한 원칙을 제시하여 위험 수용 수준을 결정한다. 주요 원칙은 다음과 같다:

- GAMAB (Globalement Au Moins Aussi Bon)/GAME (Globalement Au Moins Equivalent)

  이 원칙은 기술적 또는 운영상의 변경에 의해 해당 시스템의 안전 수준이 변경 이전보다 동등하거나 더 나은 수준이어야 한다는 것이다. 즉, 시스템이 새롭게 개선되었을 때, 이전보다 더 높은 안전 수준을 유지해야 한다[36].

- ALARP (As Low As Reasonably Practicable)

  ALARP 원칙은 위험이 허용 불가 영역 이상으로 높아지면 추가적인 위험 제어 조치를 도입할 수 없다고 명시한다.[37] 반대로 위험도가 통상적으로 허용 가능한 수준 이하이면, 그 위험은 사소한 수준으로 간주되어 적절히 관리된다. 이 원칙은 위험을 가능한 한 낮추고 합리적인 수준에서 관리하는 접근법을 제공한다[38], [39].

- MEM (Minimum Exposure Mortality)

  MEM 원칙은 여러 시스템이 동시에 동작할 때, 각 시스템이 전체 위험도의 5% 이상을 기여하지 않도록 설계해야 한다는 원칙이다. 이는 하나의 시스템에서 발생할 수 있는 위험을 제한하고, 여러 시스템이 동시에 발생할 수 있는 위험을 분산시켜 최소화하는 접근법이다[40].

SOTIF(Safety of the Intended Functionality) 개발의 마지막 단계는 시스템 설계의 적절성을 확인하고 검증하는 것이다. 앞서 언급한 여러 SOTIF 안전 요구 사항을 검토하고, 마지막으로 이러한 검증을 완료한 시스템이 실제 환경에서 제대로 작동하는지 확인해야 한다. 이 과정은 시스템의 안전성을 보장하고, 예기치 않은 상황에서도 안전하게 작동할 수 있도록 하는 중요한 절차이다.

자율주행 시스템의 안전성을 확보하기 위해서는 광범위한 테스트 계획을 수립하고 예상 조건과 예기치 않은 조건을 모두 포함하는 테스트 시나리오를 설계해야 한다. 하지만 실제 세계에서 자율주행 자동차를 계속해서 운행하는 것은 비용과 시간의 제약으로 현실적으로 어렵다. 그렇기 때문에 시뮬레이션 기반 테스트가 필수적이다. 시뮬레이션을 통해 다양한 환경 조건, 센서 고장, 엣지 케이스(경계 조건에서 발생하는 상황)에 대해 시스템 동작을 평가할 수 있다.

시나리오 기반 테스트는 시스템이 중요한 이벤트나 위험을 초래할 수 있는 상황에 대해 어떻게 반응하는지 평가하는 중요한 과정이다. 이 과정에서는 안전성에 중요한 영향을 미칠 수 있는 상황들을 예측하고 분석하며, 실제 운전 상황에서의 시스템 응답을 시험한다.

검증 절차의 핵심은 자율주행 시스템이 ISO 21448에 명시된 안전 요구 사항을 충족하는지 확인하는 것이다. 이를 위해서는 STPA와 같은 위험 분석 기법을 사용하여 안전 목표 및 요구 사항 준수 여부를 검토해야 한다. STPA는 시스템 구성 요소 간의 상호작용과 위험 요소를 종합적으로 분석하여 안전성을 보장하는 방법을 제공한다. 이를 통해 자율주행 시스템이 예상하지 못한 위험에 대해 적절히 대응할 수 있도록 설계되었는지 확인한다.

마지막으로 안전 메커니즘과 완화 전략에 대한 공식적인 검증을 수행하여, 위험 사건의 위험을 줄이는 데 효과적인지를 확인한다. 이러한 검증 절차는 자율주행 시스템이 실제 환경에서 안전하게 작동하도록 보장하는 중요한 과정이다.

표 6.20 자율주행 차량의 안전 요구 사항과 검증 전략

요구사항	검증 전략	예상 효과
환경 조건에 대한 적응력	다양한 기후 및 도로 조건에서의 시뮬레이션 테스트	시스템의 범용성 및 적응력 향상
센서 고장 대응	센서 이상 시나리오 테스트	위험 상황에서의 안전한 응답 보장
엣지 케이스 처리	예외적 상황에 대한 시나리오 기반 테스트	비정상적 조건에서의 예측 가능한 행동 보장

SOTIF의 개발이 완료되었다고 하여도, 시스템의 안전성을 지속적으로 보장하기 위한 모니터링은 반드시 필요하다. 자율주행 시스템의 수명 주기 전반에 걸쳐 안전 성능을 지속적으로 모니터링하고, 실제 배포 후 데이터 수집 및 분석을 통해 잠재적인 안전 문제를 식별해야 한다.[41] 또한, 피드백 활동을 통합하여 시스템 동작을 개선하고, 안전 요구 사항을 업데이트하며, 필요에 따라 안전 메커니즘을 강화해야 한다.

현재 자율주행 시스템은 주변 차량의 위치, 속도, 방향을 비교적 정확하게 추정할 수 있지만, 운전자의 궁극적인 의도를 추정하는 데는 한계가 있다. 운전자의 운전 스타일과 의도를 추론하는 것은 매우 복잡한 문제이다. 예를 들어, 숙련된 인간 운전자는 다양한 정보 소스를 통해 주변 상황을 해석하고 방어 운전 전략을 구사한다. 하지만 자율주행 시스템은 이러한 운전자의 의도를 완전히 파악하기 어려운 경우가 많다.

인식 작업을 어렵게 만드는 또 다른 이유는 상태의 중첩이다. 자율주행 차량이 현재 운전 상황을 정확히 이해하려면 일련의 상태를 관찰하고 상호작용을 분석해야 한다. 단일 상태로만 상황을 판단하는 것은 불가능하며, 시스템은 과거와 현재의 상태를 모두 고려해야 한다. 이러한 한계점은 SOTIF 구현에 어려움을 초래한다.

그러나 딥러닝과 강화학습 기술의 발전은 이러한 문제를 해결할 수 있는 가능성을 제공한다. 딥러닝을 통해 자율주행 시스템은 운전자의 의도를 추정할 수 있으며, 강화학습을 통해 복잡하고 역동적인 환경에서 발생할 수 있는 위험을 평가하고 대응할 수 있는 능력을 향상시킬 수 있다. 이러한 기술은 운전자의 성향과 의도를 추정하는 데 중요한 역할을 하며, 결국 SOTIF의 최종 목표를 달성하는 데 필수적인 요소가 된다.

References

[1] *Functional safety of electrical/electronic/programmable electronic safety-related systems = Sécurité fonctionnelle des systémes électriques/électroniques/électroniques programmables relatifs à la sécurité*. International Electrotechnical Commission, 2010.

[2] 유제, “기능안전 가이드 Part1. 기능안전 소개.”

[3] M. Kathiresh and R. Neelavenii, “EAI/Springer Innovations in Communication and Computing Automotive Embedded Systems Key Technologies, Innovations, and Applications.” [Online]. Available: http://www.springer.com/series/15427

[4] D. Smith and K. Simpson, Functional safety. Routledge, 2004.

[5] F. Bitsch, J. Guiochet, and M. Kaâniche, Eds., Computer Safety, Reliability, and Security, vol. 8153. in Lecture Notes in Computer Science, vol. 8153. Berlin, Heidelberg: Springer Berlin Heidelberg, 2013. doi: 10.1007/978-3-642-40793-2.

[6] O. M. Kirovskii and V. A. Gorelov, “Driver assistance systems: Analysis, tests and the safety case. ISO 26262 and ISO PAS 21448,” in IOP Conference Series: Materials Science and Engineering, Institute of Physics Publishing, Jun. 2019. doi: 10.1088/1757-899X/534/1/012019.

[7] A. Cuzzocrea et al., “Communications in Computer and Information Science 748 Commenced Publication in 2007 Founding and Former Series Editors: Editorial Board.” [Online]. Available: http://www.springer.com/series/7899

[8] ISO 26262-10:2018 – Road vehicles – Functional safety – Part 1: Vocabulary.

[9] “ISO 26262-10:2018 – Road vehicles – Functional safety – Part 2: Management of functional safety.

[10] “ISO 26262-10:2018 – Road vehicles – Functional safety – Part 3: Concept Phase.

[11] “ISO 26262-10:2018 – Road vehicles – Functional safety – Part 4: Product Development at the System Level.

[12] “ISO 26262-10:2018 – Road vehicles – Functional safety – Part 5: Product Development at the Hardware Level.

[13] "ISO 26262-10:2018 - Road vehicles - Functional safety - Part 6: Product Development at the Software Level.

[14] "ISO 26262-10:2018-Road vehicles-Functional safety-Part 7: Production and Operation.

[15] "ISO 26262-10:2018-Road vehicles-Functional safety-Part 8: Supporting Processes.

[16] "ISO 26262-10:2018-Road vehicles-Functional safety-Part 9: Automotive Safety Integrity Level (ASIL)-Oriented and Safety-Oriented Analyses.

[17] P. Kafka, "The automotive standard ISO 26262, the innovative driver for enhanced safety assessment & technology for motor cars," in Procedia Engineering, Elsevier Ltd, 2012, pp. 2-10. doi: 10.1016/j.proeng.2012.08.112.

[18] P. Johannessen, Ö. Halonen, and O. Örsmark, "Functional safety extensions to automotive SPICE according to ISO 26262," in Software Process Improvement and Capability Determination: 11th International Conference, SPICE 2011, Dublin, Ireland, May 30-June 1, 2011. Proceedings 11, Springer, 2011, pp. 52-63.

[19] G. Macher, A. Much, A. Riel, R. Messnarz, and C. Kreiner, "Automotive SPICE, safety and cybersecurity integration," in Computer Safety, Reliability, and Security: SAFECOMP 2017 Workshops, ASSURE, DECSoS, SASSUR, TELERISE, and TIPS, Trento, Italy, September 12, 2017, Proceedings 36, Springer, 2017, pp. 273-285.

[20] F. Favarò, N. Nader, S. Eurich, M. Tripp, and N. Varadaraju, "Examining accident reports involving autonomous vehicles in California," PLoS One, vol. 12, p. e0184952, Sep. 2017, doi: 10.1371/journal.pone.0184952.

[21] H. Szücs, "Numerical study to investigate the thermal characteristic length with coupled CFD-FEM simulations," Int J Heat Fluid Flow, vol. 106, p. 109312, 2024, doi: https://doi.org/10.1016/j.ijheatfluidflow.2024.109312.

[22] M. Conrad and G. Schildbach, Analysis of Functional Insufficiencies and Triggering Conditions to Improve the SOTIF of an MPC-based Trajectory Planner. 2024. doi: 10.48550/arXiv.2407.21569.

[23] A. Collin, A. Bin-Nun, and R. Tebbens, Plane and Sample: Maximizing Information about Autonomous Vehicle Performance using Submodular Optimization. 2021. doi: 10.48550/arXiv.2106.08389.

[24] J. Chu, T. Zhao, J. Jiao, Y. Yuan, and Y. Jing, "SOTIF-Oriented Perception Evaluation

Method for Forward Obstacle Detection of Autonomous Vehicles," IEEE Syst J, vol. 17, no. 2, pp. 2319–2330, 2023, doi: 10.1109/JSYST.2023.3234200.

[25] H. S. Mahajan, T. Bradley, and S. Pasricha, "Application of systems theoretic process analysis to a lane keeping assist system," Reliab Eng Syst Saf, vol. 167, pp. 177–183, 2017, doi: https://doi.org/10.1016/j.ress.2017.05.037.

[26] N. Watanabe, S. Otsuka, H. Yamada, M. Itoh, and T. Tsukidate, "Extension of STPA to Analyze Decisions and Behaviors of Human as Controlled Process in Human-Machine Coexistence Environment," in 2023 IEEE 28th Pacific Rim International Symposium on Dependable Computing (PRDC), 2023, pp. 81–87. doi: 10.1109/PRDC59308.2023.00020.

[27] T. Zhao, E. Yurtsever, J. A. Paulson, and G. Rizzoni, "Formal Certification Methods for Automated Vehicle Safety Assessment," IEEE Transactions on Intelligent Vehicles, vol. 8, no. 1, pp. 232–249, 2023, doi: 10.1109/TIV.2022.3170517.

[28] L. Peng, H. Wang, and J. Li, "Uncertainty Evaluation of Object Detection Algorithms for Autonomous Vehicles," Automotive Innovation, vol. 4, no. 3, pp. 241–252, 2021, doi: 10.1007/s42154-021-00154-0.

[29] A. Collin, A. Bilka, S. Pendleton, and R. D. Tebbens, "Safety of the Intended Driving Behavior Using Rulebooks," in 2020 IEEE Intelligent Vehicles Symposium (IV), 2020, pp. 136–143. doi: 10.1109/IV47402.2020.9304588.

[30] D. Kritzinger, "2 – Safety assessment strategy (with Goal Structuring Notation)," in Aircraft System Safety, D. Kritzinger, Ed., Woodhead Publishing, 2017, pp. 23–35. doi: https://doi.org/10.1016/B978-0-08-100889-8.00002-7.

[31] L. Sapronov and P. Bose, Model-based validation and verification of autonomous networked vehicles. 2005. doi: 10.1109/AERO.2005.1559343.

[32] R. Zhu, A. Gu, Z. Wu, B. Liu, and M. Yu, "Research on SOTIF of automatic driving system," in 2022 14th International Conference on Measuring Technology and Mechatronics Automation (ICMTMA), 2022, pp. 228–231. doi: 10.1109/ICMTMA54903.2022.00051.

[33] X. Xia, Y. Wang, L. Liu, Q. Wang, R. Zhai, and R. Zhao, "Research on Typical SOTIF Trigger Conditions of Autonomous Vehicle Perception Layer," in 2022 4th International

Symposium on Smart and Healthy Cities (ISHC), 2022, pp. 186–189. doi: 10.1109/ISHC56805.2022.00041.

[34] L. Peng, B. Li, W. Yu, K. Yang, W. Shao, and H. Wang, "SOTIF Entropy: Online SOTIF Risk Quantification and Mitigation for Autonomous Driving," IEEE Transactions on Intelligent Transportation Systems, vol. 25, no. 2, pp. 1530–1546, 2024, doi: 10.1109/TITS.2023.3322166.

[35] W. Yu, J. Li, L.–M. Peng, X. Xiong, K. Yang, and H. Wang, "SOTIF risk mitigation based on unified ODD monitoring for autonomous vehicles," Journal of Intelligent and Connected Vehicles, vol. 5, Jun. 2022, doi: 10.1108/JICV–04–2022–0015.

[36] R. Hillman, "An approach to managing the operational safety of autonomous vehicle trials," Safety and Reliability, vol. 40, no. 4, pp. 194–208, Oct. 2021, doi: 10.1080/09617353.2021.1920300.

[37] M. Jones–Lee and T. Aven, "ALARP—What does it really mean?," Reliab Eng Syst Saf, vol. 96, no. 8, pp. 877–882, 2011, doi: https://doi.org/10.1016/j.ress.2011.02.006.

[38] J. Hurst, J. McIntyre, Y. Tamauchi, H. Kinuhata, and T. Kodama, "A summary of the 'ALARP' principle and associated thinking," J Nucl Sci Technol, vol. 56, no. 2, pp. 241–253, Feb. 2019, doi: 10.1080/00223131.2018.1551814.

[39] E. B. Abrahamsen, H. B. Abrahamsen, M. F. Milazzo, and J. T. Selvik, "Using the ALARP principle for safety management in the energy production sector of chemical industry," Reliab Eng Syst Saf, vol. 169, pp. 160–165, 2018, doi: https://doi.org/10.1016/j.ress.2017.08.014.

[40] W. P. Elderton, "Forecasting mortality," Scand Actuar J, vol. 1932, no. 1–2, pp. 45–64, Jan. 1932, doi: 10.1080/03461238.1932.10405889.

[41] Z. Hou, H. Liu, and Y. Zhang, "Attributes Based Bayesian Unknown Hazards Assessment for Digital Twin Empowered Autonomous Driving," in 2021 IEEE 23rd Int Conf on High Performance Computing & Communications; 7th Int Conf on Data Science & Systems; 19th Int Conf on Smart City; 7th Int Conf on Dependability in Sensor, Cloud & Big Data Systems & Application (HPCC/DSS/SmartCity/DependSys), 2021, pp. 853–860. doi: 10.1109/HPCC–DSS–SmartCity–DependSys53884.2021.00137.

제 7 장

Over-The-Air Updates

주형진

| 목차 |

7.1 OTA란

소프트웨어와 전자장치는 현대 차량을 마치 바퀴 위의 컴퓨터처럼 만들어서 파워트레인부터 차체 제어까지 차량의 기본 기계 장치들을 완전히 제어하고 있다. 차량은 더 이상 단순한 기계 장치가 아니라, 복잡한 소프트웨어 시스템으로 변모하고 있다. 스마트폰 앱이나 운영 체제(OS), 노트북과 마찬가지로, 차량도 지속적인 소프트웨어 업데이트가 필요하다. 이러한 업데이트는 취약성을 보완하고, 보안을 강화하며, 성능을 개선하기 위해 필수적이다. 예전에는 차량 유지 관리가 주로 기계적인 부분의 수리에 집중되었지만, 이제는 소프트웨어 버전 관리, 업데이트, 패치 수정이 중요한 부분을 차지하게 되었다.

업데이트가 제대로 처리되지 않으면, 고객 경험이나 차량 소유, 주행성에 심각한 영향을 미칠 수 있다. 예를 들어, 소프트웨어 오류나 보안 취약점이 제대로 수정되지 않으면, 차량의 안전성과 성능이 저하될 수 있다. 소프트웨어는 자주 업데이트가 필요하기 때문에, 전통적인 방법으로는 차량 소유자가 거의 매달 차량 정비소를 방문해서 자동차 기술자가 차량의 포트에 USB 스틱을 꽂고 업데이트를 설치할 때까지 기다려야 하는 번거로움이 발생할 수 있다.

이러한 불편을 해결하기 위해 등장한 기술이 바로 OTA(Over-The-Air)[1], [2], [3], [4], [5]이다. OTA는 Wi-Fi, 모바일 브로드밴드, 그리고 기기 운영 체제(OS)의 내장 기능을 통해 기기에 소프트웨어와 펌웨어 업데이트를 제공하는 기술적 방식이다. "Over-the-air"라는 용어는 업데이트를 설치하기 위해 기기를 다른 기기에 물리적으로 연결할 필요가 없다는 것을 의미한다. OTA 업데이트는 무선 통신을 통해 원격으로 이루어지기 때문에, 사용자는 언제 어디서나 간편하게 업데이트를 받을 수 있다.

OTA 업데이트는 여러 영역에서 적용되고 있다. 예를 들어, 스마트폰을 가지고 있다면 이미 몇 번의 OTA 업데이트를 설치해 본 경험이 있을 것이다. 스마트폰 제조업체는 새로운 기능 추가, 버그 수정, 보안 패치 등을 위해 OTA 업데이트를 정기적으로 배포한다. 이러한 업데이트는 사용자 경험을 개선하고, 기기의 수명을 연장하며, 보안을 강화하는 데 중요한 역할을 한다.

소프트웨어로 정의된 차량인 SDV(Software-Defined Vehicle)[6] 역시 OTA를 통해 최신 기능을 유지한다. SDV는 다양한 소프트웨어 모듈과 전자 제어 장치(ECU)로 구성되어 있으며, 이러한 모듈들은 지속적으로 업데이트되어야 한다. OTA 기술을 통해 차량 제조업체는 원격으로 소프트웨어를 업데이트하고, 새로운 기능을 추가하며, 버그를 수정하고, 보안 패치를 적용할 수 있다. 이는 차량 소유자가 정비소를 방문할 필요 없이 집이나 주차장 등에서 간편하게 업데이트를 받을 수 있도록 한다.

OTA 기술은 단순한 소프트웨어 업데이트를 넘어서 차량의 전체적인 유지 관리와 사용자 경험을 혁신적으로 개선하는 데 기여하고 있다. 차량 제조업체는 OTA를 통해 신속하고 효율적으로 소프트웨어 업데이트를 제공함으로써, 고객 만족도를 높이고, 차량의 성능과 안전성을 지속적으로 향상시킬 수 있다. OTA는 차량의 디지털화와 연결성을 강화하는 중요한 기술로 자리 잡고 있으며, 미래의 자동차 산업에서 필수적인 요소가 될 것이다.

7.2 SOTA와 FOTA

OTA의 업데이트 가능 수준에 따라 이를 SOTA(Software Over the Air)와 FOTA(Firmware Over the Air)로 양분할 수 있다. SOTA와 FOTA는 각각 소프트웨어와 펌웨어를 원격으로 업데이트하는 방식으로, 차량의 다양한 요소와 기능에 대한 업데이트를 제공한다.

7.2.1 SOTA (Software Over the Air)

SOTA[7], [8], [9]란 소프트웨어 애플리케이션을 원격으로 업데이트하는 프로세스를 뜻한다. 차량에서 SOTA 업데이트는 사용자 인터페이스(UI), 인포테인먼트 시스템 및 계기판, 내비게이션 시스템 업데이트, 기타 비 필수 소프트웨어 요소들을 포함한다. 예를 들어, 새로운 내비게이션 지도가 추가되거나, 음악 스트리밍 서비스가 업데이트되거나, 새로운 UI 테마가 적용되는 경우가 이에 해당한다.

SOTA 업데이트는 차량의 운전 성능에 직접적인 영향을 미치지 않지만, 사용자의 경험과 편의성을 향상시키는 데 중요한 역할을 한다. 예를 들어, 인포테인먼트 시스템의 새로운 기능 추가나 UI 개선은 운전자가 차량을 더 편리하게 사용할 수 있도록 도와준다. 또한, 새로운 소프트웨어 기능이나 애플리케이션이 추가되어 차량의 가치를 높이고, 사용자 만족도를 증대시킨다.

SOTA는 비교적 위험이 적고, 업데이트가 실패하더라도 차량의 기본적인 운행에는 큰 지장이 없다. 따라서 SOTA 업데이트는 주기적으로, 그리고 빈번하게 이루어질 수 있으며, 사용자가 직접 업데이트를 실행할 수도 있다. 이를 통해 차량 제조업체는 지속적으로 사용자 경험을 개선하고, 새로운 기능을 신속하게 제공할 수 있다.

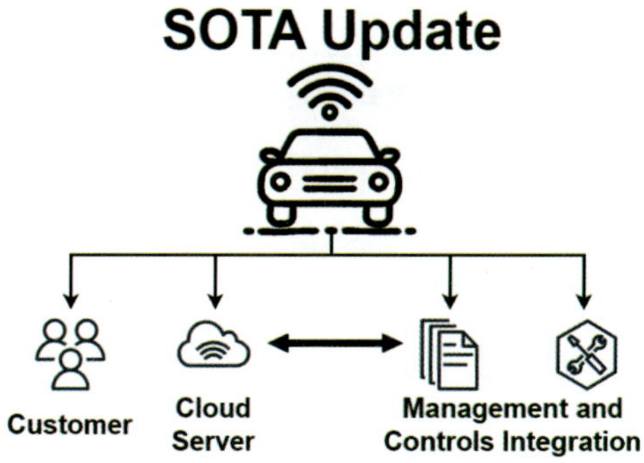

그림 7.1 SOTA Update의 구조도

7.2.2 FOTA (Firmware Over the Air)

FOTA[10]란 펌웨어를 원격으로 업데이트하는 프로세스를 뜻한다. 즉, 하드웨어를 포함하는 넓은 범위에서 OTA 업데이트를 수행하는 것이다. 차량에서 FOTA 업데이트는 동력 성능을 조절하는 VCU(Vehicle Control Unit), 제동을 결정하는 IEB(Integrated Electronic Brake), 조향을 결정하는 MDPS(Motor Driven Power Steering) 등의 제어기기에 변화를 줄 수 있다.

FOTA는 차량의 안전성, 성능, 그리고 기본적인 운전 기능에 직접적인 영향을 미친다. 예를 들어, 새로운 엔진 제어 소프트웨어가 적용되어 연비가 개선되거나, 제동 시스템의 성능이 향상되거나, 자율주행 기능이 업그레이드되는 경우가 이에 해당한다. 중요한 보안 패치와 성능 향상도 포함되며, 이는 차량의 안전성을 크게 높인다.

FOTA 업데이트는 차량의 기본적인 운행 시스템에 영향을 미치기 때문에, 더 큰 위험을 초래할 수 있다. 따라서 FOTA는 더 엄격한 테스트와 검증 절차가 필요하다. 차량 제조업체는 업데이트가 차량의 안전성과 성능에 미치는 영향을 철저히 검토하고, 충분한 테스트를 거친 후에야 FOTA 업데이트를 배포한다. 이는 차량 소유자가 서비스 센터를 방문하거나, 서비스 엔지니어가 방문하지 않고도 최신 기능을 유지할 수 있도록 하기 위함이다.

다음 표는 SOTA와 FOTA의 주요 차이점을 요약한 것이다:

표 7.1 SOTA와 FOTA 차이

구분	SOTA(Software Over the Air)	FOTA(Firmware Over the Air)
업데이트 대상	소프트웨어 애플리케이션(UI, 인포테인먼트 시스템, 내비게이션 등)	펌웨어 (VCU, IEB, MDPS 등 제어기기)
주요 기능	사용자 경험 및 편의성 향상	차량의 안전성, 성능, 운전 기능 개선
위험 수준	낮음 (운전 성능에 직접적 영향 없음)	높음 (운전 성능에 직접적 영향)
업데이트 빈도	주기적, 빈번함	드물고 엄격한 테스트 필요
주요 목적	사용자 경험 개선, 새로운 기능 제공	차량 성능 향상, 보안 패치 적용

SOTA와 FOTA는 각각의 역할과 중요성이 다르지만, 모두 차량의 지속적인 발전과 사용자 만족도를 높이는 데 기여한다. 이를 통해 차량 제조업체는 더욱 안전하고, 성능이 뛰어난 차량을 제공할 수 있으며, 사용자는 최신 기능을 간편하게 사용할 수 있다.

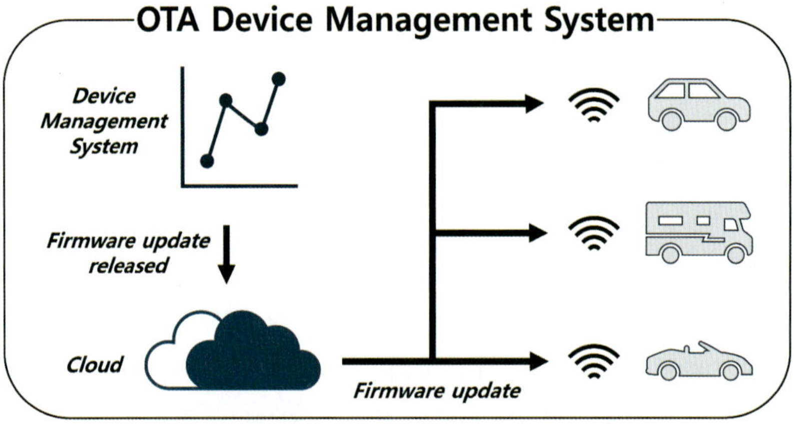

그림 7.2 OTA Device Management System의 구조도

7.3 DevOps

OTA를 SDV에 적용하기 위해서는 개발과정에서 DevOps[11], [12], [13]의 적용이 필요하다. DevOps(Development + Operations)는 소프트웨어 개발과 운영을 통합하여, 개발 프로세스 내에서 끊김 없이 지속적으로 진행하기 위한 방법론이다. DevOps는 소프트웨어 개발 패러다임의 화두가 되고 있으며, 계획, 코딩, 구축, 테스트, 출시, 배포, 운영, 모니터링의 8단계 파이프라인을 가진다.

1) 계획(Plan) : 프로젝트의 목표와 요구사항을 정의하고, 일정과 자원을 계획하는 단계이다. 이 단계에서는 소프트웨어의 기능과 특성을 명확히 하고, 전체 개발 과정의 로드맵을 작성한다.

2) 코딩(Code) : 실제 소프트웨어 코드를 작성하는 단계이다. 개발자들은 코드 작성, 코드 리뷰, 버전 관리 등을 통해 고품질의 코드를 생성한다.

3) 구축(Build) : 작성된 코드를 기반으로 소프트웨어를 빌드하고, 필요한 라이브러리와 종속성을 통합하는 단계이다. 이 단계에서는 코드가 제대로 작동하는지 확인하기 위한 기본적인 테스트가 포함된다.

4) 테스트(Test) : 빌드된 소프트웨어를 다양한 시나리오에서 테스트하여 버그와 문제를 식별하고 수정하는 단계이다. 자동화된 테스트 도구를 사용하여 효율적으로 테스트를 수행한다.

5) 출시(Release) : 테스트를 통과한 소프트웨어를 실제 운영 환경에 배포하기 위한 준비를 하는 단계이다. 이 단계에서는 배포 계획을 세우고, 필요한 승인 절차를 거친다.

6) 배포(Deploy) : 준비된 소프트웨어를 실제 운영 환경에 배포하는 단계이다. 무중단 배포, 롤백 계획 등을 통해 안정적으로 배포를 진행한다.

7) 운영(Operate) : 배포된 소프트웨어를 실제 운영 환경에서 실행하고, 모니터링하는 단계이다. 이 단계에서는 소프트웨어의 성능과 안정성을 유지하기 위한 관리가 이루어진다.

8) 모니터링(Monitor) : 운영 중인 소프트웨어의 성능, 사용량, 오류 등을 모니터링하여 문제를 조기에 발견하고 대응하는 단계이다. 이를 통해 지속적인 개선과 유지 보수를 가능하게 한다.

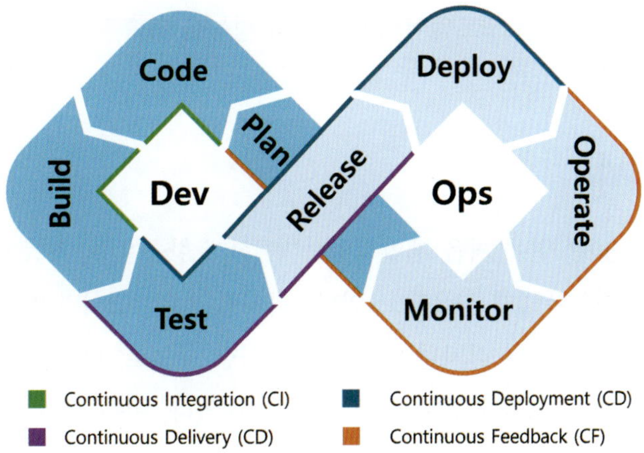

그림 7.3 8단계 파이프라인을 가진 DevOps의 구조도

DevOps에서 특히 중요한 개념은 CI(지속적 통합)와 CD(지속적 배포)이다. CI(Continuous Integration)란 개발자들이 작성한 코드를 지속적으로 통합하고, 자동화된 빌드와 테스트를 통해 즉시 검증하는 과정이다. 이를 통해 코드 변경 사항이 즉시 확인되고, 문제를 조기에 발견할 수 있다. CD(Continuous Delivery/Deployment)란 CI를 통해 검증된 코드를 자동화된 방식으로 배포하는 과정이다. 지속적 배포는 코드가 변경될 때마다 자동으로 운영 환경에 배포되는 것을 의미하며, 지속적 인도는 운영 환경에 배포할 준비가 된 상태를 유지하는 것을 의미한다.

운영 과정(Ops)에서는 CD와 CF(지속적 피드백)이 중요한 역할을 한다. CD(Continuous Delivery)란 개발된 소프트웨어를 지속적으로 배포하여, 고객이 최신 기능을 사용할 수 있도록 하는 것이다. 이를 통해 고객 피드백을 빠르게 반영하고, 제품의 품질을 높일 수 있다. CF(Continuous Feedback)란 운영 중인 소프트웨어의 상태를 지속적으로 모니터링하고, 사용자 피드백을 수집하여 소프트웨어를 개선하는 과정이다. 이를 통해 사용자 만족도를 높이고, 소프트웨어의 성능과 안정성을 유지할 수 있다.

OTA는 소프트웨어의 지속적인 개선 및 기능 변경을 필요로 하기 때문에, 소프트웨어의 통합과 출시를 가속화할 필요가 있다. 소프트웨어는 원칙적으로 완벽할 수 없는 속성을 가지고 있기 때문에, 지속적인 유지 보수가 가능해야 한다. 따라서 이러한 시장 및 기술적 상황에 적절히 대응하기 위해서는 개발 프로세스 패러다임에 대한 혁신인 DevOps가 OTA의 적용에서 매우 중요하다.

DevOps를 적용하면, 소프트웨어 개발과 운영이 통합된 프로세스로 진행되어 업데이트와 유지 보수가 보다 효율적으로 이루어질 수 있다. 또한, 지속적인 통합과 배포를 통해 신속하게 업데이트를 제공하고, 고객의 요구에 빠르게 대응할 수 있다. 이러한 DevOps의 적용은 SDV의 OTA 구현에서 필수적인 요소로, 차량 소프트웨어의 안정성과 성능을 지속적으로 개선하는 데 기여한다.

7.4 Digital Twin

디지털 트윈의 개념은 30년 전에 처음 제안되었으며, 현재 항공우주, 자동차, 건설, 도시 계획, 제조, 의료 등의 분야에서 폭넓게 사용되고 있다. 디지털 트윈[14]이란 실제 또는 의도된 현실 세계의 실체를 통신 채널을 통해 디지털 방식으로 표현한 것으로, 다양한 사용 사례에 대한 시뮬레이션, 모니터링, 추가 분석과 같은 목적에 사용될 수 있다. 이는 실제 물리적 시스템의 디지털 복제본으로, 다양한 데이터를 실시간으로 반영하여 더욱 정교하고 정확한 분석과 예측을 가능하게 한다.

자동차는 상호 작용과 데이터를 생성하는 많은 구성 요소가 있는 복잡한 시스템이기 때문에 디지털 트윈을 적용하기에 알맞다. SDV(Software-Defined Vehicle)에 디지털 트윈을 적용하면 차량의 상태와 성능을 실시간으로 모니터링하고 분석할 수 있어, 문제를 사전에 감지하고 예방하는 데 큰 도움이 된다. 또한, 가상 환경에서 다양한 시뮬레이션을 통해 새로운 기능을 테스트하고 최적화할 수 있다.

디지털 트윈을 SDV에 적용하여 활용하려면 특정 측면을 고려해야 한다. 디지털 트윈은 데이터 포인트가 많을수록 좋지만, 처리해야 할 노이즈와 반복 현상이 문제가 된다. 차량의 많은 데이터는 매우 반복적이며, 예를 들어 엔진 온도와 같은 데이터는 대부분의 시간 동안 동일하다. 수백만 개의 센서가 있는 SDV가 데이터를 저장하고 전송할 때 데이터 비용이 엄청날 수 있기 때문에, 유용한 데이터만 선별하여 수집해야 한다.

데이터 수집 과정에서 중요한 점은 필요한 데이터만을 효율적으로 수집하고, 불필요한 데이터는 최소화하는 것이다. 이를 위해 데이터 필터링과 압축 기술을 사용하여 전송해야 할 데이터의 양을 줄일 수 있다. 또한, 중요한 이벤트나 이상 징후가 발생했을 때만 데이터를 전송하는 방식을 채택할 수도 있다.

SDV에서 데이터를 수집하여 디지털 트윈 환경에 전송하면, 가상 공간에서 전송 받은 데이터를 이용하여 다양한 분석을 수행하고 차량의 소프트웨어를 개선할 수 있다. 예를 들어, 특정 부품의 마모 상태를 예측하거나, 운전 패턴을 분석하여 연비를 향상시키는 등의 작업이 가능하다. 이러한 분석 결과는 OTA(Over-The-Air) 업데이트를 통해 실제 차량에 반영된다.

디지털 트윈을 통해 얻을 수 있는 주요 이점은 다음과 같다:

1) 실시간 모니터링 및 예측: 차량의 상태를 실시간으로 모니터링하고, 데이터를 분석하여 문제를 사전에 예측하고 예방할 수 있다.
2) 효율적인 유지 보수: 차량의 유지 보수 주기를 최적화하고, 필요할 때만 정비를 수행하여 비용과 시간을 절감할 수 있다.
3) 성능 최적화: 운전 패턴과 차량의 상태를 분석하여 연비를 개선하고, 운전 성능을 최적화할 수 있다.
4) 신기능 테스트 및 배포: 가상 환경에서 새로운 기능을 테스트하고, 최적화된 결과를 실제 차량에 OTA를 통해 신속하게 배포할 수 있다.

디지털 트윈 기술은 SDV의 가능성을 극대화하고, 차량의 성능과 안전성을 향상시키는 데 중요한 역할을 한다. 이를 통해 자동차 제조업체는 더욱 정교하고 효율적인 차량을 개발할 수 있으며, 사용자는 더 나은 운전 경험을 누릴 수 있다. 디지털 트윈은 미래의 자동차 산업에서 필수적인 기술로 자리 잡을 것이다.

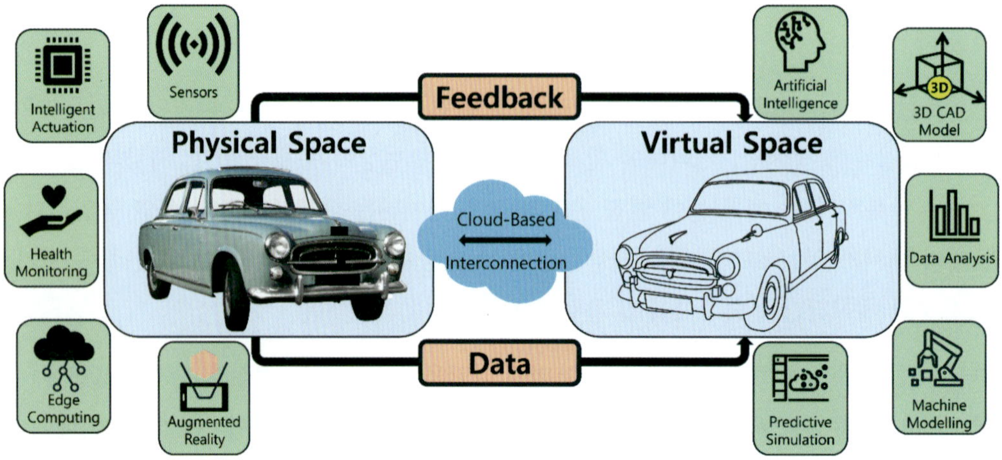

그림 7.4 Digital Twin의 구조도

7.5 OTA 아키텍처

OTA(Over-The-Air) 기술은 기업마다 다른 아키텍처를 통해 제공되며, 다양한 요소들이 포함된다. 이 장에서는 OTA 기술에 대한 대표적인 아키텍처를 살펴본다. OTA를 위한 기술에는 세 가지 필수적인 측면이 고려된다: 차량 내 설정, 차량 외부 설정, 그리고 연결된 차량 플랫폼 지원이다.

7.5.1 차량 내 설정

차량 내 설정은 차량 소프트웨어, 운영 체제(OS) 및 펌웨어에 대한 업데이트를 조정하고 적용하며, 소스에 다시 응답하는 것을 담당한다. 이 부분에는 주로 TCU(Telematics Control Unit)와 같은 장치가 포함되며, 이는 모바일 연결을 호스팅하여 차량 외부 플랫폼과 통신한다. 또한, 스마트폰과의 블루투스 연결을 통해서도 차량 외부와의 통신이 가능하다.

차량 내 OTA 클라이언트와 에이전트는 차량 수준에서 작동하며, 업데이트 가능한 ECU(Electronic Control Unit)는 OTA 기능을 구현하는 데 기본적인 요구사항이다. 업데이트 가능한 ECU의 종류와

범위에 따라 OTA가 제공할 수 있는 업데이트 기능의 범위가 결정된다. 예를 들어, 단순한 소프트웨어 업데이트부터 복잡한 펌웨어 업데이트까지 다양한 수준의 업데이트가 가능하다.

안정성과 보안성은 차량 내 설정에서 매우 중요하다. OTA 업데이트는 차량의 안전과 성능에 직접적인 영향을 미치기 때문에, 안정적인 업데이트 프로세스가 필수적이다. 이를 위해, 업데이트 과정에서 발생할 수 있는 오류를 최소화하고, 롤백 기능을 제공하여 문제 발생 시 신속히 복구할 수 있어야 한다. 또한, 업데이트 과정에서 데이터의 무결성과 보안을 유지하기 위해 암호화된 통신, 인증된 업데이트 파일, 안전한 저장소 등의 보안 기능이 필요하다.

7.5.2 차량 외부 설정

차량 외부 설정은 OTA 아키텍처의 중요한 부분으로, 업데이트 캠페인 조율, 업데이트 파일 관리, 업데이트 푸시 및 보고를 담당한다. 이 부분은 클라우드 플랫폼이나 SDV 자체에 직접 설치하여 운영할 수 있는 온프레미스(On-Premise) 방식으로 구현될 수 있다.

클라우드 플랫폼은 대규모 데이터 처리를 가능하게 하며, 여러 차량에 동시에 업데이트를 배포하는 등의 작업을 효율적으로 수행할 수 있다. 온프레미스 방식은 특정 기업의 보안 정책이나 데이터 관리 요구사항에 맞춰 커스터마이징할 수 있는 장점이 있다. 이 설정을 통해 업데이트 파일을 안전하게 관리하고, 필요시 즉각적으로 배포할 수 있다.

효율성 또한 차량 외부 설정에서 중요한 요소이다. 업데이트 파일의 크기를 최소화하고, 업데이트 과정의 시간을 줄이는 것이 중요하다. 이를 위해, 차등 업데이트(Delta Update) 방식이나 효율적인 데이터 압축 기술을 사용할 수 있다.

7.5.3 연결된 차량 플랫폼 지원

OTA 설정은 일반적으로 IoT 장치, 차량 중심, 및 서비스 플랫폼으로 구성된 연결된 차량 플랫폼과 긴밀하게 조정된다. 이 플랫폼은 차량 내외의 다양한 시스템과 통합되어, 원활한 데이터 전송과 업데이트를 지원한다. 연결된 차량 플랫폼은 다음과 같은 기능을 포함한다:

1) IoT 장치 통합: 다양한 IoT 장치와의 통합을 통해 실시간 데이터 수집과 분석이 가능하다. 이를 통해 차량의 상태를 실시간으로 모니터링하고, 필요한 업데이트를 적시에 제공할 수 있다.
2) 차량 중심 통합: 차량의 여러 시스템과 ECU를 통합하여, OTA 업데이트가 원활하게 적용

되도록 지원한다. 이는 차량 내 시스템 간의 상호 운용성을 보장하고, 업데이트 과정에서 발생할 수 있는 문제를 최소화한다.

3) 서비스 플랫폼 통합: 클라우드 기반 서비스 플랫폼과의 연계를 통해, 다양한 서비스와 기능을 차량에 제공한다. 예를 들어, 원격 진단, 주행 데이터 분석, 예측 유지 보수 등의 서비스가 가능하다.

사용자 경험은 OTA 아키텍처 전반에 걸쳐 중요한 고려 사항이다. 사용자에게 불편을 최소화하면서 업데이트를 제공하는 것이 중요하다. 사용자 인터페이스(UI)를 통해 업데이트 진행 상황을 쉽게 확인할 수 있도록 하고, 업데이트 중 차량의 사용성을 유지하는 등의 배려가 필요하다.

OTA 아키텍처는 차량의 소프트웨어와 펌웨어를 효율적으로 관리하고 업데이트할 수 있는 강력한 도구로, SDV의 성능과 기능을 지속적으로 향상시키는 데 중요한 역할을 한다. 각 기업은 자사의 요구와 환경에 맞춰 최적의 OTA 아키텍처를 설계하고 구현해야 한다.

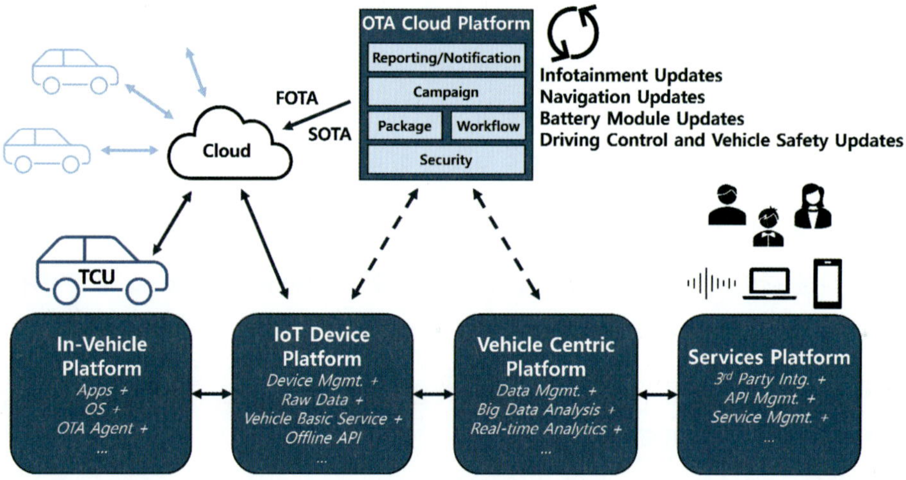

그림 7.5 OTA 기본 아키텍처

7.6 AUTOSAR OTA 표준

AUTOSAR 펌웨어 무선(FOTA) 시스템은 차량의 전자 제어 장치(ECU) 소프트웨어를 원격으로 업데이트하기 위한 표준화되고 확장 가능한 접근 방식을 제공한다[15], [16]. 이 기능은 소프트웨어 기반 기능의 복잡성과 지속적인 업데이트의 필요성이 급속히 증가하는 현대 자동차 환경에서 매우 중요하다. FOTA를 통해 제조업체는 차량의 작동 무결성을 유지하면서 차량 ECU에 소프트웨어 업데이트, 패치 및 개선 사항을 효율적으로 제공할 수 있다. 기존의 소프트웨어 업데이트 방법에서는 차량이 서비스 센터를 방문해야 했기 때문에 제조업체와 소비자 모두에게 다운타임이 발생하고 비용이 증가했다. FOTA는 5G, LTE, Wi-Fi를 포함한 다양한 무선 통신 방법을 통해 원격으로 업데이트를 수행함으로써 이러한 문제를 해결한다. FOTA 프로세스는 업데이트가 안전하고 안전하게 적용되도록 보장하여 차량 시스템의 신뢰성과 안전이 중요한 특성을 보존한다. FOTA의 주요 동인은 다음과 같다.

1) 복잡한 소프트웨어 생태계: 오늘날의 차량에는 엔진 관리, 제동, 인포테인먼트, 자율 주행 시스템과 같은 필수 기능을 제어하는 수많은 ECU가 있다. 이러한 시스템 전체에서 최적의 성능과 보안을 유지하려면 정기적인 소프트웨어 업데이트가 필요하다.
2) 운영 연속성: FOTA를 통해 차량은 서비스를 중단하지 않고도 업데이트를 받을 수 있다. 소프트웨어는 차량 운행 중에 다운로드 및 설치되며, 새로운 소프트웨어는 차량이 안전한 상태에서만 활성화된다.
3) 보안: 차량의 연결이 점점 더 많아지면서 사이버 공격의 위험도 커진다. FOTA를 통해 제조업체는 보안 패치를 신속하게 배포하고 취약점이 악용되기 전에 해결할 수 있다.
4) 비용 절감: FOTA는 직접 서비스 방문의 필요성을 줄여 유지 관리 비용을 낮추고 고객 경험을 향상시킨다.

본질적으로 AUTOSAR FOTA는 차량이 수명주기 전반에 걸쳐 최신 상태, 보안 및 기능을 유지하도록 보장하는 동시에 제조업체와 차량 소유자 모두의 운영 부담을 줄이는 데 중요한 기술이다.

7.6.1 AUTOSAR OTA 시스템 개요

■ 주요 구성 요소

AUTOSAR FOTA 시스템 아키텍처는 차량 ECU 전반에 걸쳐 소프트웨어 업데이트를 관리, 다운로드, 확인 및 설치하기 위해 함께 작동하는 몇 가지 필수 구성 요소로 구성된다.

1) FOTA Master: FOTA Master는 FOTA 프로세스를 조정하고 백엔드 서버와 통신하여 업데이트 패키지를 수신하여 차량의 FOTA Target ECU에 배포하는 중앙 ECU이다. 또한 세션 관리, 보안 액세스, 롤백 기능과 같은 주요 기능을 관리한다. FOTA 마스터는 FOTA Target ECU에 설치가 시작되기 전에 소프트웨어 업데이트가 완전히 검증되고 안전한지

확인하는 역할을 담당한다. FOTA 마스터는 Adaptive Platform의 일부이면서도 Classic AUTOSAR 플랫폼 ECU(리소스가 제한된 경우가 많음)와 통신한다. 이로 인해 UCM 마스터 조정의 필요성과 같은 아키텍처 복잡성이 발생한다.

2) FOTA Target ECU: FOTA Target ECU는 FOTA Master로부터 소프트웨어 업데이트를 수신하고 설치하는 특정 제어 장치이다. FOTA Target ECU는 메모리의 비활성 파티션에 새 소프트웨어 설치를 처리하고, 업데이트의 무결성을 확인하고, FOTA Master의 승인을 받은 후 새 소프트웨어를 활성화한다. 차량 내 FOTA Target ECU의 수는 시스템 아키텍처의 복잡성에 따라 달라진다. 메모리 관리를 위해 시스템은 쓰기 중 읽기 기능을 활용하여 비활성 파티션에 새 펌웨어를 쓰는 동안 활성 파티션에서 소프트웨어를 동시에 실행할 수 있다.

3) 백엔드 서버: 백엔드 서버는 소프트웨어 업데이트 패키지를 저장하고 차량에 배포하는 외부 인프라이다. 새로운 소프트웨어 업데이트가 있을 때 FOTA Master에 업데이트 알림을 알리고 무선 통신을 통해 FOTA Master에 데이터를 안전하게 전송하는 역할을 담당한다. 또한 서버는 각 업데이트의 진행 상황과 상태를 추적하기 위한 진단 데이터와 모니터링 도구를 제공한다.

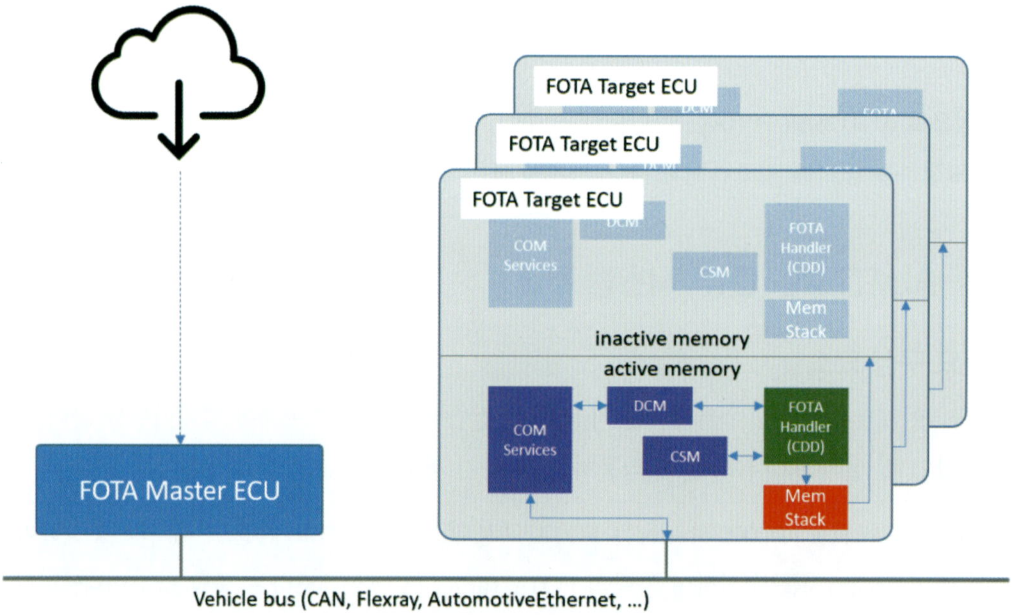

그림 7.6 AUTOSAR FOTA 구성요소

■ FOTA 프로세스 흐름

FOTA 프로세스는 안전하고 효율적이며 탄력적으로 설계되었다. 여기에는 ECU의 안전하고 안정적인 업데이트를 보장하기 위한 몇 가지 주요 단계가 포함된다.

1) 다운로드 단계: 다운로드 단계에서 FOTA 마스터는 백엔드 서버로부터 소프트웨어 패키지를 받는다. 안정적인 전송을 보장하기 위해 소프트웨어는 Data Chunk라는 더 작은 세그먼트로 나뉜다. 이러한 Data Chunk는 무선 통신을 통해 전송되며 전송 중 손실이나 손상이 발생할 경우 재전송될 수 있다. FOTA 마스터는 Data Chunk를 캐시하고 관련 FOTA Target ECU에 배포할 준비를 한다. 네트워크 중단이 있는 경우 시스템은 마지막으로 성공한 Chunk 전송부터 재개된다.
2) 설치 단계: FOTA 타겟 ECU는 FOTA 마스터로부터 Data Chunk를 수신하고 새로운 소프트웨어를 비활성 메모리 파티션에 저장한다. 설치 프로세스는 중단 가능하도록 설계되어 차량 작동을 방해하지 않고 여러 주행 주기에 걸쳐 백그라운드에서 업데이트를 적용할 수 있다. 설치 과정은 차량의 정상적인 작동과 동시에 진행되므로 업데이트 중에 시스템 성능이나 가용성이 저하되지 않는다. 이는 비활성 메모리 파티션을 사용하여 시스템이 현재 버전을 계속 실행하면서 새 소프트웨어를 작성할 수 있도록 함으로써 가능하다.
3) 검증 단계: 모든 Data Chunk가 성공적으로 설치되면 시스템은 새 소프트웨어의 무결성과 신뢰성을 확인한다. 여기에는 소프트웨어가 전송 중에 수정되거나 손상되지 않았는지 확인하기 위한 디지털 서명 및 암호화 해시와 같은 암호화 확인 방법이 포함된다. 검증 프로세스에는 알려진 신뢰할 수 있는 소스에 대해 소프트웨어 패키지의 신뢰성을 확인하고 다운로드 또는 설치 단계에서 의도하지 않은 수정이 발생하지 않았는지 확인하기 위해 데이터의 무결성을 검증하는 작업이 포함된다.
4) 활성화 단계: 성공적으로 검증된 후 FOTA Master는 새 소프트웨어의 활성화를 조정한다. 활성화 프로세스는 차량이 안전한 상태가 될 때까지 연기된다(예: 엔진을 끈 상태로 주차, 주차 브레이크 적용). 새 소프트웨어가 포함된 비활성 메모리 파티션이 활성 파티션으로 전환되어 차량이 업데이트된 소프트웨어로 작동을 시작할 수 있다. 기존 소프트웨어는 새 소프트웨어가 완전히 작동할 때까지 백업으로 시스템에 저장되어 있다. 이 백업을 사용하면 새 소프트웨어를 처음 작동하는 동안 문제가 발생할 경우 빠른 롤백이 가능하다.
5) 롤백 메커니즘: 새 소프트웨어를 활성화한 후 오류나 작동 문제가 발생할 경우 FOTA 시스템은 이전 소프트웨어 버전으로 롤백을 시작할 수 있다. 롤백 프로세스는 중요한 차량

기능이 계속 작동하고 시스템 오류로 인해 차량을 사용할 수 없게 되는 일이 없도록 보장한다. 롤백 메커니즘은 새 소프트웨어가 활성화 후 확인을 통과하지 못한 경우 시스템에 의해 자동으로 시작되거나 진단 도구를 통해 수동으로 시작될 수 있다.

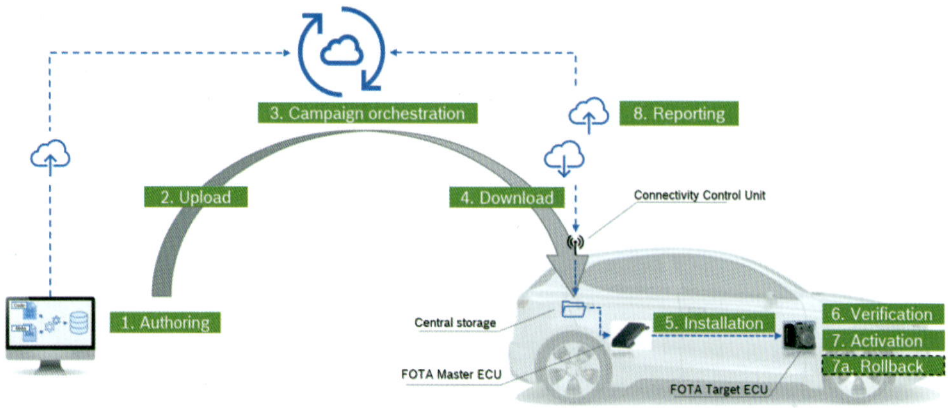

그림 7.7 AUTOSAR FOTA 업데이트 프로세스 구조도

7.6.2 AUTOSAR OTA의 상세한 기술 솔루션

■ 메모리 관리 및 파티셔닝

AUTOSAR FOTA의 핵심 측면은 메모리 관리에 대한 접근 방식이다. FOTA 시스템은 분할된 메모리 아키텍처를 사용하여 차량의 현재 작동에 영향을 주지 않고 업데이트를 가능하게 한다. FOTA Target ECU에는 두 개의 메모리 파티션, 즉 현재 버전의 소프트웨어를 실행하는 활성 파티션과 새 소프트웨어가 설치되는 비활성 파티션이 포함되어 있다. 이 이중 파티션 접근 방식을 사용하면 시스템이 비활성 파티션에 새 소프트웨어를 쓰는 동시에 활성 파티션이 현재 소프트웨어를 계속 실행하여 차량 작동에 대한 중단을 최소화할 수 있다. 원활한 업데이트를 활성화하려면 시스템에서 읽기 및 쓰기 작업을 동시에 수행할 수 있어야 한다. 이는 ECU가 비활성 파티션에 새 소프트웨어를 쓰는 동안 활성 파티션에서 읽을 수 있도록 하는 read-while-write 기능을 통해 달성된다. 이 기능은 업데이트 프로세스 중에 작업 연속성을 유지하는 데 중요하다. 새 소프트웨어가 성공적으로 설치 및 검증되면 ECU는 활성 파티션에서 비활성 파티션의 새로 업데이트된 소프트웨어로 전환한다. 이 파티션 스위치는 FOTA Master에 의해 작동되며 차량이 안전하고 안전한 상태일 때만 발생한다. 경우에 따라 이 스위치에는 외부 저장 매체(예: 외부 플래시 메모리)에서 ECU의 내부 플래시 메모리로 새 소프트웨어를 복사하는 작업이 포함된다.

■ 보안 조치

보안은 원격 업데이트와 관련된 모든 시스템의 주요 관심사이며, AUTOSAR FOTA는 업데이트 프로세스 중 무단 액세스 및 변조로부터 차량을 보호하기 위해 강력한 보안 메커니즘을 구현한다. 백엔드 서버, FOTA Master 및 FOTA Target ECU 간의 모든 통신은 보안 통신 프로토콜을 사용하여 암호화된다. 암호화는 전송 중에 승인되지 않은 당사자가 데이터를 가로채거나 수정하거나 액세스할 수 없도록 보장한다. 소프트웨어 업데이트를 받으면 FOTA 시스템은 암호화 검증을 수행하여 소프트웨어의 무결성과 신뢰성을 보장한다. 여기에는 소프트웨어의 디지털 서명 및 암호화 해시 확인이 포함된다. 디지털 서명은 소프트웨어가 신뢰할 수 있는 소스에서 유래했음을 확인하는 반면, 해시는 소프트웨어가 전송 중에 변경되거나 손상되지 않았음을 보장한다. FOTA 시스템은 하드웨어 보안 모듈(HSM)을 사용하여 암호화 키를 안전하게 관리하고 암호 해독 및 디지털 서명 확인과 같은 보안에 민감한 작업을 수행할 수 있다. HSM은 이러한 작업을 ECU의 나머지 기능과 분리하여 추가적인 보안 계층을 제공한다.

■ 중단 처리 및 오류 복구

FOTA 프로세스는 중단과 오류에 탄력적으로 대응하도록 설계되었다. 네트워크 문제, 운전 주기 변경 또는 우선순위가 높은 진단 요청으로 인해 중단이 발생할 수 있다. 오류 복구 메커니즘은 차량 소프트웨어의 무결성을 손상시키지 않고 업데이트 프로세스를 복구할 수 있도록 보장한다. FOTA 시스템은 여러 운전 주기에 걸쳐 업데이트 프로세스를 일시 중지하고 다시 시작할 수 있다. 중단이 발생하면 시스템은 마지막으로 성공적으로 설치된 Data Chunk의 기록을 유지하고 조건이 허용되면 해당 지점부터 업데이트를 재개한다. 이를 통해 업데이트 중에 차량의 전원이 꺼지거나 네트워크 범위를 벗어나더라도 업데이트 프로세스가 완료될 수 있다. 설치 또는 활성화 단계에서 오류가 발생하는 경우 시스템은 진단 정보를 기록하고 백엔드 서버에 자세한 오류 보고서를 제공한다. 이를 통해 원격으로 문제를 해결하고 수정 조치를 취할 수 있다. 새 소프트웨어가 활성화되지 않으면 FOTA 시스템은 자동으로 이전 소프트웨어 버전으로 롤백을 시작하여 차량 작동성을 보장한다.

■ 진단 통신

AUTOSAR FOTA 시스템은 진단 통신 관리자(Dcm) 모듈을 활용하여 소프트웨어 업데이트 프로세스를 관리한다. Dcm 모듈은 데이터 전송, 보안 검증 및 오류 처리를 관리하는 데 중요한 다양한 진단 서비스를 제공한다. FOTA 프로세스는 진단 세션 내에서 관리된다. 이 세션은 시스템

리소스에 대한 제어된 액세스를 제공하고 권한이 있는 업데이트만 적용할 수 있도록 한다. 이 세션은 또한 오류 보고 및 롤백 관리를 처리한다. Dcm 모듈은 FOTA 마스터와 FOTA 대상 ECU 간의 Data Chunk 전송을 용이하게 한다. 수신된 Data Chunk를 저장하기 위한 버퍼를 관리하고, 전송된 데이터의 무결성을 검사하며, 데이터가 적절한 메모리 파티션에 기록되도록 한다. Dcm 모듈은 액세스 제어 정책을 시행하여 권한이 있는 엔터티만 FOTA 프로세스를 시작하거나 관리할 수 있도록 한다. 이를 통해 권한이 없는 당사자가 소프트웨어를 설치하거나 조작하는 것을 방지한다.

7.6.3 AUTOSAR OTA의 요구 사항 및 제약 조건

■ 메모리 스택 전제 조건

FOTA 프로세스를 지원하기 위해 ECU의 메모리 스택은 런타임 동안 데이터 플래시와 프로그램 플래시 섹션에 대한 액세스를 포함하여 특정 기능을 제공해야 한다. 이러한 기능은 현재 소프트웨어의 실행을 방해하지 않고 새 소프트웨어를 메모리에 쓸 수 있도록 보장한다. 메모리 스택은 다른 메모리 파티션에서 동시 읽기 및 쓰기 작업을 지원해야 한다. 이를 통해 시스템은 활성 파티션이 계속 작동하는 동안 비활성 파티션을 업데이트할 수 있다. 메모리 추상화 계층(MCAL)은 업데이트 프로세스 동안 메모리 스택에 대한 액세스를 제어하는 데 필요한 인터페이스를 제공해야 한다. MCAL은 메모리 스택이 읽는 동안 쓰기 작업 중에 적절하게 관리되고 메모리 액세스에 대한 하드웨어별 요구 사항이 올바르게 처리되도록 보장한다.

■ UCM-Master 및 다중 ECU 조정

여러 ECU가 있는 차량에서 업데이트 및 구성 관리(UCM) 시스템은 모든 관련 ECU에서 업데이트를 조정하여 호환성과 기능을 보장한다. UCM-Master는 여러 ECU에서 소프트웨어 업데이트의 동기화를 관리한다. 시스템은 모든 ECU가 업데이트를 성공적으로 설치한 후 활성화 단계로 진행할 때까지 기다린다. 이를 통해 상호 종속된 ECU가 호환되는 소프트웨어 버전에서 작동하도록 한다. 활성화 프로세스 중에 하나의 ECU가 실패하면 UCM-Master는 모든 ECU에서 롤백을 트리거할 수 있다. 이를 통해 시스템이 일관된 상태를 유지하고 서로 다른 ECU 간의 비호환성을 방지할 수 있다.

7.7 기업 사례

OTA 기술을 성공적으로 도입한 다양한 기업들의 사례를 살펴보는 것은 매우 유익하다. 다음은 SDV(Software-Defined Vehicle) 및 OTA 기술 적용을 통해 혁신을 이루고 있는 대표적인 자동차 제조 업체들과 OTA 전문 제공 업체들의 사례이다.

7.7.1 자동차 제조업체 사례

■ 테슬라(Tesla)

테슬라는 OTA(Over-The-Air) 업데이트의 선두주자로, SDV(Software-Defined Vehicle)의 개념을 실현하는 데 큰 역할을 하고 있다. 테슬라는 자사의 차량에 OTA 기술을 적용하여 소프트웨어 업데이트를 제공하고, 이를 통해 차량의 성능을 지속적으로 개선하며 새로운 기능을 추가한다.

테슬라의 OTA 업데이트 아키텍처는 먼저 차량 내 시스템이 있다[17], [18]. 이는 Electronic Control Unit, Telematics Control Unit, OTA Client Software으로 이루어져 있다. 테슬라의 차량에는 여러 개의 ECU가 장착되어 있으며, 각 ECU는 특정 기능을 제어한다. OTA 업데이트는 이 ECU들에 직접 적용된다. TCU는 차량 내외부와의 통신을 담당한다. 이는 셀룰러 네트워크를 통해 클라우드와 연결되며, OTA 업데이트 패키지를 수신하고 이를 각 ECU로 배포하는 역할을 한다. OTA Client Software는 차량 내에 설치된 소프트웨어로, 업데이트 파일을 다운로드하고 설치하는 과정을 관리한다. 이 클라이언트는 업데이트 파일의 무결성을 검증하고, 설치가 완료된 후 시스템을 재 부팅하여 새로운 소프트웨어가 정상적으로 동작하는지 확인한다.

다음으로 클라우드 인프라가 있다. 이는 서버 인프라, 보안 및 인증 시스템, 배포 관리 시스템으로 이루어져 있다. 테슬라는 대규모 클라우드 서버 인프라를 통해 업데이트 파일을 관리하고 배포한다. 이것은 업데이트 파일의 저장, 버전 관리, 배포 스케줄링 등의 기능을 포함한다. 업데이트 파일의 안전한 전송을 위해 SSL/TLS 암호화를 사용하며, 각 차량 및 업데이트 파일의 인증을 위한 고유의 인증서를 발급한다. 이를 통해 무단 접근 및 위 변조를 방지한다. 이후 배포 관리 시스템을 통해 업데이트 배포의 전체 과정을 관리한다. 특정 차량 그룹에 대한 업데이트 스케줄을 설정하고, 배포 진행 상황을 모니터링하며, 문제가 발생할 경우 롤백을 수행한다.

마지막으로 통신 인프라가 있다. 이는 셀룰러 네트워크, Wi-Fi 등으로 이루어져 있고, OTA 업데이트를 원격으로 가능하게 해준다.

테슬라의 OTA 업데이트 프로세스는 다음의 4가지 단계를 따른다.

1. 업데이트 준비

- 소프트웨어 개발 및 테스트: 새로운 소프트웨어 버전은 테슬라의 개발 팀에 의해 작성되고, 철저한 테스트 과정을 거친다. 이는 시뮬레이션 환경과 실제 차량에서의 테스트를 포함한다.
- 패키징 및 서명: 테스트를 마친 소프트웨어는 패키징되어 디지털 서명 과정을 거친다. 디지털 서명은 업데이트 파일의 무결성과 인증을 보장한다.

2. 배포

- 클라우드 서버 업로드: 패키징된 업데이트 파일은 테슬라의 클라우드 서버에 업로드된다.
- 배포 스케줄링: 배포 관리 시스템은 특정 차량 그룹에 대한 업데이트 스케줄을 설정한다. 이는 차량의 지역, 모델, 소프트웨어 버전 등을 고려하여 결정된다.
- 알림 발송: 차량 소유자에게 업데이트가 곧 이루어질 것이라는 알림이 전송된다. 이는 차량의 디스플레이나 모바일 앱을 통해 이루어진다.

3. 다운로드 및 설치

- 업데이트 다운로드: 차량의 TCU가 클라우드 서버로부터 업데이트 파일을 다운로드한다. 다운로드 과정에서 데이터 무결성이 검증된다.
- 설치 준비: 다운로드가 완료되면, 차량 소유자는 설치를 시작할 수 있다는 알림을 받는다. 설치 과정은 차량이 주행 중이 아닐 때 시작되도록 설계되었다.
- 설치 및 검증: OTA 클라이언트 소프트웨어는 업데이트 파일을 각 ECU에 적용한다. 설치가 완료되면, 시스템을 재부팅하여 새로운 소프트웨어가 정상적으로 동작하는지 확인한다.

4. 모니터링 및 피드백

- 업데이트 상태 모니터링: 클라우드 서버는 각 차량의 업데이트 상태를 실시간으로 모니터링한다. 이는 성공적인 업데이트 여부, 발생한 오류 등을 포함한다.
- 피드백 수집: 업데이트 후 차량 소유자로부터 피드백을 수집하여, 추가적인 문제나 개선 사항을 파악한다.

■ 현대자동차(Hyundai Motor Group)

현대자동차는 차량 제어기 소프트웨어의 무선(OTA) 업데이트를 통해, 고객이 워크샵을 방문하지 않고도 소프트웨어를 최신 상태로 유지할 수 있도록 한다[19]. 현대자동차의 OTA 업데이트 과정은 크게 생성, 배포, 설치의 세 단계로 나뉜다.

1) 생성단계: 제어기 협력사에서 신규 바이너리가 생성이 되면 이를 리프로그래밍 하기 위한 Reprogram config 파일을 생성하고, 이를 소프트웨어 패키지 형식으로 만든 다음, 현대자동차 소프트웨어 업데이트 매니지먼트 시스템인 SUMS(Software Update Management System)에 등록한다.
2) 배포단계: SUMS에서 여러 제어기의 소프트웨어 패키지를 차량 시스템 단위로 패키징하여 소프트웨어 릴리즈 형태로 DM Server, CDN까지 전달하고 저장한다. 차량에서는 매 주행 사이클마다 DM Client라는 모듈이 DM Server와 싱크하는 과정을 거치고 업데이트가 필요하다고 판단될 대에는 CDN을 통해 소프트웨어 릴리즈를 다운로드 받는다.
3) 설치단계: 다운로드 받은 소프트웨어 릴리즈는 OT Master를 통해 처리된다. OT Master는 차량 시스템 단위의 업데이트 절차를 조정하고 업데이트 진입 조건 등을 판단한다. 소프트웨어 릴리즈 안에 포함되어 있는 여러 소프트웨어 패키지들은 업데이트 매니저에게 전달돼서 제어기별 리프로그래밍을 수행한다. 즉, 차량 시스템 단위의 제어는 OT Master에서 수행되고 제어기별 리프로그래밍은 업데이트 매니저에서 수행된다는 것이다.

현대자동차는 제어기 업데이트를 위해 H-OTA Studio를 사용하여 통신 방식을 UDS(진단)로 일원화하고, 제어기 별로 업데이트 절차를 설정할 수 있도록 허용한다. 협력사에서는 H-OTA Studio를 통해서 제어기의 리프로그래밍 시퀀스를 설정하고 단품 테스트 수행 후 SUMS에 등록한다. 이때 진단통신 절차, Separate time, Block size 등을 설정할 수 있다. 소프트웨어 패키지는 차량 내 업데이트 매니저로 전달되어 동일한 형식의 Reprogram Config를 참조하여 동작하도록 되어있다. 이렇게 하면 여러 다양한 제어기에 다양한 업데이트 방식을 일관된 방식으로 수행할 수 있게 된다.

현대자동차는 제어기 업데이트의 시작 전까지 제어기를 Alive 상태로 유지하기 위하여 Network Management 기능을 적용하였다. 제어기 업데이트는 IG off 상태에서 고객에게 승인을 받고 약 3분 이후에 시작이 되도록 설계되어 있다. 설계대로 작동하기 위해서는 시작하는 시점까지 제어기가 Alive 상태를 유지해야 되는데, 이를 NM message를 통해 유지한다. 업데이트가 시작되고 나면 업데이트 성능을 위해서 일반 메시지와 NM message까지 포함해서 송수신을 금지하고 있기 때문에 진단 TesterPresent message를 통해 Alive를 유지하고 있다.

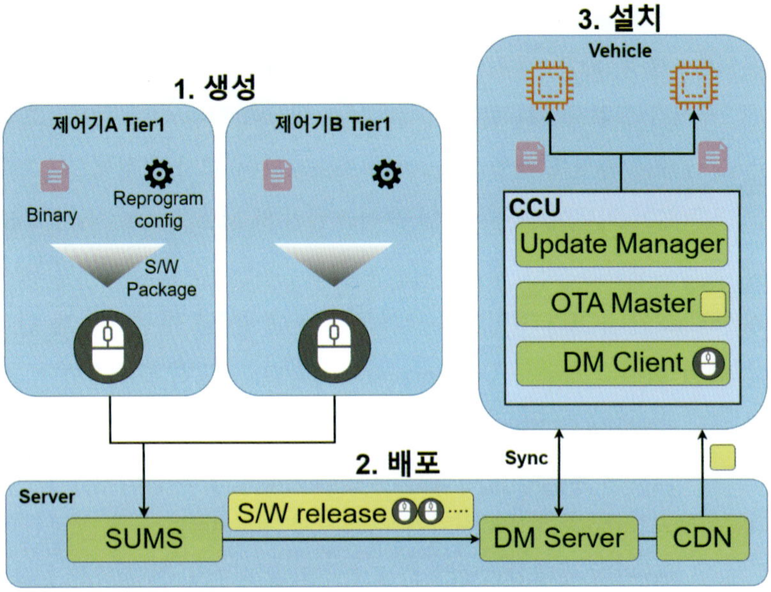

그림 7.8 현대자동차 OTA Update 과정

현대자동차는 차량을 안전하게 업데이트하면서 사용자에게 합리적인 UI를 제공하기 위해 주행 중에 업데이트 조건을 미리 확인해서 승인창을 표시하고 업데이트 대기 상태에서 최종 판단을 하는 방법을 따른다. IG off 상태에서 사용자의 승인창을 띄워서 승인을 받은 이후에 대기 중인 상태에서 고객이 업데이트 조건을 만족시킬 수 있도록 조작을 유도한다. 승인 창 표시 조건은 12V배터리상태, 고전압배터리 상태, 무선통신 상태 확인 등이고, 업데이트 시작 조건은 전원, 차속, 후드, P단, 파킹브레이크 상태 확인이다. 업데이트 대기 최대 시간이 경과한 시점에서도 업데이트 조건이 불만족 시에는 취소 처리가 되고 다음 주행 사이클을 기다린다. 여기까지는 업데이트를 시작하기 전까지 안전상태를 판단하는 부분이다.

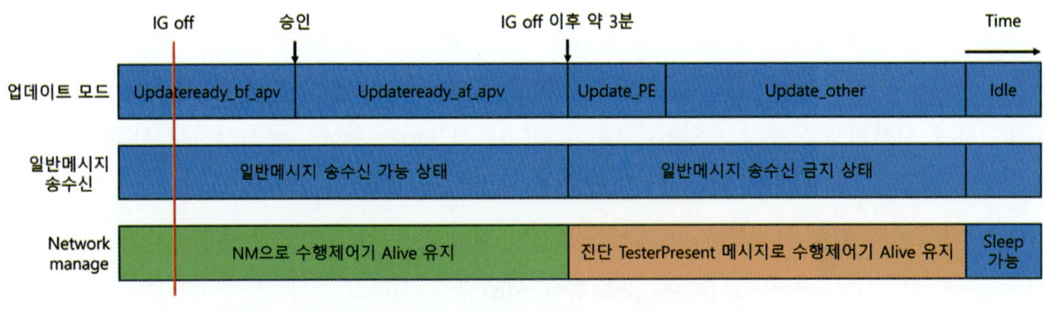

그림 7.9 현대자동차 제어기 업데이트에서의 Network Management 방법

업데이트를 시작하고 나면 IG on 및 시동을 금지해서 불필요한 제어기의 Alive를 막고 안전상태를 유지한다. 혹시라도 업데이트가 실패했을 경우에는 해당 제어기의 안전 유관/무관 여부에 따라서 안전 유관 제어기가 업데이트를 실패했을 때에는 긴급 출동 및 유선 업데이트로 조치할 수 있도록 시동을 금지하고, 안전 무관 제어기가 업데이트를 실패했을 때에는 고객의 편의를 최대한 보장하기 위해 시동은 허용한다.

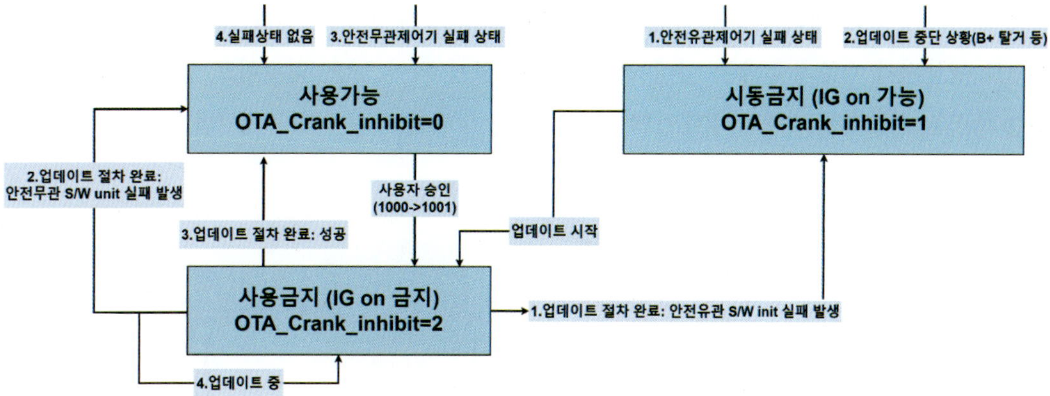

그림 7.10 현대자동차 안전한 제어기 업데이트 순서도

제어기 중에서 시동금지 기능 제어기의 업데이트는 메모리 이중화 및 백그라운드 전송 기능을 사용해서 Deadtime을 최소화한다. 주행 중에 비활성화된 버퍼 영역에 Write하는 동작은 미리 실행하고, 사용자 승인을 받은 후에 실제 업데이트하는 과정에서는 Swap하고 Reboot하는 과정만 실행함으로써 Deadtime을 최소화한다. 만약 업데이트 실패가 발생하더라도 별도의 복구 절차 없이 기능 동작이 가능하다. 백그라운드 전송 기능은 사용자 승인 전에 주행 중에 동작함으로써, 고객이 체감하는 업데이트 시간을 줄여줄 수 있고, 12V 배터리 사용량 절감에도 효과가 있다.

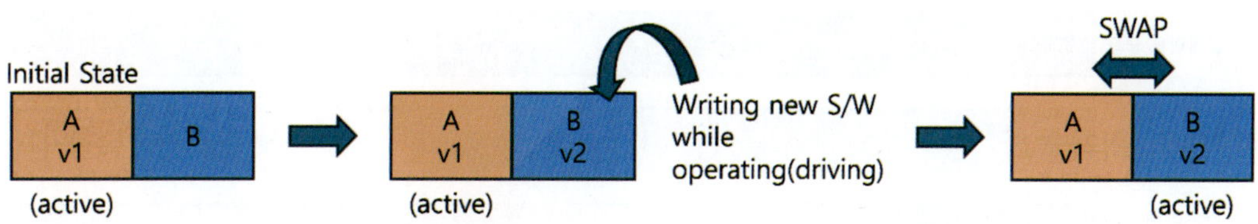

그림 7.11 현대자동차 메모리 이중화 및 백그라운드 전송 방법

현대자동차는 전력 소모 효율화를 위해 종료 예상 충전 량을 기반으로 업데이트 실행을 판단하여 업데이트 후 배터리 상태와 업데이트 진입률을 확보하였다. 배터리가 완충 되어있을 때에는 배터리를 소모하더라도 종료 예상 충전 량이 방전 하한치보다 높기 때문에 업데이트를 실행한다. 배터리가 방전된 상태에서 업데이트를 실행하면 종료 예상 충전 량이 방전 하한치보다 낮음으로 업데이트를 실행하지 않는다. 하지만 차량 시스템 소프트웨어 릴리즈는 여러 제어기들의 조합이 존재할 수 있기 때문에 소프트 릴리즈에 따라 수행 시간이 다 제 각각이다. 따라서 소프트 릴리즈에 따라 배터리 소모량이 작은 경우에는 종료 예상 충전 량이 방전 하한치보다 높을 것으로 예상되기 때문에 그때는 업데이트를 실행하도록 되어 있다. 업데이트 실행 전 미리 충전하는 로직을 적용해서 최대한 업데이트 실행 가능한 상태를 유지하도록 제어를 한다.

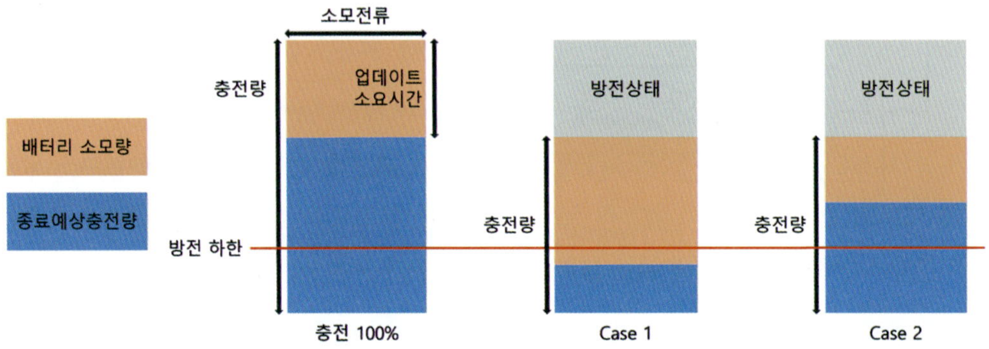

그림 7.12 현대자동차 전력 소모 효율화 방법

전기차의 경우는 고전압 배터리를 사용할 수 있기 때문에 업데이트를 할 때 고전압 배터리를 사용하여 업데이트를 한다. 고전압 배터리와 관련된 제어기를 업데이트 할 때만 12V 배터리를 사용하여 업데이트를 한다.

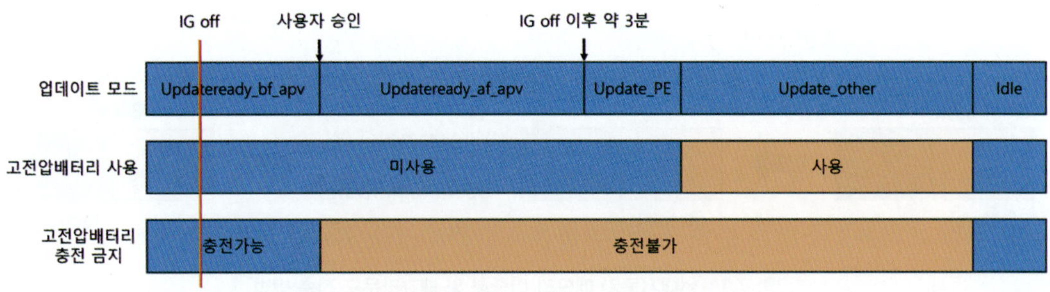

그림 7.13 현대자동차 고전압 배터리 사용 시 업데이트 방법

내연기관, 전기차 공통으로 배터리 온도조건에 따른 실행 판단 기능, 메모리 이중화, 메모리 업데이트 중에 자동 ACC on/off 기능, 병렬처리 기능 등을 적용하여 배터리를 효율적으로 소모한다.

7.7.2 OTA 전문 제공 업체 사례

■ 일렉트로비트(Eletrobit)

독일의 자동차 임베디드 소프트웨어 전문 회사인 일렉트로비트(Elektrobit)[20]는 지원 시스템 개선, 새로운 앱 등의 소프트웨어 업데이트를 위해 워크샵 방문 없이 무선(OTA) 업데이트를 활용한다. 이를 위해 기존 AUTOSAR 환경을 Adaptive AUTOSAR로 대체하였다. Adaptive AUTOSAR는 기능과 구성 요소를 의도적으로 업데이트하기 위한 표준으로, 주요 기능을 제공한다. Classic AUTOSAR는 항상 애플리케이션 소프트웨어의 전체 업데이트가 필요한 반면, Adaptive AUTOSAR는 차등 업데이트를 지원한다. 즉, 개별 애플리케이션 블록만 업데이트되고, 대상 애플리케이션이 새 소프트웨어 버전으로 패치 되는 델타 업데이트가 가능한 모듈 식 아키텍처이다. Adaptive AUTOSAR의 업데이트 과정은 다음과 같다. 업데이트 마스터가 연결 클라이언트로부터 무선으로 전송된 업데이트 데이터를 수신한 다음 업데이트 구성 관리자(UCM) 및 진단 관리자(DM)와 협력하여 개별 소프트웨어 구성 요소를 의도적으로 업데이트한다.

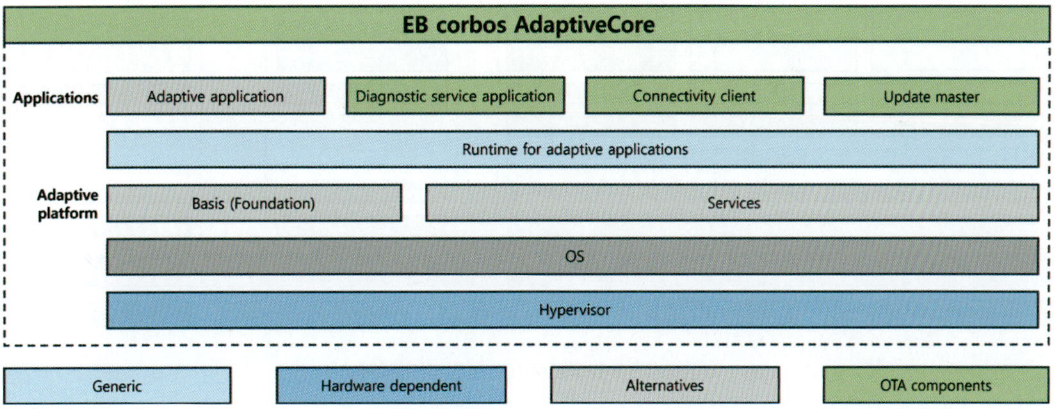

그림 7.14 EB corbos Adaptive Core 아키텍처

OTA를 통한 SDV의 업데이트는 많은 이점을 제공하지만, 해커 공격, 데이터 손실, 오작동, 리콜 또는 대책에 대한 비용 위험 등 많은 공격 지점도 존재한다. 따라서 OTA 소프트웨어 업데이트는 차량 내부와 외부 모두에서 보안 아키텍처가 필요하다. 일렉트로비트는 Adaptive AUTOSAR의 보안 기능, 특히 OTA 업데이트의 맥락에 초점을 맞춰 제공한다.

기본 보안 아키텍처는 차량 구성 요소와 그 연결 및 인터페이스, 백엔드 시스템, 그리고 해당되는 경우 연결된 모든 엔드 디바이스를 고려한다. 이 개념은 차량 환경 내부와 외부에서 영향을 받는 모든 계층을 포함하며, 즉 개별 구성 요소와 ECU, 차량 내부의 버스 시스템, 외부 인터페이스 및 프로토콜(예: WLAN 포함)과 모든 관련 서비스의 엔드투엔드 암호화 및 보호를 포함한다. 이를 통해 시스템 무결성을 보장하고, 오용 시도를 방지하며, 데이터 보호 및 정보 보안에 대한 끊임없이 증가하는 법적 요구 사항을 충족한다. 이러한 목표를 달성하기 위해 SecOC(Secure Onboard Communication) 및 HSM(Hardware Security Modules)과 같은 자동차 보안 분야의 솔루션과 접근 방식이 사용된다. 보안 아키텍처는 TLS(Transport Layer Security), 인증서 기반 인증 및 암호화와 같은 클라이언트-서버 통신의 Classic AUTOSAR 솔루션과 프로세스를 기반으로 한다.

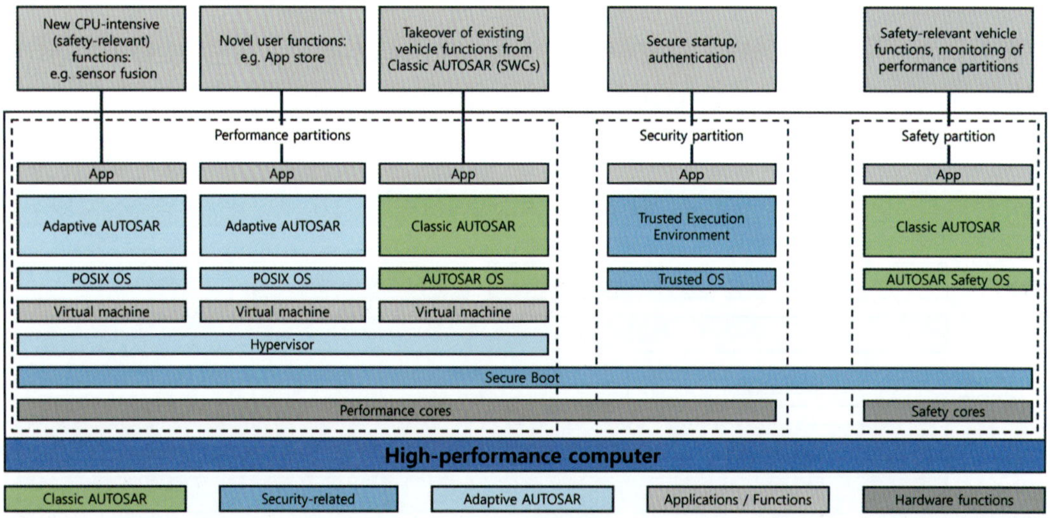

그림 7.15 일렉트로비트 보안 아키텍처

Adaptive AUTOSAR는 위의 보안 아키텍처와 개념을 기반으로 시스템 시작부터 OTA 업데이트 데이터 수신, 업데이트 설치까지 전체 업데이트 프로세스를 보호한다. 보안 부팅 메커니즘 덕분에 차량의 시스템 환경 무결성이 보장된다. 이는 인증된 소프트웨어 구성 요소만 로드하고 실행한다. 검증 프로세스는 로딩 및 시작 시간을 최소화하기 위해 소프트웨어와 동시에 실행된다. OEM별 요구 사항이 완벽하게 통합된다. 백엔드와 온보드 구성 요소 간의 엔드투엔드 암호화된 통신 연결과 백엔드와 차량 모두의 암호화된 데이터 저장은 업데이트 데이터가 안전하게 전송되고 저장되도록 보장한다. 애플리케이션의 프로그램 코드와 독립적인 부트로더는 차량에 업데이트를 설치하기 위한 안전한 환경을 만든다.

■ Microsoft

마이크로소프트(Microsoft)는 Eclipse SDV 작업 그룹이 오픈소스로 제공하는 소프트웨어 스택과 배포를 활용하여 SDV에 OTA업데이트를 제공한다[21]. Eclipse SDV가 제공하는 구성요소를 Github 및 Azure 서비스와 함께 사용하여 종단 간 자동차 소프트웨어 스택을 개발하고, SIL(Software in the Loop) 테스트를 구현하고, HIL(Hardware in the Loop) 테스트를 조율하고, 차량 함대 검증을 엔지니어링한다. 마이크로소프트는 엔지니어링 테스트 차량에 컨테이너화 된 자동차 애플리케이션을 배포하여 통합테스트를 수행한다. 자동차 개발자는 애플리케이션의 새 버전을 빌드, 테스트 및 검증하여 차량에 배포한다. 마이크로소프트의 OTA 업데이트 과정은 다음과 같다.

1) 자동차 개발자는 릴리스를 만든다. 릴리스에는 소프트웨어 스택 컨테이너에 대한 원하는 상태의 정의와 빌드의 정의가 포함된다.
2) 툴체인(toolchain)과 오케스트레이션(orchestration) 서비스, 즉 복잡한 컴퓨터 시스템, 미들웨어, 서비스의 배치, 조정 및 관리를 자동화하는 시스템은 릴리스 프로세스를 유발한다. 서비스는 소프트웨어 컨테이너를 빌드, 검증 및 릴리스하는 데 필요한 인프라를 배포한다.
3) 실행 중에 애플리케이션은 컨테이너 기반 툴링으로 빌드, 검증 및 릴리스된다. 툴의 요구 사항에 따라 컨테이너화 된 애플리케이션의 경우 Azure Kubernetes Service(AKS)에 배포하거나 전용 VM에 배포할 수 있다.
4) 빌드가 완료되면, 릴리스 된 컨테이너의 컨테이너 저장소에 결과가 푸시 되고 변경 사항은 OTA 서버에 등록된다.
5) OTA 클라이언트는 컨테이너 기반 애플리케이션을 위한 전담 OTA 에이전트를 가지고 있다. 원하는 상태 탐색 에이전트는 툴체인과 오케스트레이션 서비스에 연결하여 원하는 상태 정의를 검색한다.
6) 컨테이너 오케스트레이션 엔진은 컨테이너 저장소에서 원하는 컨테이너를 다운로드하여 활성화한다.

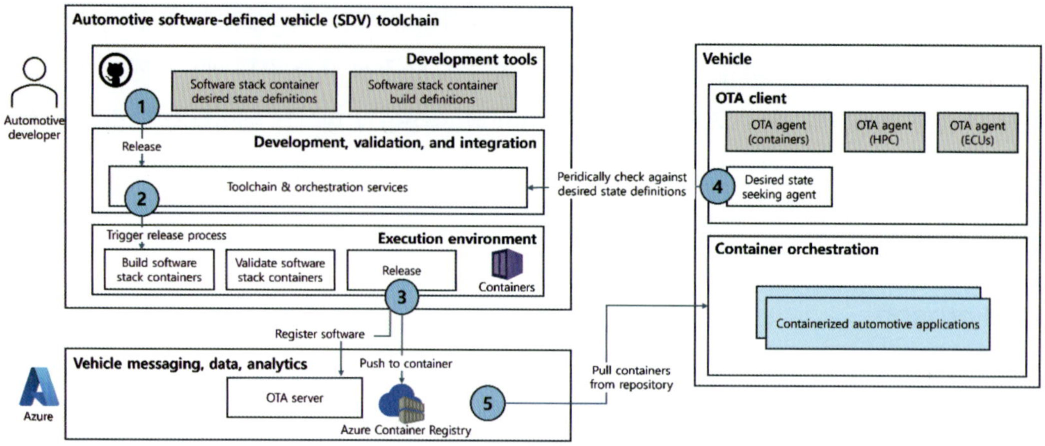

그림 7.16 마이크로소프트 OTA Update 과정

References

[1] "Over-the-air (OTA) : A Differentiator for Software-Defined-Vehicles." Accessed: Nov. 21, 2024. [Online]. Available: https://www.telematicswire.net/over-the-air-ota-a-differentiator-for-software-defined-vehicles/

[2] "SDV를 구별짓는 가장 큰 특징 OTA 업데이트에 대한 이야기." Accessed: Nov. 21, 2024. [Online]. Available: https://blast-experience99.tistory.com/entry/SDV%EB%A5%BC-%EA%B5%AC%EB%B3%84%EC%A7%93%EB%8A%94-%EA%B0%80%EC%9E%A5-%ED%81%B0-%ED%8A%B9%EC%A7%95-OTA-%EC%97%85%EB%8D%B0%EC%9D%B4%ED%8A%B8%EC%97%90-%EB%8C%80%ED%95%9C-%EC%9D%B4%EC%95%BC%EA%B8%B0

[3] "자동차의 모빌리티 혁명의 필수 전제조건-SDV/OTA – 전문가칼럼 – Kixx 엔진오일 블로그." Accessed: Nov. 21, 2024. [Online]. Available: https://kixxman.com/automotive-mobility

[4] "What are OTA (Over-the-Air) Updates? – Autoven." Accessed: Nov. 21, 2024. [Online]. Available: https://www.autoven.tech/what-are-ota-over-the-air-updates/

[5] H. Guissouma, C. P. Hohl, F. Lesniak, M. Schindewolf, J. Becker, and E. Sax, "Lifecycle Management of Automotive Safety-Critical Over the Air Updates: A Systems Approach," IEEE Access, vol. 10, pp. 57696-57717, 2022, doi: 10.1109/ACCESS.2022.3176879.

[6] R. Fletcher, A. Mahindroo, N. Santhanam, and A. Tschiesner, "The case for an end-to-end automotive-software platform," McKinsey & Company, vol. 16, 2020.

[7] R. Ekatpure, "Challenges Associated with the Deployment of Software Over-the-Air (SOTA) Updates in the Automotive Industry," International Journal of Sustainable Infrastructure for Cities and Societies, vol. 8, no. 2, pp. 65-79, 2023.

[8] H. Guissouma, A. Diewald, and E. Sax, "A generic system for automotive software over the air (sota) updates allowing efficient variant and release management," in

Information Systems Architecture and Technology: Proceedings of 39th International Conference on Information Systems Architecture and Technology–ISAT 2018: Part I, Springer, 2019, pp. 78–89.

[9] "How to Design Secure OTA Firmware and Software Updates for Modern Vehicles | by Infopulse | Medium." Accessed: Nov. 21, 2024. [Online]. Available: https://medium.com/@infopulseglobal_9037/how-to-design-secure-ota-firmware-and-software-updates-for-modern-vehicles-4be15ff064be

[10] M. Shavit, A. Gryc, and R. Miucic, "Firmware Update Over The Air (FOTA) for Automotive Industry," SAE Technical Papers, Aug. 2007, doi: 10.4271/2007-01-3523.

[11] "The Eight Phases of a DevOps Pipeline | by Jakob Pennington | Taptu | Medium." Accessed: Nov. 21, 2024. [Online]. Available: https://medium.com/taptuit/the-eight-phases-of-a-devops-pipeline-fda53ec9bba

[12] "The Scene of DevOps in the Automotive Industry." Accessed: Nov. 21, 2024. [Online]. Available: https://dzone.com/articles/the-scene-of-devops-in-the-automotive-industry

[13] "SeonENS." Accessed: Nov. 21, 2024. [Online]. Available: https://www.seonens.com/view/archive_d?i=132

[14] "The Digital Twin in Automotive – Sibros." Accessed: Nov. 21, 2024. [Online]. Available: https://www.sibros.tech/post/sdvs-and-the-role-of-the-software-twin

[15] "Explanation of Firmware Over-The-Air AUTOSAR CP R21-11 Document Title Explanation of Firmware Over-The-Air."

[16] "Explanation of Firmware Over-The-Air AUTOSAR CP R20-11 Document Title Explanation of Firmware Over-The-Air," 2020.

[17] "Software Updates | Tesla Support." Accessed: Nov. 21, 2024. [Online]. Available: https://www.tesla.com/support/software-updates

[18] "What Are Tesla's Over-the-Air Updates?" Accessed: Nov. 21, 2024. [Online]. Available: https://www.makeuseof.com/what-are-tesla-over-the-air-updates/

[19] "[제2회 HMG 개발자 컨퍼런스 Keynote] 전자/인포테인먼트 – 안형기 상무, 정혁상 책임연구원 – YouTube." Accessed: Nov. 21, 2024. [Online]. Available: https://www.youtube.com/watch?v=4-xv_hJZhWg&t=688s

[20] "OTA updates with Adaptive AUTOSAR environment – Elektrobit." Accessed: Nov. 21, 2024. [Online]. Available: https://www.elektrobit.com/blog/ota-updates-with-adaptive-autosar/

[21] "소프트웨어 정의 차량 DevOps 도구 체인 – Azure Architecture Center | Microsoft Learn." Accessed: Nov. 21, 2024. [Online]. Available: https://learn.microsoft.com/ko-kr/azure/architecture/industries/automotive/software-defined-vehicle-reference-architecture

제 8 장

소프트웨어 정의 차량 (Software Defined Vehicles)

Yagiz Nalcakan, 이성규

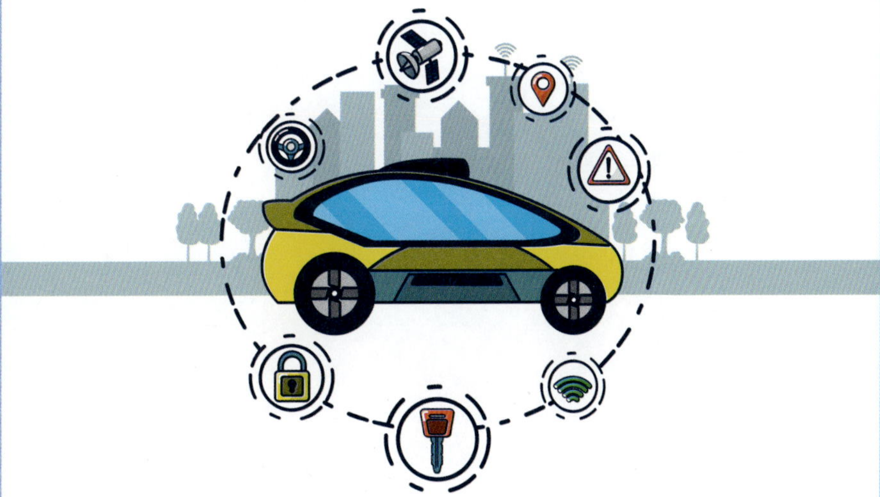

| 목차 |

8.1 소프트웨어 정의 차량 소개

자동차 산업은 지속적으로 혁신의 최전선에 있어왔으며, 공학, 디자인, 기술의 경계를 끊임없이 확장해 왔다. 초기의 자동차부터 오늘날의 정교한 설계에 이르기까지, 자동차의 발전은 인류의 창의성과 끝없는 진보에 대한 열망을 보여주었다. 이제 우리가 변혁의 시대의 문턱에 접어들면서, 자동차 산업은 차량의 설계 과정, 생산, 사용자 경험을 근본적으로 바꿀 거대한 변화의 한가운데 있다. 이러한 변혁은 첨단 기술의 융합, 진화하는 소비자 선호도와 기대, 그리고 지속 가능한 교통 솔루션에 대한 증가된 관심에 의해 추진되고 있다. 이 변혁의 핵심에는 자동차 세계를 전례 없이 변화시킬 잠재력을 가진 개념이 있다: 바로 소프트웨어 정의 차량(SDV)이다.

이 변혁의 핵심에서 소프트웨어는 향상된 기능성, 성능, 맞춤화를 제공하는 핵심 요소이다. 일반적으로 차량 기술의 변혁 수준은 "Vehicle X.0"으로 분류된다. 그림 8.1은 각 수준의 특성, 기술, 그리고 가능케 하는 요소들을 보여준다. 소프트웨어 정의 차량으로, 우리는 이제 "Vehicle 4.0" 시대에 진입하였다. SDV 이전 시대는 기능적, 디지털, 업데이트 가능한 세 가지 수준으로 나눌 수 있다.

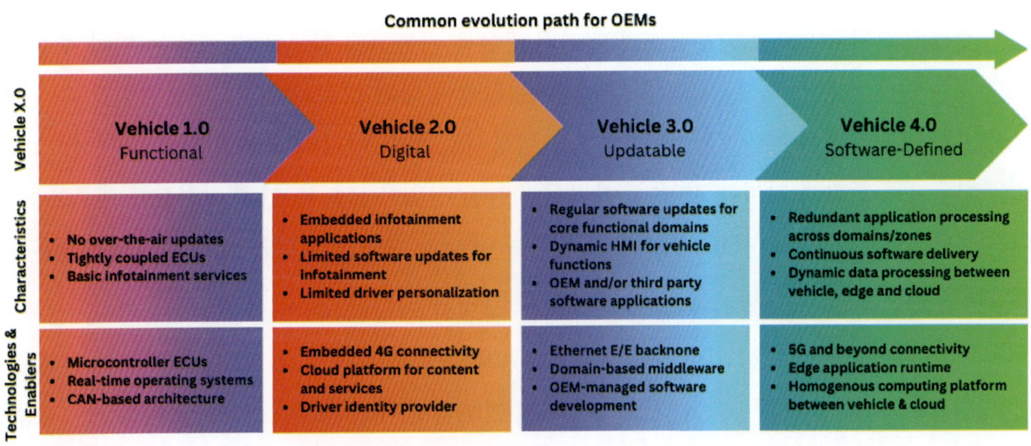

그림 8.1 기능에서 서비스로의 자동차 개발 진화 단계. 자료[1] 재가공

기능적 수준(Vehicle 1.0)은 기본 하드웨어와 밀접하게 연결된 개발과 구현을 특징으로 한다. 무선 업데이트가 없고, 긴밀하게 결합된 ECU, 기본적인 인포테인먼트 서비스, 그리고 CAN 기반 아키텍처를 가지고 있다. 이 버전의 기술/가능케 하는 요소들은 마이크로컨트롤러 ECU, 실시간

운영 체제, 내장 또는 반입된 인포테인먼트 애플리케이션을 포함한다. 디지털(Vehicle 2.0) 수준은 앱, 연결성, 제한된 업데이트 가능성을 갖춘 향상된 인포테인먼트 도메인이 특징이다. 인포테인먼트를 위한 제한된 소프트웨어 업데이트, 제한된 운전자 개인화, 콘텐츠 및 서비스를 위한 클라우드 플랫폼, 운전자 신원 제공자를 제공한다(driver identity provider). 이 버전의 기술을 가능케 하는 요소들은 콘텐츠를 위한 클라우드 플랫폼, 서비스, 내장된 4G 연결성을 포함한다. Vehicle 3.0, 즉 "업데이트 가능한" 수준은 추상화된 소프트웨어 런타임과 미들웨어로 구현된 핵심 도메인(ADAS, 디지털 콕핏, 연결성)을 가지고 있다. 차량 기능을 위한 동적 HMI와 동적 데이터 처리를 포함하며 OEM 또는 제3자 소프트웨어 애플리케이션을 지원한다. 이 버전의 기술을 가능케 하는 요소들은 OEM 관리 소프트웨어 개발과 5G 연결성을 포함한다.

소프트웨어 정의 수준(Vehicle 4.0)은 무선(OTA) 업데이트를 통한 유연성을 제공하는 소프트웨어 중심 접근 방식으로 설계되었다. 이는 차량의 기능이 더 이상 정적이지 않고 수명 주기 동안 진화하고 개선될 수 있음을 의미한다. 향상된 안전 기능에서부터 개선된 인포테인먼트 시스템과 자율 주행 기능에 이르기까지, SDV는 무한한 가능성의 세계를 제공한다. 이러한 소프트웨어 정의 특성은 또한 사용자가 자신의 고유한 선호도와 필요에 따라 차량을 맞춤화할 수 있게 함으로써 개인화의 새로운 길을 열어준다. SDV는 차량이 주변 환경 및 서로 상호 작용하는 방식을 혁신할 잠재력을 가지고 있다. OTA 통신과 데이터 공유를 가능하게 함으로써, SDV는 협력 주행, 실시간 교통 업데이트, 스마트 시티 인프라와의 원활한 통합과 같은 고급 기능을 지원할 수 있다. 이러한 상호 연결성은 전반적인 운전 경험을 향상시킬 뿐만 아니라 도로 안전성을 개선하고 더 효율적인 교통 관리에 기여할 것이다. 따라서 자동차 산업은 SDV를 이 흥미진진한 새로운 시대의 원동력으로 삼아 모빌리티의 미래를 형성하는 데 더욱 중요한 역할을 할 준비가 되어 있다.

업계가 SDV의 방대한 잠재력을 활용할 준비를 하면서 상당한 수익 성장이 예상된다. 실제로, 한 분석[2]에 따르면 이러한 차량의 출현으로 2030년까지 업계에 6,500억 달러의 가치가 창출될 것으로 예측되며, 이는 자동차 가치의 15%에서 20%를 차지한다(그림 8.2). 이러한 성장은 자동차 소프트웨어 및 전자 장비의 수익 증가에 의해 주도될 것이며, 같은 기간 동안 870억 달러에서 2,480억 달러로 거의 3배 증가할 것으로 예상된다. 이러한 기술에 대한 공급업체 시장도 2,360억 달러에서 4,110억 달러로 거의 두 배로 성장할 것으로 전망된다. 이러한 상당한 경제적 이익이 눈앞에 있음을 고려할 때, SDV가 업계의 미래 성공을 위한 핵심 동력이 될 것이며 앞으로 수년간 혁신의 주요 촉매제가 될 것임이 분명하다.

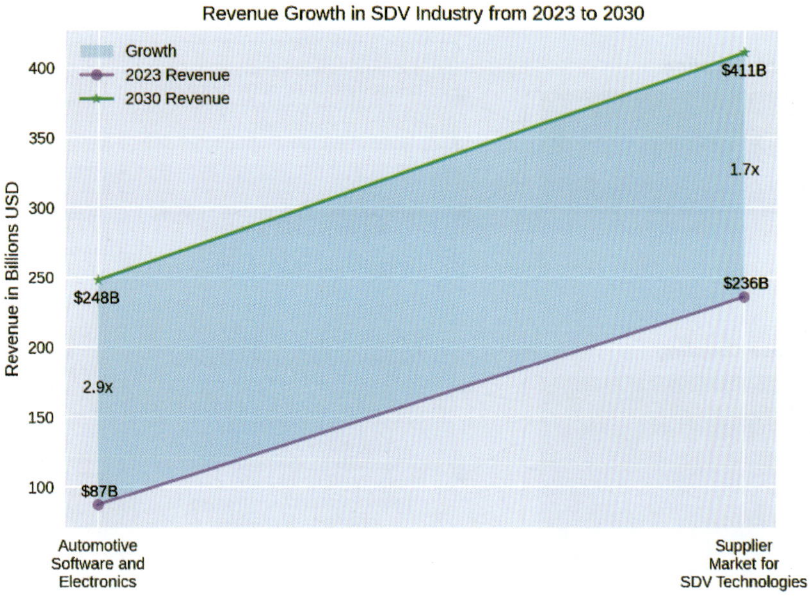

그림 8.2 **소프트웨어 정의 차량이 시장에 미칠 것으로 예상되는 영향. 자료[2] 재가공**

다음 섹션에서는 소프트웨어 정의 차량의 세부 사항을 살펴보고, 이 변혁적인 개념을 종합적으로 살펴보며, SDV 개념이 모빌리티의 미래 방향을 형성할 광범위한 잠재력을 설명함으로써 현재의 트렌드와 복잡성을 분석할 것이다.

8.2 소프트웨어 정의 차량의 개념

전통적인 차량 개발에서는 하드웨어와 소프트웨어가 긴밀하게 결합되어 있으며, 이는 소프트웨어가 특정 하드웨어 구성 요소에 크게 의존하는 상황을 의미한다(그림 8.3). 전자 제어 장치(ECU)는 통합된 소프트웨어와 함께 단일 소스로 제공되어 분산된 전기/전자(E/E) 아키텍처를 형성한다. 한 구성 요소의 변경이나 업데이트는 종종 다른 상호 연결된 구성 요소들의 상응하는 변경을 필요로 한다. 이러한 상호 의존성은 긴 개발 주기, 높은 운영 비용, 그리고 서로 다른 차량 시스템 간의 제한된 상호 운용성을 초래한다.

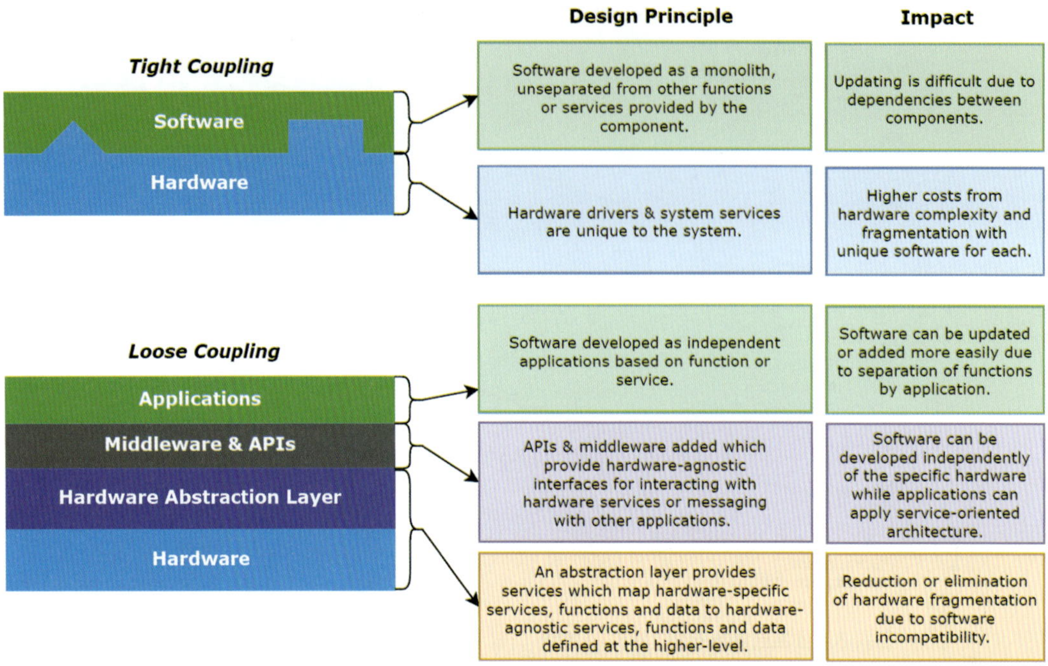

그림 8.3 **전통적인 차량 개발과 소프트웨어 정의 차량 개발에서의 소프트웨어와 하드웨어 관계. 자료[1] 재가공**

또한, 각 ECU에 내장된 소프트웨어는 수천 줄의 코드로 구성되어 있어 상당한 개발 비용 부담을 초래한다. 자동차 제조업체(OEM)들은 기존의 소프트웨어 투자를 새로운 차량 개발에 적용하여 활용하려고 시도하지만, 이러한 접근 방식은 종종 처음부터 시작하는 것보다 더 많은 시간이 소요되고 복잡하다. 급속한 기술 발전으로 인해 기존 소프트웨어가 자주 호환되지 않게 되어 비용이 많이 드는 재작성이 필요하게 되고, 결과적으로 프로젝트 일정이 지연된다(표 8.1).

표 8.1 **차량 개발 프로세스 비교. [3]에서 수정**

	Traditional Vehicle	Software Defined Vehicle
Development Cost	$$$$	$
First prototype	Months	Hours
Time to market (TTM)	~3 years	Weeks to Months
Strategy	First-time right at HW SOP	MVP & Continuous improvement
Adaptability	Different codes per different car models	Uniform code across all car models

소프트웨어 정의 차량(SDV)의 개념은 이러한 도전 과제들에 대한 대응으로 등장했으며, 더 큰 유연성, 혁신, 그리고 차량의 수명 주기 동안 지속적인 업데이트와 새로운 기능을 제공할 수 있는 능력에 대한 필요성에 의해 추진되었다. SDV는 자동차 개발에 패러다임 전환을 도입하며, "Shift Left – Shift North" 접근 방식을 구현한다.

■ SDV 개발에서의 Shift Left 전략

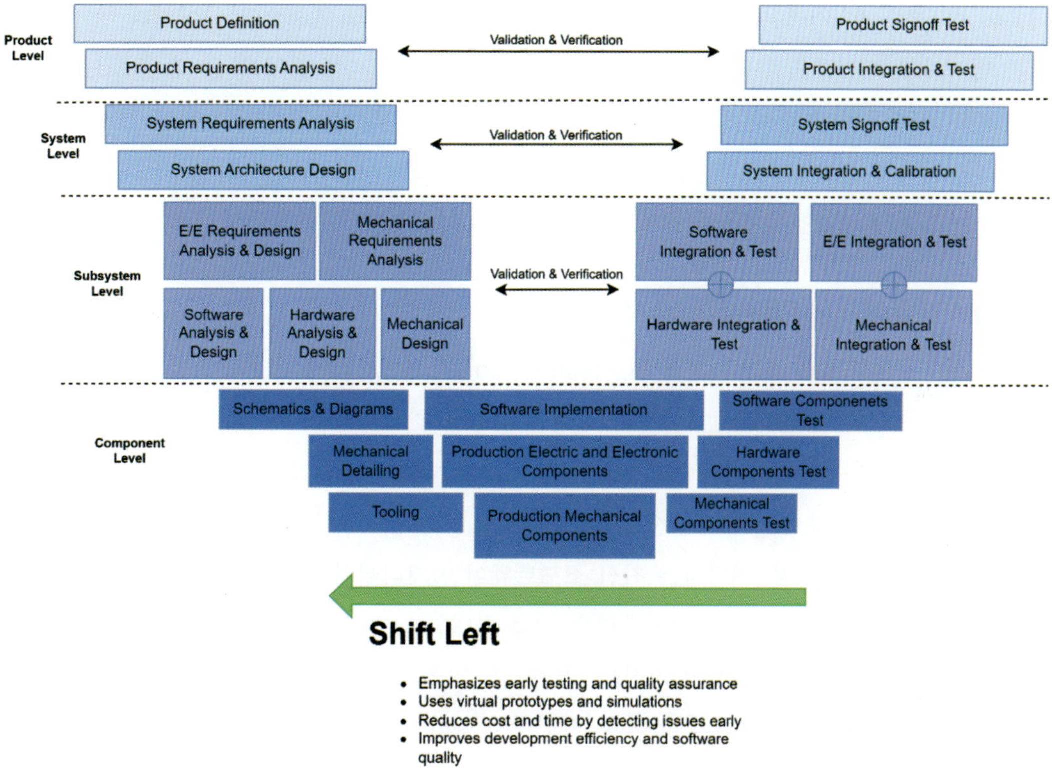

그림 8.4 SDV 개발에서의 왼쪽으로 이동) (Shift Left) 전략. 자료[4] 재가공

SDV 개발에서의 "왼쪽으로 이동(Shift Left)" 전략은 소프트웨어 개발 과정에서 조기 테스트, 품질 보증, 성능 평가의 중요성을 강조한다(그림 8.4). 이 접근 방식은 종종 코드 작성 전에 이러한 중요한 활동을 가능한 한 초기 단계에서 수행할 것을 권장한다. 고객 기능을 탐색하고 사용자 테스트를 조기에 수행함으로써 개발자는 전체 개발 과정에 정보를 제공하는 귀중한 통찰력을 얻을 수 있다. 이러한 결함 관리의 선제적 접근 방식은 팀이 소프트웨어 문제를 가장 쉽고 저렴하게 해결할 수 있을 때 감지하고 해결할 수 있도록 한다.

"Shift Left" 전략의 주요 도구 중 하나는 가상 프로토타입과 시뮬레이션의 사용이다. 이러한 디지털 모델을 통해 개발자들은 물리적 하드웨어가 가용하기 전에 소프트웨어를 광범위하게 테스트할 수 있어 개발 주기를 크게 가속화할 수 있다. 이 접근 방식의 이점은 다양하다. 변경이 더 쉽고 저렴하게 구현될 수 있는 프로세스 초기 단계에서 잠재적 문제와 병목 현상을 식별함으로써 개발자들은 문제 해결 비용을 극적으로 줄일 수 있다. 업계 연구에 따르면 개발 초기 단계에서 문제를 해결하는 것이 나중에 해결하는 것보다 최대 640배 덜 비용이 든다고 알려져있다.

더욱이, "Shift Left" 전략은 개발 효율성 향상과 소프트웨어 품질 개선으로 이어진다. 초기에 문제를 발견하고 해결함으로써 개발자들은 버그가 해결되지 않은 채 남아 있을 때 종종 발생하는 문제의 연쇄 반응을 피할 수 있다. 이는 전체적인 개발 프로세스를 가속화할 뿐만 아니라 더 견고하고 신뢰할 수 있는 최종 제품을 만들어낸다. 결과적으로 시장 출시 시간이 단축되어 빠르게 진화하는 자동차 산업에서 제조업체에게 경쟁 우위를 제공한다.

■ SDV 개발에서의 Shift North 전략

"Shift Left"가 시점에 중점을 두는 반면, "Shift North"는 소프트웨어 개발 구조를 다루는 자동차 산업에 특화된 전략이다(그림 8.5). 이 접근 방식은 기능을 안전 중요(Safety-Critical) 도메인에서 품질 관리(QM) 도메인으로 이동시키는 것을 포함한다. "Shift North"의 핵심은 명확하게 정의된 API를 사용하여 안전 중요 도메인과 비안전 중요 도메인을 명확하게 구분하는 것이다. 코드를 QM 도메인으로 이동시킴으로써, 개발자는 최신 소프트웨어 엔지니어링 기법과 도구를 보다 자유롭게 활용할 수 있다. 이러한 변화는 비안전 중요 기능에 대한 더 빠른 개발과 사후 생산 업데이트를 용이하게 만든다. 이 접근 방식의 이점은 상당하다. 자동차 산업에 대한 광범위한 경험이 없는 소프트웨어 개발자들도 비안전 중요 기능 작업에서 생산성을 발휘할 수 있어, 자동차 기업들이 이용할 수 있는 인재 풀을 넓혀준다.

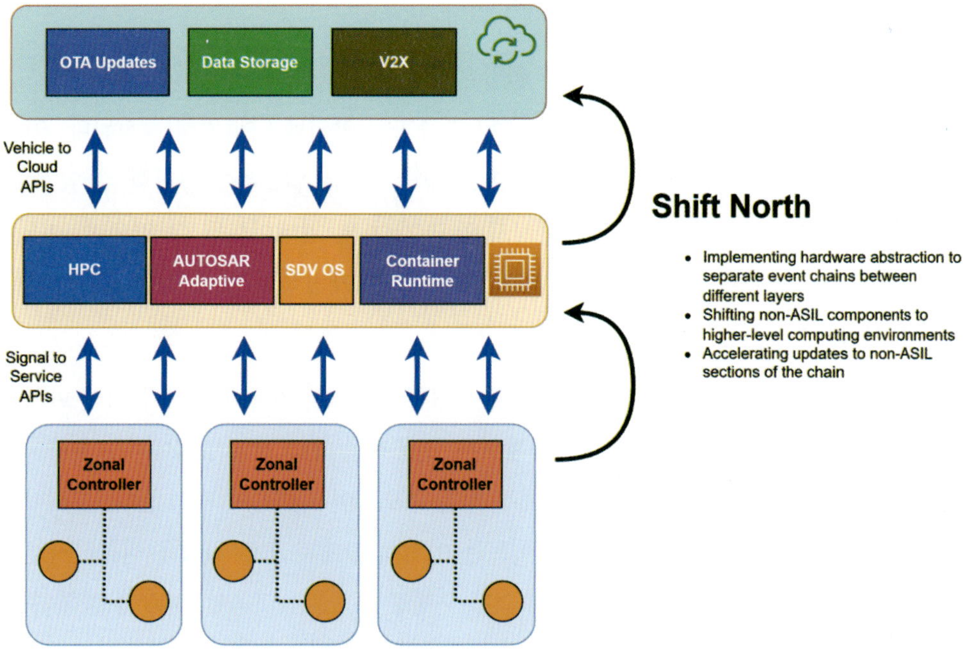

그림 8.5 SDV 개발에서의 북쪽 이동 전략. 자료[6] 재가공

게다가, "Shift North" 전략은 특정 차량 기능의 개발을 크게 가속화할 수 있다. 비안전 중요 시스템을 안전 중요 시스템과 분리함으로써, 팀은 안전 중요 시스템에 필요한 엄격한 통제가 필요 없는 구성 요소에 대해 더욱 민첩하고 유연한 개발 방식을 적용할 수 있다. 이는 초기 개발 속도를 높일 뿐만 아니라 차량 판매 이후에도 더 쉽고 자주 업데이트할 수 있게 하여 고객에게 장기적인 가치를 제공한다.

■ 하드웨어와 소프트웨어의 분리

SDV의 또 다른 이점은 그림 8.3에서 보여지는 것처럼 하드웨어와 소프트웨어를 분리하여 독립적인 개발 및 배포 주기를 가능하게 하는 것이다. 이러한 분리는 소프트웨어와 하드웨어를 서로 독립적으로 개발, 업데이트, 관리할 수 있음을 의미한다. 소프트웨어는 차량의 물리적 구성 요소를 변경할 필요 없이 진화하고 개선될 수 있다. 예를 들어, 자동차 회사는 차량을 리콜하지 않고도 버그를 수정하거나 성능을 개선하거나 새로운 기능을 추가하기 위해 소프트웨어 업데이트를 신속하게 배포할 수 있다. 이 접근 방식은 시간과 비용을 절약할 뿐만 아니라 차량의 수명 동안 기능성을 향상시킨다. 지속적인 업데이트를 제공할 수 있는 능력은 오늘 구매한 차량이 수년 동안 기술적으로 최신 상태를 유지할 수 있음을 의미한다. 이는 새로운 기술이 개발되자마자 차량이 구식이 되는 전통적인 모델과는 큰 차이가 있다.

SDV에서 소프트웨어와 하드웨어의 느슨한 결합은 애플리케이션, 미들웨어 및 API, 하드웨어 추상화 계층(HAL), 그리고 하드웨어 자체로 구성된 계층화된 아키텍처에 의해 촉진된다. 이 아키텍처는 기본 하드웨어와 독립적으로 새로운 소프트웨어 기능을 원활하게 통합할 수 있게 한다. 애플리케이션은 핵심 하드웨어에 영향을 미치지 않고 개발 및 업데이트될 수 있으며, 미들웨어와 API는 상호 작용을 위한 하드웨어 독립적 인터페이스를 제공하여 개발 및 배포 프로세스를 더욱 간소화한다.

하드웨어와 소프트웨어 분리의 이점을 예를 들어 설명할 수 있다. 자동차 회사가 이미 판매된 차량의 소프트웨어에서 버그를 발견했다고 가정해보자. 전통적인 차량 개발 방식에서는 차량 리콜을 통해 소프트웨어 업데이트를 수행하는 것이 매우 시간 소모적이고 비용이 많이 든다. 그러나 SDV 개념의 기능을 통해 이러한 소프트웨어 업데이트는 이전에 판매된 모든 차량을 리콜하지 않고도 OTA(Over-The-Air) 업데이트를 통해 몇 분 만에 쉽게 수행될 수 있다. 더욱이, SDV를 통해 수년 전에 구매한 차량도 차량 내 소프트웨어의 지속적인 개발 덕분에 새로운 기술에 적응할 수 있다.

8.3 소프트웨어 정의 차량의 장점

이전의 예시와 설명을 확장하여, SDV는 기존의 차량 개발 방법에 비해 여러 가지 다른 장점을 제공한다. 하드웨어와 소프트웨어를 분리함으로써 SDV는 차량 설계에 모듈식 접근 방식을 가능하게 한다. 이러한 모듈성은 제조업체가 전체 시스템에 영향을 주지 않고 독립적으로 구성 요소를 업데이트하거나 교체할 수 있게 한다. 결과적으로 개발 주기가 크게 단축되어 시장 출시 시간이 단축되고 더 빠른 혁신이 가능해진다. SDV의 장점을 다음과 같은 하위 카테고리로 살펴볼 수 있다.

■ 향상된 기능성과 성능

SDV의 가장 중요한 이점 중 하나는 시간이 지남에 따라 기능성과 성능을 향상시킬 수 있는 능력이다. 전통적인 차량에서는 차량이 제조되고 판매되면 그 기능이 대체로 정적으로 유지된다. 반면에 SDV는 지속적인 업데이트를 받을 수 있어 차량의 수명 동안 새로운 기능과 개선 사항을 추가할 수 있다. 예를 들어, 자율 주행 알고리즘의 발전을 기존 차량에 배포하여 그 능력을 향상시키고 최첨단 기술을 유지할 수 있다.

■ 비용 효율성

SDV 모델은 또한 상당한 비용 효율성을 제공한다. 여러 차량 모델에 걸쳐 공통 소프트웨어 플랫폼을 활용함으로써 제조업체는 개발 비용을 줄이고 운영을 간소화할 수 있다. 이 접근 방식은 중복된 개발 노력의 필요성을 제거하고 규모의 경제(Economies of scale)를 가능하게 한다. 또한 OTA 업데이트는 물리적 리콜의 필요성을 줄여 시간과 자원을 절약하고 소비자의 불편을 최소화한다.

■ 맞춤화와 개인화

SDV의 또 다른 주요 장점은 맞춤화와 개인화의 잠재력이다. 소비자들은 점점 더 자신의 개인적 선호도와 라이프스타일을 반영하는 차량을 요구한다. SDV를 통해 제조업체는 성능 설정부터 인포테인먼트 기능에 이르기까지 광범위한 맞춤형 옵션을 제공할 수 있다. 이 수준의 개인화는 고객 경험을 향상시키고 브랜드 충성도를 높인다.

■ 향상된 상호 연결성과 데이터 공유

SDV는 또한 차량과 환경 사이의 상호 연결성과 데이터 공유를 개선한다. 이 기능은 스마트 시티와 지능형 교통 시스템 개발에 필수적인 차량 간(V2V) 및 차량-인프라(V2I) 통신과 같은 고급 기능을 가능하게 한다. 교통 상황, 도로 위험, 기타 중요한 정보에 대한 실시간 데이터를 공유함으로써 SDV는 안전성을 높이고 혼잡을 줄이며 전반적인 교통 효율성을 최적화할 수 있다.

■ 보안과 신뢰성

SDV의 소프트웨어 중심적 특성은 보안과 신뢰성 측면에서도 상당한 이점을 가져온다. 전통적인 차량은 통합 소프트웨어가 있는 여러 ECU에 의존하며, 각각이 잠재적으로 취약점이 있다. 반면에 SDV는 보안 위협에 대응하기 위해 지속적으로 모니터링되고 업데이트될 수 있는 중앙 집중식 소프트웨어 플랫폼을 사용한다. 이러한 중앙 집중식 접근 방식은 소프트웨어 업데이트 관리를 간소화하고 차량의 전반적인 보안 태세를 강화할 수 있다.

표 8.2는 전통적인 차량 개발 아키텍처와 SDV 개발 아키텍처의 비교 요약을 제공한다.

표 8.2 전통적인 차량과 소프트웨어 정의 차량 아키텍처의 비교 요약

측면	전통적인 차량 아키텍처	소프트웨어 정의 차량(SDV) 아키텍처
하드웨어와 소프트웨어의 중심성	엔진 관리, 브레이크, 스티어링은 기계적 요소와 전기적 요소의 조합에 의존	소프트웨어가 차량의 기능, 특징, 능력을 제어하며, 정교한 알고리즘이 인지, 의사 결정, 자율 주행을 관리.
유연성과 업그레이드 가능성	기능과 특징이 제한적이다. 제조 후 수정은 물리적 업그레이드가 필요	무선 업데이트(OTA)를 통해 새로운 기능, 성능 향상, 기능성을 추가가능.
첨단 기술의 통합	설계 제한과 시스템 호환성 문제로 인해 통합이 비용이 많이 들고 어려움	자율 주행 시스템, AI, 기계 학습, 고급 연결 기능을 통합하는 능력이 향상됨
사이버 보안	업데이트는 서비스 센터에서 쉽게 관리되지만, 판매 후 문제는 차량 리콜로 인해 비용이 많이 들고 시간이많이 소요됨	필요한 보호 조치가 마련되어 있으며, OTA 업데이트를 통해 최근의 보안 위협에 대응할 수 있는 추가적인 이점.

8.4 소프트웨어 정의 차량의 아키텍처

각 OEM과 자동차 기술 공급업체가 SDV 아키텍처에 대해 서로 다른 해석을 가지고 있지만(이는 10장에서 살펴볼 예정이다), 그들의 접근 방식에서 상위 수준의 프레임워크를 추출할 수 있다. 상위 수준의 관점에서 볼 때, SDV 아키텍처는 다섯 개의 계층으로 나눌 수 있다: 하드웨어(물리적) 계층, 소프트웨어 시스템(운영 체제 또는 하이퍼바이저) 계층, 알고리즘 모듈 계층, 애플리케이션 계층, 그리고 클라우드 플랫폼 계층이다. 공통 프레임워크 계층과 그들의 구성 요소 및 관계는 그림 8.6에 제시되어 있다.

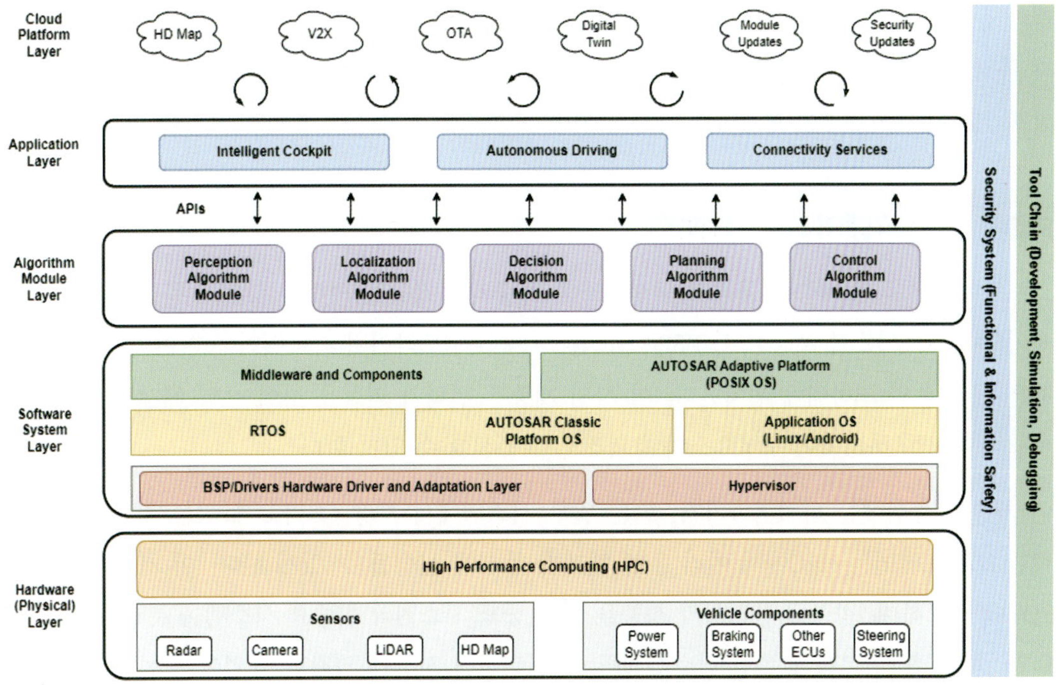

그림 8.6 **소프트웨어 정의 차량의 공통 프레임워크 계층. 자료 [4] 재가공**

8.4.1 하드웨어(물리적) 계층

하드웨어 계층은 소프트웨어 정의 차량 아키텍처의 기반을 형성하여 차량의 고급 기능을 가능하게 하는 물리적 구성요소로 이루어져 있다. 고성능 컴퓨팅(HPC) 유닛은 이 계층의 핵심에 있으며, 현대 차량 시스템의 막대한 계산 요구를 처리하도록 설계된 강력한 중앙 프로세서이다. 이 HPC 유닛은 차량의 두뇌 역할을 하며, 다양한 센서로부터 방대한 양의 데이터를 처리하고 여러 차량 시스템을 실시간으로 제어한다.

HPC를 둘러싸고 있는 것은 차량의 눈과 귀 역할을 하는 일련의 센서들이다. 레이더 시스템은 전파를 방출하여 물체를 감지하고, 그 거리와 속도를 고정밀로 측정한다. 이를 보완하는 카메라 시스템은 물체 인식과 환경 인식을 위한 풍부한 시각 데이터를 제공한다. LiDAR(Light Detection and Ranging) 센서는 레이저 광을 사용하여 주변 환경의 상세한 3차원 지도를 만들어 차량의 인지에 또 다른 차원을 더한다. 이러한 센서들은 HD 맵과 함께 작동하는데, HD 맵은 도로 네트워크의 고정밀 디지털 표현으로 내비게이션과 위치 파악을 위해 센티미터 수준의 정확도를 제공한다.

하드웨어 계층은 또한 상위의 소프트웨어 시스템과 직접 연결되는 파워트레인, 제동, 조향 시스템과 같은 중요한 차량 구성요소를 포함한다. 이와 함께, 공조 제어부터 서스펜션 다이나믹스까지 특정 차량 기능을 관리하는 수많은 다른 ECU들도 있다. 이러한 구성요소들이 함께 복잡하고 상호 연결된 네트워크를 형성하여 차량의 고급 기능을 위한 물리적 플랫폼 역할을 한다.

8.4.2 소프트웨어 시스템 계층

소프트웨어 시스템 계층은 물리적 구성요소와 차량의 동작을 정의하는 상위 수준 애플리케이션 사이의 인터페이스를 제공한다. BSP(Board Support Package)/드라이버 하드웨어 드라이버 및 적응 계층은 이 계층의 최하위에 위치한다. 이 하위 계층은 번역기 역할을 하여 운영 체제와 애플리케이션이 다양한 하드웨어 구성요소와 효과적으로 통신할 수 있게 한다.

이 계층의 중심에는 하이퍼바이저, 또는 일부 시스템에서 차량 OS라고 불리는 것이다. 이 강력한 소프트웨어는 HPC에서 여러 운영 체제가 동시에 실행될 수 있게 한다. 이 가상화 기술은 SDV에 중요하며, 향상된 안전성과 성능을 위해 중요 시스템과 비중요 시스템을 분리할 수 있게 한다. 하이퍼바이저는 컴퓨팅 리소스 할당을 관리하여 시간에 민감한 작업이 우선순위를 받도록 한다.

소프트웨어 시스템 계층은 각각 특정 목적을 위한 여러 운영 체제를 포함한다. 일반적으로 리눅스나 안드로이드 기반의 애플리케이션 OS는 사용자 대면 애플리케이션과 서비스를 위한 플랫폼을 제공한다. 이와 함께 실시간 운영 체제(RTOS)는 엔진 제어나 안정성 시스템과 같이 마이크로초 수준의 정밀도가 필요한 시간에 민감한 작업을 처리한다.

이 계층에서는 현대 자동차 시스템의 다양한 요구사항을 해결하기 위해 일반적으로 클래식 AUTOSAR(5.1장)와 어댑티브 AUTOSAR(5.2장)가 공존한다. 정적이고 시간 트리거 방식의 클래식 AUTOSAR는 결정론적 동작이 필요하고 제한된 리소스를 가진 전통적인 ECU 관리에 여전히 중요한 역할을 한다. 이는 일반적으로 엔진 제어, 변속기, 기본 안전 기능과 같은 시스템을 포함한다. 반면에 어댑티브 AUTOSAR는 고급 운전자 보조 시스템(ADAS), 인포테인먼트, 자율 주행(AD) 기능에 필요한 더 동적이고 서비스 지향적인 아키텍처(SOA)를 지원하도록 설계되었다. 이는 HPC 플랫폼과 복잡한 소프트웨어 애플리케이션을 위한 유연성과 확장성을 제공한다. 계층화된 아키텍처 접근 방식은 SDV에서 이 두 AUTOSAR 표준의 공존을 용이하게 한다. 클래식 AUTOSAR 구성요소는 종종 전용 마이크로컨트롤러나 하이퍼바이저가 관리하는 가상 머신에서 실행되는 반면, 어댑티브 AUTOSAR 애플리케이션은 POSIX 준수 운영 체제(POSIX OS)를 활용하는 더 강력한 프로세서에서 실행된다.

미들웨어와 구성요소 하위 계층은 이러한 다양한 요소들을 연결하는 다리 역할을 하여 애플리케이션과 기본 운영 체제 간의 통신을 용이하게 한다. 이는 표준화된 인터페이스와 서비스를 제공하여 하드웨어의 복잡성을 추상화하고 더 효율적인 애플리케이션 개발을 가능하게 한다.

8.4.3 알고리즘 모듈 계층

알고리즘 모듈 계층은 소프트웨어 정의 차량의 분석적 두뇌를 나타내며 자율 주행과 같은 고급 기능을 가능하게 하는 복잡한 알고리즘들을 포함한다. 이 계층은 차량 운행의 중요한 측면을 담당하는 여러 필수 모듈로 구성된다.

인지 알고리즘 모듈은 차량의 바깥 세계와의 인지적 인터페이스이다. 이 모듈은 카메라, LiDAR, 레이더 등 다양한 센서의 원시 데이터를 처리하여 차량 환경에 대한 포괄적인 이해를 구축한다. 이 모듈은 물체를 식별하고 분류하며, 도로 표시를 감지하고, 교통 표지판을 인식하며, 전체적인 장면 맥락을 이해하기 위해 정교한 컴퓨터 비전 및 기계 학습 기술을 사용한다.

위치 추정 알고리즘 모듈은 인지 모듈과 함께 작동한다. 이 모듈의 주요 기능은 주위 환경에서 차량의 정확한 위치를 결정하는 것이다. GPS, 관성 측정 장치, 인지된 환경의 데이터를 융합하여 차량의 위치를 정확히 추정한다. 이 정확한 위치 추정은 내비게이션에 중요하며 차량의 많은 자율 기능의 기초가 된다.

결정 알고리즘 모듈은 차량의 판단 중심 역할을 한다. 인지 및 위치 추정 모듈에서 처리된 정보를 받아 차량이 취해야 할 적절한 행동을 결정한다. 이는 교통 규칙, 안전 매개변수, 효율성, 승객 편의성 등의 요소를 고려하는 복잡한 의사 결정 과정을 포함한다. 이 모듈은 다양하고 종종 예측할 수 없는 시나리오에서 순간적인 결정을 내려야 한다.

결정이 내려지면 계획 알고리즘 모듈이 이를 수행한다. 이 모듈은 결정을 실행하기 위해 차량이 취해야 할 구체적인 경로와 행동을 생성하는 책임을 진다. 궤적을 생성하고, 조작을 계획하며, 환경의 잠재적 미래 상태를 고려하여 차량 이동의 단기 및 장기 계획을 수립한다.

마지막으로, 제어 알고리즘 모듈은 이러한 계획을 실제 차량 동작으로 변환한다. 계획된 조작을 실행하기 위해 차량의 작동기 – 조향, 가속, 제동 – 를 제어하는 데 필요한 정확한 명령을 생성한다. 이 모듈은 차량의 역학을 고려하고 실시간 피드백에 응답하여 계획된 동작의 원활하고 정확한 실행을 보장해야 한다.

이러한 알고리즘 모듈들이 함께 정교한 파이프라인을 형성하여 차량이 인간의 운전과 유사한 방식으로 감지, 사고, 행동할 수 있게 하지만 훨씬 더 큰 정밀도와 신뢰성을 가질 수 있다.

8.4.4 애플리케이션 계층

애플리케이션 계층은 차량의 복잡한 기본 시스템과 최종 사용자 경험 사이의 인터페이스를 나타낸다. 이 계층은 차량 탑승자와 원격 사용자가 직접 볼 수 있고 접근할 수 있는 주요 기능들을 호스팅한다. 차량 내 경험의 핵심에는 지능형 콕핏이 있다. 이 시스템은 탑승자와 차량의 다양한 기능 사이의 원활하고 직관적인 상호작용을 제공함으로써 차량 내 사용자 인터페이스를 관리한다. 기술이 발전함에 따라 지능형 콕핏은 증강 현실 디스플레이, 음성 활성화 제어, 개인화된 사용자 프로필과 같은 고급 기능을 통합하여 전통적인 인포테인먼트 시스템을 넘어설 수 있다. 사용자 선호도와 행동에 적응하여 고도로 맞춤화되고 반응성 있는 차량 내 환경을 만들 수 있다.

자율 주행 애플리케이션은 이 계층에서 가장 변혁적이고 중요한 요소일 수 있다. 이는 자율 주행 기능을 가능하게 하는 데 필요한 다양한 알고리즘과 시스템을 조정한다. 이 애플리케이션은 운전자 보조 기능부터 완전 자율 주행까지 다양한 수준의 자율성을 관리한다. 사용자가 자율 기능을 사용하고 모니터링할 수 있는 인터페이스를 제공하며 수동 주행과 자율 주행 모드 사이의 원활한 전환을 보장한다.

연결성 서비스는 차량의 외부 네트워크 및 클라우드 기반 플랫폼과의 연결을 관리한다. 실시간 교통 업데이트, 무선 소프트웨어 업데이트, 원격 차량 모니터링 및 제어, 스마트 홈 시스템과의 통합과 같은 기능을 가능하게 한다. 연결성 서비스는 또한 다른 차량 및 인프라와의 통신(V2X)을 용이하게 하여 안전성과 효율성을 향상시킨다.

애플리케이션 계층은 유연성과 미래 대비를 염두에 두고 설계되었다. 시간이 지남에 따라 새로운 애플리케이션과 서비스를 추가할 수 있어, 초기 구매 이후에도 차량의 기능과 사용자 경험을 잠재적으로 변화시킬 수 있다.

8.4.5 클라우드 플랫폼 계층

클라우드 플랫폼 계층은 소프트웨어 정의 차량 아키텍처의 정점을 나타내며, 차량의 기능을 물리적 경계를 넘어 확장한다. 이 계층은 클라우드 컴퓨팅을 활용하여 차량의 기능성, 유지보수성, 사용자 경험을 향상시키는 서비스 모음을 제공한다.

이 계층의 중요한 요소는 HD 맵이다. 차량이 로컬 고해상도 맵을 유지하는 동안, 클라우드 플랫폼은 이러한 맵에 대한 지속적인 업데이트와 개선을 제공한다. 이는 차량이 항상 가장 최신의 정확한 매핑 데이터에 접근할 수 있도록 보장하며, 이는 내비게이션과 자율 주행 기능에 매우 중요하다. 클라우드 기반 HD 맵 서비스는 여러 차량의 데이터를 집계하여 도로 상태, 공사 구역, 심지어 일시적인 장애물의 변화를 신속하게 반영할 수 있다.

OTA(Over-the-Air) 업데이트는 클라우드 플랫폼이 가능하게 하는 변혁적인 기능을 나타낸다. 이 서비스는 스마트폰에서처럼 차량의 소프트웨어를 원격으로 업데이트할 수 있게 한다. OTA 업데이트는 차량이 서비스 센터를 방문할 필요 없이 새로운 기능을 도입하고, 기존 기능을 개선하며, 보안 취약점을 패치할 수 있다. 이는 차량 시스템을 최신 상태로 유지하고 사용자 경험의 지속적인 개선을 가능하게 한다.

V2X(Vehicle-to-Everything) 통신은 차량이 다른 차량, 인프라, 보행자 및 환경의 기타 관련 교통 개체와 통신할 수 있게 한다. 클라우드 플랫폼은 중앙 허브 역할을 하여 방대한 양의 데이터 통신과 처리를 용이하게 하여 차량에 실시간 인사이트와 경고를 제공한다.

디지털 트윈의 개념도 클라우드 플랫폼을 통해 실현된다. 디지털 트윈은 물리적 차량과 현재 환경의 가상 표현으로, 실시간 데이터로 지속적으로 업데이트된다. 이를 통해 고급 진단, 예측 유지보수, 심지어 물리적 차량에 배포하기 전 새로운 기능의 가상 테스트도 가능하다.

클라우드 플랫폼 계층은 본질적으로 차량을 거대하고 상호 연결된 네트워크의 노드로 변환한다. 이러한 통합을 통해 차량은 온보드 기능을 크게 초과하는 방대한 컴퓨팅 리소스와 데이터 저장소를 활용할 수 있다. 이를 활용함으로써 차량은 전통적인 한계를 뛰어넘어 놀라운 수준의 기능성과 적응성을 달성할 수 있다. 이러한 패러다임 전환은 차량의 성능을 향상시킬 뿐만 아니라, 자동차의 잠재력에 대한 우리의 이해를 근본적으로 재정의하여 차량이 더 큰 디지털 생태계에서 지능적이고 진화하는 자산이 되는 시대로 우리를 안내할 것이다.

8.5 SDV의 E/E 아키텍처

전기 및 전자(E/E) 아키텍처는 SDV 방법론의 도입으로 혁신적인 변화를 겪고 있다. 이 발전은 복잡성, 중량, 배선을 줄이면서 첨단 안전 및 편의 기능의 통합을 가능하게 하기 위해 추진되고 있다. 차량의 E/E 아키텍처는 여러 주요 단계를 거쳐 발전해 왔으며, 각 단계는 특정 문제를 해결하고 보다 정교한 시스템을 위한 길을 열어주었다.

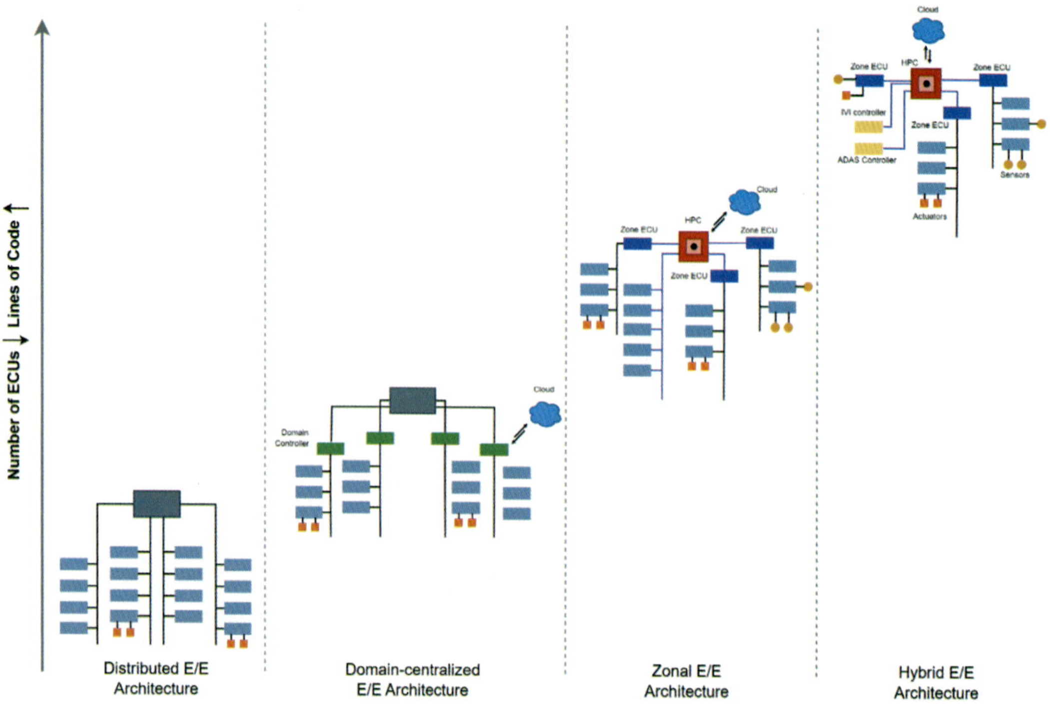

그림 8.7 **차량 E/E 아키텍처의 진화. 자료 [5] 재구성**

역사적으로 차량은 분산 E/E 아키텍처를 사용했다. 이 구성에서는 차량 내 각 기능이 전용 ECU에 의해 제어되었다. 엔진, 변속기, 브레이크, 인포테인먼트 등 다양한 시스템을 관리하는 별도의 ECU들이 존재하였다. 이 접근 방식은 점진적인 기능 통합을 가능하게 했지만, 복잡한 배선망에 의해 상호 연결된 ECU가 증가하게 되었고, 그 결과 차량 중량이 증가하고 배선이 복잡해지며, 여러 격리된 시스템 간의 소프트웨어 관리와 업데이트가 어려워졌다.

분산 접근 방식의 한계를 해결하기 위해 업계는 도메인 중앙 집중형 E/E 아키텍처로 전환했다. 이 설계는 특정 도메인(예: 파워트레인, 바디, 섀시, 인포테인먼트) 내 여러 기능을 단일 도메인 컨트롤러로 통합했다. 이러한 통합은 ECU의 수와 필요한 배선의 양을 줄여 각 도메인 내 효율성을 높이고 복잡성을 줄였다. 이 아키텍처에서는 중앙 ECU 또는 ECU 네트워크가 차량의 다양한 하위 시스템과 기능에 대한 주요 제어 센터 역할을 한다. 전통적인 내연기관(ICE) 차량과 일부 초기 전기차(EV)에서 일반적으로 발견되는 이 중앙 집중형 아키텍처는 중앙 ECU와 분산 구성 요소 간의 통신을 원활하게 하기 위해 CAN(Controller Area Network) 또는 FlexRay와 같은 버스 기반 통신 네트워크를 사용하는 경우가 많다. 이 접근 방식은 분산 모델을 개선했지만, 전체 차량 아키텍처는 여전히 복잡하게 유지되었으며, 여러 도메인 컨트롤러 간의 상호 작용이 필요하다.

다음 진화 단계는 구역(zonal) E/E 아키텍처이다. 이 설계는 기능 도메인으로 아키텍처를 조직하는 대신, 차량을 물리적 구역(예: 전면 왼쪽, 전면 오른쪽, 후면 왼쪽, 후면 오른쪽)으로 나눈다. 각 구역은 구역 컨트롤러에 의해 관리되며, 구역 내의 통신과 전력 분배를 담당한다. 구역 컨트롤러는 고속 이더넷 네트워크를 통해 중앙 고성능 컴퓨터(HPC)와 연결된다. 이 설계는 배선을 구역 내로 지역화하고, 고속 백본을 사용하여 효율적인 통신을 가능하게 하여 배선과 중량을 크게 줄인다. 구역 아키텍처는 새로운 기능 및 특성의 통합을 용이하게 하며, 변경 사항이 전체 차량의 배선 및 아키텍처에 영향을 주지 않고 구역 수준에서 이루어질 수 있다. 각 구역 컨트롤러는 자신의 구역 내에서 다양한 ECU와 센서를 관리할 수 있어 모듈식 업그레이드와 유지보수를 용이하게 한다. 이 아키텍처는 차량의 확장성과 유연성을 향상시키며, 제조업체가 다양한 차량 모델과 구성을 보다 쉽게 조정할 수 있도록 한다. 또한, 배선 감소는 차량 중량을 줄일 뿐만 아니라 전체 에너지 효율성을 향상시키고 제조 비용을 줄이는 데 기여한다. 도메인 중앙 집중형과 구역 E/E 아키텍처의 비교는 표 8.3에 나와 있다.

표 8.3 **도메인 중앙 집중형과 구역 E/E 아키텍처 비교 [8]**

측면	도메인 중앙 집중형 E/E	구역(zonal) E/E
특징	ECU는 도메인 컨트롤러(DC), 도메인 간 DC 및 차량 컴퓨터로 점진적으로 통합됨	센서, 액추에이터 및 ECU가 인근 구역 컨트롤러(ZC)에 연결되며, 기능은 부분적으로 또는 완전히 중앙 집중화됨
확장성 및 호환성	배선 하네스, 도메인 내 통신 부하 등 추가적인 요인에 의해 제약을 받음	다양한 기능을 지원하며, 높은 교체성을 가진 플러그 앤 플레이 기능을 제공
기능 안전성 및 실시간 속성	기능 기반으로 도메인 컨트롤러에 통합하면 ASIL(Automotive Safety Integrity Level) 기능 안전성 수준을 설계하기가 쉬워지며, 이 작업은 주로 Tier 1 공급업체가 처리함	전통적인 OEM이 독립적인 개발을 위해 ZC의 기능 안전성 설계를 Tier 1 공급업체에 제공하는 데 어려움이 있으며, ZC는 기능 안전성과 멀티코어 컨트롤러에 대한 엄격한 요구사항을 가짐
네트워크 요구사항	대부분의 데이터 전송이 각 기능 도메인 내에서 이루어져, 이더넷 백본의 전송 속도 및 특성에 대한 요구가 상대적으로 낮음	다양한 신호가 백본 이더넷을 통해 대상 전자장치로 전송되며, 백본 네트워크의 전송 속도에 대해 특정 요구 사항과 특성이 있음
배선 연결	배선 하네스의 길이와 중량 감소가 적음	배선 하네스를 줄이고 배선 효율성과 자동화를 개선함

미래의 SDV E/E 아키텍처는 분산, 도메인 중앙 집중형, 구역 아키텍처의 요소를 결합한 하이브리드 형태가 될 것으로 예상된다. 이 하이브리드 접근 방식은 각 아키텍처 유형의 강점을 활용하여 성능, 신뢰성 및 유연성을 최적화할 것이다. 고성능 컴퓨터는 첨단 운전 보조 시스템(ADAS)과 인포테인먼트와 같은 복잡하고 도메인 간 기능을 처리하고, 마이크로컨트롤러 및 마이크로프로세서 기반 ECU는 보다 지역화된 특정 작업을 관리할 것이다. 다양한 버스 시스템과 통신 프로토콜의 통합은 모든 구성 요소가 원활하게 상호 작용할 수 있도록 보장하며, 첨단 기능의 통합을 가능하게 하면서도 차량 시스템의 신뢰성과 효율성을 유지할 수 있다. 예를 들어, 하이브리드 아키텍처는 구역 컨트롤러를 사용하여 배선 복잡성을 줄이고 전력 분배를 개선하면서, 도메인 컨트롤러가 각 구역 내의 중요한 기능을 관리할 수 있다. 이러한 계층적 접근 방식은 더 큰 중복성과 결함 허용을 가능하게 하여 차량의 안전성과 복원력을 향상시킨다. IBM의 기사 [10]에 따르면, 고성능 컴퓨터가 다른 유형의 ECU를 대체하지 않으며, 미래의 E/E 아키텍처는 마이크로컨트롤러 및 마이크로프로세서 기반 ECU와 다양한 버스 시스템을 결합할 것으로 보인다. 이 하이브리드 접근 방식은 첨단 기능의 통합을 가능하게 하면서도 차량의 전기 및 전자 시스템의 신뢰성과 효율성을 보장할 것으로 예상된다.

8.6 자율주행차량의 사용 사례 및 응용

8.6.1 고급 인포테인먼트 시스템 및 자동차 소프트웨어 마켓플레이스

오늘날 차량은 정교한 모바일 컴퓨팅 플랫폼으로 변모하고 있으며, 인포테인먼트 시스템이 이러한 진화의 중심에 있다. 운전자와 승객들은 자신의 차가 스마트폰이나 태블릿과 유사한 기능으로 디지털 생활과 원활하게 통합되기를 점점 더 기대하고 있다. 현대적인 인포테인먼트 시스템은 내비게이션, 음악 스트리밍, 비디오 재생, 온도 조절 등 다양한 기능을 제공하여 이러한 수요를 충족시킨다. 자동차 제조업체들의 주요 과제는 기능이 풍부하면서도 운전 중 안전하게 사용할 수 있는 인터페이스를 설계하는 것이다. 이로 인해 특화된 자동차 운영 체제와 플랫폼이 개발되었다.

안드로이드 오토모티브는 차량 내 사용을 위해 설계되어 이 분야에서 돋보인다. 운전자 주의력 분산 방지와 다양한 자동차 하드웨어에 대한 적응성 등 고유한 자동차 요구사항을 다루는 안드로이드 애플리케이션을 위한 맞춤형 환경을 제공한다. 일부 OEM은 안드로이드 오토모티브를 차량 시스템에 완전히 통합했지만, 다른 업체들은 안드로이드 오토나 애플 카플레이와 같은 덜 통합된 솔루션을 선택했다. 이러한 대안들은 깊은 시스템 통합 없이 스마트폰 콘텐츠를 차량 디스플레이에 미러링한다.

인포테인먼트 시스템의 선택은 데이터 프라이버시, 시스템 제어, 지역별 서비스 가용성 등 다양한 요소를 고려해야 한다. OEM은 중국과 EU 또는 미국의 서비스 제공업체 생태계와 같이 글로벌 시장에서 다양한 생태계를 탐색해야 한다. 일부 OEM은 이러한 과제를 해결하기 위해 안드로이드 오픈소스 프로젝트(AOSP)를 기반으로 한 맞춤형 솔루션을 모색하고 있다. 이 접근 방식을 통해 제조업체는 안드로이드 생태계를 활용하면서도 시스템에 대한 더 큰 통제력을 유지할 수 있지만, 맞춤형 앱 스토어를 개발하고 유지해야 한다. 업계가 발전함에 따라 인포테인먼트 시스템과 다른 차량 인터페이스 간의 더 깊은 통합이 일반화되고 있다. 예를 들어, 애플의 업그레이드된 카플레이는 기능을 계기판까지 확장하여 기능적 안전 요구사항을 충족하기 위한 OEM과 기술 제공업체 간의 더 긴밀한 협력 필요성을 강조한다.

자동차 인포테인먼트 시스템의 미래는 사용자 기대, 안전 고려사항, 제조업체 통제 사이의 균형을 맞추는 데 있다. 소프트웨어 정의 차량이 더 널리 보급됨에 따라, 이러한 시스템은 전반적인 운전 경험을 향상시키는 데 점점 더 중요한 역할을 하게 될 것이다.

8.6.2 자동차 소프트웨어 마켓플레이스

자동차 소프트웨어 마켓플레이스의 부상은 소프트웨어 정의 차량의 기능 확장의 자연스러운 결과이다. 이러한 플랫폼은 사용자가 스마트폰 앱 스토어와 유사하게 다운로드 가능한 애플리케이션과 기능을 통해 차량의 기능을 맞춤화하고 향상시킬 수 있게 한다. 이러한 발전은 자동차 분야의 사용자와 개발자 모두에게 새로운 기회를 창출한다.

자동차 마켓플레이스는 제조업체와 제3자 개발자가 개발한 다양한 애플리케이션을 호스팅하여 차량 내 사용에 맞춰진 다양한 앱 생태계를 육성한다. 사용자는 엔터테인먼트 앱, 생산성 도구 등 차량 시스템과 원활하게 통합되도록 설계된 모든 것에 접근할 수 있다. 이러한 마켓플레이스의 특히 혁신적인 측면은 "주문형 기능" 개념이다. 사용자는 적응형 크루즈 컨트롤이나 향상된 성능 모드와 같은 특정 차량 기능을 구매하거나 구독하여 필요에 따라 활성화할 수 있다. 이러한 유연성은 더욱 개인화된 운전 경험을 가능하게 하여 사용자가 영구적인 약정 없이 프리미엄 기능에 접근할 수 있게 한다.

자동차 세계에 마이크로트랜잭션과 구독의 도입은 새로운 비즈니스 모델을 창출할 것이다. 사용자들은 도로 여행을 위해 특정 기능을 일시적으로 활성화하거나 월간 기준으로 프리미엄 서비스를 구독할 수 있다. 이러한 변화는 소비자에게 더 많은 선택권을 제공하고 자동차 제조업체와 소프트웨어 개발자에게 새로운 수익원을 창출할 수 있다. 이러한 마켓플레이스는 또한 제3자 개발자에게 상당한 기회를 제공하며, 이들은 이제 차량 내 사용을 위해 특별히 설계된 애플리케이션을 만들고 수익화할 수 있다. 이로 인해 이용 가능한 앱과 기능이 급속히 확장되어 소프트웨어 정의 차량의 기능을 지속적으로 향상시키고 있다. 또한, 데이터 기반 서비스가 자동차 소프트웨어 마켓플레이스의 중요한 구성 요소가 될 것이다. 애플리케이션은 차량 데이터를 활용하여 예측 유지보수 알림이나 보험 목적의 운전 행동 분석과 같은 개인화된 서비스를 제공할 수 있다.

8.6.3 첨단 운전자 보조 시스템 (ADAS)

소프트웨어 정의 차량의 등장은 첨단 운전자 보조 시스템(ADAS)의 구현과 발전을 혁명적으로 변화시켰다. SDV 패러다임에서 ADAS 기능은 더 이상 고정된 하드웨어 구성에 제한되지 않고, 시간이 지남에 따라 향상되고 확장될 수 있는 동적이고 업데이트 가능한 소프트웨어 구성 요소가 되었다.

이러한 변화의 핵심은 전통적인 ECU에서 강력한 중앙 집중식 컴퓨팅 플랫폼으로의 전환이다. 종종 시스템온칩(SoC) 설계를 활용하는 이러한 고성능 컴퓨터는 복잡한 ADAS 알고리즘을 실행하는 데 필요한 처리 능력과 유연성을 제공한다. 이러한 중앙 집중식 아키텍처는 더 정교한 센서 융합, 실시간 의사 결정, AI 기반 개선 가능성을 허용한다.

SDV는 무선 업데이트를 통해 새로운 기능을 추가하거나 기존 기능을 업그레이드할 수 있는 모듈식 ADAS 개발 접근 방식을 가능하게 한다. 이 기능을 통해 제조업체는 차량이 전시장을 떠난 후에도 지속적으로 차량의 안전성과 기능성을 개선할 수 있다. 예를 들어, 차량의 차선 유지 보조 기능이 더 복잡한 도로 시나리오를 처리할 수 있도록 개선되거나 새로운 교통 표지판 인식 기능이 전체 차량에 배포될 수 있으며, 이 모든 것이 단 한 대의 차량도 서비스 센터를 방문하지 않고도 가능하다. 이러한 시스템의 소프트웨어 정의 특성은 또한 보다 개인화된 ADAS 경험의 길을 열어준다. 운전자는 하드웨어 수정이 아닌 소프트웨어 조정을 통해 특정 기능의 민감도를 사용자 정의하거나 선호도나 운전 조건에 따라 특정 보조 기능을 활성화할 수 있다.

더욱이, SDV 접근 방식은 ADAS 기능의 개발과 테스트를 혁신한다. 제조업체는 이제 가상 시뮬레이션 환경을 사용하여 배포 전에 알고리즘을 테스트하고 개선할 수 있어 개발 시간과 비용을 크게 줄일 수 있다. 이는 또한 실제 조건에서 새로운 기능의 빠른 프로토타이핑과 A/B 테스트를 가능하게 하며, 필요한 경우 변경 사항을 신속하게 롤백할 수 있는 능력을 제공한다 - 이는 전통적인 자동차 개발 주기에서는 상상할 수 없었던 수준의 유연성이다.

SDV에서는 ADAS와 다른 차량 시스템의 통합이 원활해진다. 인포테인먼트 시스템은 ADAS 제어와 알림을 위한 더 직관적인 인터페이스를 제공할 수 있으며, 차량 동역학 시스템은 향상된 핸들링과 안전성을 위해 ADAS와 더 밀접하게 조화를 이룰 수 있다. 차량이 더 연결됨에 따라 SDV 기반 ADAS는 실시간 교통 정보나 날씨 조건과 같은 외부 데이터 소스를 활용하여 성능을 향상시킬 수 있다. 이러한 연결성은 또한 차량 간(V2V) 및 차량-인프라 간(V2I) 통신과 같은 협력적 기능을 위한 무대를 마련하여 ADAS의 기능을 더욱 확장한다.

8.6.4 자율주행

차량이 하드웨어보다는 소프트웨어에 의해 정의됨에 따라 완전 자율주행으로 가는 길이 더욱 유연하고 적응력 있게 되었다. SDV는 자율주행 알고리즘을 지속적으로 개선하고 업데이트할 수 있는 플랫폼을 제공하여 인식, 의사결정, 차량 제어 분야에서 빠른 개선을 가능하게 한다. 이러한 소프트웨어 중심 접근 방식은 제조업체가 무선 업데이트를 통해 점진적으로 자율성 수준을 높임으로써 자율주행 능력의 한계를 넓힐 수 있게 한다. 예를 들어, 처음에 레벨 3 자율성으로 작동하는 차량이 상당한 하드웨어 수정 없이 소프트웨어 개선을 통해 잠재적으로 레벨 4 또는 심지어 레벨 5로 진화할 수 있다. 이러한 확장성은 기술 발전과 실제 성능 데이터에 적응할 수 있는 점진적인 전환을 가능하게 하므로 자율주행의 광범위한 채택에 중요하다.

이러한 차량의 소프트웨어 정의 특성은 또한 더 높은 수준의 자율성을 달성하는 데 필수적인 고급 인공지능 및 기계학습 알고리즘의 통합을 용이하게 한다. SDV는 강력한 컴퓨팅 플랫폼을 활용하여 실시간으로 방대한 양의 센서 데이터를 처리하고 해석할 수 있는 복잡한 신경망을 실행할 수 있다. 이러한 AI 모델이 시간이 지남에 따라 개선되면 전체 차량 플릿에 배포되어 집단 학습 생태계를 만들 수 있다. 이는 도로 위의 모든 자율 SDV가 다양한 운전 조건과 시나리오에서 얻은 인사이트를 공유하며 전체 시스템의 개선에 기여한다는 것을 의미한다. 이러한 AI 모델을 신속하게 반복하고 대규모로 배포할 수 있는 능력은 SDV 아키텍처의 중요한 이점으로, 신뢰할 수 있는 완전 자율성을 달성하는 타임라인을 잠재적으로 가속화할 수 있다.

더욱이, SDV 접근 방식은 자율주행 시스템과 다른 차량 기능 및 외부 데이터 소스와의 더 전체적인 통합을 가능하게 한다. SDV에서 자율주행 시스템은 고립된 구성 요소가 아니라 차량의 전체 소프트웨어 생태계의 핵심 부분이다. 이러한 통합을 통해 자율주행 기능과 동력전달 관리, 전기차의 배터리 최적화, 적응형 서스펜션 시스템과 같은 다른 차량 시스템 간의 더 정교한 상호작용이 가능해진다. 또한, SDV는 외부 데이터 소스와 연결 기능을 활용하여 자율주행 능력을 향상시키기에 유리한 위치에 있다. 실시간 교통 데이터, HD 지도를 활용하고 심지어 스마트 시티 인프라와 통신하여 더 정보에 입각한 결정을 내릴 수 있다. 이러한 연결성은 또한 여러 자율주행 차량 간의 조정된 움직임을 위한 가능성을 열어 잠재적으로 더 효율적인 교통 흐름과 더 안전한 도로 조건으로 이어질 수 있다. SDV가 계속 발전함에 따라 자율주행 능력과 다른 고급 차량 기능 간의 점점 더 원활한 통합을 볼 수 있을 것이며, 이는 더 지능적이고 반응성 있는 모빌리티 경험을 만들어낼 것이다.

8.7 중요성과 도전 과제

앞선 섹션들은 소프트웨어 정의 차량(SDV) 기술의 중요성과 이점, 그리고 그것이 직면할 수 있는 도전 과제들을 개별적으로 다루었다. 이 섹션은 이러한 요소들을 종합적으로 제공하는 것을 목표로 한다. SDV 방법론의 중요성을 요약하고, 자동차 산업에 제공하는 혁신적인 이점을 설명하며, 그 구현에 있어 극복해야 할 복잡한 도전 과제들을 검토할 것이다.

■ SDV채택의 장점

SDV는 다양한 공급업체의 소프트웨어 구성 요소를 원활하게 통합할 수 있는 모듈식 아키텍처를 제공하며, 협력적 파트너십을 통해 혁신을 촉진한다. 이러한 접근 방식은 자동차 제조업체가 최고 수준의 솔루션을 활용하고 기술 발전의 최전선에 머물 수 있게 한다. SDV 개념의 채택은 다음과 같은 자동차 산업을 재형성하는 다양한 이점을 가져온다.

① 지속적 혁신과 애자일 개발

SDV는 자동차 산업에 지속적 혁신의 새로운 시대를 열고 있다. 고정된 기능을 가진 기존의 차량과 달리, SDV는 수명 주기 전체에 걸쳐 지속적으로 업데이트되고 개선될 수 있다. 이를 통해 자동차 제조업체는 차량이 공장을 떠난 후에도 오랫동안 새로운 기능을 도입하고, 기존 기능을 향상시키며, 취약점을 해결할 수 있다. SDV에서 하드웨어와 소프트웨어의 분리는 자동차 제조업체가 현대적인 소프트웨어 엔지니어링 관행을 채택하고 오픈소스 기술을 활용할 수 있게 하여, 더욱 애자일하고 반복적인 개발 프로세스를 가능하게 한다. 이러한 민첩성은 새로운 기능과 개선사항의 시장 출시 시간(TTM)을 크게 단축시켜, 차량이 더 오랫동안 기술적으로 관련성을 유지할 수 있게 한다.

② 개인화된 경험과 고객 중심 접근법

SDV의 가장 매력적인 이점 중 하나는 고도로 개인화된 경험을 제공할 수 있는 능력이다. 자동차 제조업체는 이제 전례 없는 유연성으로 개별 고객 선호도에 맞춰 적응하는 차량을 만들 수 있다. 기능들은 요구에 따라 활성화되거나 비활성화될 수 있어, 사용자가 자신의 필요와 욕구에 따라 운전 경험을 맞춤화할 수 있다. 이러한 수준의 개인화는 단순한 편의성을 넘어서 개별 운전 스타일과 사용 패턴에 맞춰 차량 성능을 조정함으로써 잠재적으로 안전성과 효율성을 향상시킨다.

③ 데이터 기반 인사이트와 지속적 개선

SDV는 방대한 양의 데이터를 생성하는 다양한 센서와 시스템을 갖추고 있다. 이 풍부한 정보는 자동차 제조업체가 고급 분석과 AI 기술을 활용하여 차량 성능, 사용자 행동, 시장 동향에 대한 귀중한 인사이트를 얻을 수 있게 한다. OEM과 다른 자동차 기술 회사들은 이러한 데이터 기반 인사이트를 사용하여 차량 설계를 개선하고, 운영 효율성을 높이며, 전반적인 고객 경험을 개선할 수 있다. 더욱이, 실제 세계 데이터의 지속적인 흐름은 문제의 신속한 식별과 해결을 가능하게 하여 신뢰성과 고객 만족도를 향상시킨다.

④ 새로운 수익원과 비즈니스 모델 혁신

SDV의 소프트웨어 중심적 특성은 수익 창출과 비즈니스 모델 혁신을 위한 새로운 길을 열어준다. 자동차 제조업체는 이제 구독 기반 서비스, 기능 업그레이드, 프리미엄 콘텐츠를 제공하여 초기 차량 구매를 넘어서는 지속적인 고객 관계를 만들 수 있다. 새로운 기능을 원격으로 활성화할 수 있는 능력은 유연한 가격 모델과 시간이 지남에 따라 추가 기능을 업셀할 수 있는 기회를 제공한다. 또한, SDV가 생성하는 풍부한 데이터는 윤리적이고 개인정보 보호 규정을 준수하는 방식으로 이루어진다면 데이터 수익화 기회를 제공한다.

⑤ 향상된 유연성과 적응성

SDV의 모듈식 아키텍처는 자동차 제조업체에게 차량 개발과 생산에 있어 전례 없는 유연성을 제공한다. 소프트웨어 구성 요소는 하드웨어와 독립적으로 업데이트되거나 교체될 수 있어, 변화하는 시장 수요나 규제 요구사항에 신속하게 적응할 수 있다. 이러한 유연성은 공급망으로 확장되어 자동차 제조업체가 다양한 공급업체와 기술 파트너의 생태계에서 최고 수준의 솔루션을 통합할 수 있게 한다. 결과적으로, 차량은 기술 발전, 소비자 선호도, 새로운 모빌리티 트렌드에 대응하여 더 빠르게 진화할 수 있다.

⑥ 개선된 안전성과 신뢰성

SDV는 차량 안전성과 신뢰성의 상당한 개선 가능성을 제공한다. 지속적인 소프트웨어 업데이트를 통해 자동차 제조업체는 전체 차량에 걸쳐 안전 개선사항과 버그 수정을 신속하게 배포할 수 있다. ADAS와 자율주행 기능은 시간이 지남에 따라 개선되고 향상될 수 있으며, 실제 세계 데이터를 활용하여 성능을 개선할 수 있다. 또한, SDV가 가능하게 하는 예측 정비 기능은 잠재적인 문제를 고장으로 이어지기 전에 식별하고 해결하는 데 도움을 줄 수 있어, 전반적인 차량 신뢰성을 향상시키고 가동 중지 시간을 줄일 수 있다.

■ SDV구현을 위한 도전 과제

SDV의 잠재력이 확실히 혁신적이지만, 그것을 완전히 실현하기까지의 여정에는 중대한 도전 과제들이 산재해 있다. SDV를 혁명적으로 만드는 바로 그 특성들이 기술적, 조직적, 시장 관련 영역에 걸친 복잡성을 야기한다. 그림 8.8에 나타난 바와 같이, SDV로의 전환은 자동차 산업이 헤쳐 나가야 할 다면적인 장애물 집합을 제시한다:

① 분산 소프트웨어 아키텍처

전통적인 온보드 소프트웨어 개발에서 분산 소프트웨어 아키텍처로의 전환은 차량 시스템이 설계되고 구현되는 방식의 근본적인 변화를 나타낸다. 이러한 변화는 자동차 소프트웨어 시스템의 증가하는 복잡성과 더 유연하고 확장 가능한 솔루션에 대한 필요성에 의해 불가피해졌다. SDV는 모듈식 개발과 더 쉬운 업데이트를 가능하게 하는 마이크로서비스 기반 아키텍처에 의존할 가능성이 높다. 이는 강력한 통신 인프라와 잘 정의된 API를 필요로 한다. 실시간 처리 요구를 처리하면서 중요하지 않은 작업을 오프로드하기 위해, SDV는 온보드 및 클라우드 기반 컴퓨팅 리소스를 효과적으로 균형 잡아야 할 것이다. 오프보드 개발이 증가함에 따라, 특히 OTA 업데이트와 원격 측정 데이터 수집을 위해 효율적인 데이터 전송, 저장, 처리 메커니즘이 중요해진다.

그림 8.8 **소프트웨어 정의 차량 전환 도전 과제. 자료 [7] 재가공**

조직적 관점에서 자동차 회사들은 클라우드 컴퓨팅, 분산 시스템, DevOps 관행에 대한 역량을 빠르게 구축해야 한다. 소프트웨어 개발의 증가된 속도와 복잡성을 관리하기 위해 애자일 및 지속적 통합/지속적 배포(CI/CD) 방법론을 채택해야 한다.

② 분산된 책임

SDV로의 전환은 전통적인 자동차 개발 구조의 재편성을 필요로 한다. 전체 가치 사슬에 걸친 변화를 관리하기 위해 특화된 감독을 하는 전담 팀이 필요하다. SDV 개발은 소프트웨어 엔지니어, 시스템 통합자, UX 디자이너, 전통적인 자동차 엔지니어 간의 협력을 요구한다. 전반적인 제품 일관성과 품질을 유지하면서 분산된 개발 노력을 관리하기 위한 새로운 거버넌스 구조가 필요하다. 공급업체의 역할은 개별 구성 요소를 제공하는 것에서 소프트웨어 생태계의 핵심 파트너가 되는 것으로 진화하며, 이는 기존 관계의 재평가와 새로운 협력 프레임워크의 설립을 필요로 한다.

③ 전통적 비즈니스 포커스의 붕괴

SDV는 기존의 자동차 비즈니스 모델에 도전하며, 소프트웨어 중심의 가치 제안과 서비스 지향적 수익 흐름으로의 전환을 요구한다. 기업들은 고급 기능과 서비스에 대한 구독 기반 모델을 구현하고, 차량 생성 데이터를 윤리적이고 효과적으로 수익화하는 전략을 개발하며, 종합적인 모빌리티 솔루션을 만들기 위해 기술 회사, 콘텐츠 제공자, 서비스 플랫폼과 제휴를 형성해야 한다. 이러한 변화는 신속한 기능 배포와 맞춤화를 가능하게 하는 유연한 소프트웨어 플랫폼의 개발, 그리고 제3자 통합을 용이하게 하고 SDV 호환 애플리케이션 및 서비스의 생태계를 육성하기 위한 강력한 API의 생성을 요구한다.

④ 급속한 투자의 필요성

SDV로의 전환은 기술과 인적 자본 모두에 상당한 선행 투자를 요구한다. 기업들은 첨단 운전자 보조 시스템(ADAS), 자율주행 기능, 예측 정비를 위한 AI 역량을 개발하고 통합하는 데 많은 투자를 해야 한다. 현장의 차량에 소프트웨어 업데이트를 제공하기 위한 안전하고 확장 가능한 시스템을 구축하는 것이 중요하며, 소프트웨어 신뢰성과 안전성을 보장하기 위한 고급 시뮬레이션 환경과 테스트 방법론에 투자하는 것도 중요하다. 특히 SDV 도입의 초기 단계에서는 이러한 투자에 대한 장기적인 수익이 불분명할 수 있으며, 기업들은 희소한 AI 및 소프트웨어 엔지니어링 인재를 확보하기 위해 기술 거대 기업들과 경쟁해야 하는 과제에 직면한다다.

⑤ 불일치된 규제 지원

SDV에 대한 규제 환경은 복잡하고 시장마다 크게 다르며, 이는 글로벌 배포 전략에 도전 과제를 제시한다. 기업들은 연결된 차량에 대한 진화하는 사이버보안 표준, 다양한 관할 구역에서 차량에 소프트웨어 업데이트를 푸시하는 데 대한 다양한 규제 요구사항, 자율주행 차량 테스트와 배포를 관리하는 복잡한 법률 및 규정을 탐색해야 한다. 이러한 규제의 복잡성은 다양한 지역 요구사항을 준수하기 위한 여러 소프트웨어 변형의 유지 및 관리, 그리고 SDV 소프트웨어의 동적 특성을 고려한 새로운 형식 승인 방법론의 개발을 필요로 한다.

⑥ 지리적 고객 선호도

SDV 기능에 대한 소비자 수용도와 지불 의사는 시장마다 크게 다르며, 이는 잠재적으로 채택률과 투자 수익에 영향을 미칠 수 있다. 기업들은 SDV 기능 세트를 지역 선호도와 지불 의사에 맞게 조정하고, 다양한 시장에서 소비자들에게 SDV 기능의 가치 제안을 전달하는 전략을 개발하며, 다른 지역에서 데이터 프라이버시, 자율주행, 연결 서비스에 대한 다양한 태도를 해결해야 한다. 이는 현지 시장에 대한 섬세한 이해와 그에 따라 제안을 조정할 수 있는 유연성을 요구한다.

⑦ 동적 파트너십 환경

SDV 생태계는 전통적인 1차 공급업체부터 기술 스타트업까지 다양한 파트너들과의 신속한 협력과 확장을 요구한다. 기업들은 빠르게 진화하는 환경에서 상호 보완적인 능력을 가진 파트너를 식별하고 검증하는 과제, 다양한 시스템과 개발 문화를 통합하는 기술적, 조직적 복잡성을 관리하는 과제, 협력적 소프트웨어 개발 노력에서 복잡한 지적 재산권 고려사항을 탐색하는 과제에 직면한다. 소프트웨어 인터페이스, 데이터 교환, 연결성 프로토콜에 대한 공통 표준을 개발하고 채택하려는 노력이 중요하며, 혁신을 가속화하고 비용을 줄이기 위해 독점 개발과 오픈소스 프로젝트 참여 사이의 균형을 맞추는 것도 중요하다.

⑧ 불확실한 확장 경로

SDV 솔루션의 확장은 특히 대량 생산 시 성능, 신뢰성, 비용 효율성 측면에서 상당한 불확실성을 제시한다. 성장하는 SDV 차량의 데이터 양과 처리 요구를 클라우드 인프라가 처리할 수 있도록 보장하고, 복잡성이 증가하고 더 많은 차량이 배포됨에 따라 소프트웨어 품질과 신뢰성을 유지하며, 규모에서 수익성을 달성하기 위해 SDV 플랫폼의 비용 구조를 최적화하는 것이 모두 중요한 과제이다. 기업들은 SDV 개발과 배포의 진행 상황을 추적하기 위한 의미 있는 핵심 성과 지표를 설정하고, 경쟁력을 평가하고 개선 영역을 식별하기 위한 업계 전반의 벤치마크를 개발해야 한다. 이러한 확장 과제를 탐색하는 능력은 SDV 이니셔티브의 장기적 성공을 결정하는 데 중요할 것이다.

이러한 도전 과제들을 잠재적 이점과 함께 고려할 때, SDV로의 전환이 자동차 산업에 엄청난 기회와 복잡한 과제를 동시에 제시한다는 것이 분명해진다. 이 새로운 패러다임에서의 성공은 기술 혁신뿐만 아니라 조직의 민첩성, 전략적 선견지명, 오랜 비즈니스 모델을 재구상하려는 의지를 필요로 할 것이다. SDV의 약속과 구현의 현실 사이의 균형을 효과적으로 맞출 수 있는 기업들이 다음 모빌리티 시대를 선도할 수 있는 좋은 위치에 있을 것이다.

References

[1] SBD Automotive: Vehicle X.0 – The evolution from functions to services, (2021). Available: https://www.automotiveworld.com/articles/what-will-it-take-to-realise-the-software-defined-car/ [Accessed: 22-Apr-2024]

[2] Boston Consulting Group: Rewriting the Rules of Software-defined Vehicles, (2023). Available: https://www.bcg.com/publications/2023/rewriting-rules-of-software-defined-vehicles [Accessed: 22-Apr-2024]

[3] Digital.auto: Introduction to the software-defined vehicle (SDV101), (2023). Available: https://www.digital.auto/sdv-101 [Accessed: 22-Apr-2024]

[4] NTT Data: Business Transformation for Software-Defined Vehicles. Available: https://www.nttdata.com/global/en/insights/focus/business-transformation-for-software-defined-vehicles [Accessed: 22-Apr-2024]

[5] Planning, Strategic. "The economic impacts of inadequate infrastructure for software testing." National Institute of Standards and Technology 1.2002 (2002).

[6] Slama, D. et al.: The Software-defined Vehicle: A Digital-first Approach to Creating Next-generation Experiences. O'Reilly Media, Incorporated (2023).

[7] ResearchInChina: Software-defined vehicle Research Report 2022- Architecture Trends and Industry Panorama (2022). Available: http://www.researchinchina.com/Htmls/Report/2022/72833.html [Accessed: 30-July-2024]

[8] Wang, Wenwei, et al. "Review of Electrical and Electronic Architectures for Autonomous Vehicles: Topologies, Networking and Simulators." Automotive Innovation 7.1 (2024): 82-101.

[9] Deloitte: Software is transforming the automotive world (2020). Available: https://www2.deloitte.com/us/en/insights/focus/future-of-mobility/pure-play-software-in-automotive-industry.html [Accessed: 30-July-2024]

[10] IBM: The Software Defined Vehicle, (2023). Available: https://www.ibm.com/blogs/digitale-perspektive/2023/06/the-software-defined-vehicle/ [Accessed: 22-Apr-

2024]

[11] Deloitte: Software-defined vehicles: Engineering the mobility revolution, (2023). Available: https://www2.deloitte.com/content/dam/Deloitte/us/Documents/consumer-business/us-deloitte-automotive-software-defined-vehicles-september-2023.pdf [Accessed: 22-Apr-2024]

제 9 장

SDV를 위한 자동차 소프트웨어 개발

Yagiz Nalcakan

| 목차 |

9.1 SDV 소프트웨어 개발 소개

이전 장에서 언급했듯이, 소프트웨어 정의 차량(SDV)은 자동차 산업의 모든 영역에서 심오한 변화를 가져올 것이다. 가장 중요한 변화 중 하나는 자동차 소프트웨어 분야에서 일어날 것으로 예상된다. SDV가 실제 경험이 되려면, OEM과 Tier-X 기업들은 전통적인 방식에서 벗어나 더욱 동적인 소프트웨어 개발 방법론을 자신들의 소프트웨어 개발 문화에 적용해야 한다. 이러한 변화는 소프트웨어를 단순히 차량의 일부가 아닌, 차량을 유연하고 확장 가능하며 업데이트 가능하게 만드는 요소로 변화시킬 것이다.

SDV 소프트웨어의 고유한 특성은 차량의 수명 주기 동안 높은 적응성과 진화 능력이 필요하다는 점에서 비롯된다. 제1장과 제8장에서 논의된 전통적인 차량의 고정 기능 임베디드 시스템과 달리, SDV 소프트웨어는 동적 기능 업데이트, 개인화, 그리고 다양한 서비스 및 기술과의 통합을 지원해야 한다. 이를 위해서는 모듈화되고 확장 가능하며 미래의 확장성을 고려한 설계가 필요하다. SDV는 종종 이러한 유연성을 달성하기 위해 서비스 지향 아키텍처(SOA)를 채택한다. 이 접근 방식은 차량 기능을 개별적이고 느슨하게 결합된 서비스로 분해하여 독립적으로 개발, 배포 및 업데이트할 수 있게 한다. 예를 들어, 서비스에는 차량 동역학 제어, 인포테인먼트, 내비게이션 또는 첨단 운전자 보조 시스템(ADAS)이 포함될 수 있다. 이런 방식으로 소프트웨어를 구조화함으로써 제조업체는 전체 시스템에 영향을 주지 않고 개별 서비스를 쉽게 추가, 수정 또는 교체할 수 있어 빠른 혁신과 맞춤화가 가능해진다.

SDV 설계에서 중요한 아키텍처 결정 사항은 중앙 집중식 컴퓨팅 플랫폼과 분산된 전자 제어 장치(ECU) 사이의 균형이다. 제3장에서 논의된 바와 같이, 전통적인 차량은 각각 특정 기능을 담당하는 분산된 ECU에 크게 의존한다. 그러나 SDV는 점점 더 여러 기능을 동시에 수행하는 중앙 집중식 고성능 컴퓨팅(HPC) 플랫폼으로 이동하고 있다. 이러한 중앙 집중화는 하드웨어 복잡성을 줄이고, 더 정교한 소프트웨어 통합을 가능하게 하며, 더 쉬운 업데이트를 용이하게 한다. SDV는 이러한 중앙 집중화로의 전환을 지원하면서도 유연성을 유지하기 위해 강력한 하드웨어 추상화 계층(HAL)을 사용한다. 이 계층은 소프트웨어와 기본 하드웨어 사이에 표준화된 인터페이스를 제공하여 동일한 소프트웨어가 최소한의 수정으로 다른 하드웨어 구성에서 실행될 수 있게 한다. 이러한 추상화는 소프트웨어 이식성에 중요하며, 제조업체가 다른 차량 모델에 공통 소프트웨어를 사용하거나 기술이 발전함에 따라 새로운 하드웨어 플랫폼으로 쉽게 전환할 수 있게 한다.

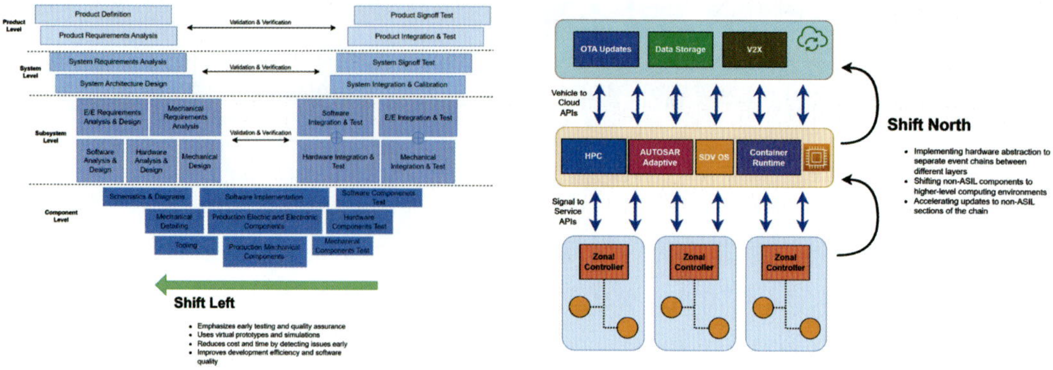

그림 9.1 왼쪽 이동 – 북쪽 이동 전략

하지만 이는 시스템 신뢰성과 실시간 성능에 관한 새로운 과제도 함께 가져오며, 이는 신중히 관리되어야 한다. 업계는 이러한 과제를 해결하기 위해 “Shift Left – Shift North” 접근법(그림 9.1)을 채택하고 있다. “Shift Left” 전략은 개발 수명 주기 초기에 테스트와 품질 보증을 통합하는 것을 강조하고, “Shift North” 접근법은 배포 후 지속적인 개선과 적응에 초점을 맞춘다. 이 두 전략을 함께 사용하면 더욱 선제적이고 반응성 높은 개발 프로세스가 가능해지며, 이는 SDV의 역동적이고 진화하는 특성에 매우 중요하다.

SDV 소프트웨어 스택은 일반적으로 다음과 같은 주요 구성 요소로 이루어진다:

- 운영 체제(OS) : 자동차용으로 최적화된 실시간 OS(즉, 차량 OS)로, 모든 소프트웨어 프로그램, 메모리 관리 작업, 클라우드 업데이트 등을 조율한다.
- 미들웨어: 이 계층은 OS와 애플리케이션 사이에 위치하며, 통신 프로토콜, 데이터 관리, 표준화된 API 등의 공통 서비스를 제공한다. 제5장에서 논의된 AUTOSAR가 여기서 중요한 역할을 하지만, SDV는 특정 요구 사항을 충족하기 위해 이러한 표준을 확장하거나 수정할 수 있다.
- 애플리케이션: 이 고수준 소프트웨어 구성 요소는 파워트레인 제어, ADAS, 자율 주행, 사용자 인터페이스와 같은 특정 차량 기능을 구현한다.
- 가상화 계층: 많은 SDV 아키텍처에서 가상화 계층이 포함되어 여러 소프트웨어 시스템이나 환경이 동일한 하드웨어에서 동시에 실행될 수 있게 한다. 이는 자원 활용도를 개선하고 중요 시스템과 비중요 시스템 간의 분리를 가능하게 한다.
- 무선 업데이트(OTA) 시스템: 제7장에서 다룬 바와 같이, 이 구성 요소는 차량의 수명 주기

동안 소프트웨어 업데이트를 관리하는 데 중요하다. 또한 이 시스템을 통해 Vehicle-to-Everything(V2X) 시스템을 구축할 수 있어, 모든 교통 참여자들이 실시간으로 서로 통신할 수 있게 된다.

이러한 방식으로 소프트웨어 스택을 구성함으로써 SDV는 자동차 시스템의 안전성과 신뢰성 요구사항, 그리고 지속적인 혁신과 기능 개발을 지원하는 데 필요한 유연성 사이의 균형을 달성할 수 있다. 자동차 분야에서 SDV를 위한 소프트웨어 개발 전략을 고려할 때, 몇 가지 접근 방식이 두드러진다. 이러한 전략들은 관련 기업들의 고유한 강점, 파트너십, 시장 초점에 따라 형성된다. 다음은 전 세계 다양한 기업들이 SDV 소프트웨어 개발에 접근하는 방식에 대한 개요이다.

1. 자체 소프트웨어 개발

- 테슬라 (미국): 테슬라는 완전히 통합된 자체 접근 방식으로 SDV 소프트웨어 개발의 기준을 설정했다. 테슬라는 운영 체제부터 첨단 운전자 보조 시스템(ADAS)과 자율 주행 기능까지 대부분의 소프트웨어를 내부적으로 개발한다. 이 접근 방식을 통해 테슬라는 차량 기능을 향상시키고 새로운 기능을 도입하는 빈번한 무선 업데이트(OTA)를 제공할 수 있다.
- 폭스바겐 (독일): 폭스바겐은 자체 소프트웨어 부서인 CARIAD에 많은 투자를 하고 있으며, 이 부서는 폭스바겐 그룹의 모든 브랜드를 위한 통합 소프트웨어 플랫폼 개발을 담당한다. 이 전략은 여러 차량 모델에 걸쳐 자율 주행, 디지털 서비스, 지속적인 소프트웨어 업데이트를 지원하는 공통 아키텍처를 만드는 데 중점을 둔다.
- BMW (독일): BMW 또한 "BMW Operating System 7.0"과 upcoming "BMW OS 8"을 통해 자체 전략을 채택하였다. 이 플랫폼은 광범위한 디지털 서비스와 자율 주행 기능을 지원하도록 설계되었다. BMW의 소프트웨어 전략은 프리미엄 사용자 경험 제공에 중점을 두고 하드웨어와 소프트웨어 간의 원활한 통합을 강조한다.

2. 파트너십과 협력

- 도요타 (일본): 도요타는 AI 기반 소프트웨어를 위해 NVIDIA와, 클라우드 서비스를 위해 Microsoft와 같은 기업들과 파트너십을 맺는 협력적 접근 방식을 선택했다. 이러한 파트너십을 통해 도요타는 외부 전문 지식을 활용하면서 이러한 기술을 자사 차량에 통합하고 적응시키는 데 집중할 수 있다.
- 포드 (미국): 포드는 예측 유지보수와 차내 연결성과 같은 기능을 향상시키기 위해 Google과

협력하여 AI와 머신러닝을 차량에 통합하고 있다. 이 파트너십은 내부 개발과 확립된 기술 기업의 최첨단 기술을 결합하는 포드의 전략을 반영한다.

- 다임러/메르세데스-벤츠 (독일): 메르세데스-벤츠는 자사 차량을 위한 맞춤형 운영 체제인 MB.OS를 개발하기 위해 NVIDIA와 파트너십을 맺었다. 이 협력은 NVIDIA의 AI 전문성과 메르세데스-벤츠의 자동차 노하우를 결합하여 자율 주행과 기타 디지털 서비스를 위한 유연하고 업데이트 가능한 소프트웨어 플랫폼을 만드는 것을 목표로 한다.

3. 플랫폼 기반 접근

- 제너럴 모터스 (미국): GM은 차량 라인업 전반에 걸쳐 SDV를 위한 확장 가능하고 적응 가능한 기반을 제공하도록 설계된 Ultifi 소프트웨어 플랫폼에 집중하고 있다. Ultifi는 OTA 업데이트, 새로운 애플리케이션, 기능 향상을 지원하여 GM이 동적이고 진화하는 소프트웨어 경험을 제공할 수 있게 한다.
- 폭스바겐 (독일): 폭스바겐의 CARIAD 플랫폼도 그룹의 브랜드 전반에 걸쳐 소프트웨어를 표준화하는 것을 목표로 하는 플랫폼 기반 접근의 주목할 만한 예시이다. 이 플랫폼은 자율 주행 기능과 광범위한 디지털 서비스 개발을 지원하며, VW의 SDV 전략의 중심 요소이다.

4. 오픈소스 및 모듈식 소프트웨어 개발

- 블랙베리 QNX (캐나다): QNX는 SDV를 위한 모듈식이고 안전한 플랫폼을 제공하며, 안전이 중요한 애플리케이션에서의 신뢰성으로 인해 자동차 제조업체들에 의해 널리 채택되고 있다. QNX의 오픈소스 특성은 자동차 제조업체가 특정 요구 사항을 충족하기 위해 소프트웨어를 맞춤화하고 확장할 수 있게 해주어 많은 기업들의 인기 있는 선택이 되고 있다.
- 바이두 아폴로(중국): 바이두의 아폴로 플랫폼은 자율 주행 기술 개발에서의 협력을 장려하는 오픈소스 주도자이다. 모듈식 접근 방식을 통해 개발자들은 특정 구성 요소를 구축하고 테스트할 수 있으며, 이는 더 넓은 SDV 프레임워크에 통합될 수 있다.

5. 클라우드 기반 소프트웨어 개발

- 아마존 웹 서비스 (AWS, 미국): AWS는 데이터 분석, 머신러닝, OTA 업데이트를 위한 도구를 제공함으로써 SDV 소프트웨어 개발을 지원하는 클라우드 인프라를 제공한다. AWS를 사용하는 자동차 제조업체는 소프트웨어 업데이트와 새로운 기능을 차량 플릿 전체에 빠르게 개발하고 배포할 수 있다.
- 마이크로소프트 Azure(미국): 마이크로소프트 Azure의 클라우드 서비스는 폭스바겐과 GM과

같은 자동차 제조업체들이 연결된 차량 솔루션을 개발하고, 차량 데이터를 관리하며, OTA 업데이트를 가능하게 하는 데 사용되고 있다. Azure의 플랫폼은 개발부터 배포, 유지보수에 이르기까지 SDV 소프트웨어의 전체 수명 주기를 지원한다.

6. 인공지능(AI)과 머신러닝 중심

- Waymo (미국): Waymo는 자율 주행 차량을 위한 AI 기반 소프트웨어 개발의 선두 주자 중 하나이다. 그들의 전략은 광범위한 주행 데이터로 머신러닝 모델을 훈련시키고, 이를 SDV 플랫폼에 통합하여 자율 주행 능력을 향상시키는 것을 포함한다.
- NVIDIA (미국): NVIDIA의 Drive 플랫폼은 자동차 제조업체가 자신의 차량에 맞춤화하고 배포할 수 있는 종합적인 자율 주행 소프트웨어 스택을 제공한다. 이 플랫폼은 AI와 딥러닝을 활용하여 센서 데이터의 실시간 처리를 가능하게 하여 SDV 개발의 핵심 플레이어가 되고 있다.
- 르노(프랑스): 르노는 특히 닛산, 미쓰비시와의 제휴를 통해 소프트웨어 전략의 일환으로 AI와 머신러닝을 활용하고 있다. 이 협력은 다양한 시장의 다양한 차량을 지원할 수 있는 공유 SDV 플랫폼을 개발하는 것을 목표로 하며, AI 기반 기능과 자율 주행을 강조한다.

7. 지속적인 무선(OTA) 업데이트

- 현대(한국): 현대는 SDV 전략의 중심 요소로 OTA 업데이트에 집중하고 있다. 이 접근 방식을 통해 현대는 딜러 방문 없이 직접 차량에 소프트웨어 업데이트를 제공하여 차량 성능, 안전성, 사용자 경험을 지속적으로 개선할 수 있다.
- NIO(중국): NIO는 OTA 업데이트를 소프트웨어 개발 전략의 핵심으로 삼아 시간이 지남에 따라 새로운 기능을 추가하고, 차량 성능을 개선하며, 사용자 경험을 향상시킬 수 있게 한다.
- 폭스바겐(독일): VW 또한 특히 ID. 시리즈와 함께 전기차 라인업 전반에 걸쳐 OTA 업데이트를 도입하고 있다. 이 기능은 더 넓은 CARIAD 이니셔티브의 일부로, VW이 최신 소프트웨어 기능과 개선 사항으로 차량을 최신 상태로 유지할 수 있게 한다.

8. 사용자 중심 및 연결성 중심 개발

- 볼보(스웨덴): 볼보의 SDV 전략은 안전성과 연결성에 초점을 맞춘 매우 사용자 중심적이다. 회사는 운전자 보조 시스템을 향상시키고, 차내 연결성을 개선하며, 스마트 홈 기기와 같은 외부 서비스와 통합하는 소프트웨어에 투자하고 있다. 볼보의 소프트웨어 개발은 또한 다음 10년 안에 완전 자율 주행을 달성하려는 비전과 밀접하게 연관되어 있다.
- PSA 그룹/스텔란티스(프랑스): 푸조와 피아트 같은 브랜드를 소유한 스텔란티스는 개선된 연

결성, 인포테인먼트, 개인화된 서비스를 통해 사용자 경험을 향상시키는 SDV 소프트웨어 개발에 집중하고 있다. 이 접근 방식은 다양한 차량 브랜드 전반에 걸쳐 일관되고 맞춤화 가능한 경험을 제공하는 것을 목표로 한다.

소프트웨어 정의 차량(SDV)에서의 소프트웨어 개발 전략은 자동차 산업 전반에 걸쳐 크게 다양하며, 각 회사의 고유한 강점, 목표, 시장 포지셔닝을 반영한다. 그러나 이러한 다양한 접근 방식 사이에서도 공통점이 나타난다. 일부 기업은 소프트웨어 생태계에 대한 긴밀한 통제를 유지하기 위해 자체 개발을 우선시하는 반면, 다른 기업들은 더 빠르게 첨단 기술을 통합하기 위해 전략적 파트너십과 협력을 활용한다. 클라우드 기반 솔루션과 모듈식, 오픈소스 플랫폼이 소프트웨어 개발의 유연성과 확장성을 높이기 위해 채택되고 있다. 또한, 인공지능과 머신러닝의 통합은 특히 자율 주행 능력 추구에 있어 주요 트렌드이다. 지속적인 무선 업데이트는 차량이 수명 주기 동안 진화하고 개선될 수 있도록 하는 표준 기능이 되고 있다.

4장에서 자동차 소프트웨어 개발 방법론에 대해 자세히 논의했기 때문에, 다음 섹션에서는 기업들이 SDV 소프트웨어 개발에 사용하는 특정 방법과 전략에 대해 더 깊이 살펴보며, 이 빠르게 진화하는 분야에서의 다양성과 공통점을 모두 강조할 것이다.

9.2 SDV를 위한 개발 방법론 및 실천 방안

소프트웨어 정의 차량의 탄생은 자동차 산업에 패러다임 전환을 가져오고 있으며, 소프트웨어 개발 방법론과 실천 방안의 초점를 근본적으로 변화시키고 있다. 수십 년 동안 자동차 부문은 순차적이고 고도로 구조화된 개발 프로세스를 강조하는 V-모델과 같은 전통적인 접근 방식에 의존해 왔다. 이러한 방법들은 비교적 정적인 차량 기능의 시대에는 잘 작동했지만, 현대의 자동차 소프트웨어의 요구 사항에 직면해서는 점점 더 부적절해지고 있다. 오늘날의 차량들은 복잡하고 상호 연결된 바퀴 위의 컴퓨팅 플랫폼으로 진화하고 있다. 이러한 변화는 소프트웨어 개발 전략의 근본적인 재고를 필요로 한다. 업계는 기술과 소비자 기대의 빠른 진화에 발맞출 수 있는 더욱 민첩하고 유연하며 반복적인 방법론으로 점진적이지만 결정적인 이동을 하고 있다.

표 9.1 V 모델 vs 애자일 소프트웨어 개발 비교

측면	V 모델	애자일
전반적 접근 방식	순차적, 선형적 프로세스	반복적이고 점진적인 프로세스
유연성	엄격한 구조; 변경 수용이 어려움	유연함; 프로세스 전반에 걸쳐 변화를 수용
프로젝트 단계	명확한 경계가 있는 구별된 단계	중첩된 단계; 연속적인 주기
요구사항	초기에 정의되고 일반적으로 고정됨	프로젝트 전반에 걸쳐 진화하고 적응함
테스팅	개발 후 별도의 단계	개발 전반에 걸쳐 지속적으로 수행
고객 참여	주로 프로젝트의 시작과 끝에 참여	프로젝트 전반에 걸쳐 지속적인 참여
제공물	단일, 최종 제품 제공	작동하는 소프트웨어의 빈번한 증분 제공
문서화	각 단계에서 포괄적인 문서화	가벼운 문서화; 작동하는 소프트웨어에 초점
리스크 관리	초기에 리스크 평가 수행	지속적인 리스크 평가 및 완화
팀 구조	명확한 경계가 있는 전문화된 역할	공유된 책임을 가진 크로스 펑셔널 팀
프로젝트 규모	대규모, 복잡한 프로젝트에 적합	원래 소규모 프로젝트용으로 설계되었지만 확장 가능
시장 출시 시간	더 긴 시장 출시 시간	MVP로 더 빠른 시장 출시 가능성
변화에 대한 적응성	제한적; 변경이 비용이 많이 들 수 있음	높은 적응성; 변경이 예상되고 환영됨
품질 보증	개발 후 공식적인 QA 단계	개발 프로세스 전반에 걸쳐 통합됨
이해관계자 피드백	제한된 피드백 기회	이해관계자와의 정기적인 피드백 루프
계획	광범위한 초기 계획	프로젝트 전반에 걸친 적응형 계획
비용 예측 가능성	요구사항이 안정적일 경우 높은 예측 가능성	진화하는 요구사항으로 인해 예측이 덜 가능할 수 있음
추적성	단계 간 강력한 추적성	사용자 스토리와 백로그를 통한 추적성 유지
규제 준수	규제 환경에 적합	추가 프로세스로 규제 준수에 적응 가능
통합	후기 단계 통합	지속적인 통합

이러한 변화의 동력은 소프트웨어 정의 차량의 진화하는 수요에 힘입어 다각도로 추진되고 있다. 가장 중요한 것은 빠른 반복과 지속적인 통합의 필요성이다. 이는 차량 내 소프트웨어가 더

이상 정적인 구성 요소가 아닌 동적이고 끊임없이 진화하는 존재라는 인식에서 비롯된다. 차량들은 이제 무선 업데이트를 받을 수 있는 능력이 필요한데, 이를 통해 조립 라인을 떠난 후에도 오랫동안 새로운 기능을 도입하고 보안 취약점을 해결할 수 있다. 이러한 지속적인 개발 주기는 빈번한 릴리스와 새로운 코드의 원활한 통합을 지원할 수 있는 방법론을 필요로 한다. 이를 통해 차량이 수명 주기 동안 최신 상태를 유지하고 안전할 수 있도록 보장한다.

이와 더불어, 현대의 자동차 소프트웨어 시스템의 복잡성이 극적으로 증가했다. 오늘날 최첨단 차량은 수많은 전자 제어 장치(ECU)에 분산된 1억 줄 이상의 코드를 포함하고 있다. 이러한 엄청난 복잡성을 관리하려면 모듈성, 확장성, 강력한 테스트 프레임워크를 강조하는 개발 실천 방안이 필요하다. 이러한 실천 방안들은 각 구성 요소가 더 넓은 시스템 내에서 올바르게 작동하고, 차량의 전반적인 작동을 방해하지 않고 업데이트되거나 교체될 수 있도록 보장하는 데 필수적이다. 또한, 자동차 기술과 소비자 전자제품의 빠른 융합은 혁신의 속도를 가속화하였다. 한때 최첨단으로 여겨졌던 기능들이 단일 제품 주기 내에서 빠르게 구식이 되어가고 있다. 자동차 제조업체들은 경쟁력을 유지하기 위해 빠른 프로토타이핑, 실험, 신속한 시장 대응성을 가능하게 하는 개발 실천 방안을 수용해야 한다. 이러한 민첩성은 최신 기술에 대한 소비자 요구를 충족시키고 빠르게 움직이는 시장에서 그들의 위치를 유지할 수 있게 해준다.

그러나 이러한 새로운 방법론으로의 전환에는 상당한 도전과제가 있다. 자동차 산업은 엄격한 안전 및 규제 요구사항 하에 운영되며, 기능 안전을 위한 ISO 26262와 같은 표준을 준수하는 것이 중요한 관심사이다. 모든 새로운 개발 방법론은 이러한 표준을 충족하도록 조정되어야 하며, 차량의 안전성과 신뢰성이 결코 타협되지 않도록 해야 한다. 또한, 차량의 긴 개발 주기와 확장된 수명은 다른 소프트웨어 도메인에서는 일반적으로 겪지 않는 고유한 제약을 도입하여, 혁신과 규제 표준 준수 사이의 신중한 균형을 요구한다.

앞으로의 섹션에서는 소프트웨어 정의 차량 개발의 미래를 형성하는 주요 개발 방법론과 실천 방안을 자세히 살펴볼 것이다. 이 탐구에는 애자일 원칙이 자동차 애플리케이션에 어떻게 특별히 적용되는지, 개발 파이프라인을 최적화하는 데 있어 DevOps의 역할, 그리고 기능 기반 개발의 부상에 대해 다룰 것이다. 또한 델타 업데이트와 롤백 메커니즘을 포함하여 쉬운 업데이트를 가능하게 하는 소프트웨어 아키텍처를 만드는 중요성에 대해 논의할 것이다. 추가로, 이러한 현대적 방법론이 전통적인 자동차 엔지니어링 실천 방안과 어떻게 통합되어 혁신과 산업의 엄격한 안전 및 품질 표준 사이의 균형을 잡는 하이브리드 접근 방식을 형성하는지 검토할 것이다.

9.2.1 자동차 제약 조건에 맞는 애자일 및 CI/CD 실천 방안의 적용

SDV를 위한 소프트웨어 개발 환경는 전통적인 자동차 소프트웨어 실천 방안에서 큰 변화를 보여준다. 4장에서 논의했듯이, 전통적인 V 모델은 안전성과 신뢰성을 보장하는 데 중요한 철저한 검증과 확인을 강조하기 때문에 자동차 소프트웨어 개발의 근간이 되어 왔다. 그러나 이 모델의 경직성과 순차적 특성은 빠른 속도와 진화를 요구하는SDV 개발에 덜 적합하다. V 모델은 종종 더 긴 개발 주기와 지연된 피드백을 초래하며, 이는 SDV에서 필요한 빠른 반복과 지속적인 업데이트와 양립할 수 없다.

애자일 방법론(3.3장)은 반복적 개발, 유연성, 고객 협력에 중점을 두어 이러한 과제들에 대한 해결책을 제시한다. 스크럼(3.3.1장)과 칸반(3.3.2장) 같은 애자일 실천 방안은 개발 프로세스를 더 작고 관리 가능한 증분으로 나누어 팀이 지속적인 피드백을 바탕으로 소프트웨어를 지속적으로 개선하고 적응할 수 있게 한다. 이 접근 방식은 소프트웨어 기능이 사용자 요구, 시장 동향, 기술 발전에 대응하여 진화해야 하는 SDV에 특히 유용하다. 이 프레임워크에 DevOps를 통합하면 개발팀과 운영팀 간의 협력 문화를 조성함으로써 애자일 프로세스를 더욱 향상시킨다. DevOps는 지속적 통합, 지속적 전달(CI/CD), 자동화를 강조하여 배포 프로세스를 간소화하고 반복 간의 시간을 줄인다. 이러한 통합은 신속하고 신뢰할 수 있는 업데이트가 경쟁 우위를 유지하고 소프트웨어 품질을 보장하는 데 필수적인 SDV 소프트웨어 개발에 중요하다.

자동차 소프트웨어의 맥락에서, 애자일 방법론과 DevOps 실천 방안은 업계의 엄격한 안전 및 규제 요구사항을 해결하도록 맞춤화되어야 한다. 예를 들어, 전통적인 애자일과 DevOps가 빠른 반복, 빈번한 릴리스, 자동화를 강조하는 반면, 자동차 소프트웨어 개발은 모든 변경 사항이 차량의 안전성이나 표준 준수에 맞도록 추가적인 테스트, 검증, 규제 준수 계층을 요구한다. 이는 안전이 중요한 프로세스를 애자일과 DevOps 워크플로우에 통합하여 각 반복이 새로운 기능을 제공할 뿐만 아니라 필요한 안전성, 품질, 규정 준수 기준을 충족하도록 보장하는 것을 의미한다.

■ CI/CD 실천 방안의 적용

CI/CD 실천 방안은 자동차 산업에서 애자일 개발의 모멘텀을 유지하는 데 필수적이다. CI/CD 파이프라인은 코드 변경 통합, 테스트, 소프트웨어 업데이트 배포 프로세스를 자동화하여 개발자가 새로운 기능과 개선 사항을 빠르고 안정적으로 제공할 수 있게 한다. SDV의 경우, CI/CD 실천 방안은 임베디드 시스템, 실시간 처리, 물리적 차량 구성 요소와의 통합을 포함하는 자동차 소프트웨어의 복잡성을 처리하도록 조정된다. 자동차 소프트웨어 개발에서 CI/CD의 주요 적용 사항은 다음과 같다:

1. 자동화된 테스팅 및 안전 준수: CI/CD 파이프라인은 단위 테스트, 통합 테스트, 소프트웨어-인-더-루프(SIL), 하드웨어-인-더-루프(HIL) 테스팅을 포함한 포괄적인 자동화 테스트를 통합한다. 이러한 테스트는 도로 차량의 기능 안전을 관리하는 ISO 26262와 같은 엄격한 자동차 안전 표준 준수를 보장하도록 설계되었다. 이러한 자동화는 개발 프로세스 초기에 문제를 식별하고 해결하는 데 도움을 주는데, 이는 "Shift Left Testing"으로 알려진 실천 방안으로 나중에 결함을 수정하는 비용과 복잡성을 줄인다[1].
2. 점진적 배포 및 롤백 기능: 자동차 CI/CD 파이프라인은 종종 canary 릴리스나 blue-green 배포와 같은 점진적 배포 전략을 포함한다. 이러한 전략들은 전체 배포 전에 일부 사용자에게 점진적으로 업데이트를 롤아웃함으로써 광범위한 문제의 위험을 최소화한다. 또한, 배포 후 문제가 감지되면 이전 버전으로 되돌릴 수 있는 강력한 롤백 메커니즘이 마련되어 있다[2].
3. 규정 준수 및 문서화: 자동차 소프트웨어 개발은 엄격한 규제 감독의 대상이다. CI/CD 파이프라인은 모든 변경 사항이 철저히 문서화되고 개발 프로세스가 투명하고 감사 가능한 상태로 유지되도록 조정된다. 여기에는 자동화된 파이프라인의 일부로 규정 준수 확인 및 필요한 문서 생성이 포함된다.
4. 다학제간 협력: SDV 개발은 소프트웨어 엔지니어, 하드웨어 설계자, 안전 전문가 간의 긴밀한 협력이 필요하다. 애자일과 CI/CD 실천 방안은 이러한 학제간 작업을 용이하게 하도록 조정되며, 종종 다른 팀 간의 실시간 의사소통과 문제 해결을 가능하게 하는 통합 개발 환경(IDE)과 협업 도구의 사용을 통해 이루어진다.

자동차 산업의 특정 제약 조건에 맞게 애자일과 CI/CD 실천 방안을 적용함으로써, 기업들은 더 빠른 개발 주기, 개선된 소프트웨어 품질, 그리고 SDV에 지속적인 업데이트와 기능을 제공할 수 있는 향상된 능력을 달성할 수 있다. 이러한 유연성과 엄격함의 결합은 자동차 소프트웨어가 산업에서 요구되는 높은 안전성과 신뢰성 기준을 충족하면서도 소비자와 기술적 변화 요구에 맞춰 진화할 수 있도록 보장한다.

9.2.2 기능 기반 개발 및 기능 토글링

기능 기반 개발과 기능 토글링은 SDV를 위한 소프트웨어 개발에서 점점 더 중요해지는 방법론이다. 이러한 기법들은 자동차 개발자들이 현대의 차량 소프트웨어의 복잡성을 효율적으로 관리하면서 시스템 안정성을 유지하고 빠른 혁신을 가능하게 한다.

기능 기반 개발은 차량의 특정 기능이나 능력을 중심으로 소프트웨어 개발 프로세스를 조직한다. 이 접근 방식은 이전 장에서 논의된 대로 SDV에서 흔히 사용되는 모듈식 아키텍처와 일치한다. 개발 팀과 워크플로우를 개별 기능 중심으로 구성함으로써 자동차 기업들은 여러 가지 주요 이점을 얻을 수 있다(그림 9.2).

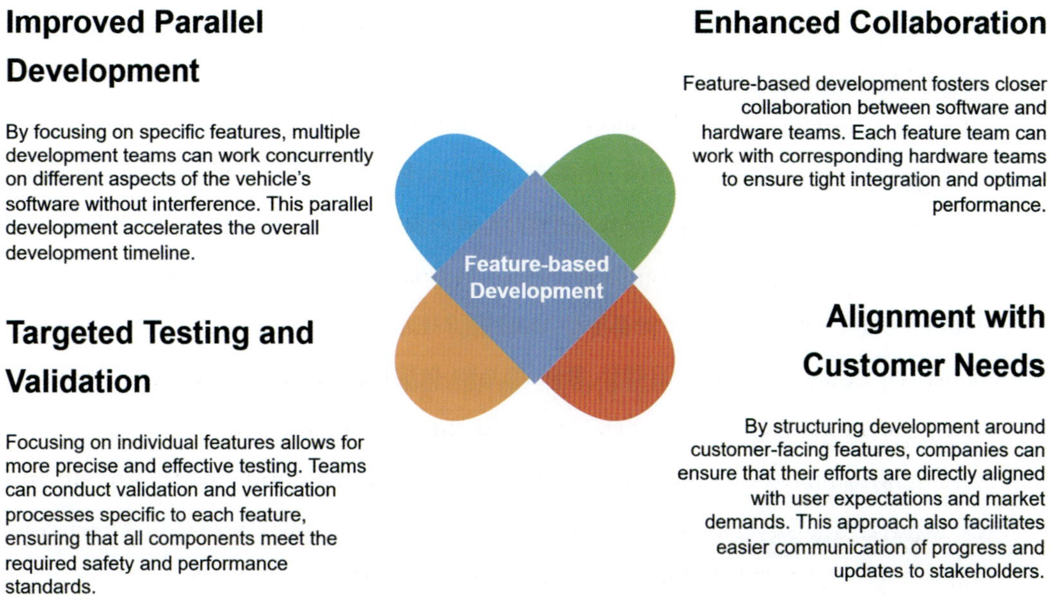

그림 9.2 SDV 소프트웨어를 위한 기능 기반 개발의 주요 이점

기능 토글링(기능 플래그라고도 함)은 소프트웨어 기능의 활성화와 가시성을 제어하는 메커니즘을 제공함으로써 기능 기반 개발을 보완한다. 기능 토글링은 개발자가 새로운 소프트웨어 빌드나 전체 시스템 업데이트 없이 동적으로 기능을 활성화하거나 비활성화할 수 있게 하는 조건부 로직을 소프트웨어에 구현하는 것을 포함한다. SDV의 맥락에서 기능 토글링은 다음과 같은 여러 가지 중요한 이점을 제공한다:

- 점진적 기능 출시: 제조업체는 전면적인 출시 전에 실제 테스트를 위해 제한된 수의 차량에 새로운 기능을 배포할 수 있다. 이러한 제어된 릴리스는 광범위한 배포 전에 잠재적인 문제를 식별하고 피드백을 수집하는 데 도움이 된다.
- A/B 테스팅: 기능 토글을 통해 A/B 테스팅이 가능해지며, 이는 기능의 다른 버전을 서로 다른 차량 그룹에 배포하는 것이다. 이 접근 방식을 통해 제조업체는 성능과 사용자 경험 데이터를 비교하여 전체 배포 전에 기능을 최적화할 수 있다.
- 지역 또는 모델별 맞춤화: 지리적 위치, 규제 요구 사항, 차량 모델 또는 고객 선호도에 따라 기능을 선택적으로 활성화할 수 있다. 이러한 유연성은 다양한 시장 요구와 다른 지역 간의 규정 준수를 관리하는 데 중요하다.
- 빠른 기능 비활성화: 기능이 예상치 못한 문제를 일으키면 기능 토글을 사용하여 빠르게 비활성화할 수 있어 위험과 혼란을 최소화할 수 있다. 이러한 빠른 대응 능력은 SDV의 안전성과 신뢰성을 유지하는 데 필수적이다.

기능 토글링은 수많은 이점을 제공하지만, 중요한 고려 사항들도 함께 가지고 있다. 다음 표 9.2는 자동차 소프트웨어에서 기능 토글링을 구현할 때의 주요 이점과 고려 사항을 요약한다.

표 9.2 기능 토글링의 이점과 고려사항

이점	고려사항
점진적 기능 출시	각 토글에 대한 안전성 분석
A/B 테스트 기능	시스템 복잡성 증가
지역/모델별 활성화	성능 오버헤드 관리
신속한 기능 비활성화	기능 상호의존성 처리
간소화된 지속적 통합	토글 수명주기 관리
시장 출시 시간 단축	종합적인 모니터링 필요성
향상된 개인화	OTA 시스템과의 통합
신규 기능에 대한 위험 완화	명확한 토글 거버넌스 정책

자동차 소프트웨어에 기능 토글을 구현하려면 안전성과 신뢰성에 대한 신중한 고려가 필요하다. 기능 토글이 일반적으로 사용되는 웹이나 모바일 애플리케이션과 달리, 차량에는 엄격한 안

전 요구사항이 있다. 6장 자동차 안전에서 논의된 바와 같이, 모든 기능 토글 구현은 엄격한 안전성 분석과 테스트를 거쳐야 한다. 또한 7장에서 다룬 OTA 업데이트 시스템과의 통합은 SDV에서 효과적인 기능 토글링을 위해 필수적이다. OTA 업데이트는 기능 플래그 상태를 수정하는 데 사용될 수 있어, 전체 소프트웨어 업데이트 없이도 동적인 기능 관리가 가능하다.

기능 기반 개발과 기능 토글링을 활용함으로써 자동차 제조업체는 혁신을 가속화하고, 새로운 기능의 시장 출시 시간을 단축하며, 더욱 개인화되고 적응 가능한 주행 경험을 제공할 수 있다. 이러한 방법론을 통해 SDV는 지속적으로 진화하여 현대 소비자의 동적인 요구를 충족시키고 차량이 최첨단 기술의 최전선에 머물 수 있도록 보장한다.

9.2.3 무선 업데이트 전략

무선 업데이트는 SDV의 핵심 요소로, OEM이 차량의 수명 주기 동안 지속적으로 기능을 개선하고, 문제를 해결하며, 새로운 기능을 도입할 수 있게 한다. 7장에서 OTA 업데이트의 기본 사항을 다뤘지만, 이 섹션에서는 SDV 소프트웨어 개발에 특화된 전략에 초점을 맞출 것이다. SDV를 위한 효과적인 OTA 업데이트 전략은 8장에서 논의한 모듈식 아키텍처를 활용해야 한다. 이 접근 방식을 통해 전체 시스템에 영향을 주지 않고 특정 모듈이나 기능만을 수정하는 대상 지정 업데이트가 가능하다. 이는 다운로드 크기를 줄여 업데이트 실패나 차량 운영 중단 가능성을 낮춘다. 또한 모듈식 아키텍처는 테스트 단계에서 업데이트된 구성 요소의 격리와 검증을 용이하게 한다.

개발에서 전체 배포까지의 OTA 업데이트 진행 과정을 보여주기 위해 다음의 그림 9.3을 참고하라. 이 순서도는 OTA 업데이트 개발 및 배포 단계를 보여주며, 철저한 테스트와 점진적 출시 전략의 중요성을 강조한다.

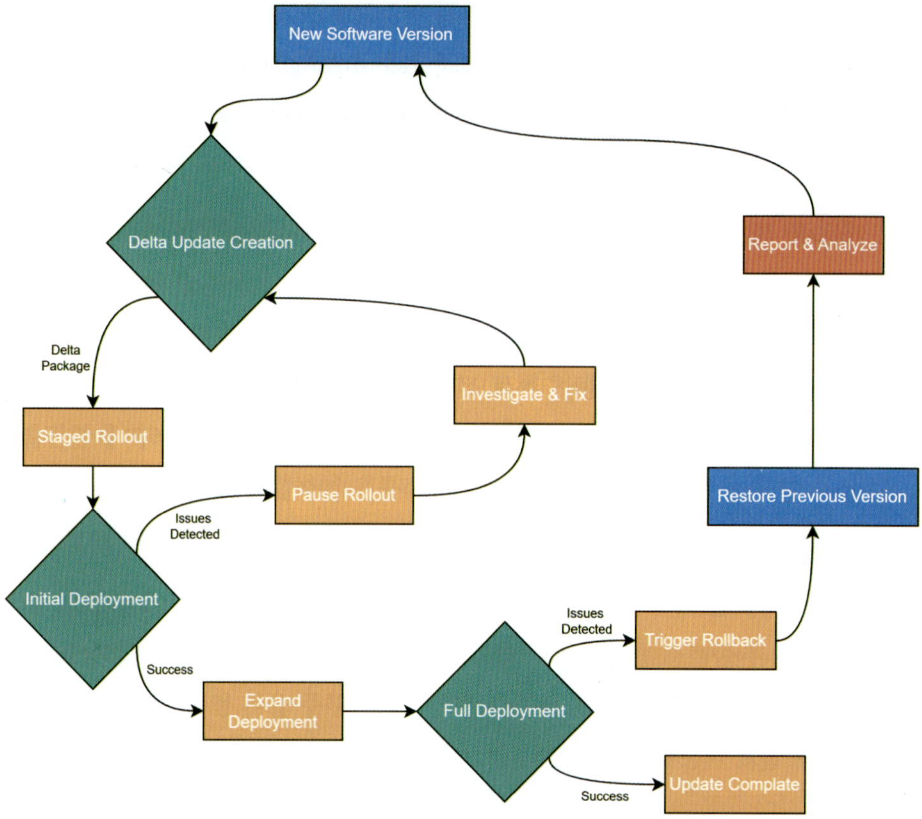

그림 9.3 OTA 업데이트 전략 순서도

효율적인 OTA 전략의 중요한 구성 요소는 델타 업데이트의 구현이다. 이 메커니즘은 현재 버전과 새 버전 간의 변경 사항(델타)만을 전송함으로써 OTA 패키지의 크기를 크게 줄인다. 델타 업데이트는 데이터 전송을 최소화하여 비용과 업데이트 시간을 줄인다. 이 접근 방식은 특히 대역폭이 제한적이거나 비용이 많이 드는 자원 제약적인 자동차 네트워크와 셀룰러 연결에 효과적이다. 델타 업데이트와 전체 패키지 업데이트의 비교는 그림 9.4에 나와 있다. 차트에서 명확히 볼 수 있듯이, 델타 업데이트는 데이터 크기, 전송 시간, 대역폭 사용, 그리고 업데이트 빈도 측면에서 상당한 이점을 제공한다.

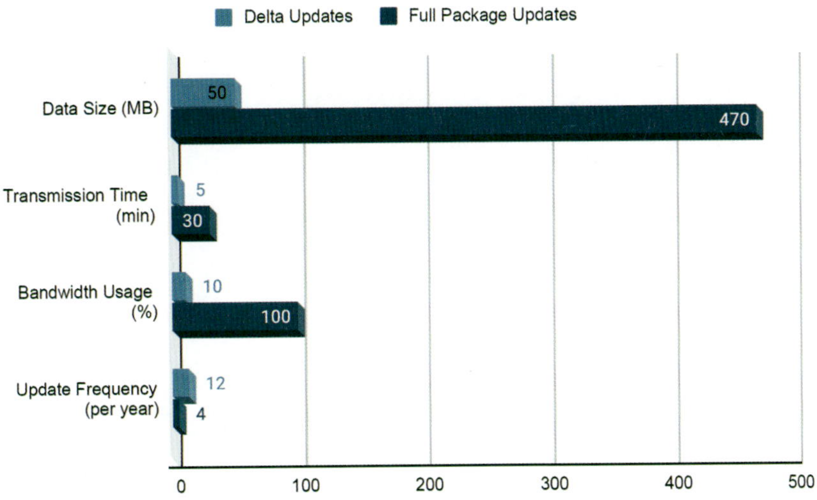

그림 9.4 델타 vs 전체 패키지 업데이트 비교 (표시된 데이터는 근사치임)

차량의 안전성과 신뢰성을 유지하기 위해 강력한 롤백 메커니즘을 통합하는 것도 똑같이 중요하다. 이 시스템은 무결성 검사 실패나 성능 저하와 같은 사전 정의된 기준에 따른 자동 롤백 트리거를 포함해야 한다. 이를 지원하기 위해 신속한 복원을 위한 이전 안정 버전의 보안 저장소를 유지하는 것이 중요하다. 업데이트 과정은 변경 사항을 적용하기 전에 복원 지점을 생성하도록 설계되어야 하며, 이를 통해 업데이트에 문제가 발생할 경우 차량이 항상 알려진 안전한 상태로 되돌아갈 수 있다.

단계적 출시 전략을 채택하면 대규모 업데이트와 관련된 위험을 완화하는 데 도움이 된다. 이 접근 방식은 주로 내부 또는 통제된 테스트 차량군과 같은 소규모 차량 집단에 업데이트를 배포하는 것으로 시작한다. 성공적인 배포와 피드백을 바탕으로 점진적으로 더 큰 그룹으로 출시를 확대한다. 제조업체는 9.2.3절에서 논의한 기능 토글을 사용하여 이러한 단계적 출시 중 기능 활성화를 제어할 수 있으며, 이를 통해 업데이트 과정을 더 세밀하게 제어할 수 있다.

OTA 업데이트 중 사용자 경험을 고려하는 것은 고객 만족도에 중요하다. 제조업체는 불편을 최소화하기 위해 사용자가 선택할 수 있는 업데이트 시간을 제공하고, 중요하지 않은 업데이트의 경우 다음 시동 시 설치되는 백그라운드 다운로드를 구현해야 한다. 업데이트 내용, 소요 시간, 그리고 과정 중 일시적인 기능 제한에 대해 명확히 소통하는 것은 사용자의 기대치를 관리하고 잠재적인 불만을 줄이는 데 도움이 된다. 사용자 경험을 향상시키는 것 외에도 OTA 업데이트 전략에서는 강력한 보안 조치가 가장 중요하다. 이러한 업데이트는 차량의 소프트웨어와 기능에 직접적인 영향을 미치므로 업데이트 과정의 보안을 보장하는 것이 필수적이다. 여기에는 모든 업데이트 패키지에 대한 엔드-투-엔드 암호화 구현, 업데이트 출처를 확인하기 위한 강력한 인증 메커니즘 사용, 소프트웨어 패키지의 무결성을 보장하기 위한 코드 서명 등이 포함된다. 진화하는 위협에 대응하여 장기적인 보안을 유지하기 위해서는 암호화 알고리즘과 키를 정기적으로 업데이트해야 하며, 이는 고객 신뢰를 유지하는 데 더욱 도움이 된다. 또한, 이러한 안전하고 사용자 친화적인 업데이트를 지원하기 위해 네트워크 리소스와 온보드 저장소를 효율적으로 사용하는 것이 필수적이다. OTA 업데이트의 크기와 빈도는 네트워크 대역폭과 차량 저장소 모두에 부담을 줄 수 있다. 따라서 전송 시간과 데이터 사용량을 줄이기 위해 업데이트 패키지를 압축해야 한다. Wi-Fi 우선순위 지정 및 부분 다운로드 재개와 같은 지능형 다운로드 전략은 프로세스를 더욱 최적화할 수 있다. 또한 다른 차량 기능을 저해하지 않으면서 업데이트 스테이징과 롤백 기능을 수용할 수 있도록 온보드 저장소 할당을 신중하게 관리하는 것이 필요하며, 이를 통해 사용자에게 원활한 경험을 제공할 수 있다.

더욱이 OTA 업데이트를 규제하는 법적 환경을 고려하는 것이 중요하다. UNECE WP.29 [3]에 명시된 것과 같은 지역별 요구 사항을 준수하는 것은 여러 시장에서 운영되는 제조업체에게 매우 중요하다. 이러한 규제 기준을 충족하는 업데이트를 보장하려면 추적성과 잠재적 감사를 위해 모든 업데이트에 대한 상세한 기록을 유지해야 한다. 또한 제조업체는 차량 기능을 크게 변경하는 업데이트에 대한 형식 승인 영향을 고려해야 하며, 혁신과 규제 준수 사이의 균형을 맞춰야 한다.

마지막으로, OTA 업데이트 전략을 전반적인 소프트웨어 개발 프로세스와 긴밀히 통합하는 것이 일관성과 신뢰성을 유지하는 데 필수적이다. 이러한 통합에는 신속하고 신뢰할 수 있는 소프트웨어 개발 및 배포를 가능하게 하는 자동차 소프트웨어에 맞춤화된 CI/CD 파이프라인 구현이 포함된다. 기능 플래그를 사용하면 배포와 활성화를 분리할 수 있어 더 쉬운 테스트와 점진적 출시가 가능하다. 즉시 OTA 업데이트가 필요한 변경 사항과 정기 유지보수까지 기다릴 수 있는 변경 사항을 결정하기 위한 명확한 기준을 설정하면 업데이트의 적시성과 효율성을 보장할 수 있다.

결론적으로, 이러한 포괄적인 전략을 구현함으로써 자동차 제조업체는 OTA 업데이트의 잠재력을 완전히 활용할 수 있다. 이 접근 방식은 소프트웨어 정의 차량이 수명 주기 동안 최신 상태를 유지하고, 안전하며, 지속적으로 개선되도록 보장한다. 또한 고객 경험을 향상시키고 기능 업그레이드와 구독을 통해 새로운 비즈니스 모델과 수익 흐름을 창출하여 궁극적으로 자동차 혁신의 미래를 주도한다.

9.3 SDV에서의 AI/ML 통합 및 데이터 관리

SDV에서의 인공지능(AI)과 기계학습(ML)의 통합은 자동차 기술의 중요한 도약을 나타낸다. 이 섹션에서는 AI/ML 통합의 다양한 측면과 차량 기능 및 사용자 경험 향상에 있어 데이터 관리의 중요한 역할을 탐구한다.

차량 기능을 위한 AI/ML 모델의 개발 및 배포는 신중한 계획과 실행이 필요한 복잡한 과정이다. SDV를 위한 AI/ML 모델 개발 과정에 대한 상세한 설명은 그림 9.5에 제시되어 있다. SDV를 위한 ML 모델 개발 과정은 일반적으로 다음과 같은 단계를 포함한다:

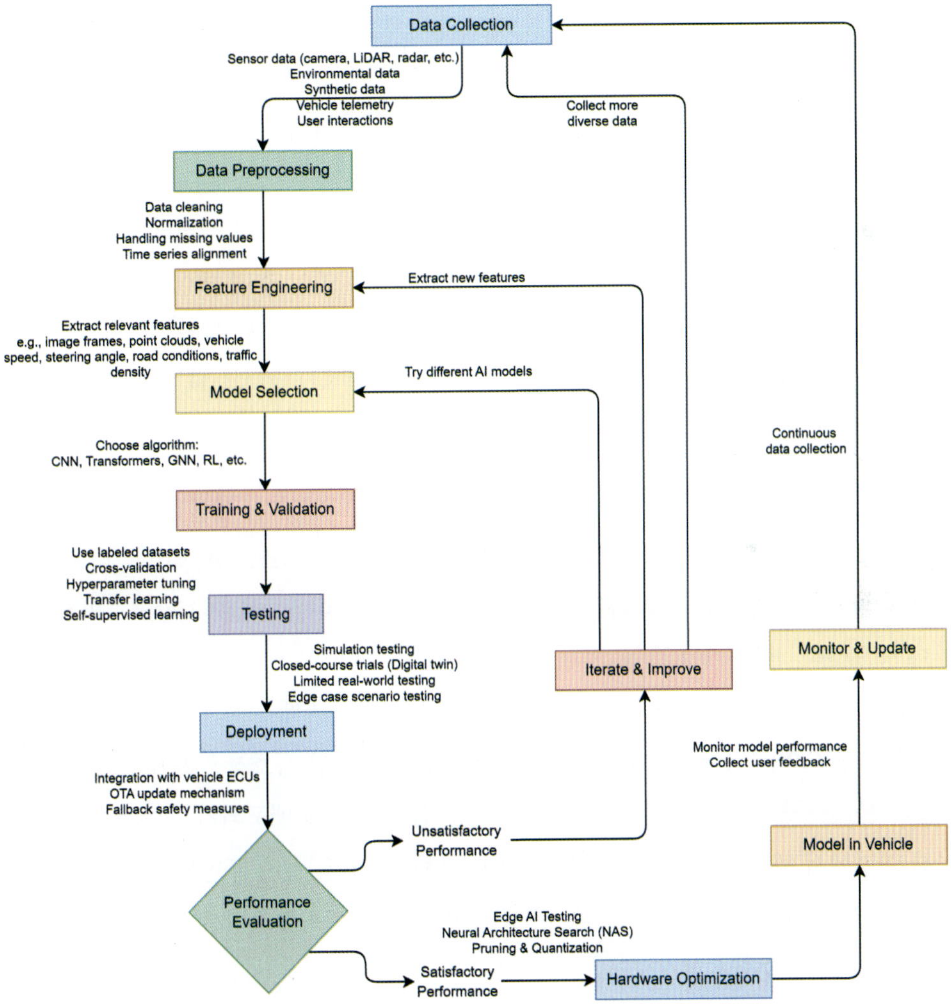

그림 9.5 SDV를 위한 AI/ML 모델 개발 과정에 대한 상세한 설명

1. 데이터 수집 및 전처리:

- 고급 센서 통합: SDV는 이제 고해상도 카메라, LiDAR, 레이더, 초음파 센서, 심지어 적외선 센서까지 더 광범위한 센서를 활용한다. 이러한 센서들은 ML 모델에서 효과적으로 사용하기 위해 조화롭게 동기화되어야 하는 대규모의 다양한 데이터셋을 생성한다.
- 다양한 데이터 수집: 단순히 다양한 주행 조건(도시, 농촌, 고속도로, 날씨 조건, 교통 패턴)에서 데이터를 수집하는 것을 넘어, 현대의 SDV는 다양한 지리적 지역과 운전 문화에 걸쳐 데이터를 수집한다. 이러한 다양성은 다른 환경에 강건하고 적응 가능한 모델을 훈련하는 데 도움이 된다.
- 데이터 전처리: 데이터 정제, 정규화, 누락된 값 처리, 시계열 정렬과 같은 특정 작업을 포함한다.
- 자동화된 데이터 주석: 주석 과정은 센서 데이터의 객체 라벨링을 지원하거나 완전히 자동화하는 AI 기반 도구에 의해 크게 향상되었다. 예를 들어, AI 알고리즘은 이제 비디오 데이터의 수천 개의 프레임에서 객체를 인식하고 라벨링할 수 있어, 데이터 주석에 필요한 노동력과 시간을 크게 줄인다.
- 합성 데이터 생성: 전통적인 데이터 증강 기법 외에도, 생성적 적대 신경망(GAN)이나 시뮬레이션 환경과 같은 도구를 사용한 합성 데이터 생성이 현실적인 훈련 데이터셋을 만드는 데 점점 더 많이 사용된다. 이를 통해 희귀하거나 포착하기 어려운 시나리오를 생성하여 모델의 일반화를 향상시킬 수 있다.

2. 모델 선택 및 훈련:

- 고급 신경망: 고급 신경망 아키텍처의 사용이 더욱 보편화되었다. 예를 들어:
  - 트랜스포머: 원래 자연어 처리를 위해 설계되었지만, 트랜스포머는 이제 비전 작업에 적용되어 전역적 맥락을 포착하는 데 장점을 제공하며, 이는 복잡한 주행 장면을 이해하는 데 중요하다.
  - 그래프 신경망(GNN): GNN은 장면 내 다른 객체들 간의 관계를 모델링하는 능력 때문에 연구되고 있으며, 이는 특히 교통 예측과 차량 및 보행자 간 상호작용 모델링에 유용하다.
- 시뮬레이션을 통한 강화학습: 강화학습(RL) 모델은 실제 세계에 배포되기 전에 고충실도 시뮬레이션 환경에서 광범위하게 훈련된다. 이러한 시뮬레이션은 실제 주행의 복잡성을 정확히 재현할 수 있어, RL 알고리즘이 안전을 위험에 빠뜨리지 않고 안전하고 효율적인 주행 행동을 학습할 수 있게 한다.
- 전이 학습 및 메타 학습: 전이 학습은 여전히 중요하지만, 메타 학습도 주목받고 있다. 메타 학

습은 이전 지식을 활용하여 최소한의 데이터로 새로운 과제에 빠르게 적응할 수 있게 하며, 이는 새로운 시나리오를 접하는 SDV에 특히 유용하다.

- 연합 학습: 프라이버시와 효율성을 높이기 위해 연합 학습이 채택되고 있다. 이 접근 방식을 통해 SDV는 온디바이스 데이터를 사용하여 로컬에서 ML 모델을 훈련하고, 학습된 모델 업데이트만을(원시 데이터가 아닌) 중앙 서버와 공유한다. 이 방법은 데이터가 지역화된 상태를 유지하면서도 전역 모델에 기여할 수 있도록 한다.

3. 하드웨어 최적화:

- 엣지 AI 및 하드웨어 가속: ML 모델은 점점 더 엣지 컴퓨팅에 최적화되고 있으며, 이는 차량의 임베디드 시스템에서 직접 실행된다. NVIDIA와 Tesla 같은 회사들이 개발한 맞춤형 AI 가속기는 SDV에서 실시간 추론의 까다로운 계산 작업을 처리하도록 설계되었다.
- 신경 아키텍처 검색(NAS): NAS는 자동차급 하드웨어에 배포하기에 효율적이고 효과적인 ML 모델을 자동으로 설계하는 데 사용된다. 이러한 모델은 성능과 리소스 사용에 최적화되어 정확도와 실시간 처리의 제약 사이의 균형을 맞춘다.
- AI를 통한 가지치기 및 양자화: 가지치기와 양자화와 같은 현대적인 모델 압축 기술은 이제 AI 알고리즘 자체에 의해 안내되어 모델 크기, 정확도, 추론 속도 사이의 트레이드오프를 최적화한다.

4. 안전성 및 신뢰성:

- 시뮬레이션 강화 테스트: SDV를 위한 ML 모델 테스트는 이제 엣지 케이스와 희귀 이벤트를 대규모로 시뮬레이션하고 테스트할 수 있는 가상 환경을 광범위하게 사용한다. 이러한 시뮬레이션은 물리 엔진과 환경 모델링의 발전 덕분에 더욱 현실적으로 되고 있다.
- 설명 가능한 AI(XAI): 설명 가능한 AI는 특히 안전이 중요한 상황에서 ML 모델이 해석 가능한 출력을 제공할 수 있도록 하기 위해 개발 과정에 점점 더 통합되고 있다. 이러한 투명성은 규제 승인을 얻고 사용자 신뢰를 구축하는 데 필수적이다.
- 지속적 모니터링 및 중복성: 실시간으로 이상을 감지하고 대응하는 지속적 모니터링 시스템이 개발되어 예상치 못한 상황에서도 ML 모델이 안정적으로 작동하도록 보장한다. 또한, AI 시스템의 중복성은 주 모델이 실패할 경우 대체할 수 있는 병렬 모델을 실행함으로써 강화된다.

5. 규제 준수:

- 진화하는 표준 준수: 자동차 애플리케이션에서 AI의 급속한 발전으로 규제 프레임워크도 발전

하고 있다. ISO 26262 및 ISO/PAS 21448 준수는 여전히 중요하지만, AI 윤리와 데이터 프라이버시에 관한 새로운 표준과 지침이 등장하고 있으며, 이는 개발 수명 주기에 통합되어야 한다.

- 감사 가능성 및 추적성: 데이터 계보, 모델 훈련 로그, 검증 결과를 포함한 ML 개발 과정의 상세하고 감사 가능한 기록을 유지하는 것은 규제 준수와 향후 감사 및 인증을 용이하게 하는 데 필수적이다.

앞으로 SDV에서 AI/ML의 지속적인 발전은 더 자율적일 뿐만 아니라 개별 사용자의 요구에 더 잘 대응하고, 운영에서 더 효율적이며, 도로에서 더 안전한 차량을 제공할 것을 기대한다. 그러나 이러한 진보를 위해서는 자동차 제조업체, 기술 제공업체, 규제 기관 간의 지속적인 협력이 필요하여 차량에서 AI의 잠재력이 책임감 있고 윤리적으로 실현되도록 보장해야 한다. 앞으로 나아가면서 주요 과제는 급속한 기술 발전 속도와 강력한 안전 조치 및 대중의 신뢰 필요성 사이의 균형을 맞추는 데 있을 것이다. SDV에서 AI/ML 통합의 성공은 궁극적으로 지능적이고 효율적일 뿐만 아니라 투명하고 신뢰할 수 있으며 인간의 가치에 부합하는 시스템을 만들 수 있는 우리의 능력에 달려 있다.

9.3.1 지속적 학습 및 모델 업데이트

지속적 학습과 모델 업데이트는 SDV에서 진화하는 AI 시스템의 중추를 형성한다. 이 반복적 과정은 전체 차량 으로부터 실세계 데이터가 지속적으로 유입되는 것으로 시작된다. 차량들이 다양한 환경을 주행하고 여러 시나리오를 마주하면서, 학습 생태계에 투입되는 귀중한 정보를 축적한다.

성능 모니터링은 이 주기에서 중요한 역할을 한다. AI 시스템의 행동은 실제 조건에서 면밀히 관찰되며, 특히 엣지 케이스와 예상치 못한 상황을 어떻게 처리하는지에 특별한 주의를 기울인다. 이 모니터링은 단순한 오류 탐지를 넘어서 AI의 의사결정 과정과 결과에 대한 종합적인 분석을 포함한다. 모니터링 과정에서 개선이나 적응이 필요한 영역이 식별되면, 모델 재훈련 단계가 시작된다. 이 단계에서는 새로 획득한 데이터를 활용하여 AI 모델을 정제하고 개선한다. 재훈련 과정은 종종 전이 학습과 점진적 학습과 같은 정교한 기술을 포함하며, 이를 통해 모델은 처음부터 시작하는 대신 기존의 지식 기반 위에 구축할 수 있다. 재훈련된 모델이 시뮬레이션 환경에서 향상된 성능을 보이면 배포를 위한 준비가 된다. OTA 업데이트 메커니즘을 통해 이렇게 개선된 모델을 전체 차량에 원활하게 배포할 수 있다. 이 기능은 모든 차량이 집단적 학습 경험의 혜택을 받아 지속적으로 성능을 개선하고 새로운 도전에 적응할 수 있도록 보장한다.

SDV에서의 지속적 학습 주기는 자동차 기술의 패러다임 전환을 나타낸다. 기능이 정적으로 유지되는 전통적인 차량과 달리, SDV는 시간이 지남에 따라 진화하여 각 업데이트마다 더 지능적이고 적응력이 높아진다. 이러한 동적 개선은 차량의 성능과 안전성을 향상시킬 뿐만 아니라 새로운 기능과 역량을 신속하게 통합할 수 있게 하여, 차량의 수명 주기 전반에 걸쳐 최첨단 상태를 유지할 수 있게 한다.

9.3.2 개발을 위한 차량 데이터 수집 및 처리

자율주행 차량(SDV)의 인공지능/기계학습 시스템의 기반은 차량에서 수집, 처리 및 분석된 방대한 양의 데이터에 있다. 이 데이터는 AI 모델을 개발하고 개선하는 초석이 되어 차량의 성능, 안전성 및 사용자 경험을 지속적으로 향상시킨다. 최근 AI 기술의 발전으로 이 과정이 더욱 혁신되어 SDV의 능력이 향상되었다.

■ SDV의 고급 데이터 수집

SDV의 데이터 수집은 차량 전체에 통합된 다양한 정교한 센서를 활용한다. 고해상도 카메라는 차량 주변의 상세한 시각 정보를 캡처하고, LiDAR 시스템은 환경의 정밀한 3D 지도를 제공한다. 레이더 센서는 물체를 감지하고 속도를 측정하며, 기타 여러 센서는 타이어 압력, 엔진 상태, 실내 온도 등 차량 내부 상태를 모니터링한다.

심층 학습 알고리즘으로 구동되는 센서 융합 기술의 최근 발전으로 SDV는 여러 센서의 데이터를 더 효과적으로 결합하여 차량 환경에 대한 더 정확하고 포괄적인 이해를 만들어낸다. 이렇게 향상된 인식은 고급 자율 주행 기능에 중요하다.

센서 데이터 외에도 SDV는 운전자와 승객이 차량 시스템과 상호작용하는 방식에 대한 광범위한 정보를 수집한다. 여기에는 인포테인먼트 시스템, 음성 명령 및 물리적 제어 장치의 데이터가 포함된다. GPT(Generative Pre-trained Transformer)와 같은 트랜스포머 아키텍처 기반의 자연어 처리(NLP) 모델 통합으로 차량의 음성 인식 및 자연어 이해 능력이 크게 향상되어 더 직관적이고 반응이 빠른 사용자 인터페이스가 가능해졌다.

■ 효율적인 데이터 전송 및 안전한 통신

수집된 이 데이터를 처리를 위해 클라우드 인프라로 전송하려면 견고하고 안전한 통신 프로토콜이 필요하다. 데이터의 양과 복잡성이 증가함에 따라 SDV는 전송을 최적화하고 대역폭을 관리하기 위해 효율적인 압축 기술을 사용해야 한다. 엣지 컴퓨팅과 연합 학습의 최근 발전으로 차량 자체에서 더 많은 처리가 가능해져 전송해야 할 데이터의 양을 줄이고 중요한 기능의 응답 시간을 개선하였다.

보안은 여전히 가장 중요하며, 양자 컴퓨팅의 잠재적 위협으로부터 데이터 보호를 미래에 대비하기 위해 양자 내성 암호화 알고리즘을 구현하고 있다. 또한, 블록체인 기술을 활용하여 차량 데이터와 소프트웨어 업데이트를 안전하고 투명하게 기록함으로써 SDV 생태계의 신뢰성과 추적 가능성을 높이고 있다.

■ 데이터 처리 및 주석

데이터가 클라우드에 도달하면 여러 처리 단계를 거친다. 초기 단계에는 오류나 불일치를 제거하는 데이터 정제 작업이 포함되며, 이후 다양한 데이터 소스 간의 호환성을 보장하기 위한 정규화 작업이 이어진다. 이렇게 처리된 데이터는 전체 차량에서 생성되는 방대한 양의 정보를 처리할 수 있는 확장 가능한 데이터베이스 시스템에 저장된다.

대조 학습 기법과 같은 비지도 및 자기지도 학습 모델의 최근 돌파구로 수동 데이터 주석에 대한 의존도가 줄어들고 있다. 이러한 모델은 레이블이 없는 데이터에서 의미 있는 표현을 학습할 수 있어 훈련 과정을 크게 가속화하고 데이터 준비 비용을 줄인다. 주석이 여전히 필요한 경우, 고급 컴퓨터 비전 모델로 구동되는 AI 지원 레이블링 도구가 프로세스를 간소화하여 효율성과 정확성을 높인다. 데이터 증강 기술도 발전하여 생성적 적대 신경망(GAN)이 이제 희귀하거나 위험한 시나리오에 대한 매우 사실적인 합성 데이터를 생성할 수 있게 되었다. 이로 인해 훈련 데이터의 다양성이 확장되어 AI 모델이 더 광범위한 상황에서 학습하고 일반화 능력을 향상시킬 수 있게 되었다.

■ 빅데이터 분석 활용

처리된 방대한 양의 데이터를 통해 빅데이터 분석을 통한 SDV 소프트웨어 개선의 전례 없는 기회가 생겼다. 고급 그래프 신경망(GNN)이 이제 데이터 내의 복잡한 관계를 분석하는 데 사용되어 이전에는 파악하기 어려웠던 교통 패턴, 도로 네트워크 및 차량 간 상호작용에 대한 통찰력을 제공한다. 예측 분석은 시계열 데이터의 장거리 의존성을 포착하는 데 탁월한 트랜스포머 모델의 통합으로 향상되었다. 이러한 개선으로 차량 부품 마모, 에너지 소비 및 교통 패턴을 더 정확하게 예측할 수 있게 되어 선제적 유지보수와 최적화된 경로 계획이 가능해졌다.

■ 성능 최적화 및 사용자 경험 향상

빅데이터 분석은 성능 최적화에도 중요한 역할을 한다. 특히 근접 정책 최적화(PPO)와 같은 고급 기술을 사용하는 강화 학습 알고리즘이 전기 차량의 에너지 관리부터 적응형 서스펜션 시스템까지 차량 성능의 다양한 측면을 최적화하는 데 적용되고 있다. 사용자 경험 향상은 고급 개인화 알고리즘의 적용으로 혁신되었다. 이 시스템은 다중 모달 학습 기술을 사용하여 다양한 데이터 소스(시각, 청각, 촉각)를 결합하여 고도로 개인화된 차내 경험을 만든다. 예를 들어, 감정 인식 알고리즘이 운전자의 스트레스 수준을 감지하고 이에 따라 차량의 환경을 조절할 수 있다.

■ 소프트웨어 개발과의 통합

빅데이터 분석에서 얻은 통찰력은 소프트웨어 개발 과정에 직접 반영되어 지속적인 피드백 루프를 만든다. AI 지원 코딩과 자동화된 버그 탐지의 최근 발전으로 SDV의 소프트웨어 개발 수명 주기가 가속화되고 있다. 대규모 언어 모델로 구동되는 도구는 코드 개선을 제안하고, 잠재적인 보안 취약점을 탐지하며, 심지어 테스트 케이스를 생성할 수 있어 소프트웨어 업데이트의 효율성과 신뢰성을 크게 향상시킨다.

9.3.3 프라이버시 및 윤리적 고려사항

SDV가 점점 더 데이터 기반과 AI 기반으로 발전함에 따라 프라이버시 문제와 윤리적 고려사항을 해결하는 것이 가장 중요해지고 있다. 위치 정보부터 운전 습관, 심지어 차내 녹음에 이르기까지 이러한 차량에서 수집되는 방대한 양의 데이터는 제조업체가 신중하게 다루어야 할 중요한 프라이버시 문제를 제기한다.

SDV의 데이터 프라이버시는 일반 데이터 보호 규정(GDPR)[4] 또는 캘리포니아 소비자 개인정보 보호법(CCPA)[5]과 같은 규정을 준수하는 것 이상으로 확장된다. 데이터 수집, 전송, 저장 및 사용의 모든 단계에서 사용자 정보를 보호하는 데 근본적인 헌신이 필요하다. 이러한 헌신은 전송 중 및 저장 중인 데이터에 대한 강력한 암호화 프로토콜 구현, 데이터 노출을 제한하기 위한 엄격한 접근 제어, 그리고 포괄적인 데이터 거버넌스 정책으로 나타난다.

투명성은 SDV의 윤리적 데이터 관행의 초석을 형성한다. 제조업체는 사용자에게 어떤 데이터가 수집되고 있는지, 어떻게 사용되고 있는지, 누가 접근할 수 있는지에 대한 명확하고 이해하기 쉬운 정보를 제공해야 한다. 이러한 투명성은 차량에 사용되는 AI 시스템에도 적용되어야 하며, 특히 안전이 중요한 시나리오에서 이러한 시스템이 어떻게 결정을 내리는지에 대한 명확한 설명이 있어야 한다.

사용자 동의의 원칙도 마찬가지로 중요하다. SDV 제조업체는 데이터 수집 및 사용에 대해 사용자로부터 명시적이고 정보에 입각한 동의를 얻어야 한다. 이 동의는 세분화되어 사용자가 모든 것을 수용하거나 거부하는 선택이 아니라 특정 데이터 수집 관행에 대해 선택적으로 동의하거나 거부할 수 있어야 한다. 또한 사용자는 자신의 데이터에 접근하고, 삭제를 요청하며, 자신의 선택이 차량 기능에 미치는 영향을 이해할 수 있어야 한다.

SDV를 위한 AI 개발의 윤리적 고려사항은 데이터 처리를 넘어선다. 이러한 차량이 점점 더 자율적인 결정을 내림에 따라 AI 시스템의 공정성을 보장하고 편견을 피하는 것이 중요해진다. 이는 사회적 편견의 영속화를 방지하기 위한 훈련 데이터의 신중한 검토, 다양한 시나리오에 걸친 AI 모델의 엄격한 테스트, 실제 조건에서의 AI 의사 결정에 대한 지속적인 모니터링을 포함한다.

데이터 최소화의 개념은 SDV 제조업체에게 윤리적 의무이자 실질적인 과제를 제시한다. AI 개발을 위해 가능한 한 많은 데이터를 수집하려는 유혹이 있지만, 윤리적 고려사항은 특정하고 잘 정의된 기능에 필요한 것만 수집할 것을 요구한다. 이러한 접근 방식은 사용자 개인정보를 존중할 뿐만 아니라 잠재적인 데이터 유출에 대한 공격 표면을 줄인다.

익명화 기술은 데이터 기반 혁신의 필요성과 개인정보 보호의 균형을 맞추는 데 중요한 역할을 한다. 수집된 데이터에서 개인 식별 정보를 제거함으로써 제조업체는 여전히 가치 있는 통찰력을 얻으면서 개인정보 위험을 최소화할 수 있다. 그러나 다양한 데이터 포인트의 조합으로 인해 재식별이 가능할 수 있어 진정한 익명화는 어려운 과제이다. 따라서 고급 익명화 기술과 개인정보 보호 기계학습 방법에 대한 지속적인 연구가 중요하다.

SDV의 윤리적 의미는 더 넓은 사회적 우려로도 확장된다. 이러한 차량이 운송 부문의 고용에 미치는 영향, 다양한 사회경제적 그룹에 대한 접근성, 도시 계획과 인프라에 미치는 영향 등에 대한 질문이 제기된다. 제조업체는 이러한 더 넓은 윤리적 질문에 참여하여 공개 대화와 정책 논의에 참여함으로써 SDV의 개발이 사회적 가치와 일치하고 커뮤니티에 긍정적으로 기여하도록 보장해야 한다.

이러한 프라이버시 및 윤리적 고려사항을 다루는 데 있어 SDV 제조업체는 반응적이 아닌 선제적 접근 방식을 채택해야 한다. 이는 개발 과정에 프라이버시 중심 설계 원칙을 통합하고, 정기적인 개인정보 영향 평가를 수행하며, 개발 팀 사이에 윤리적 인식 문화를 조성하는 것을 포함한다. 프라이버시와 윤리를 우선시함으로써 제조업체는 사용자와의 신뢰를 구축하고, 진화하는 규정을 준수하며, 자동차 기술의 책임 있는 발전에 기여할 수 있다.

9.4 SDV 소프트웨어의 테스팅, 검증 및 사이버 보안

SDV는 복잡하고 상호 연결된 특성과 빈번한 업데이트 수신 능력으로 인해 테스팅, 검증 및 사이버 보안에 있어 고유한 과제를 제시한다. 4장에서 논의된 전통적인 자동차 테스팅 방법은 이러한 동적 시스템에 더 이상 충분하지 않다. 이 섹션에서는 SDV의 안전성, 기능성 및 보안을 보장하기 위해 사용되는 주요 전략과 방법론을 탐구한다.

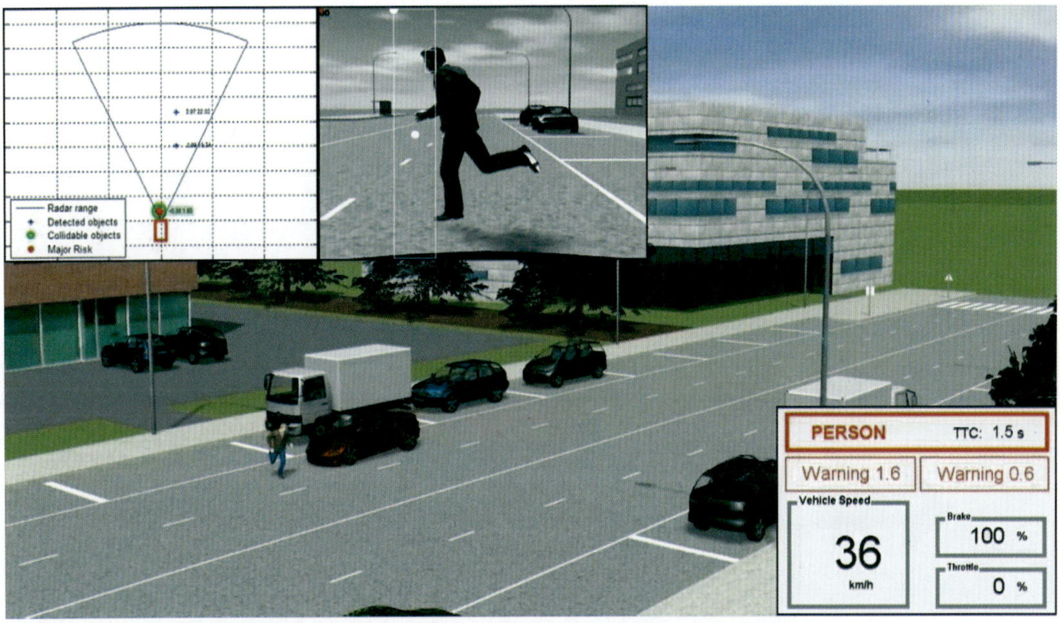

그림 9.6 Siemens Software의 가상 검증 및 시나리오 기반 테스팅 시스템 예시

가상 검증과 시나리오 기반 테스팅(그림 9.6)은 SDV 개발에 필수적인 도구가 되었다. 디지털 트윈과 같은 고급 시뮬레이션 환경은 디지털 시험장 역할을 하여 개발자들이 물리적 프로토타입 없

이 무한한 다양성의 시나리오에서 차량을 테스트할 수 있게 한다. 예를 들어, 악천후 조건에서 SDV의 첨단 운전자 보조 시스템에 대한 새로운 기능을 테스트하는 것이 이러한 가상 환경에서 빠르고 비용 효율적으로 수행될 수 있다. 개발자들은 바쁜 도심 교차로에서 폭우를 시뮬레이션하고 ADAS 성능을 평가한 후, 즉시 같은 시나리오를 눈이나 안개 조건에서 테스트할 수 있다. 특히 "디지털 트윈", 즉 실제 차량과 그 환경의 가상 복제본이 이 과정에서 중요한 역할을 할 것이다. 이러한 디지털 표현을 통해 개발자들은 물리적 차량에 배포하기 전에 소프트웨어 업데이트를 테스트할 수 있으며, 다양한 주행 조건과 사용 패턴에 걸쳐 새로운 기능이 기존 시스템과 어떻게 상호작용하는지 시뮬레이션할 수 있다. 이 접근 방식은 개발 과정 초기에 잠재적 문제를 식별하는 데 도움을 주어, 도로 위 차량에서 문제가 발생할 위험을 크게 줄인다. 물론 가상 테스트가 강력하긴 하지만 실제 세계의 복잡성을 재현하는 데는 한계가 있다. 하드웨어-인-더-루프(HIL) 테스팅은 실제 차량 하드웨어 구성 요소를 가상 시뮬레이션과 통합하여 이 문제를 해결한다. 이 방법은 소프트웨어-하드웨어 상호작용을 더 정확하게 표현하여 안전에 중요한 시스템을 통제된 환경에서 테스트할 수 있게 한다.

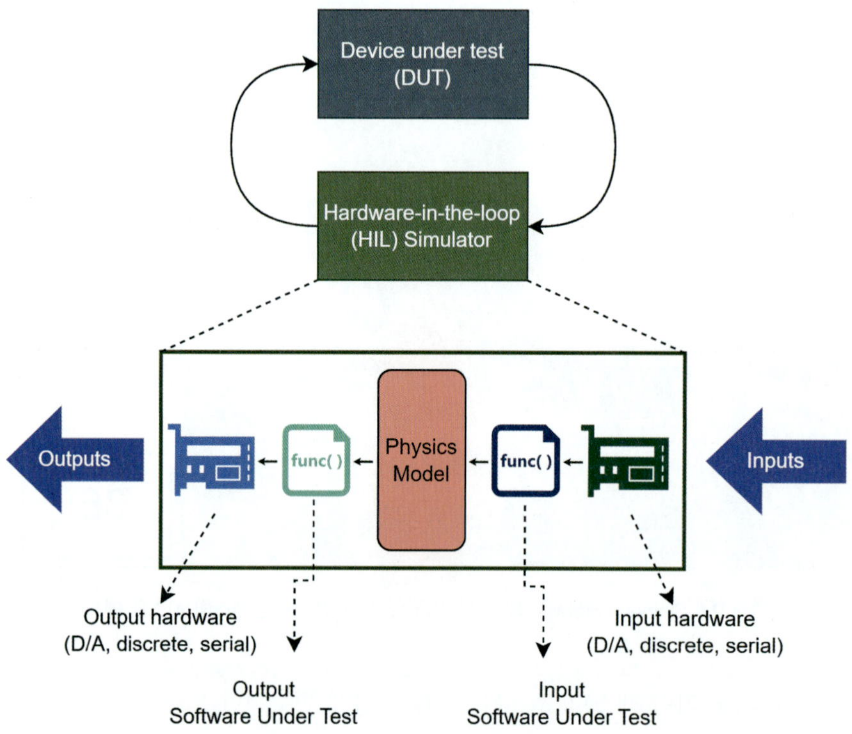

그림 9.7 하드웨어-인-더-루프(HIL) 테스팅 다이어그램

SDV를 위한 회귀 테스팅 전략은 9.2절에서 논의된 애자일 및 CI/CD 관행을 기반으로 한다. 차량이 정기적으로 무선 업데이트를 받기 때문에, 새로운 변경 사항이 기존 기능에 부정적인 영향을 미치지 않도록 하는 강력한 회귀 테스팅이 중요하다. 자동화된 테스트 스위트, 지속적 통합 파이프라인, A/B 테스팅 및 카나리 릴리스와 같은 점진적 출시 전략이 차량의 수명 주기 전반에 걸쳐 시스템 무결성을 유지하기 위해 사용된다. SDV의 사이버 보안은 6장에서 개괄한 안전 고려사항을 확장하며, 연결된 소프트웨어 정의 시스템이 제기하는 고유한 과제에 특별히 초점을 맞춘다. 안전한 코딩 관행은 설계부터 배포까지 개발의 모든 단계에 통합된다. 여기에는 차량으로 전송되고 차량에서 전송되는 모든 데이터에 대한 강력한 암호화, 강력한 인증 메커니즘, 소프트웨어 무결성을 보장하기 위한 안전한 부팅 프로세스 구현이 포함된다. SDV에 대한 위협 모델링 및 위험 평가는 잠재적 공격 벡터의 체계적 분석과 정기적인 보안 감사를 포함하는 지속적인 프로세스이다. 이는 7장에서 논의된 무선 업데이트 전략을 바탕으로 하여 새로 발견된 취약점을 해결하기 위한 보안 패치를 신속하게 배포할 수 있게 한다.

이러한 방법론과 실천을 결합함으로써 SDV 개발자들은 혁신적이고 기능이 풍부할 뿐만 아니라 점점 더 복잡해지는 자동차 환경에서 안전하고 신뢰할 수 있으며 안전한 차량을 만들 수 있다. 다음 섹션에서는 지금까지 논의한 기본 개념을 바탕으로 SDV 소프트웨어 개발에서 직면하는 고유한 과제를 탐구할 것이다.

9.5 SDV 소프트웨어 개발의 과제

SDV 개발에는 개발자가 해결해야 하는 고유한 과제가 있다. 이러한 과제들은 이전 장에서 논의한 복잡성, 특히 4장의 소프트웨어 개발 방법론과 6장의 안전 고려사항을 바탕으로 한다. 그러나 SDV는 혁신적인 해결책을 요구하는 추가적인 복잡성 층을 도입한다.

대규모 자동차 소프트웨어 시스템의 복잡성 관리는 아마도 SDV 개발자들이 직면한 가장 큰 과제일 것이다. 소프트웨어가 보조적인 역할을 하는 전통적인 차량과 달리, SDV는 차량 운영의 핵심은 소프트웨어이다. 이러한 변화로 인해 코드베이스가 수백만 줄에 달할 수 있으며, 수많은 하위 시스템과 기능을 통합한다. 예를 들어, SDV의 소프트웨어 아키텍처는 엔진 관리 및 제동을 위한 저수준 제어 시스템부터 인포테인먼트 및 자율 주행 기능을 위한 고수준 애플리케이션까지 모든 것을 포함할 수 있다. 이러한 다양한 시스템 간의 의존성을 관리하고, 실시간 성능을 보장하며, 이 규모에서 코드 품질을 유지하는 것은 정교한 개발 관행과 도구를 필요로 한다. 이 과제를 해결하기 위해 개발자들은 종종 9.1절에서 소개된 모듈식 아키텍처와 마이크로서비스를 사용한다. 이러한 접근 방식은 팀이 서로 다른 구성 요소를 독립적으로 작업할 수 있게 하여 개발 효율성을 높이고 시스템을 더 유지 관리하기 쉽게 만든다. 그러나 이는 또한 시스템 통합 및 테스팅에 과제를 제기하여 강력한 CI/CD 파이프라인과 포괄적인 통합 테스팅 전략을 필요로 한다.

높은 구성 가능성을 가진 환경에서 신뢰성을 보장하는 것은 또 다른 중요한 과제이다. SDV는 사용자 정의가 가능하고 업데이트할 수 있도록 설계되어 있어 소프트웨어가 광범위한 구성과 버전에서 일관되게 수행되어야 한다. 이러한 가변성으로 인해 모든 가능한 시나리오를 예측하고 테스트하기가 어렵다. 개발자들은 광범위한 구성을 커버하는 테스트 케이스를 생성하는 매개변수화된 테스팅을 광범위하게 사용하여 이 과제를 해결한다. 또한 9.4절에서 논의된 대로 고급 시뮬레이션 기술을 사용하여 다양한 조건에서 시스템의 동작을 테스트한다. 이러한 노력에도 불구하고, 특히 차량이 수명 주기 동안 계속 업데이트를 받기 때문에 100% 신뢰성을 달성하는 것은 계속되는 과제로 남아 있다.

SDV 개발에서 혁신과 자동차급 견고성의 균형을 맞추는 것은 섬세한 작업이다. 자동차 산업은 소프트웨어 고장이 생명을 위협할 수 있는 결과를 초래할 수 있기 때문에 매우 높은 수준의 신뢰성과 안전성을 요구한다. 동시에 SDV는 경쟁력을 유지하기 위해 최첨단 기능과 기술을 통합해야 한다. 이 과제는 특히 자율 주행 기능 개발에서 두드러진다. 이러한 시스템은 9.3절에서 논의된 복잡한 AI와 기계 학습 모델에 의존하며, 이를 자동차 안전 표준에 맞춰 검증하기가 어려울 수 있다. 개발자들은 이러한 혁신적인 기술을 활용하면서도 엄격한 안전 요구 사항을 충족시키는 방법을 찾아야 하며, 이는 종종 중복 시스템, 안전장치 메커니즘, 광범위한 실제 테스트를 통해 이루어진다.

기존 차량 시스템 및 인프라와의 통합은 또 다른 과제를 제기한다. SDV가 새로운 패러다임을 대표하지만 여전히 기존 자동차 생태계 내에서 작동해야 한다. 여기에는 기존 차량 내 네트워크와의 인터페이스(2장에서 다룬 내용), 기존 교통 인프라와의 통신, 다양한 제3자 서비스와의 통합이 포함된다. 개발자들은 새로운 소프트웨어 정의 시스템이 전통적인 자동차 구성 요소와 공존할 수 있도록 해야 하며, 이는 종종 복잡한 인터페이스와 변환 계층의 개발을 필요로 한다. 또한 차량이 더 연결됨에 따라 광범위한 외부 시스템 및 서비스와의 상호 운용성을 보장하는 것이 점점 더 중요해진다.

References

[1] LogiQuad Solutions – "Accelerating innovation in automotive software: CI/CD best practices", Available: https://logiquad.com/blogs/accelerating-innovation-in-automotive-software-ci-cd-best-practices/ [Accessed: 12-Aug-2024]

[2] NileBits Digital Solutions – "CI/CD Pipelines: The Backbone of Agile Development for Software Engineers", Available: https://www.nilebits.com/blog/2024/04/ci-cd-pipelines-agile-backbone/ [Accessed: 12-Aug-2024]

[3] United Nations Economic Commission for Europe (UNECE) – "World Forum for Harmonization of Vehicle Regulations (WP.29)", Available: https://unece.org/wp29-introduction [Accessed: 12-Aug-2024]

[4] European Union The General Data Protection Regulation (GDPR), https://gdpr.eu/

[5] California Consumer Privacy Act (CCPA) of 2018, Available: https://leginfo.legislature.ca.gov/faces/codes_displayText.xhtml?division=3.&part=4.&lawCode=CIV&title=1.81.5 [Accessed: 12-Aug-2024]

제 10 장

소프트웨어 정의차량 사례 연구와 미래 동향

Yagiz Nalcakan

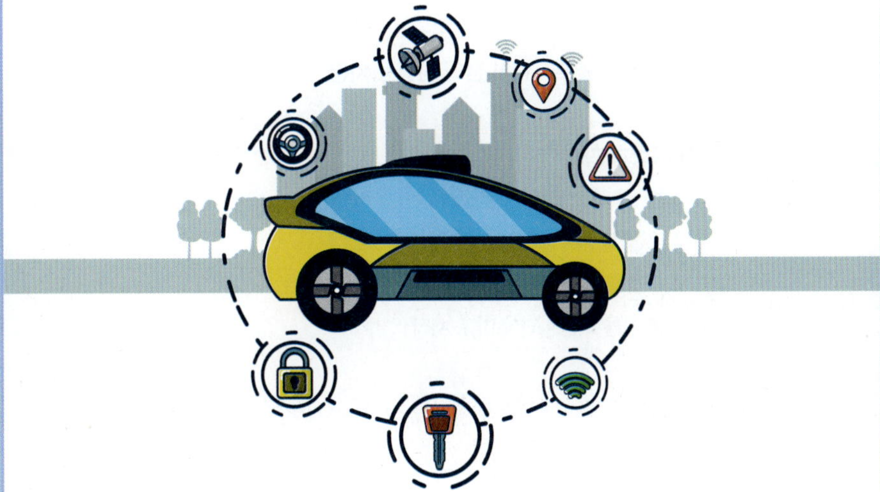

| 목차 |

10.1 사례 연구 1: 테슬라의 소프트웨어 정의 차량 접근법

테슬라는 소프트웨어 정의 차량(SDV) 분야에서 선구자로서 두각을 나타내며, 혁신적인 차량 설계 및 기능 접근법으로 자동차 산업에 혁신을 가져왔다. 이 사례 연구는 테슬라의 SDV 전략과 그로 인한 자동차 산업에 미친 영향을 분석한다.

10.1.1 소프트웨어 우선 철학

테슬라가 처음 설립되었을 때, 차량 개발에 대한 접근 방식은 전통적인 자동차 제조사들과 근본적으로 달랐다. 전통적인 자동차 제조사들은 하드웨어를 우선시하고 그 후에 소프트웨어를 통합하는 경우가 많았지만, 테슬라는 소프트웨어 우선 철학을 채택했다. 이 사고방식은 테슬라가 차량을 지속적인 개선과 기능 확장의 플랫폼으로 취급할 수 있게 했으며, 다른 OEM들이 미래의 자동차 산업이 어떻게 형성되어야 하는지에 대한 사고방식을 변화시켰다. 테슬라의 소프트웨어 우선 접근법의 근본적인 요소들은 다음과 같다:

1. 무선 소프트웨어 업데이트(OTA): 테슬라 차량은 무선으로 정기적인 소프트웨어 업데이트를 받아 새로운 기능을 도입하고 성능을 향상시키며 전반적인 사용자 경험을 개선한다. 이러한 업데이트는 서비스 센터를 방문할 필요 없이 이루어진다.
2. 통합 차량 아키텍처: 테슬라의 차량은 공통 소프트웨어 및 하드웨어 아키텍처를 기반으로 제작되어, 전체 차량 라인업에 걸쳐 새로운 기능의 개발과 배포를 신속하게 할 수 있다.
3. 풀 스택 통합: 하드웨어와 소프트웨어를 모두 내부에서 개발함으로써, 테슬라는 전체 차량 시스템의 원활한 통합과 최적화를 보장하여 일관되고 매우 효율적인 주행 경험을 제공한다.
4. 신기술에 대한 신속한 적응: 테슬라의 소프트웨어 우선 철학은 신기술에 빠르게 적응할 수 있는 위치에 회사를 두고 있다. 이 접근법은 첨단 AI 기능이 개발되자마자 이를 차량에 원활하게 통합할 수 있게 하여 최신 혁신 기술이 신속하게 도로에 적용되도록 보장한다.

이 통합된 접근 방식은 테슬라가 자동차 기술의 가능성을 한계까지 끌어올리도록 하며, 전기 파워트레인 효율성 및 첨단 운전자 보조 시스템과 같은 주요 분야에서 경쟁업체를 앞지르는 경우가 많다. 하드웨어와 소프트웨어 개발 과정을 모두 통제함으로써, 테슬라는 중요한 부품을 위해 종종 타사 공급업체에 의존하는 전통적인 자동차 제조사들보다 더 빠르게 반복하고 혁신할 수 있다. 이러한 점은 테슬라에게 독특한 민첩성을 부여한다. 이 민첩성 덕분에 테슬라는 경쟁사보다 앞서 획기적인 기능을 도입할 수 있을 뿐만 아니라 정기적인 업데이트를 통해 지속적으로 차량을 개선하고 향상시킬 수 있었다. 그 결과 혁신이 활발히 일어나는 역동적인 생태계가 조성되어 업계의 새로운 표준을 세우고 기존의 상태에 도전하게 된다. 테슬라의 새로운 기술을 차량 전반에 걸쳐 원활하게 통합할 수 있는 능력은, 그들이 전기차 혁명의 최전선에 계속해서 머무를 수 있도록 보장한다.

10.1.2 차별화 요소로서의 소프트웨어

테슬라는 소프트웨어를 시장에서 중요한 차별화 요소로 활용하여 전통적인 자동차 제조사들과 여러 측면에서 차별화를 이루고 있다. 아마도 그 가장 두드러진 예는 테슬라의 오토파일럿과 완전 자율 주행(FSD) 기능일 것이다. 이러한 첨단 운전자 보조 시스템은 소프트웨어 업데이트를 통해 지속적으로 개선된다. 많은 경쟁업체들이 LiDAR와 같은 특수 하드웨어에 크게 의존하는 반면, 테슬라의 시스템은 주로 카메라와 신경망을 사용하여 소프트웨어 역량을 보여준다.

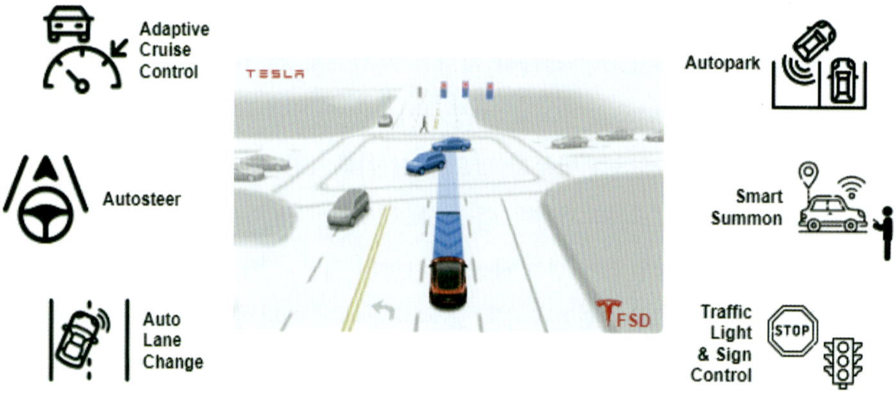

그림 10.1 테슬라의 오토파일럿과 FSD의 주요 기능

테슬라 차량의 사용자 인터페이스(UI)와 인포테인먼트 시스템은 소프트웨어 차별화의 또 다른 주요 예로 작용한다. 대형 터치스크린 인터페이스는 차량의 중앙 제어 허브 역할을 하며, 사용자 친화적인 인터페이스를 제공하고 정기적인 업데이트와 새로운 기능을 수신한다. 테슬라는 스트리밍 서비스, 게임 및 기타 애플리케이션을 통합하여 차량을 소프트웨어 플랫폼으로 변모시켰다. 회사의 고급 자연어 처리 기술은 다양한 차량 기능의 직관적인 음성 제어를 가능하게 하여 사용자 경험을 더욱 향상시킨다.

테슬라의 UI와 인포테인먼트 시스템의 주목할 만한 측면은 다음과 같다:

- 정기적인 UI 업데이트와 새로운 기능 추가
- 스트리밍 서비스와 게임의 통합
- 음성 제어를 위한 고급 자연어 처리
- 사용자 맞춤형 디스플레이 레이아웃

테슬라가 무선 소프트웨어 업데이트를 통해 성능 업그레이드를 제공할 수 있다는 점도 또 다른 독특한 판매 포인트이다. 이 회사는 하드웨어 변경 없이도 가속력 증가나 최고 속도 향상과 같은 개선을 제공하며, 이를 통해 SDV 접근법의 유연성과 강력함을 보여준다. 소프트웨어 업데이트는 또한 적응형 서스펜션 알고리즘을 통해 주행의 편안함과 핸들링 특성을 개선하고 배터리 관리 최적화를 통해 차량의 주행 거리를 늘리는 등 차량 성능의 다른 측면도 향상시켰다.

에너지 관리 역시 테슬라의 소프트웨어가 빛을 발하는 또 다른 영역이다. 이 회사의 스마트 충전 기능은 사용자 습관과 전기 요금을 기반으로 충전 일정을 최적화하며, 배터리 사전 조절 소프트웨어는 배터리 온도를 관리하여 최적의 성능과 충전 속도를 제공한다. 이러한 소프트웨어 기반 기능들은 사용자 경험을 개선할 뿐만 아니라 차량의 전반적인 효율성과 수명을 높이는 데 기여한다.

소프트웨어 기반 성능 개선 요소들은 다음과 같다:

- 가속력 향상
- 최고 속도 증가
- 적응형 서스펜션 개선
- 주행 거리 증가를 위한 배터리 관리 최적화

또한, 테슬라의 소프트웨어는 높은 수준의 사용자 맞춤화와 개인화를 가능하게 한다. 시스템은 운전자의 개별 선호도, 예를 들어 좌석 위치부터 선호 음악까지 기억하며, 위치, 시간 및 사용자 습관에 따라 사용자 인터페이스와 차량 동작을 조정할 수 있다. 이러한 맞춤화 수준은 각 운전자에게 독특하고 맞춤화된 경험을 제공하여 테슬라를 경쟁사와 차별화시킨다.

10.1.3 데이터 기반 개발

테슬라의 소프트웨어 정의 차량(SDV) 전략은 차량 전체에서 수집된 데이터에 크게 의존하며, 이 데이터는 개발 과정의 핵심 요소를 형성한다. 테슬라의 차량 학습(fleet learning) 접근 방식은 특히 주목할 만하다. 테슬라는 도로 위에 있는 차량으로부터 익명화된 수십억 마일의 실제 주행 데이터를 수집한다. 이 방대한 데이터 세트는 테슬라의 AI 모델을 훈련하고 정제하여 오토파일럿과 완전 자율 주행(FSD) 기능을 지속적으로 향상시키는 데 사용된다. 또한, 이 엄청난 양의 데이터는 희귀한 주행 시나리오를 식별하고 해결하는 데 도움을 주어 테슬라의 자율 주행 시스템의 전반적인 견고성을 강화한다.

예측 유지보수는 테슬라의 데이터 기반 접근 방식이 빛을 발하는 또 다른 영역입이다. 차량 데이터를 지속적으로 분석함으로써, 테슬라는 문제가 발생하기 전에 잠재적인 문제를 감지할 수 있다. 사용자들은 필요한 유지보수나 잠재적인 문제에 대한 사전 알림을 받으며, 테슬라는 물리적 점검 없이도 원격으로 문제를 진단할 수 있는 경우가 많다. 이러한 기능은 소유자의 경험을 향상시키고 서비스 프로세스를 간소화하여 테슬라와 고객 모두의 비용과 불편함을 줄여준다.

테슬라의 데이터 기반 접근 방식은 성능 최적화에도 확장된다. 에너지 소비 데이터를 분석함으로써, 테슬라는 소프트웨어 업데이트를 통해 주행 거리를 증가시킬 수 있는 알고리즘을 정제할 수 있다. 또한, 테슬라는 운전 패턴에 대한 집계된 데이터를 연구하여 새로운 기능과 최적화를 개발하는 데 반영하여 차량이 시간이 지남에 따라 계속해서 개선되도록 한다.

사용자 경험 개선 역시 테슬라의 데이터 기반 전략의 혜택을 받는 또 다른 분야이다. 회사는 고객들이 차량과 상호작용하는 방식을 연구하여 사용자 인터페이스(UI) 및 사용자 경험(UX) 개선을 위해 정보를 수집한다. 테슬라는 특정 차량 집합에 다른 소프트웨어 버전을 배포하여 새로운 기능이나 인터페이스의 A/B 테스트를 실시할 수도 있으며, 이를 통해 실제 사용 데이터를 바탕으로 신속하게 반복하고 개선할 수 있다.

마지막으로, 테슬라는 방대한 데이터 수집을 활용하여 내비게이션 및 지도 기능을 개선한다. 테슬라 차량은 내비게이션 및 자율 기능에 사용되는 지속적으로 업데이트되는 고해상도(HD) 지도를 제공한다. 실시간 및 과거의 교통 데이터를 사용하여 경로 알고리즘을 개선하고, 사용자에게 보다 정확하고 효율적인 내비게이션을 제공한다.

10.1.4 테슬라의 SDV 전략에 대한 도전 과제

테슬라의 소프트웨어 정의 차량(SDV) 접근 방식이 대체로 성공적이었지만, 여러 가지 중요한 도전 과제도 함께 제시하고 있다. 테슬라의 소프트웨어 및 무선 소프트웨어 업데이트(OTA)에 대한 의존도는 상당한 사이버 보안 위험을 초래한다. 테슬라 차량이 점점 더 연결되고 자율화됨에 따라, 해커들이 공격할 수 있는 잠재적인 표면적이 넓어진다. 이러한 위험은 이론적인 것에 그치지 않으며, 소프트웨어의 취약점은 악의적인 행위자들이 중요한 차량 시스템을 손상시켜 운전자와 도로 위의 다른 사람들에게 위험을 초래할 수 있다. 테슬라는 이러한 위험을 완화하기 위해 정기적인 소프트웨어 업데이트, 보안 감사, 그리고 윤리적 해커들이 취약점을 식별하고 보고하도록 장려하는 버그 바운티 프로그램을 운영하고 있다. 그러나 기술의 지속적인 진화와 차량 시스템의 복잡성이 증가함에 따라, 이러한 문제는 지속적으로 해결해야 하는 과제로 남아 있다.

규제 준수는 테슬라의 SDV 접근 방식에 또 다른 도전 과제를 제시한다. 테슬라가 "완전 자율 주행(FSD)" 기능을 추진하면서 규제 기관으로부터 강도 높은 감시를 받고 있다. 예를 들어, 최근 미국 도로교통안전국(NHTSA)이 테슬라의 FSD 시스템을 조사한 것은 테슬라가 자율 주행 기능의 안전성과 신뢰성을 입증하는 데 겪는 어려움을 강조한다. 또한, 다양한 시장에서 서로 다른 규정을 준수해야 하는 점은 테슬라가 소프트웨어를 지속적으로 조정해야 하며, 이는 글로벌 배포 전략을 복잡하게 만든다.

테슬라의 미래 기능, 예를 들어 FSD 같은 기능을 미리 판매하는 전략은 고객들의 높은 기대를 불러일으켰다. 이러한 접근법은 최신 혁신을 기대하는 충성 고객층을 형성했지만, 테슬라의 2024년 1분기 보고서에 언급된 바와 같이, 이러한 기능의 지연이나 성능 부족은 고객 불만과 법적 문제를 초래할 수 있다. 테슬라는 이러한 기대를 신중하게 관리해야 하며, 특히 마케팅과 차량의 실제 기능 사이의 경계가 때로는 모호해질 수 있기 때문에 더욱 그렇다. 또한, 빈번한 소프트웨어 업데이트는 차량을 최첨단에 유지하게 하지만, 새로운 기능이나 인터페이스 변경에 적응하기 어려워하는 일부 사용자들에게는 부담이 될 수 있다.

마지막으로, 테슬라의 소프트웨어 중심 기능으로의 전환은 오래된 차량의 하드웨어에 상당한 부담을 준다. 새로운 소프트웨어 기능이 개발되면서, 오래된 모델은 이러한 발전을 지원할 수 있는 하드웨어를 갖추지 못할 수 있으며, 이는 고객의 기대와 실제 차량 성능 간의 불일치를 초래할 수 있다. 자율 주행 시스템을 위해 레이더 센서를 배제하고 카메라만 사용하는 접근 방식으로의 전환은 하드웨어와 소프트웨어 전략이 장기적인 성공을 위해 어떻게 조화되어야 하는지를 보여주는 대표적인 사례이다. 이 변화는 논란의 여지가 있으며, 일부 고객과 전문가들은 현재의 하드웨어가 완전 자율 주행의 요구를 충족시키기에 충분한지에 대해 의문을 제기하고 있다.

10.1.5 자동차 산업에 미친 영향

테슬라의 소프트웨어 정의 차량 접근 방식에서의 성공은 자동차 산업 전반에 걸쳐 파급 효과를 일으켜, 차량이 설계되고 개발되며 경험되는 방식에 대한 패러다임 전환을 촉발했다. 이로 인해 다른 자동차 제조사들도 자신들의 SDV 전략을 가속화하게 되었고, 소프트웨어 개발 역량에 대한 투자 증가, 기술 회사와의 파트너십, 그리고 산업 전반에 걸쳐 더 유연한 차량 아키텍처로의 전환이 이루어졌다. 테슬라가 사용자 경험, 연결성, 그리고 소프트웨어 업데이트를 통한 지속적인 개선에 중점을 둔 것은 소비자 기대치를 높이는 데 기여했으며, 전통적인 자동차 제조사들이 신속하게 새로운 역량을 개발하거나 전략적 파트너십을 모색하도록 압박하고 있다.

테슬라의 접근 방식은 단순히 제품 개발에 그치지 않고, 비즈니스 모델, 산업 구조, 규제 프레임워크에도 영향을 미쳤다. 이는 소프트웨어 기반 서비스라는 새로운 수익원을 열었으며, 자동차와 기술 부문 간의 경계를 흐리게 했고, 특히 자율 주행과 무선 소프트웨어 업데이트와 같은 분야에서 진화하는 규제 표준의 필요성을 강조했다. 산업이 계속해서 진화함에 따라, 테슬라의 모델은 영감과 도전 과제를 동시에 제공하며, 전체 산업을 더 연결되고, 지능적이며, 소프트웨어 중심의 미래로 나아가게 하고 있다. 이러한 변화의 전반적인 영향은 아직도 진행 중이며, 다른 자동차 및 기술 회사들이 테슬라의 소프트웨어 정의 차량 접근 방식이 촉발한 패러다임 전환에 어떻게 대응하고 이를 발전시켜 나가는지를 지켜보는 것도 흥미로울 것이다.

10.2 다른 자동차 및 기술 회사들의 SDV 비전

테슬라가 SDV 분야의 선구자였지만, 여러 다른 자동차 제조업체 및 기술 회사들도 그들만의 SDV 비전과 접근 방식을 개발해 왔다. 이러한 비전의 간략한 요약이 표 10.1에 요약하였다.

표 10.1 자동차 및 기술 회사들의 SDV 비전 요약

이름	설명	관심 분야
AUTOSAR	AUTOSAR는 자동차 시스템을 위한 표준화된 소프트웨어 아키텍처를 개발하고 유지하는 데 중점을 두고 있으며, 다양한 차량 플랫폼과 제조업체 간에 모듈화, 확장성, 재사용 가능한 소프트웨어 구성 요소를 지원하는 프레임워크를 제공하여 소프트웨어 정의 차량을 가능하게 한다.	SDV 차량 내 소프트웨어

이름	설명	관심 분야
Hyundai & 42dot	현대자동차는 자회사 42dot과 협력하여 자율 주행, 연결 서비스, AI 기반 솔루션을 활용한 통합 모빌리티 플랫폼을 개발하여 소프트웨어 정의 차량을 발전시키고 있으며, 이를 통해 차량의 지능을 향상시키고 무선 업데이트 및 개선을 원활하게 제공한다.	SDV 차량 내 소프트웨어, 클라우드, 및 AI 소프트웨어
SOAFEE	SOAFEE(Scalable Open Architecture for Embedded Edge)는 자동차 시스템을 위한 소프트웨어 정의 아키텍처를 만드는 데 중점을 둔 이니셔티브로, 실시간 안전 중요 애플리케이션이 클라우드 네이티브 플랫폼에서 실행될 수 있도록 하여 확장 가능하고 유연하며 업데이트 가능한 차량 소프트웨어를 제공하고, 미래의 기술 발전에 적응할 수 있도록 한다.	클라우드 플랫폼을 위한 SDV 아키텍처
Renault Group	르노는 고급 디지털 및 연결 서비스를 통합하여 소프트웨어 정의 차량을 개발하는 데 주력하고 있으며, 이를 통해 무선 업데이트, 개인 맞춤형 경험, 스마트 기술의 원활한 통합을 가능하게 하여 차량 기능과 고객 경험을 향상시키고자 한다.	SDV 차량 내 및 클라우드 소프트웨어
IBM	IBM은 클라우드 기반 플랫폼과 AI 기반 솔루션을 제공하여 소프트웨어 정의 차량을 개발하고 있으며, 이를 통해 자동차 제조업체가 데이터를 관리하고, 무선 업데이트를 배포하며, 고급 분석과 연결 서비스를 통해 차량의 지능을 향상시킬 수 있도록 지원하고 있다.	클라우드를 위한 SDV 소프트웨어 플랫폼
Bosch Mobility	Bosch Mobility는 소프트웨어 정의 차량을 위해 확장 가능한 소프트웨어 플랫폼과 전자 시스템을 개발하고 있으며, 이를 통해 고급 운전자 지원, 연결성, 자동 운전 기능을 가능하게 하고, 차량 수명 주기 동안 지속적인 업데이트와 새로운 기능 통합을 지원하고 있다.	SDV 소프트웨어 플랫폼
Eclipse Foundation	Eclipse Foundation은 자동차 산업이 모듈화되고 업데이트 가능하며 상호 운용 가능한 소프트웨어 아키텍처로 전환하는 것을 지원하기 위해 오픈 소스 도구와 플랫폼을 제공함으로써 소프트웨어 정의 차량 개발에 기여하고 있으며, 이를 통해 생태계 전반에서 협업과 혁신을 촉진하고 있다.	오픈 소스 SDV 플랫폼
eSync Alliance	eSync Alliance는 소프트웨어 정의 차량을 가능하게 하기 위해 안전한 무선(OTA) 업데이트와 데이터 수집을 위한 표준화된 플랫폼을 구축하는 데 중점을 두고 있으며, 클라우드와 차량 내 시스템 간의 신뢰할 수 있는 통신을 보장하여 소프트웨어를 최신 상태로 유지하고 차량 기능을 향상시킨다.	클라우드를 위한 SDV 플랫폼
COVESA	COVESA(Connected Vehicle Systems Alliance), 이전에 GENIVI로 알려졌던 이 조직은 차량 내 시스템과 연결된 차량 시스템을 위한 오픈 표준과 협력적 개발을 촉진하여 소프트웨어 정의 차량을 발전시키는 데 주력하고 있으며, 이를 통해 원활한 통합, 상호 운용성, 그리고 새로운 디지털 경험을 소비자에게 제공할 수 있는 능력을 제공한다.	SDV 오픈 표준 및 협력

이 섹션에서는 업계 주요 플레이어들이 제안한 다양한 전략과 아키텍처를 탐구하며, 미래의 자동차 기술을 향한 서로 다른 경로를 강조한다. AUTOSAR와 같이 자동차 소프트웨어 개발을 위한 표준화된 플랫폼을 구축하는 데 중점을 두는 곳도 있고, 현대자동차그룹과 르노와 같이 소프트웨어를 차량 설계 및 운영에 통합하는 혁신적인 접근 방식을 모색하는 곳도 있다. IBM과 Bosch와 같은 기술 기업들은 컴퓨팅 분야의 전문성을 활용하여 자동차 소프트웨어의 미래를 형성하고 있다. 각 비전을 탐구하면서, 이들이 테슬라의 접근 방식과 어떻게 비교되고 대조되는지를 살펴볼 것이다. 또한, 각 기업이 소프트웨어 정의 차량(SDV)의 미래를 추구하는 과정에서 활용하는 주요 기술, 아키텍처, 전략을 검토할 것이다. 이처럼 다양한 접근 방식은 SDV의 복잡성과 잠재력을 보여준다. 또한 소프트웨어가 차량 설계 및 성능에서 차별화 요소로 점점 더 중요한 역할을 하게 되면서, 자동차 산업의 지속적인 변화를 강조한다. 이를 통해 전 세계 자동차 및 기술 부문에서 소프트웨어 정의 차량의 현재 상태와 미래 방향에 대한 포괄적인 이해를 얻게 될 것이다.

10.2.1 Adaptive AUTOSAR의 SDV 비전

5.2장에서 광범위하게 논의된 바와 같이, Adaptive AUTOSAR(AUTomotive Open System ARchitecture)은 SDV로의 전환에서 중요한 역할을 한다. 이 비전은 차세대 자동차 시스템을 위한 표준화되고 유연하며 안전한 환경을 조성하기 위한 여러 핵심 구성 요소를 포함하고 있다. 이러한 핵심 구성 요소는 다음과 같이 분류될 수 있다:

■ 모듈화 및 확장 가능한 아키텍처

Adaptive AUTOSAR 플랫폼은 모듈화되고 확장 가능하도록 설계되어, SDV의 다양한 발전하는 요구 사항을 지원할 수 있다. 최신 AUTOSAR 릴리스인 R23-11은 아키텍처를 Foundation, Platform Service, Standardized App/Interface, Vehicle Service의 네 가지 주요 구성 요소로 재구성했다. 이 구조는 플랫폼의 유연성과 적응성을 높여 다양한 자동차 애플리케이션의 특정 요구 사항을 충족할 수 있도록 한다 .

■ 향상된 보안 및 기능 안전성

Adaptive AUTOSAR 플랫폼은 암호화 및 방화벽 기능과 같은 정보 보안을 위한 강력한 메커니즘을 포함하며, Platform Health Manager와 상태 관리 인터페이스와 같은 기능 안전성을 보장하기 위한 기능을 제공한다. 이러한 구성 요소들은 차량 소프트웨어 환경을 악의적인 공격으로부터 보호하고 다양한 조건에서 안정적인 작동을 보장하기 위해 함께 작동한다.

■ 서비스 지향 통신

Adaptive AUTOSAR의 SDV 비전에서 중요한 측면은 서비스 지향 통신 지원이다. 이 접근 방식은 차량 내의 다양한 애플리케이션 간뿐만 아니라 외부 시스템과의 효율적이고 신뢰할 수 있는 통신을 촉진한다. 플랫폼의 통신 관리 기능은 프로세스 내, 프로세스 간 및 기계 간 통신을 지원하여 분산 환경에서 소프트웨어 구성 요소의 원활한 통합과 상호 작용을 가능하게 한다.

또한, AUTOSAR의 SDV 비전은 협업에 깊이 뿌리를 두고 있다. SDV의 복잡성과 학제적 성격을 인식한 AUTOSAR는 COVESA, Eclipse SDV, SOAFEE와 같은 다른 조직들과 함께 2023년 3월 SDV Alliance를 결성했다 . 이 '협업의 협력'은 다양한 컨소시엄 간의 표준과 방법론을 조화시켜 SDV 개발에 대한 통일된 접근 방식을 보장하는 것을 목표로 한다. Alliance는 각 조직이 사용하는 다양한 기술, 방법론 및 표준을 평가하고, 이러한 요소들이 소프트웨어 정의 차량(SDV) 개발을 촉진하는 데 어떻게 시너지를 낼 수 있는지를 보여줄 것이다.

10.2.2 현대자동차그룹과 42dot의 소프트웨어 정의 접근 방식

현대자동차그룹은 42dot과 협력하여 소프트웨어와 하드웨어를 분리하여 유연성, 확장성 및 차량 수명을 향상시키는 것을 목표로 소프트웨어 정의 차량(SDV)에 대한 혁신적인 접근 방식을 선도하고 있다. 이 전략은 보편적인 하드웨어 플랫폼과 고급 전기/전자(E/E) 아키텍처를 강조하는 자동차 설계의 중요한 변화를 나타낸다.

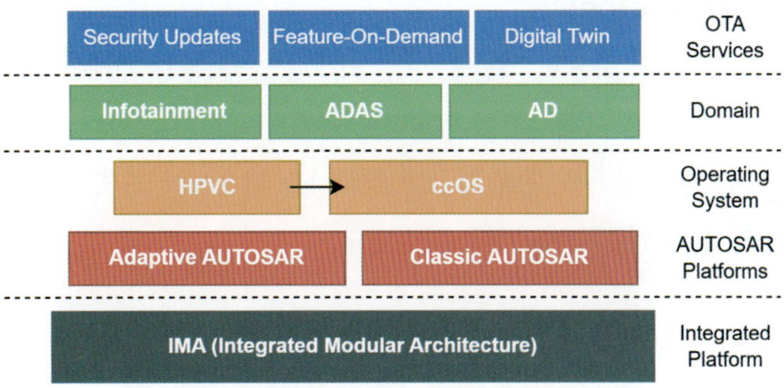

그림 10.2 현대자동차의 SDV 아키텍처 추상적 개요

■ 고성능 차량 컴퓨터(HPVC)와 SDV OS

현대자동차의 SDV 이니셔티브의 핵심에는 차량의 계산 및 제어 중심 역할을 하는 고성능 차량 컴퓨터(HPVC)가 있다. HPVC는 다양한 차량 기능을 통합하여 여러 개의 개별 하드웨어 컨트롤러에 대한 필요성을 줄인다. 이는 자율 주행 기술, 차량 내 인포테인먼트(IVI), 데이터 게이트웨이 및 연결 솔루션과 같은 중요한 시스템을 통합하여 원활한 작동과 강력한 성능을 보장한다. 현대자동차는 CES 2024에서 공랭식 및 수랭식 모델의 두 가지 HPVC 변형을 선보였으며, 각각 차량의 계산 요구 사항을 효율적으로 관리하면서 높은 성능을 보장하도록 설계되었다.

HPVC를 보완하는 것은 42dot에서 개발한 SDV OS로, 차량의 소프트웨어 생태계를 조율한다. SDV OS는 견고한 안전 기능을 갖춘 러스트(Rust) 프로그래밍 언어를 활용하며, 소프트웨어 애플리케이션의 통합 및 관리를 단순화하는 통합 차량 API를 제공한다. 이 아키텍처는 결함 허용성을 강화하도록 설계되어, 장애 발생 시 다른 존 컨트롤러가 작동을 이어받아 지속적인 운행과 안전을 보장한다.

■ 통합 모듈형 아키텍처 (IMA)

현대자동차의 미래 SDV 플랫폼인 eM과 eS는 통합 모듈형 아키텍처(IMA) 프레임워크를 기반으로 개발되었다. eM 플랫폼은 주행 거리 향상과 고급 자율 주행 기능 지원을 목표로 한 승용 전기차(EV)에 맞춰 설계되었다. 반면, eS 플랫폼은 다양한 비즈니스 애플리케이션을 수용할 수 있는 유연성을 제공하는 목적 기반 차량(PBV)을 위해 설계되었다. IMA 프레임워크는 다양한 차량 세그먼트에 걸쳐 배터리와 모터와 같은 구성 요소를 표준화하여 효율성을 높이고 개발 복잡성을 줄인다.

■ 커넥티드 카 운영 체제 (ccOS)

현대자동차의 SDV 전략에서 중요한 역할을 하는 커넥티드 카 운영 체제(ccOS)는 내부적으로 개발되었으며, 하드웨어 성능을 극대화하고 커넥티드 카에서 생성되는 방대한 데이터를 효율적으로 처리한다. NVIDIA와의 협력을 통해 고성능 컴퓨팅을 활용하여 커넥티드 차량 생태계의 기능을 강화하고, 원활하고 빠른 차량 운영을 보장한다.

■ 무선(OTA) 업데이트 및 주문형 기능(FoD)

2023년부터 현대자동차는 모든 신차에 무선(OTA) 소프트웨어 업데이트 기능을 탑재했다. 이 기능을 통해 고객은 서비스 센터를 방문하지 않고도 최신 소프트웨어 업데이트를 받아 차량을 최신 상태로 유지할 수 있다. 또한, 현대자동차는 고객이 선호에 따라 차량 기능을 구매하고 맞춤화할 수 있는 주문형 기능(FoD) 서비스를 도입하여 운전 경험을 개인화할 수 있게 한다.

■ 자율 주행 및 데이터 기반 학습

현대자동차와 42dot의 협력의 핵심 초점은 자율 주행 기술의 발전에 있다. 차량을 학습 기계로 변환함으로써, 현대자동차와 42dot은 연속적인 데이터 수집 및 큐레이션을 통해 AI 모델, 특히 카메라 기반 자율 주행 기능을 개선한다. 이러한 데이터 중심 접근 방식은 더 안전하고 효율적인 자율 주행 시스템 개발을 가속화하며, 차세대 모빌리티 솔루션의 발전에 기여한다.

CES 2024에서 현대자동차는 미래 SDV에서 AI와 데이터 중심 방법론의 중요성을 강조했다. AI 모델 개발을 위한 지속적 통합/지속적 배포(CI/CD) 파이프라인의 사용은 새로운 기능과 개선 사항을 신속하고 안정적으로 테스트하고 차량에 배포할 수 있도록 한다.

■ 안전 및 보안

현대자동차와 42dot은 SDV 개발에서 안전 및 보안을 강하게 강조하고 있다. 여기에는 강력한 사이버 보안 조치의 구현, 이중화된 차량 네트워크의 구축, AI 강화 안전 운전 관행의 개발이 포함된다. SDV의 AI 알고리즘은 잠재적인 위험을 감지하고 안전한 주행을 보장하기 위해 고급 3D 카메라 비전을 활용하며, 실시간 데이터를 클라우드에서 공유하여 차량 집단 지능을 향상시킨다.

■ 모빌리티 및 스마트 시티 통합을 위한 대규모 언어 모델(LLM)

대규모 언어 모델(LLM)의 SDV 통합은 다중 턴 대화를 수행할 수 있는 정교한 AI 어시스턴트의 개발을 가능하게 한다. 이러한 AI 어시스턴트는 개인 맞춤형 추천과 경고를 제공하여 전반적인 사용자 경험을 향상시키고 플릿 관리 기능을 개선한다. 이 발전은 사용자 요구와 환경 조건에 적응하는 지능적이고 반응형인 차량을 만드는 데 있어 중요한 진전을 나타낸다.

현대자동차는 SDV를 미래 스마트 시티의 중요한 구성 요소로 구상하고 있으며, 차량이 도시 인프라 및 다른 차량과 통신하여 교통 흐름을 최적화하고, 안전을 강화하며, 원활한 모빌리티 서비스를 제공하는 것을 목표로 하고 있다. 이러한 비전은 고급 자동차 기술을 활용하여 삶의 질을 향상시키는 상호 연결된 효율적인 도시 환경을 창출하려는 광범위한 노력과 일치한다.

10.2.3 ARM의 SOAFEE [8]

SOAFEE(Scalable Open Architecture for Embedded Edge) 이니셔티브는 소프트웨어 정의 차량을 위해 특별히 설계된 통합된 오픈 소스 프레임워크를 구축하려는 혁신적인 노력이다. 이 이니셔티브는 자동차 부문에서 확장성과 유연성을 위해 하드웨어와 무관하게 차량 소프트웨어의 개발 및 배포를 단순화해야 할 필요성에 의해 추진된다. SOAFEE는 자동차 및 기술 분야의 업계 리더들이 협력하여 다양한 하드웨어 구성을 지원하는 클라우드 네이티브 아키텍처를 개발하기 위해 시작되었다.(그림 10.3 참조) 이 이니셔티브는 차량을 위한 공유 플랫폼을 만드는 데 중점을 두고 있으며, 이는 자동차 네트워크의 엣지에서 복잡한 작업을 관리하는 데 필수적인 클라우드 네이티브 개발을 가능하게 한다.

이 프레임워크는 모듈화되고 확장 가능하며, 고급 운전자 지원 시스템, 차량 내 인포테인먼트 및 자율 주행과 같은 고급 자동차 기능의 신속한 배포를 지원하도록 설계되었다. 이러한 모듈화는 이러한 기능들이 독립적으로 개발되지만, 다양한 차량 플랫폼에서 일관되고 통합된 방식으로 배포될 수 있도록 보장한다.

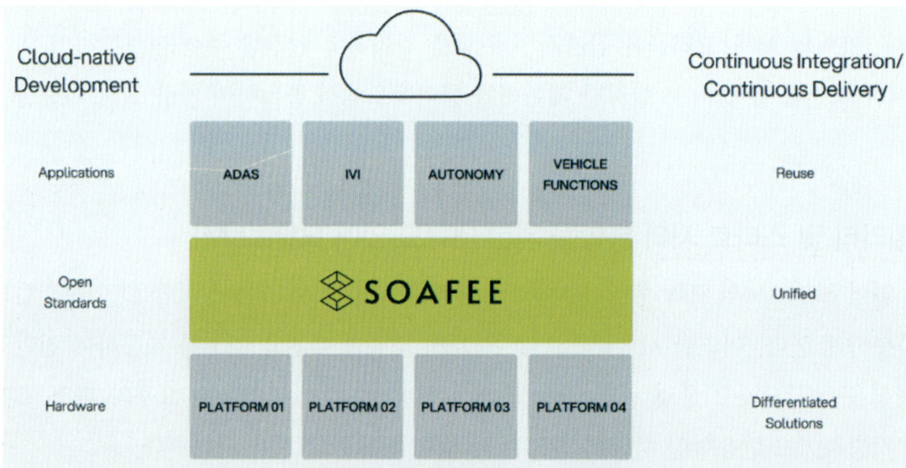

그림 10.3 SOAFEE 프레임워크 개요 [9]

SOAFEE는 자동차 산업 전반에 걸쳐 채택을 확대하는 데 상당한 진전을 이루어졌다. 이 프레임워크는 자동차 제조업체, 반도체 공급업체, 클라우드 기술 제공업체를 포함한 50개 이상의 업계 리더들의 지지를 받고 있다[10]. 이 성장하는 컨소시엄은 SDV(소프트웨어 정의 차량) 개발에 대한 표준화된 접근 방식의 필요성을 업계가 인식하고 있음을 강조한다. 이니셔티브를 감독하는 SOAFEE 특별 이익 그룹(SIG)은 SOAFEE의 기술적 기반을 발전시키는 데 중요한 역할을 해왔다. 여기에는 새로운 아키텍처 사양의 발표, 통합 실험실, 그리고 실제 자동차 시나리오에서 SOAFEE의 실용적 구현을 보여주는 청사진이 포함된다. 이러한 청사진[9]은 자동차 시스템에 클라우드 네이티브 솔루션을 배포하는 데 있어 자세한 지침을 제공하며, 소프트웨어 개발이 업계의 요구와 안전 기준에 부합하도록 보장하는 데 중요한 역할을 한다.

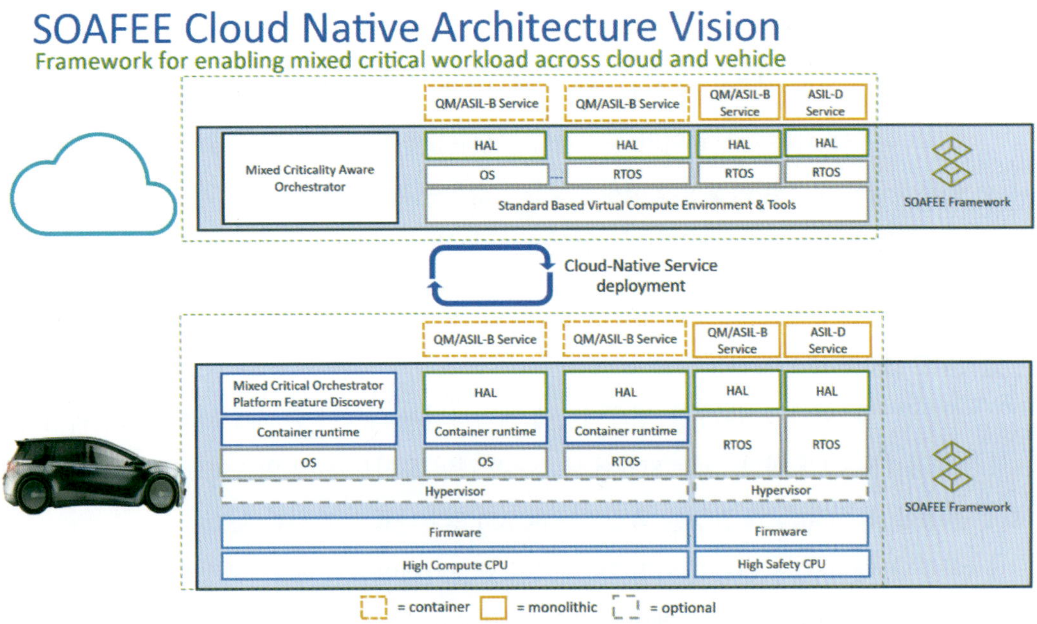

그림 10.4 SOAFEE 아키텍처의 온보드 및 온클라우드 구성. 출처 [9]

■ SOAFEE 아키텍처 [9]

SOAFEE 프레임워크의 핵심(그림 10.4)은 소프트웨어와 하드웨어의 분리를 가능하게 하여 자동차 소프트웨어 개발에서 혁신과 유연성을 촉진하는 일련의 아키텍처 원칙들이다. 이 아키텍처는 중앙 집중식 처리 모델과 분산 처리 모델을 모두 지원하도록 설계되어 있으며, 이는 현대 자동차 시스템의 하이브리드 환경에 필수적이다. 이 아키텍처는 다음과 같은 주요 구성 요소를 중심으로 구축되었다:

1. **참조 하드웨어 플랫폼:**

a. 다양한 하드웨어 구성 지원: SOAFEE는 하드웨어에 구애받지 않도록 설계되어, 고성능 컴퓨팅 클러스터에서 더 제한된 임베디드 시스템에 이르기까지 다양한 하드웨어 플랫폼에서 원활하게 작동할 수 있다. 이러한 유연성은 SOAFEE에서 개발된 소프트웨어 솔루션이 다양한 차량 모델과 구성에서 널리 배포될 수 있도록 보장하는 데 중요하다.

b. 표준화: 이 아키텍처에는 참조 구현과 표준화된 하드웨어 인터페이스가 포함되어 있어 자동차 제조업체와 개발자에게 상호 운용성을 촉진하고 통합 부담을 줄여준다.

2. **미들웨어와 추상화 계층:**

a. 하드웨어 추상화 계층(HAL): SOAFEE는 하드웨어 추상화 계층을 사용하여 애플리케이션 소프트웨어를 기본 하드웨어와 분리한다. 이 추상화는 다양한 하드웨어 플랫폼에서 소프트웨어 구성 요소의 이식성과 재사용성을 달성하는 데 필수적이다.

b. 미들웨어 서비스: SOAFEE의 미들웨어는 차량 내 분산 시스템의 운영에 중요한 통신, 데이터 관리, 수명 주기 관리와 같은 공통 서비스를 제공한다.

3. **클라우드 네이티브 인프라:**

a. 컨테이너화: 애플리케이션은 컨테이너에 패키징되어 다양한 환경에서 일관되고 독립적인 실행을 가능하게 한다. 이는 SDV에서 소프트웨어 유지보수 및 업데이트에 중요한 지속적인 통합 및 전달(CI/CD) 관행을 촉진하는 SOAFEE의 목표를 지원한다.

b. 오케스트레이션: SOAFEE는 컨테이너화된 애플리케이션의 배포, 확장 및 운영을 관리하기 위해 컨테이너 오케스트레이션 도구(예: Kubernetes)를 활용한다. 이 오케스트레이션은 자동차 소프트웨어가 대규모로 효율적으로 배포 및 관리될 수 있도록 보장한다.

4. **보안 및 안전 프레임워크:**

a. ISO 표준 준수: 이 아키텍처는 ISO 26262(기능 안전) 및 ISO/SAE 21434(사이버 보안) 표준 준수를 염두에 두고 설계되어, 소프트웨어 구성 요소가 자동차 산업의 엄격한 안전 및 보안 요구사항을 충족하도록 보장한다.

b. 실시간 처리 및 안전 메커니즘: 실시간 처리 기능이 통합되어 안전 중요 이벤트에 신속하게 대응할 수 있다. 이 아키텍처에는 중복성과 내결함성과 같은 안전 메커니즘도 포함되어 있어 SDV의 무결성과 신뢰성을 유지하는 데 필수적이다.

5. 데이터 관리 및 분석:

a. 엣지 및 클라우드 데이터 처리: SOAFEE는 엣지 및 클라우드 기반 데이터 처리를 모두 지원하여 차량 센서 및 시스템에서 생성된 방대한 데이터를 효율적으로 처리할 수 있다. 이 기능은 실시간 분석, 의사 결정, 자율 및 반자율 주행 기능의 전반적인 성능에 매우 중요하다.

b. 원격 측정 및 모니터링: 시스템 성능 및 상태의 지속적인 모니터링은 예측 유지보수 및 자동차 시스템의 장기적인 신뢰성을 보장하는 데 중요한 원격 측정 데이터를 통해 이루어진다.

6. 개발 및 테스트 환경:

a. 시뮬레이션 및 에뮬레이션 도구: SOAFEE는 개발자가 소프트웨어를 물리적 하드웨어에 배포하기 전에 가상화된 환경에서 테스트할 수 있는 강력한 시뮬레이션 및 에뮬레이션 환경을 제공한다. 이러한 도구는 다양한 시나리오와 조건에서 소프트웨어 구성 요소의 성능과 안전성을 검증하는 데 필수적이다.

7. API 및 오픈 표준:

a. 통합 API: SOAFEE는 다양한 소프트웨어 구성 요소와 계층 간의 상호작용을 단순화하는 표준화된 API 세트를 제공한다. 이러한 API는 모듈화를 달성하고 타사 개발자가 SOAFEE 생태계 내에서 솔루션을 구축하고 통합할 수 있도록 하는 데 필수적이다.

b. 오픈 표준 준수: SOAFEE는 오픈 표준을 준수함으로써 상호 운용성을 보장하고 벤더 종속을 줄이며, 자동차 제조업체가 차량에 적합한 최고의 구성 요소와 기술을 선택할 수 있도록 한다.

SOAFEE 플랫폼은 협력자들과의 협력을 통해 이 프레임워크를 지속적으로 향상시키고 있다. SOAFEE의 아키텍처에 대한 기술 사양 및 구현 세부 사항에 대한 심도 있는 탐구를 위해 SOAFEE 프레임워크 웹사이트(www.soafee.io)를 통해 확인할 수 있다.

10.2.4 IDTechEx의 SDV 정의 [11]

연구 기관 IDTechEx는 소프트웨어 정의 차량(SDV)에 대해 보다 사용자 중심적인 관점을 취하고 있다. SDV가 차량 개발에 미치는 혁신적인 영향 외에도, IDTechEx는 SDV 사용자가 차량과 상호작용하고 이를 인식하는 방식을 근본적으로 바꿀 수 있다고 제안한다. 이는 스마트폰이 개인 컴퓨팅을 변화시킨 것과 유사한 방식이다. SDV의 주요 촉진 요소 중 하나는 클라우드와의 원활한 통합이다. 이를 통해 사용자는 오늘날 스마트폰 앱을 사용자 정의하듯이 차량의 설정, 기능, 심지어 특정 기능들을 무선으로 손쉽게 맞춤 설정하고 개인화할 수 있다. IDTechEx는 이러한 맞춤화 기능이 자동차 제조업체와 모빌리티 스타트업에게 새로운 시장과 수익 창출 기회를 제공하여 개별 SDV 소유자/사용자에게 맞춘 사용자 중심의 서비스, 콘텐츠 및 경험을 제공할 수 있을 것이라고 주장한다. 이러한 접근 방식을 취하면서, IDTechEx는 SDV 정의를 6개의 뚜렷한 수준으로 나누고 있다(그림 10.5). 여기에는 콕핏 디자인, 연결성, 디스플레이, 중앙 연산 능력, 차량 내 결제 시스템, 소프트웨어 앱 및 자율성 수준과 같은 다양한 측면에서의 발전 과정을 설명하고 있다.

표 10.2 **IDTechEx의 SDV 수준 정의. 자료 [11]에서 발췌하여 재구성.**

	"Non-SDV" SDV Level 0	"Basic" SDV Level 1	"Modern" SDV Level 2	"Advanced" SDV Level 3	"Cutting Edge" SDV Level 4	"Futuristic" SDV Level 5
Connection	None	3G/4G	4G	4G	5G	5G/6G
Display	Non-touch	Small display (non-touch or touch)	Medium-sized touchscreen	Large touchscreen	Multiple large touchscreens	Touchscreen for all passengers
Central Compute	No central compute	Central compute with some updates possible over Wi-Fi or connecting a phone	Central compute with some components connected and updatable via OTA updates	Central compute with some components connected and updatable via OTA updates	Central compute with all components connected and updatable via OTA updates	Central compute with all components connected and updatable via OTA updates
In-Vehicle Payments	None	None	App-based	In-vehicle	In-vehicle with biometric identification	In-vehicle with biometric identification for each passenger
Software Apps	None	1st party apps only	App store with some 3rd party apps	App store with many 3rd party apps	App store with many 3rd party apps	Multiple app stores for each passenger
SAE Autonomy Level	Level 0	Level 1	Level 1/2	Level 2	Level 3	Level 3/4+

기본 단계인 'Non-SDV'(0단계) 차량은 자율 주행 기능이 전혀 없다. 'Basic' 1단계에서는 기본적인 연결성과 단순한 디스플레이 시스템이 도입된다. 단계가 올라갈수록 차량은 더 정교한 기능을 갖추게 되며, 2단계와 3단계에서는 중형 터치스크린, 앱 기반 결제 시스템, OTA 업데이트 등이 가능해진다. 'Cutting Edge' 4단계에서는 5G 연결성, 대형 터치스크린, 생체 인식, 그리고 거의 완전한 자율 주행 기능이 갖추어진 획기적인 도약을 이룬다. 마지막으로 'Futuristic' 5단계는 혁신의 정점을 나타내며, 모든 승객이 터치스크린을 사용할 수 있고, 완전한 자율 주행 기능이 현실화되며, 각 승객을 위한 생체 인식이 가능해지고, Steam과 Google Play와 같은 여러 앱 스토어가 차량 시스템에 통합된 미래를 상상할 수 있는 단계이다.

10.2.5 르노 그룹의 SDV 아키텍처 [12]

르노 그룹은 다른 모든 자동차 회사들과 마찬가지로 SDV(소프트웨어 정의 차량)를 위한 중앙 집중식 컴퓨팅 시스템을 중심으로 한 아키텍처 [12]를 개발하고 있다. 르노의 SDV 아키텍처 개발은 자동차 및 기술 분야의 주요 업체들과의 전략적 파트너십을 통해 강화되고 있다. 그 중 눈에 띄는 협력은 자동차 기술 및 시스템의 선도 기업인 발레오(Valeo)[13]와의 협력이다. 발레오는 르노에게 SDV 아키텍처에 필수적인 고성능 컴퓨터(HPC)를 포함한 중요한 전기 및 전자 부품을 제공한다. 이 고성능 컴퓨터는 차량의 고급 운전자 지원 시스템(ADAS), 인포테인먼트, 자율 주행 기능에서 생성된 데이터를 처리하는 데 필수적이다.

발레오 외에도 르노는 구글 클라우드(Google Cloud)[14]와 협력하여 디지털 전환을 가속화하고 있다. 이 협력은 르노의 SDV 플랫폼의 기능을 향상시키는 온보드 및 오프보드 소프트웨어 구성요소 개발에 중점을 두고 있다. 구글 클라우드의 인공지능(AI), 데이터 분석, 안드로이드 기반 시스템에 대한 전문 지식을 활용하여 더욱 개인화되고 반응성이 뛰어난 운전 경험을 창출하고 있다. 여기에는 예측 유지보수 알고리즘을 개선하여 잠재적인 차량 문제를 사전에 예측하고 해결함으로써 다운타임을 줄이고 신뢰성을 높이는 작업이 포함된다. 구글 클라우드와의 통합을 통해 르노는 매우 개인화된 차량 내 경험을 제공할 수 있다. 운전 습관, 환경 조건, 사용자 선호도와 관련된 데이터를 분석하여 르노는 차량의 설정, 엔터테인먼트 옵션, 심지어 주행 동력을 개별 요구에 맞게 조정할 수 있다. 이러한 수준의 개인화는 사용자 경험이 차량 설계에서 점점 더 중심이 되는 경쟁이 치열한 SDV 시장에서 중요한 차별화 요소이다.

르노의 SDV 아키텍처는 미래의 확장성을 염두에 두고 설계되었다. 중앙 집중식 컴퓨팅 시스템은 새로운 기술과 기능이 등장함에 따라 확장할 수 있는 강력한 플랫폼을 제공한다. 이를 통해 르노 차량이 자율 주행 기능, 향상된 연결 기능, 더 정교한 AI 기반 애플리케이션과 같은 최첨단 발전을 통합할 수 있는 혁신의 최전선에 머무를 수 있다. 확장 가능하고 적응 가능한 아키텍처를 구축함으로써 르노는 소프트웨어가 점점 더 중요한 역할을 하는 자동차 미래의 요구를 충족할 준비를 하고 있다. 이러한 미래 지향적인 접근 방식은 르노의 차량 라인업을 미래에 대비할 뿐만 아니라 구매 후 소프트웨어 업그레이드 및 디지털 서비스 판매를 통한 새로운 수익 창출 기회를 열어준다.

기술적 역량을 강화하는 것 외에도 르노의 SDV 전략은 지속 가능성에 대한 광범위한 헌신과 일치한다. 중앙 집중식 아키텍처는 차량 내 에너지 관리를 더 효율적으로 할 수 있게 하여 배출량 감소 및 연료 효율성 향상에 기여한다. 이는 소프트웨어 정의 시스템이 차량 성능을 최적화하고 환경적 영향을 최소화하는 데 중요한 역할을 하는 지속 가능한 이동성의 선두 주자가 되려는 르노의 목표와 일치한다. 르노는 SDV 아키텍처에 지속 가능한 관행을 통합함으로써 자사의 차량이 기술적으로 진보할 뿐만 아니라 환경적으로도 책임을 지고 있으며, 더욱 친환경적인 자동차 솔루션에 대한 증가하는 수요를 충족할 수 있도록 하고자 한다.

10.2.6 IBM의 SDV 비전 [15]

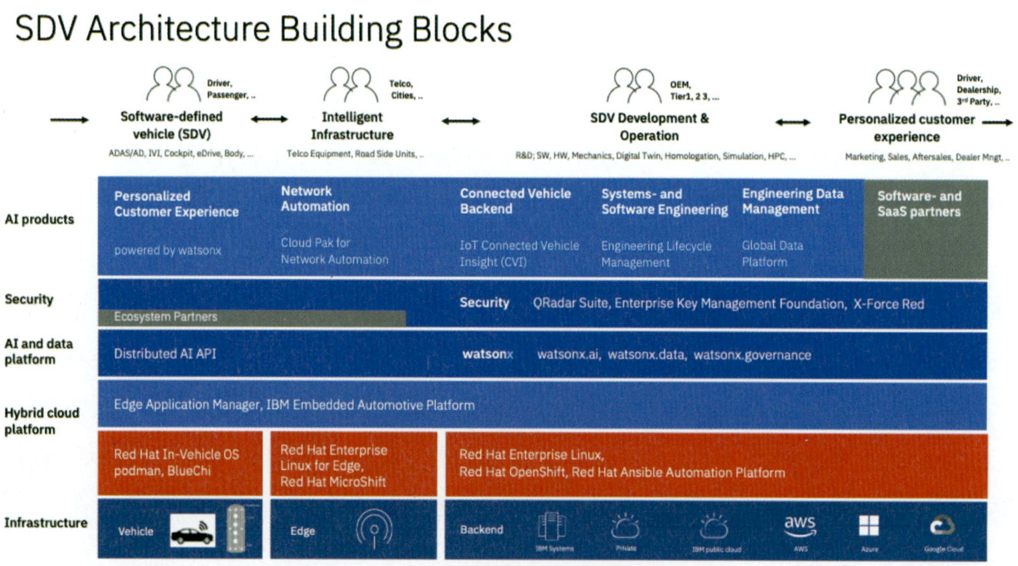

그림 10.5 IBM의 SDV 아키텍처. 출처 [16]

IBM의 SDV 아키텍처는 하드웨어와 소프트웨어를 분리하여 정기적인 업데이트와 업그레이드를 가능하게 하고 지속적인 연결성을 제공한다. IBM의 SDV 아키텍처 [16] (그림 10.5)은 다음과 같은 여러 핵심 계층으로 구성된다:

1. 인프라 계층

인프라 계층은 IBM의 SDV 아키텍처의 기초를 이루며, 차량 하드웨어뿐만 아니라 통신 장비, 스마트 시티 시스템, 그리고 OEM에서 관리하는 백엔드 시스템과 같은 외부 인프라를 포함한다. 이 계층은 차량을 주변 환경과 상호 연결하는 중추 역할을 하여 데이터 흐름을 원활하게 한다. 차량에서 수집된 데이터는 이 시스템에 지속적으로 피드백되어 차량 개발, 운영 효율성, 서비스 제공의 향상을 촉진한다. 이러한 접근 방식은 차량 생태계가 기술 발전과 사용자 요구에 적응하고 반응할 수 있도록 보장한다.

2. 하이브리드 클라우드 플랫폼 계층

IBM의 SDV 아키텍처는 차량과 백엔드 시스템 간의 원활한 연결성을 보장하는 하이브리드 클라우드 플랫폼 계층을 활용한다. 이 계층은 Red Hat® Enterprise Linux와 Red Hat® OpenShift®를 통해 통일된 Linux 및 Kubernetes 기반 플랫폼으로 구축되었다. 이 설정은 IBM이 엣지(차량)에서 클라우드(백엔드 시스템)까지 분산 네트워크 전반에 걸쳐 소프트웨어를 배포하고 관리할 수 있도록 한다[15]. 하이브리드 클라우드 플랫폼은 소프트웨어 배포에 유연성을 제공하여 무선 업데이트를 가능하게 하고 물리적 개입의 필요성을 줄여준다. 원격으로 차량 소프트웨어를 관리하고 업데이트할 수 있는 이 기능은 차량이 항상 최신 기능과 보안 프로토콜을 갖추도록 보장한다.

3. AI 및 데이터 플랫폼 계층

AI 및 데이터 플랫폼 계층에서 IBM은 다양한 차량 기능을 향상시키기 위해 고급 AI 모델을 통합한다. 이러한 AI 모델은 고급 운전자 지원 시스템(ADAS), 운영 분석, 사이버 보안 조치와 같은 응용 프로그램에 필수적이다. IBM Watson®은 이러한 AI 모델을 관리하는 데 중요한 역할을 하며, 다양한 용도에 맞춘 맞춤형 모델을 개발, 테스트 및 배포할 수 있는 견고한 플랫폼을 제공한다. AI 및 데이터 플랫폼 계층은 더 스마트한 차량 운영을 가능하게 할 뿐만 아니라 데이터 기반 인사이트를 활용하여 운전 경험의 지속적인 개선과 개인화를 지원한다.

4. 보안 계층

IBM의 SDV 아키텍처의 보안 계층은 다양한 위협으로부터 보호하기 위해 설계된 종합적인 제로 트러스트 사이버 보안 프레임워크를 채택하고 있다. 이 계층은 실시간 위협 탐지 및 대응을 위한 IBM Security® QRadar® Suite와 차량 내 및 외부 네트워크 간의 안전한 통신을 보장하는 IBM Enterprise Key Management Foundation을 활용한다. SDV에서의 연결성과 데이터 교환이 증가함에 따라 강력한 보안 프로토콜을 유지하는 것이 중요하다. IBM의 접근 방식은 차량 시스템과 그들이 처리하는 민감한 데이터가 잠재적인 사이버 위협으로부터 보호될 수 있도록 하여 SDV 생태계가 공격에 대해 강력한 내성을 갖추도록 한다.

5. AI 제품 계층

AI 제품 계층은 SDV 프레임워크 내에서 민첩한 소프트웨어 개발과 효율적인 운영 관리를 지원한다. IBM Engineering Lifecycle Management와 같은 도구는 현대 차량에 필요한 빠른 혁신 속도를 유지하는 데 필수적인 지속적 통합 및 지속적 배포(CI/CD) 관행을 자동차 산업에 도입할 수 있게 한다. 또한 IBM Cloud Pak® for Network Automation은 네트워크 운영을 자동화하는 도구를 제공하여 연결된 자율 주행 차량의 증가하는 요구를 충족하기 위해 기본 인프라가 확장되고 적응할 수 있도록 보장한다. 이 계층은 또한 자율 주행 기술의 개발과 운영에 필요한 방대한 데이터를 관리하는 솔루션도 포함하고 있다.

IBM의 SDV 아키텍처는 디지털 시대의 차량 지속적인 발전을 지원하는 종합적이고 유연하며 안전한 플랫폼을 목표로 설계되었다. 하드웨어와 소프트웨어를 분리함으로써 IBM은 차량이 정기적으로 업데이트되고 업그레이드될 수 있도록 하여 기술 발전의 최전선에 머무를 수 있도록 한다. 계층화된 아키텍처는 AI의 원활한 통합, 강력한 보안 조치 및 확장 가능한 클라우드 기반 솔루션을 가능하게 하여 IBM을 미래 자동차 기술 개발의 선두 주자로 자리매김한다. 이 비전은 현재의 산업 요구를 충족할 뿐만 아니라 연결된 자율 주행 차량의 미래 요구를 예상하여 IBM이 미래의 모빌리티를 형성하는 데 중요한 역할을 할 수 있도록 한다.

10.2.7 보쉬의 SDV 프레임워크 [17]

보쉬의 SDV(소프트웨어 정의 차량) 접근 방식은 혁신적인 digital.auto 플랫폼을 중심으로 이루어지며, 이는 개방적 협업, 지속적인 통합, 그리고 고급 소프트웨어 개발 방법론을 강조한다. 이 이니셔티브는 첨단 기술과 협업 프레임워크의 결합을 통해 자동차 산업에서 디지털 혁신을 촉진하려

는 보쉬의 의지를 반영한다. 이 프레임워크는 다음과 같은 주요 구성 요소로 구성되어 있다:

■ "digital.auto" 플랫폼

digital.auto [18]는 SDV 기술을 개발하고 배포하기 위한 보쉬의 대표적인 이니셔티브이다. 이 플랫폼은 자동차 제조업체, 공급업체, 스타트업, 최종 사용자로 구성된 커뮤니티를 모아 새로운 소프트웨어 정의 차량 경험을 공동 창출하고 검증하는 것을 목표로 한다. 이 플랫폼은 전통적인 하드웨어 중심의 차량 개발에서 소프트웨어 정의 아키텍처로의 전환을 지원하며, 차량의 생애 주기 동안 업데이트 및 향상이 가능하게 한다. 이 플랫폼은 상호 운용성과 오픈 소스 협업을 촉진하여 차량 소프트웨어 개발을 위한 더 빠른 혁신과 유연한 도구 체인을 가능하게 한다.

■ Shift Left, Shift North 방법론

보쉬의 SDV 전략은 개발 프로세스 초기 단계에서 테스트 및 검증을 통합하고('Shift Left'), 새로운 혁신적 솔루션을 탐색하는('Shift North') 'Shift Left, Shift North' 방법론을 도입하고 있다. 이 접근 방식은 차량 소프트웨어의 복잡성이 증가함에 따라 문제가 조기에 발견되고 해결될 수 있도록 하여 후속 비용을 줄이고 소프트웨어의 전반적인 품질을 향상시키는 데 초첨을두고 있다. Shift North 측면은 지속적인 혁신을 장려하여 소프트웨어가 최첨단을 유지하고 최신 산업 동향에 맞추어 발전하도록 보장한다.

■ 오픈 기술 플랫폼

보쉬는 마이크로소프트와 같은 파트너와 협력하여 클라우드 서비스와 차량 내 소프트웨어를 통합하는 오픈 기술 플랫폼을 개발하였다. 이 플랫폼은 모듈식 소프트웨어 블록을 지원하여 무선 업데이트(OTA) 및 지속적인 소프트웨어 배포를 가능하게 한다. 이 아키텍처는 타사 소프트웨어의 원활한 통합을 지원하고 다양한 차량 모델과 브랜드를 지원하여 유연성과 확장성을 높인다.

■ 무선 업데이트(OTA)

OTA 업데이트는 보쉬의 SDV 프레임워크의 근본적인 측면으로, 차량이 물리적인 개입 없이 새로운 기능, 성능 향상, 보안 업데이트를 받을 수 있도록 한다. 이 기능은 digital.auto 플랫폼과 강력한 클라우드 인프라를 통해 지원되며, 차량이 생애 주기 동안 스마트폰처럼 발전하고 개선될 수 있도록 보장한다.

■ 향상된 연결성 및 개인화

SDV 프레임워크는 향상된 연결성을 강조하여 차량이 환경 및 클라우드와 동적으로 상호작용할 수 있게 한다. 이러한 연결성은 사용자가 자신의 선호에 따라 차량 기능을 맞춤 설정하고 업데이트할 수 있는 개인화된 운전 경험을 가능하게 한다. 보쉬의 플랫폼은 구매 후 활성화할 수 있는 기능 기반 구독과 같은 새로운 비즈니스 모델을 지원하여 변화하는 사용자 요구를 지속적으로 충족할 수 있도록 한다.

보쉬의 SDV 프레임워크는 digital.auto 플랫폼과 Shift Left, Shift North 방법론을 중심으로 한 포괄적인 접근 방식을 통해 차량 기술을 현대화하고 있다. 개방적 협업, 지속적인 혁신, 유연한 소프트웨어 아키텍처를 촉진함으로써 보쉬는 자동차 산업의 디지털 전환에서 선두를 차지하고 있다. 이 전략은 차량의 적응성과 기능을 향상시킬 뿐만 아니라, 더 큰 자동화, 연결성, 지속 가능성을 향한 업계의 광범위한 동향과도 일치한다.

10.2.8 이클립스 재단의 SDV 비전

이클립스 재단(Eclipse Foundation)은 소프트웨어 정의 차량(SDV) 발전을 촉진하기 위해 협력적이고 오픈 소스 환경을 조성하는 데 중요한 역할을 하고 있다. 세계 최대의 오픈 소스 재단 중 하나인 이클립스는 자동차 제조업체, 소프트웨어 개발자 및 기술 제공업체를 한데 모아 SDV를 위한 표준화된 모듈식 소프트웨어 플랫폼을 구축하는 데 기여하고 있다.

이클립스 재단은 SDV를 위한 개방적이고 공급업체에 종속되지 않는 생태계를 구축하기 위해 전 세계의 조직과 개발자 커뮤니티를 지원하는 데 전념하고 있다. 이 이니셔티브는 개방형 표준을 촉진하여 상호 운용성을 용이하게 하고 새로운 자동차 기술의 시장 출시 시간을 단축함으로써 독점 시스템의 문제를 극복하는 것을 목표로 하고 있다. 재단의 소프트웨어 정의 차량(SDV) 워킹 그룹 [19]은 이러한 노력의 최전선에 있으며, 차세대 차량에 필수적인 오픈 소스 프로젝트 개발을 주도하고 있다. 이 워킹 그룹에는 제너럴 모터스(General Motors), 메르세데스-벤츠(Mercedes-Benz), 보쉬(Bosch), 하만(Harman)과 같은 주요 자동차 및 기술 기업들이 참여하여 SDV의 가능성을 확장하기 위해 협력하고 있다.

■ 주요 이니셔티브 및 프로젝트

2023년에 이클립스 재단은 SDV 이니셔티브 확장에 있어 상당한 진전을 이루었다. 워킹 그룹은 12개 이상의 새로운 프로젝트를 시작하고 협력을 촉진하기 위해 여러 커뮤니티 이벤트를 주최하였다. 이러한 프로젝트들은 플릿 관리, 소프트웨어 오케스트레이션 및 디지털 트윈 기술 통합과 같은 중요한 분야에 중점을 두고 있으며, 이는 실시간 차량 모니터링 및 예측 유지보수에 점점 더 중요해지고 있다. 이러한 프로젝트들의 포괄적인 요약은 표 10.2에 제공되어 있다.

표 10.2 **이클립스 소프트웨어 정의 차량 워킹 그룹에서 개발한 오픈 소스 프로젝트 요약 [19]**

프로젝트	설명	접속 URL
KUKSA™	이 프로젝트는 SDV용 공유 소프트웨어 빌딩 블록을 생성하여 산업 전반에 걸친 협력을 촉진하는 것을 목표로 한다. KUKSA는 차량 데이터와 인터페이스를 표준화하여 상호 운용성과 다양한 차량 아키텍처 전반의 기술 통합을 용이하게 한다.	https://projects.eclipse.org/projects/automotive.kuksa
Autowrx	Autowrx는 차세대 고객 경험과 데이터 기반 모빌리티 서비스를 개발하기 위해 자동차 산업이 디지털 우선 전략을 채택하도록 지원하는 광범위한 산업 이니셔티브인 digital.auto의 오픈 소스 구현이다. 이 이니셔티브는 특정 사용 사례에 중점을 둔 오픈 에코시스템으로 구축되었으며, 자동차 OEM, 공급업체 및 파트너를 하나로 묶어 산업 변화를 촉진한다.	https://projects.eclipse.org/projects/automotive.autowrx
uProtocol	Eclipse uProtocol은 차량, 클라우드 플랫폼, 모바일 폰, 충전소 등에서 호환 가능한 전송, 배포 환경, 운영 체제 및 장치 유형에 구애받지 않는 다층 통신 프로토콜을 제공한다. 이 프로젝트는 잘 확립된 자동차 및 인터넷 표준을 기반으로 한 사양, SDK 및 참조 구현 개발을 포함한다.	https://projects.eclipse.org/projects/automotive.uprotocol
Ankaios	Eclipse Ankaios는 단일 API를 통해 여러 노드와 가상 머신을 관리할 수 있도록 하며, 사용자는 컨테이너와 작업 부하를 시작, 중지, 구성 및 업데이트할 수 있다. 이는 서버 하나와 여러 에이전트를 포함하는 설정으로 자동차 애플리케이션에 대한 중앙 집중식 관리 솔루션을 제공한다. 일반적으로 각 노드에는 하나 이상의 런타임과 연결된 에이전트가 작업 부하를 관리한다.	https://projects.eclipse.org/projects/automotive.ankaios
Leda	이 프로젝트는 SDV 커뮤니티와 오픈 소스 생태계의 기여를 결합하여 SDV용 Linux 기반 배포판을 생성하는 시스템 이미지 "레시피"를 만드는 것을 목표로 한다. 이 배포판에는 SDV 프로젝트 및 종속성을 통합하는 빌드 스크립트, 패키지 정의 및 이미지 빌드 파이프라인이 포함되며, 컨테이너 기반 이미지 및 설치 가능한 파일 또는 플래시 가능한 파일 형식으로 제공된다.	https://projects.eclipse.org/projects/automotive.leda
ThreadX	Eclipse ThreadX®는 실시간 애플리케이션을 위한 벤더 중립적 오픈 소스 운영 체제를 제공하며, 안전 인증을 갖추고 있으며 관대한 라이선스 하에 제공된다.	https://projects.eclipse.org/projects/iot.threadx

프로젝트	설명	접속 URL
openDuT	Eclipse openDuT는 자동차 소프트웨어 및 애플리케이션의 테스트와 검증을 간소화하며, 이를 위한 프레임워크와 상세한 프로세스 설명을 제공한다. 신뢰할 수 있고, 반복 가능하며, 관찰 가능한 자동화 테스트를 강조한다.	https://projects.eclipse.org/projects/automotive.opendut
eCAL	eCAL™(enhanced Communication Abstraction Layer)은 단일 컴퓨터 내에서 또는 네트워크의 여러 노드 간에 확장 가능하고 고성능의 프로세스 간 통신을 용이하게 하는 미들웨어를 제공한다. 발행-구독 모델을 활용하여 서로 다른 네트워크 노드를 자동으로 연결한다. eCAL은 프로세스 내, 프로세스 간, 호스트 간 통신, 다중 전송 계층(공유 메모리, UDP, TCP), 다양한 통신 패턴(발행/구독, 서버/클라이언트), 그리고 여러 표준 메시지 프로토콜에 대한 내장 지원과 같은 기능을 제공하여 분산 메타 애플리케이션의 신속한 프로토타이핑을 지원한다. Windows와 POSIX 운영 체제와 호환되며, 여러 프로그래밍 언어에 대한 언어 바인딩과 함께 실시간 데이터 모니터링, 기록 및 재생을 위한 도구를 제공한다.	https://projects.eclipse.org/projects/automotive.ecal
OpenXilEnv	Eclipse OpenXilEnv는 특정 대상 플랫폼이나 컴파일러 없이 PC에서 임베디드 소프트웨어 기능을 실행할 수 있게 해주는 경량 SIL/HIL 환경이다. 구성 가능한 그래픽 사용자 인터페이스와 자동화를 위한 API를 포함하고 있다.	https://projects.eclipse.org/projects/automotive.openxilenv
Velocitas	Eclipse Velocitas™는 컨테이너화된 애플리케이션 및 비컨테이너화된 차량 내 애플리케이션을 모두 개발할 수 있는 포괄적이고 확장 가능하며 모듈식 오픈 소스 개발 도구 체인을 제공한다. 이 프로젝트는 빠르고 효율적이며 사용자 친화적인 개발 환경을 제공하여 소프트웨어 정의 차량의 증가하는 추세를 지원하고, 다양한 자동차 업계 플레이어의 기여를 통해 오픈 에코시스템을 구축하고 홍보하는 것을 목표로 한다.	https://projects.eclipse.org/projects/automotive.velocitas
Chariott	Eclipse Chariott 프로젝트는 메타데이터 기반의 미들웨어 및 추상화 계층을 제공하여 차량 내 소프트웨어 개발자의 생산성을 향상시킨다. 이를 통해 개발자는 차량 상태 및 기능의 디지털 표현을 통해 차량 내 기능과 상호작용할 수 있는 현대적 프로그래밍 모델을 사용할 수 있다. 이 프로젝트는 차량 하드웨어와 센서에 접근할 수 있는 확장 가능하고 동적인 아키텍처도 제공한다.	https://projects.eclipse.org/projects/automotive.chariott
SommR	Eclipse SommR은 임베디드 Linux 시스템용 Some/IP 사양의 자동차 등급 구현과 개발자 지원 도구를 제공한다. 이는 ECU 간의 상호 운용성을 향상시키고 엔지니어가 애플리케이션 개발에 더 효율적으로 집중할 수 있도록 한다.	https://projects.eclipse.org/projects/automotive.sommr

프로젝트	설명	접속 URL
Ibeji	Eclipse Ibeji 프로젝트는 차량의 상태와 기능을 디지털 방식으로 표현하는 유연하고 동적인 아키텍처를 제공하여 차량 하드웨어, 센서 및 기능을 모델링하고 접근할 수 있도록 한다. JSON-LD 기반의 프로그래밍 언어 독립적 형식인 "Digital Twins Definition Language' (DTDL)를 사용하여 차량 내 디지털 트윈 모델을 정의한다. Eclipse Chariott 프로젝트에서 제안된 현대적 애플리케이션 프로그래밍 모델과 결합하면, Eclipse Ibeji는 자동차 OEM 소프트웨어 개발자가 차세대 소프트웨어 정의 차량 내 애플리케이션을 개발하는 과정을 간소화하고 향상시킬 수 있다.	https://projects.eclipse.org/projects/automotive.ibeji

이러한 오픈 소스 패키지 외에도, SDV 워킹 그룹은 보험 및 차량 관리와 같은 SDV 기술의 실용적인 예시와 사용 사례를 제공하는 SDV 청사진을 공개적으로 공유하고 있다. 이 청사진들은 SDV 기술을 도입하려는 기업들에게 구체적인 필요에 맞게 조정할 수 있는 완성된 프레임워크를 제공하는 귀중한 자원으로 작용한다.

재단은 또한 유럽 전역에서 소프트웨어 정의 차량(SDV)의 개발을 촉진하기 위한 중요한 이니셔티브인 EU 자금 지원 프로젝트 FEDERATE에도 중요한 역할을 하고 있다. 2023년 10월에 시작된 FEDERATE는 유럽의 주요 자동차 제조업체, 반도체 기업, 연구 기관을 포함한 광범위한 이해관계자를 모으는 3년간의 조정 및 지원 프로젝트이다. 이 프로젝트의 주요 목표는 유럽 내에 활발하고 협력적인 SDV 생태계를 조성하는 것으로, 이를 위해 오픈 이노베이션을 촉진하고 비차별화 소프트웨어 구성 요소를 오픈 소스로 개발하는 것이다. Eclipse Foundation의 참여는 이 맥락에서 매우 중요하며, 협업 소프트웨어 개발을 위한 성숙하고 벤더 중립적인 플랫폼을 제공하여 이 이니셔티브 하에 개발된 소프트웨어가 자동차 등급의 품질 및 안전 표준을 충족하도록 보장한다. 이 프로젝트는 또한 SDV 연구, 개발 및 혁신(R&D&I) 활동을 조정하고 가속화하여 지속 가능하고 안전하며 저렴한 모빌리티 솔루션을 촉진하는 유럽 그린딜의 더 큰 목표를 지원하는 것을 목표로 하고 있다.

Eclipse Foundation의 SDV 워킹 그룹은 이러한 오픈 소스 소프트웨어 구성 요소의 개발을 주최하고 조정하며, 다양한 산업 플레이어 간의 협력을 촉진하여 SDV 개발에 대한 표준화된 접근 방식을 창출하는 데 중요한 역할을 하고 있다. 이러한 협력은 소프트웨어 기능으로 정의되고 강화된 차세대 차량을 제공하는 데 있어 유럽의 자동차 및 반도체 산업의 글로벌 경쟁력을 크게 향상시킬 것으로 기대된다.

10.2.9 SDV OTA 플랫폼을 위한 eSync Alliance [21]

eSync Alliance는 자동차 산업에서 OTA 업데이트 및 데이터 관리를 위한 표준화된 다중 회사 접근 방식을 개발하고 홍보하는 데 중점을 둔 비영리 무역 협회이다. eSync 플랫폼은 클라우드 서버와 차량 내 전자 장치(예: 전자 제어 장치(ECU) 및 센서) 간에 안전한 양방향 데이터 파이프라인을 제공한다. 이 아키텍처는 현대 차량에서 신뢰할 수 있는 소프트웨어 업데이트와 데이터 수집에 대한 증가하는 필요성을 해결하기 위해 설계되었으며, 자동차 제조업체와 공급업체가 다양한 차량 모델과 구성 요소에 걸쳐 일관되고 안전하며 효율적인 업데이트를 제공할 수 있도록 보장한다.

eSync Alliance는 SDV를 위한 종합적인 OTA 솔루션을 제안하며, 상호 운용성, 보안성 및 확장성을 강조하고 있다. eSync Alliance의 최신 사양인 버전 2.2[22]는 서버-클라이언트-에이전트 아키텍처를 정교화하여 더 넓은 범위의 자동차 사용 사례를 지원할 수 있도록 플랫폼을 개선했다. 이 아키텍처는 특정 장치 제조업체나 차량 모델에 관계없이 차량 내 모든 장치가 통합되고 안전한 파이프라인을 통해 업데이트되고 모니터링될 수 있도록 보장한다. eSync 플랫폼의 주요 기능은 다음과 같다:

- 양방향 데이터 파이프라인: eSync는 차량에 소프트웨어 업데이트를 푸시하고, 진단 데이터를 클라우드로 가져오는 양방향 데이터 파이프라인을 제공하여 차량 시스템의 지속적인 모니터링과 개선을 가능하게 한다.
- 보안 및 준수: 이 플랫폼은 TLS 암호화와 X.509 인증서 등 엄격한 보안 표준을 준수하여 데이터의 무결성과 기밀성을 보호한다. 또한 UNECE WP.29와 같은 글로벌 자동차 사이버보안 규정을 준수한다.
- 유연성과 적응성: eSync 시스템은 다양한 운영 체제, 네트워크 및 클라우드 환경을 지원하는 플랫폼 독립적인 설계로, 자동차 제조업체가 eSync 플랫폼을 다양한 모델과 기술에 원활하게 통합할 수 있도록 한다.
- 데이터 수집 및 진단: eSync는 소프트웨어 업데이트 외에도 CAN, SOME/IP, DDS와 같은 여러 프로토콜을 지원하여 광범위한 데이터 수집 기능을 제공하며, 이를 통해 종합적인 차량 진단과 성능 모니터링이 가능하다.
- 확장성: 이 플랫폼은 개별 장치에서 전체 차량 함대에 이르기까지 확장할 수 있도록 설계되어, 개별 소비자와 대규모 상업 운영 모두의 요구를 충족할 수 있다.

Alliance의 상호 운용성 및 표준화에 대한 집중은 SDV 개발을 가속화할 뿐만 아니라 자동차 제조업체가 비용을 절감하고 다양한 차량 모델에 걸쳐 확장성을 높이는 데도 도움을 준다. eSync Alliance는 업계 참여자들 간의 협력을 촉진함으로써, 차량을 지속적으로 업데이트하고 개선할 수 있는 플랫폼으로 진화시키고 있으며, 이는 자동차 디지털 혁신의 광범위한 트렌드와도 일치한다.

10.2.10 COVESA (COnnected VEhicle Systems Alliance) [23]

COVESA(Connected Vehicle Systems Alliance)는 커넥티드 차량 시스템 및 광범위한 모빌리티 생태계의 발전을 목표로 하는 글로벌 협력 이니셔티브이다. 원래 GENIVI Alliance로 설립된 COVESA는 차량 시스템, 클라우드 서비스 및 디지털 생태계의 통합을 촉진하는 오픈 표준 및 참조 아키텍처를 만드는 데 중점을 두고 발전해 왔다. 이 Alliance는 자동차 제조업체, 기술 기업 및 기타 모빌리티 관련 조직을 포함한 다양한 이해관계자들을 모아 혁신을 촉진하고 커넥티드 차량이 안전하고 상호 운용 가능하며 미래에 대비할 수 있도록 보장한다. Alliance는 SDV의 원활한 운영 및 진화를 위해 필수적인 차량 데이터 및 소프트웨어 시스템의 표준화와 상호 운용성을 위한 종합적인 프레임워크를 제안한다[24]. COVESA의 주요 이니셔티브 중 하나는 Vehicle Signal Specification(VSS)으로, 다양한 플랫폼에서 차량 데이터가 설명되고 접근되는 방식을 표준화한다. 이 사양은 커넥티드 및 자율 주행 차량 기능을 개발하는 데 있어 더 일관되고 확장 가능한 접근 방식을 가능하게 하여, 다양한 차량 구성 요소의 데이터를 쉽게 통합하고 활용할 수 있도록 설계되었다.

또한 COVESA는 SDV 개발의 과제를 해결하기 위해 업계 플레이어 간의 협력과 오픈 소스 솔루션 개발의 중요성을 강조한다. 여기에는 개발 비용을 줄이고 시장 출시 시간을 단축하며 커넥티드 차량 시스템이 안전하고 신뢰할 수 있도록 보장하는 공유 소프트웨어 플랫폼과 도구를 만들기 위한 파트너십 촉진이 포함된다. COVESA의 오픈 표준에 대한 헌신은 커넥티드 차량의 잠재력을 최대한 발휘하고 더 통합되고 지속 가능한 모빌리티 생태계를 가능하게 하는 중요한 단계로 간주된다. 이러한 이니셔티브를 통해 COVESA는 자동차 산업이 더 소프트웨어 중심의 미래로 전환하는 것을 지원하며, 차량이 단순히 연결되는 것을 넘어 OTA 업데이트 및 기타 디지털 혁신을 통해 라이프사이클 동안 진화하고 개선될 수 있도록 하는 것을 목표로 하고 있다.

10.3 사례 연구 2: 소프트웨어 정의 상업용 차량

소프트웨어 정의 상업용 차량 개념은 트럭 운송 산업에서 잠재적인 패러다임 전환을 나타낸다 [25]. 이 새로운 아이디어는 첨단 소프트웨어 시스템과 연결성을 활용하여 차량 성능, 유지보수 및 운영 효율성을 최적화하는 것을 구상한다. 아직 대부분 이론적인 단계에 머물러 있지만, 일부 선구적인 기업들은 이러한 개념을 탐구하고 테스트하기 시작하면서, 트럭 운송 차량이 원격으로 모니터링, 관리, 실시간으로 업데이트될 수 있는 역동적이고 반응적인 생태계로 변모할 수 있는 미래를 구상하고 있다.

그림 10.6 **소프트웨어 정의 상업용 차량의 개념**

소프트웨어 정의 차량 개념의 핵심은 연료 효율성, 차량 유지보수, 운전자의 안전, 그리고 적시 배송과 같은 트럭 운송 산업의 오랜 과제를 해결하는 데 있다. 이 접근 방식을 지지하는 사람들은 트럭이 고급 IoT(Internet of Things) 센서로 장착되고, 클라우드 기반 시스템과 연결되며, 정교한 AI 알고리즘을 통해 관리되는 미래를 상상할 수 있다. 이론적으로, 이는 차량 운영자가 자산 활용을 극대화하고, 다운타임을 줄이며, 변화하는 물류 요구 사항과 시장 상황에 신속하게 적응할 수 있게 할 수 있다.

소프트웨어 정의 트럭 운송 차량을 가능하게 할 잠재적인 기술들은 현재 다양한 개발 및 테스트 단계에 있다. 여기에는 각 트럭의 위치, 속도, 연료 소비, 엔진 성능 지표, 심지어 운전자의 행동에 이르기까지 방대한 양의 데이터를 수집하고 전송할 수 있는 고급 텔레매틱스 장치가 포함된다. 연구자들과 기업들은 이 데이터를 AI 알고리즘을 사용하여 처리하고 분석하여 패턴을 식별하고, 잠재적인 문제를 예측하며, 트럭 운송 운영에 특정한 최적화 제안을 탐구하고 있다.

소프트웨어 정의 상업용 차량의 개념이 완전히 실현된다면, 트럭 운송 산업에서 제안된 몇 가지 이점은 매우 유망하다. 장거리 운송에서 이러한 시스템은 최적화된 경로 설정, 예측 유지보수, 운전 행동 분석을 통해 연료 소비와 배출량을 줄일 가능성이 있다. 도시 물류와 라스트 마일 배송에서는 이러한 시스템이 실시간 수요와 교통 상황에 따라 차량을 동적으로 할당하여 배송 시간을 개선하고 고객 만족도를 높일 수 있을 것으로 기대된다.

미래를 바라보면, 소프트웨어 정의 차량의 지지자들은 이러한 차량들이 자율 운송 네트워크 개발에 중요한 역할을 할 것으로 기대된다. 차량 간 모든 것(V2X) 통신 기술이 발전함에 따라, 이러한 차량들이 교통 인프라, 다른 차량 및 적재장과 원활하게 상호작용하여 화물 이동과 안전성을 더욱 최적화할 수 있는 잠재력이 있다. 또한, 트럭 운송 산업이 전기 및 수소 동력 차량을 탐색하기 시작하면서, 소프트웨어 정의 차량의 개념은 주행 거리 최적화 및 충전 물류와 같은 새로운 동력 시스템이 제시하는 고유한 과제를 관리하는 데 기여할 수 있다. 현재 여러 트럭 운송 및 기술 회사들이 소프트웨어 정의 차량 관리의 여러 측면을 탐구하기 위해 제한된 시험 및 개념 증명 프로젝트를 진행하고 있으며, 이러한 초기 실험들은 잠재적인 이점과 대규모 시스템 구현의 실제 과제에 대한 귀중한 통찰을 제공하고 있다. 그러나 트럭 운송 산업에서 완전한 소프트웨어 정의 차량의 광범위한 도입은 여전히 현재의 현실보다는 미래의 가능성으로 남아 있다.

소프트웨어 정의 차량의 개념이 흥미롭지만, 현실화되기 위해서는 여러 가지 도전에 직면해 있다는 점도 중요하다[26]. 여기에는 다양한 지리적 영역에서 안정적인 연결성을 보장해야 하는 기술적 장애물, 데이터 보안 및 프라이버시와 관련된 문제들이 포함된다. 또한 규제 및 표준화 문제도 해결해야 하며, 기존 차량에 필요한 하드웨어와 소프트웨어를 업그레이드하는 데 드는 막대한 투자도 필요한 상황이다.

이 분야의 연구와 개발이 계속됨에 따라, 소프트웨어 정의 상업용 차량의 개념은 트럭 운송의 미래에 대한 흥미로운 가능성을 나타낸다. 이 기술이 어떻게 발전할지 또는 언제 널리 구현될지 정확히 예측하기에는 이르지만, 소프트웨어 정의 차량의 개념이 교통과 물류의 미래에 대한 현재의 논의에 영향을 미치고 있다는 것은 분명하다. 트럭 운송 산업이 효율성, 안전성, 지속 가능성을 개선할 방법을 계속 모색함에 따라, 소프트웨어 정의 차량의 기본 원칙은 미래의 혁신을 형성하는 데 중요한 역할을 할 가능성이 높다. 비록 완전히 실현된 개념이 아직은 먼 미래에 위치해 있을지라도 말이다.

10.4 미래 동향과 과제

10.4.1 5G와 그 이후의 연결성

5G와 미래의 6G 기술의 도래는 SDV의 역량을 혁신적으로 변화시킬 것으로 예상된다. 이러한 고급 연결 솔루션은 초저지연 통신, 대규모 장치 연결, 향상된 모바일 브로드밴드를 가능하게 하여 실시간 차량 대 차량(V2X) 통신을 실현할 것이다. 이는 교통 관리의 획기적 개선, 더욱 정교한 자율 주행 기능의 구현, 그리고 차량 내 엔터테인먼트 경험의 향상을 가져올 것이다. 5G 및 그 이후의 높은 대역폭과 낮은 지연 시간은 더 효율적인 OTA 업데이트, 실시간 HD 지도 업데이트, 스마트 시티 인프라와의 원활한 통합을 가능하게 한다. 그러나 인프라 배치, 농촌 지역에서의 일관된 커버리지 보장, 연결성 증가로 인한 보안 취약성 문제 등의 과제가 남아 있다. 이러한 기술이 성숙해짐에 따라, SDV는 더 넓고 반응성이 높은 디지털 생태계에 점점 더 통합되어 차량과의 상호작용 및 활용 방식이 근본적으로 변화할 것이다.

10.4.2 엣지 컴퓨팅과 분산 AI

엣지 컴퓨팅과 분산 AI는 소프트웨어 정의 차량의 발전에 중요한 역할을 할 것으로 보인다. 데이터를 그 출처 가까이, 즉 차량 자체나 인근 인프라에서 처리함으로써 엣지 컴퓨팅은 지연 시간을 크게 줄이고, 프라이버시를 강화하며, 중요한 시스템의 신뢰성을 향상시킬 수 있다. 이는 순간적인 의사결정을 요구하는 자율 주행 기능에 특히 중요하다. 분산 AI는 엣지 컴퓨팅과 협력하여 차량이 학습을 공유하고 새로운 상황에 더 빠르게 적응할 수 있게 하여 차량들 간의 집단 지능을 생성한다. 이러한 접근 방식은 교통 예측부터 차량 성능 최적화에 이르기까지 모든 것을 향상시킬 수 있다. 그러나 이러한 기술을 구현하는 데에는 하드웨어 통합, 다양한 엣지 노드 간의 일관성 확보, 분산 시스템의 복잡성 관리 등의 과제가 있다. 이러한 기술이 발전함에 따라 SDV는 더 지능적이고 반응성이 높으며, 제한된 연결성에서도 더 큰 자율성을 가지고 운영할 수 있게 될 것이다.

10.4.3 블록체인과 분산 애플리케이션

블록체인 기술과 분산 애플리케이션(DApps)은 소프트웨어 정의 차량의 영역에서 잠재적인 게임 체인저로 부상하고 있다. 이러한 기술들은 안전한 데이터 공유와 신원 확인, 투명한 공급망 관리, 새로운 소유 모델 등 차량 운영의 다양한 측면을 혁신할 수 있다. 블록체인은 보험, 유지보수 및 재판매 목적을 위한 차량 데이터의 안전하고 조작할 수 없는 기록을 가능하게 할 수 있다. 스마트 계약은 차량 공유, 충전, 주차 요금 결제 등의 프로세스를 자동화할 수 있다. DApps는 P2P 차량 공유와 차량 간 에너지 거래를 촉진하여 자동차 생태계에서 새로운 경제 모델을 창출할 수 있다. 그러나 확장성, 에너지 효율성, 규제 준수 등의 과제가 남아 있다. SDV에 블록체인과 DApps를 통합하는 것은 데이터 소유권, 프라이버시, 산업 전반의 표준화 필요성에 대한 질문도 제기된다. 이러한 기술이 성숙함에 따라, 보다 투명하고 효율적이며 사용자 중심의 모빌리티 시스템을 창출할 수 있는 잠재력이 있으며, 이는 차량과 사용자, 더 넓은 교통 인프라 간의 관계를 근본적으로 변화시킬 수 있다.

10.4.4 자율 이동성과 스마트 시티

자율 이동성과 스마트 시티 기술의 융합은 소프트웨어 정의 차량에 대한 가장 변혁적인 동향 중 하나를 나타낸다. 차량이 점점 더 자율화됨에 따라, 이들은 교통 관리 시스템, 스마트 주차 솔루션, 지능형 교통 네트워크를 포함한 스마트 시티 인프라와 원활하게 상호작용해야 할 것이다. 이러한 통합은 더 효율적인 교통 흐름, 혼잡 감소, 차량의 조정된 이동을 통한 안전 향상을 가능하게 한다. 자율 SDV는 MaaS(모빌리티 서비스)와 같은 새로운 모빌리티 모델에서 중요한 역할을 하여 도심 지역에서의 개인 차량 소유를 잠재적으로 줄일 수 있다. 이러한 차량들이 생성하는 데이터는 도시 계획과 인프라 개발에 귀중한 자원이 될 것이다. 그러나 표준화된 통신 프로토콜의 필요성, 복잡한 도시 네트워크에서의 사이버 보안 보장, 다양한 교통 시나리오에서의 자율적 의사결정의 윤리적, 법적 영향과 같은 중요한 과제가 남아 있다. 스마트 시티에서 자율 차량이 수집하는 방대한 데이터에 대한 프라이버시 문제 또한 신중하게 다루어져야 한다. 이러한 기술이 진화함에 따라, SDV는 보다 효율적이고 지속 가능하며 살기 좋은 도시를 만들기 위한 핵심 요소가 될 것이다.

References

[1] Tesla's Cybersecurity Challenges. Available: https://bluegoatcyber.com/blog/navigating-teslas-cybersecurity-challenges-what-you-need-to-know/ [Accessed: 12-Aug-2024].

[2] Electrified Magazine - "Tesla Faces Multiple Challenges From Regulators". Available: https://www.electrifiedmag.com/news/tesla-faces-multiple-challenges-from-regulators/ [Accessed: 12-Aug-2024].

[3] Nasdaq MarketBeat Report - "Tesla's Q1 2024: Challenges and Opportunities on the Road Ahead". Available: https://www.nasdaq.com/articles/teslas-q1-2024:-challenges-and-opportunities-on-the-road-ahead [Accessed: 12-Aug-2024].

[4] AutoTech News ResearchInChina Report - "Automotive AUTOSAR Platform Review 2024". Available: https://autotech.news/automotive-autosar-platform-review-2024/ [Accessed: 12-Aug-2024].

[5] Adaptive AUTOSAR Overview - Available: https://nvdungx.github.io/Adaptive-AUTOSAR/ [Accessed: 12-Aug-2024].

[6] SDV Alliance - "Collaboration, the Key to Making the Software Defined Vehicle a Reality". Available: https://covesa.global/wp-content/uploads/2024/04/SDV-alliance-announcement-20230109.pdf [Accessed: 12-Aug-2024].

[7] Hyundai - "CES 2024: Introducing SDV Exhibits and Unveiling Core Hyundai Technologies". Available: https://www.hyundai.com/worldwide/en/brand-journal/mobility-solution/sdv [Accessed: 12-Aug-2024].

[8] SOAFEE - "Scalable Open Architecture for Embedded Edge", Available: https://www.soafee.io/ [Accessed: 22-Apr-2024].

[9] SOAFEE v1.0 architecture, (2023). Available: https://architecture.docs.soafee.io/en/latest/index.html [Accessed: 22-Apr-2024].

[10] ARM Newsroom - "More than 50 Members Join SOAFEE to Enable the Software-defined Vehicle of the Future". Available: https://newsroom.arm.com/news/more-

than-50-members-join-soafee [Accessed: 22-Apr-2024].

[11] IDTechEx: SDV Level Guide - Connected and Software-Defined Vehicles 2024-2034: Markets, Forecasts, Technologies, (2024). Available: https://www.idtechex.com/en/research-report/connected-and-software-defined-vehicles-2024-2034-markets-forecasts-technologies/974 [Accessed: 22-Apr-2024]

[12] Renault Group - "All about Software Defined Vehicle" Available: https://www.renaultgroup.com/en/news-on-air/news/all-about-software-defined-vehicle/ [Accessed: 12-Aug-2024].

[13] Valeo Newsroom - "Renault Group and Valeo sign a partnership in Software Defined Vehicle development" Available: https://www.valeo.com/en/renault-group-and-valeo-sign-a-partnership-in-software-defined-vehicle-development/ [Accessed: 12-Aug-2024].

[14] Renault Group - "Renault Group and Google Accelerate Partnership to Develop the Vehicle of Tomorrow and Strengthen Renault Group's Digital Transformation" Available: https://media.renaultgroup.com/renault-group-and-google-accelerate-partnership-to-develop-the-vehicle-of-tomorrow-and-strengthen-renault-groups-digital-transformation/ [Accessed: 12-Aug-2024].

[15] IBM - "The Software Defined Vehicle" Available: https://www.ibm.com/blogs/digitale-perspektive/2023/06/the-software-defined-vehicle/ [Accessed: 12-Aug-2024].

[16] IBM: The software-defined vehicle: The architecture behind the next evolution of the automotive industry, (2023). Available: https://www.ibm.com/blog/the-software-defined-vehicle-the-architecture-behind-the-next-evolution-of-the-automotive-industry/ [Accessed: 22-Apr-2024]

[17] Bosch & digital.auto: The Software-Defined Vehicle - A Digital-First Approach to Creating Next-Generation Experiences, (2023). Available: https://www.bosch-mobility.com/media/global/mobility-topics/mobility-topics/software-defined-vehicle/download/231019_sdv_ebook.pdf [Accessed: 22-Apr-2024]

[18] digital.auto initiative, https://www.digital.auto/

[19] Eclipse Foundation - Software Defined Vehicle Working Group, https://projects.

eclipse.org/working-group/eclipse-software-defined-vehicle

[20] FEDERATE: European Software-Defined Vehicle of the Future (SDVoF) Initiative Vision and Roadmap, Available: https://federate-sdv.eu/ [Accessed: 12-Aug-2024].

[21] eSync Alliance: "Standardizing Automotive OTA", Available: https://esyncalliance.org/ [Accessed: 12-Aug-2024].

[22] eSync Version 2.2 OTA standards for Software Defined Vehicles, Available: https://esyncalliance.org/esync-v2-2-standardization-and-collaboration/ [Accessed: 12-Aug-2024].

[23] COVESA (COnnected VEhicle Systems Alliance), Available: https://covesa.global/ [Accessed: 12-Aug-2024].

[24] COVESA Project Documentations, Available: https://wiki.covesa.global/ [Accessed: 12-Aug-2024].

[25] Capgemini Insights: "Software-Defined Vehicles (SDV): The Answer to Truck Driver Shortages?", Available: https://www.capgemini.com/insights/expert-perspectives/software-defined-vehicles-answer-to-truck-driver-shortages/ [Accessed: 12-Aug-2024].

[26] Luxoft: "The Future of Commercial Vehicles is Software", Available: https://www.luxoft.com/blog/software-defined-commercial-vehicles [Accessed: 12-Aug-2024].